中国水利教育协会　组织

全国水利行业"十三五"规划教材

水利工程施工安全技术

主编　张美新

中国水利水电出版社
www.waterpub.com.cn
·北京·

内 容 提 要

　　本教材是根据当前水利水电工程建设行业对施工安全技术的要求编写的。全书共13章，主要介绍安全生产管理概述，安全生产相关法律法规知识，水利工程施工现场安全管理，施工用电、供水、供风及通信安全管理，安全防护设施，大型施工设备安装与安全运行，起重与运输安全管理，爆破器材及爆破安全作业，焊接与气割安全作业，锅炉及压力容器安全管理，危险物品安全管理，水利工程土建主要施工工艺安全作业，应急管理与防灾减灾知识等内容。

　　本教材除作为水利水电工程专业教学用书外，还可供从事水利行业工程建设的勘测设计、施工、监理、企业管理等人员参考阅读。

图书在版编目（CIP）数据

水利工程施工安全技术 / 张美新主编. -- 北京：中国水利水电出版社，2024.8. -- （全国水利行业"十三五"规划教材）. -- ISBN 978-7-5226-2617-8

Ⅰ. TV513

中国国家版本馆CIP数据核字第2024SF0526号

书　　名	全国水利行业"十三五"规划教材 **水利工程施工安全技术** SHUILI GONGCHENG SHIGONG ANQUAN JISHU	
作　　者	主编　张美新	
出版发行	中国水利水电出版社 （北京市海淀区玉渊潭南路1号D座　100038） 网址：www.waterpub.com.cn E-mail：sales@mwr.gov.cn 电话：（010）68545888（营销中心）	
经　　售	北京科水图书销售有限公司 电话：（010）68545874、63202643 全国各地新华书店和相关出版物销售网点	
排　　版	中国水利水电出版社微机排版中心	
印　　刷	清淞永业（天津）印刷有限公司	
规　　格	184mm×260mm　16开本　19印张　462千字	
版　　次	2024年8月第1版　2024年8月第1次印刷	
印　　数	0001—2000册	
定　　价	**65.00元**	

前 言

党的二十大报告深刻阐述了新时代坚持和发展中国特色社会主义的一系列重大理论和实践问题,描绘了全面建设社会主义现代化国家、全面推进中华民族伟大复兴的宏伟蓝图,为新时代新征程党和国家事业发展、实现第二个百年奋斗目标指明了前进方向、确立了行动指南。在新征程的路上,水利工作者以党的二十大精神为指引,将习近平总书记"节水优先、空间均衡、系统治理、两手发力"治水思路落实到水利各项工作中,以推动水利高质量发展,以满足人民群众日益增长的水安全、水资源、水生态、水环境和水文化需求。

随着人类社会的发展,安全已成为人类生存和发展的最基本条件。水利工程作为基础工程项目,对人民的生活、生产有着深远的影响,施工技术是保障水利工程高质量建成的关键,而施工技术安全在水利工程建设中有着重要的意义,施工安全是施工质量的前提基础,没有了安全,一切工作将变得毫无意义,因此在水利工程的施工过程中一定要注意施工技术安全问题。

本教材切入视角独特,从施工安全的角度出发,基于水利工程施工安全技术理论和教学过程中的实践总结,结合学生实际情况,对水利工程建设与施工技术安全管理工作过程进行编写。通过对该课程的学习,学生能够掌握与水利工程建设有关的安全问题的机理和相关治理方案及防范措施,树立正确的科学减灾观,为今后从事专业技术工作奠定坚实的专业知识。

本教材由福建水利电力职业技术学院张美新担任主编,编写第1章、第2章、第4章;福建水利电力职业技术学院张子映编写第3章;中国水利水电第十六工程局有限公司江贤琦、严文福、陈振华编写第5章;福建水利电力职业技术学院李倩编写第6章;福建水利电力职业技术学院赵楠编写第7章;福建水利电力职业技术学院曹宇编写第8章、第10章;中国水利水电第十六工程局有限公司王丽华编写第9章;中国水利水电第十六工程局有限公司陈祖荣编写第11章;福建水利电力职业技术学院张继宝编写第12章12.1至12.8;中国水利水电第十六工程局有限公司潘碧云编写第12章12.9至12.12;福建水利电力职业技术学院仇军编写第13章。

由于编者水平所限，错误之处在所难免，欢迎大家批评指正，以便进一步修正完善。

作者

2023 年 6 月

目 录

前言

第1章 安全生产管理概述 ·· 1
  1.1 安全生产 ·· 1
  1.2 职业安全健康 ·· 2
  1.3 安全生产方针 ·· 2
  1.4 安全生产管理体制 ·· 3
  1.5 施工企业安全生产管理机构 ·· 4
  1.6 安全生产标准体系 ·· 5
  1.7 安全生产责任制 ·· 7
  1.8 安全技术措施和一般规定 ·· 9
  1.9 安全技术交底 ·· 11
  1.10 安全生产检查 ··· 13
  1.11 安全生产宣传与教育培训 ··· 16
  1.12 事故管理与工伤保险 ··· 18
  1.13 档案管理 ··· 22

第2章 安全生产相关法律法规知识 ··· 26
  2.1 安全生产通用法规与标准 ·· 26
  2.2 水利工程建设安全生产管理法规 ······································ 29
  2.3 水利工程施工作业人员安全操作规程 ·································· 32
  2.4 复习思考题 ·· 32

第3章 水利工程施工现场安全管理 ··· 33
  3.1 水利工程施工特点 ·· 33
  3.2 水利工程施工现场的安全管理措施 ···································· 34
  3.3 现场布置、施工道路和交通 ·· 39
  3.4 环境保护、水土保持与职业卫生 ······································ 42
  3.5 消防安全管理 ·· 46
  3.6 季节施工 ·· 49
  3.7 防汛 ·· 51

3.8 施工排水 ·························· 53

3.9 文明施工 ·························· 55

3.10 复习思考题 ······················ 57

第4章 施工用电、供水、供风及通信安全管理 ········ 58

4.1 施工用电 ·························· 58

4.2 施工供水 ·························· 67

4.3 施工供风 ·························· 69

4.4 施工通信 ·························· 70

4.5 复习思考题 ······················ 71

第5章 安全防护设施 ····················· 73

5.1 安全常识 ·························· 73

5.2 基本规定 ·························· 76

5.3 高处作业 ·························· 77

5.4 施工脚手架 ······················ 78

5.5 安全网 ···························· 81

5.6 施工走道、栈桥与梯子 ················ 82

5.7 栏杆、盖板与防护棚 ·················· 83

5.8 安全防护用具 ····················· 84

5.9 复习思考题 ······················ 86

第6章 大型施工设备安装与安全运行 ··········· 87

6.1 基本规定 ·························· 87

6.2 设备运行 ·························· 88

6.3 特种设备管理 ···················· 104

6.4 复习思考题 ····················· 107

第7章 起重与运输安全管理 ··············· 108

7.1 起重与运输基本规定 ················ 108

7.2 起重设备与机具安全管理 ············· 109

7.3 运输安全管理 ···················· 121

7.4 复习思考题 ····················· 133

第8章 爆破器材及爆破安全作业 ············· 134

8.1 基本规定 ························ 134

8.2 爆破器材库 ······················ 134

8.3 爆破器材的管理 ·················· 138

8.4 爆破作业 ························ 140

8.5 爆破通风 ························ 149

8.6　复习思考题 ………………………………………………………………… 151

第9章　焊接与气割安全作业 ………………………………………………… 152
9.1　基本规定 …………………………………………………………………… 152
9.2　焊接场地和设备 …………………………………………………………… 153
9.3　焊接的安全管理 …………………………………………………………… 156
9.4　气焊与气割安全管理 ……………………………………………………… 158
9.5　电焊作业危害因素分析及预防措施 ……………………………………… 162
9.6　复习思考题 ………………………………………………………………… 165

第10章　锅炉及压力容器安全管理 …………………………………………… 166
10.1　基本规定 …………………………………………………………………… 166
10.2　锅炉安装管理 ……………………………………………………………… 166
10.3　锅炉运行 …………………………………………………………………… 173
10.4　压力容器安全管理 ………………………………………………………… 176
10.5　复习思考题 ………………………………………………………………… 179

第11章　危险物品安全管理 …………………………………………………… 180
11.1　基本规定 …………………………………………………………………… 180
11.2　易燃物品 …………………………………………………………………… 181
11.3　有毒有害物品 ……………………………………………………………… 183
11.4　放射性物品 ………………………………………………………………… 185
11.5　复习思考题 ………………………………………………………………… 187

第12章　水利工程土建主要施工工艺安全作业 ……………………………… 189
12.1　土石方工程 ………………………………………………………………… 189
12.2　地基与基础工程 …………………………………………………………… 203
12.3　砂石料生产工程 …………………………………………………………… 209
12.4　混凝土工程 ………………………………………………………………… 214
12.5　沥青混凝土 ………………………………………………………………… 227
12.6　砌石工程 …………………………………………………………………… 232
12.7　堤防工程 …………………………………………………………………… 235
12.8　渠道、水闸与泵站工程 …………………………………………………… 237
12.9　疏浚与吹填工程 …………………………………………………………… 242
12.10　拆除工程 ………………………………………………………………… 251
12.11　监测及试验 ……………………………………………………………… 254
12.12　复习思考题 ……………………………………………………………… 259

第13章　应急管理与防灾减灾知识 …………………………………………… 261
13.1　应急管理 …………………………………………………………………… 261

13.2　重大事故应急救援……………………………………………………… 271

13.3　防灾减灾知识…………………………………………………………… 277

13.4　应急能力建设…………………………………………………………… 294

13.5　复习思考题……………………………………………………………… 295

第 1 章

安全生产管理概述

1.1 安 全 生 产

随着人类社会的发展，安全已成为人类生存和发展的最基本条件。安全的含义一般理解为没有伤害、没有损失、没有威胁、没有事故发生，也可理解为客观事物的危险程度能够为人们普遍接受的状态，这只是一种表征。安全的本质含义为：一是预知、预测、分析危险；二是限制、控制、消除危险，两者缺一不可。广义的安全，是预知人类活动的各个领域里所固有的或潜在的危险，并为消除这些危险所采取的各种方法、手段和行动的总称。安全的概念是动态的，随着社会文明的进步而不断丰富和发展。

安全生产是指在社会生产过程中控制和减少职业危害因素，避免和消除劳动场所的风险，保障从事劳动的人员和相关人员的人身安全健康以及劳动场所的设备、财产安全。

《辞海》将"安全生产"定义为：为预防生产过程中发生人身、设备事故，形成良好劳动环境和工作秩序而采取的一系列措施和活动。《中国大百科全书》将"安全生产"定义为：旨在保护劳动者在生产过程中安全的一项方针，也是企业管理必须遵循的一项原则，要求最大限度地减少劳动者的工伤和职业病，保障劳动者在生产过程中的生命安全和身体健康。后者将安全生产解释为企业生产的一项方针、原则和要求，前者则将安全生产解释为企业生产的一系列措施和活动。根据现代系统安全工程的观点：一般意义上讲，安全生产是指在社会生产活动中，通过人、机、物料、环境的和谐运作，使生产过程中潜在的各种事故风险和伤害因素始终处于有效控制状态，切实保护劳动者的生命安全和身体健康。安全生产工作应当以人为本，坚持人民至上、生命至上，把保护人民生命安全摆在首位，树牢安全发展理念。

广义的安全生产，不仅指企业在生产经营过程中的安全，还应是全社会范围内的生产安全。安全生产是工业革命和社会化生产的产物。自从人类进入到工业社会后，机器设备的大量使用以及新技术的不断运用，在为人类创造大量社会物质财富的同时，也给人类、企业生产、社会环境带来了工业风险，带来了诸多安全问题。人类社会采取各种方法、措施避免和消除生产事故的发生，成为社会发展的必然要求。

狭义的安全生产，是指国家和企业为了预防生产经营过程中发生人身和设备事故、形

1

成良好的劳动环境和工作秩序而采取的一系列措施和开展的各种活动。

1.2 职业安全健康

职业安全健康也称劳动保护，是指国家为了保护劳动者在生产过程中的安全和健康，保护生产力，促进经济建设的发展，在改善劳动条件和作业环境，消除事故隐患，预防和减少职业危害，防止工伤事故和职业病，保障劳动者生命健康权益，实现劳逸结合和女工保护等方面所采取的各种组织措施和技术措施。劳动保护的内容主要包括劳动安全、劳动卫生、工时和休假、特殊职工的特殊保护等方面的立法、组织、制度、技术、设备、教育、培训等措施。在我国，职业安全健康是安全生产工作的重要内容。

1.3 安全生产方针

安全生产方针，是国家对安全生产工作所提出的一个总的要求和指导原则，它为安全生产指明了方向。要搞好安全生产，就必须有正确的安全生产方针。《安全生产法》第三条规定，"安全生产工作应当以人为本，坚持人民至上、生命至上，把保护人民生命安全摆在首位，树牢安全发展理念，坚持安全第一、预防为主、综合治理的方针，从源头上防范化解重大安全风险"。反映了党对安全生产规律的新认识，对于指导新时期安全生产工作具有重大而深远的意义。

安全第一，就是在生产过程中把安全放在第一重要的位置上，切实保护劳动者的生命安全和身体健康。坚持安全第一，是贯彻落实以人为本的科学发展观、构建社会主义和谐社会的必然要求。

预防为主，就是把安全生产工作的关口前移，超前防范，建立预教、预测、预想、预报、预警、预防的递进式、立体化事故隐患预防体系，改善安全状况，预防安全事故。在新时期，预防为主就是通过建设安全文化、健全安全法制、提高安全科技水平、落实安全责任、加大安全投入，构筑坚固的安全防线。

综合治理，是指适应我国安全生产形势的要求，自觉遵循安全生产规律，正视安全生产工作的长期性、艰巨性和复杂性，抓住安全生产工作中的主要矛盾和关键环节，综合运用经济、法律、行政等手段，人管、法治、技防多管齐下，并充分发挥社会、职工、舆论的监督作用，有效解决安全生产领域的问题。

"安全第一、预防为主、综合治理"的安全生产方针是一个有机统一的整体。安全第一是预防为主、综合治理的统帅和灵魂，没有安全第一的思想，预防为主就失去了思想支撑，综合治理就失去了整治依据。预防为主是实现安全第一的根本途径。只有把安全生产的重点放在建立事故隐患预防体系上，超前防范，才能有效减少事故损失，实现安全第一。综合治理是落实安全第一、预防为主的手段和方法。只有不断健全和完善综合治理工作机制，才能有效贯彻安全生产方针，真正把安全第一、预防为主落到实处，不断开创安全生产工作的新局面。

1.4 安全生产管理体制

完善安全生产管理体制，建立健全安全管理制度、安全管理机构和安全生产责任制是安全管理的重要内容，也是实现安全生产管理目标的组织保证。

1.4.1 安全生产管理体制创建、发展和完善过程

为适应社会主义市场经济的发展，1993 年国务院将计划经济条件下的"国家监察、行政管理，群众监督"的安全生产管理体制，发展和完善成为"企业负责、行业管理、国家监察、群众监督"。

2004 年 1 月 9 日，《国务院关于进一步加强安全生产工作的决定》从五个方面提出了对安全生产工作的 23 条要求，其中在第 22 条"构建全社会齐抓共管的安全生产工作格局"中提出：地方各级人民政府每季度至少召开一次安全生产例会，分析、部署、督促和检查本地区的安全生产工作；大力支持并帮助解决安全生产监管部门在行政执法中遇到的困难和问题。各级安全生产委员会及其办公室要积极发挥综合协调作用。安全生产综合监管及其他负有安全生产监督管理职责的部门要在政府的统一领导下，依照有关法律法规的规定，各负其责，密切配合，切实履行安全监管职能。各级工会、共青团组织要围绕安全生产，发挥各自优势，开展群众性安全生产活动。充分发挥各类协会、学会、中心等中介机构和社团组织的作用，构建信息、法律、技术装备、宣传教育、培训和应急救援等安全生产支撑体系。强化社会监督、群众监督和新闻媒体监督，丰富全国"安全生产月""安全生产万里行"等活动内容，努力构建"政府统一领导、部门依法监管、企业全面负责、群众参与监督、全社会广泛支持"的安全生产工作格局。这是对我国安全生产管理体制提出的更趋完善的要求。

我国目前的安全生产管理体制是：综合监管与行业监管相结合、国家监察与地方监管相结合、政府监督与其他监督相结合的格局。国务院安全生产监督管理部门依照《安全生产法》对全国安全生产工作实施综合监督管理。县级以上地方各级人民政府安全生产监督管理部门依照《安全生产法》，对本行政区域内安全生产工作实施综合监督管理。

2002 年 6 月 29 日，第九届全国人民代表大会常务委员会第二十八次会议通过《安全生产法》，《安全生产法》历经三次修订。第一次修正，2009 年 8 月 27 日，第十一届全国人民代表大会常务委员会第十次会议《关于修改部分法律的决定》；第二次修正，2014 年 8 月 31 日，第十二届全国人民代表大会常务委员会第十次会议《关于修改〈中华人民共和国安全生产法〉的决定》；第三次修正，2021 年 6 月 10 日，第十三届全国人民代表大会常务委员会第二十九次会议《关于修改〈中华人民共和国安全生产法〉的决定》，自 2021 年 9 月 1 日起施行。

1.4.2 水利工程建设安全生产监督管理体制

水利部发布了《水利工程建设安全生产管理规定》（2005 年发布，2014 年修正，2017 年修正，2019 年修正），对水利工程建设的监督管理体制和有关部门的监督管理职责进行了明确。规定指出，水行政主管部门和流域管理机构按照分级管理权限，负责水利工程建设安全生产的监督管理。水行政主管部门或者流域管理机构委托的安全生产监督机构，负

责水利工程施工现场的具体监督检查工作。

水利部负责全国水利工程建设安全生产的监督管理工作，其主要职责如下：

（1）贯彻、执行国家有关安全生产的法律、法规和政策，制定有关水利工程建设安全生产的规章、规范性文件和技术标准。

（2）监督、指导全国水利工程建设安全生产工作，组织开展对全国水利工程建设安全生产情况的监督检查。

（3）组织、指导全国水利工程建设安全生产监督机构的建设、管理以及水利水电工程施工单位的主要负责人、项目负责人和专职安全生产管理人员的安全生产考核工作。

流域管理机构负责所管辖的水利工程建设项目的安全生产监督工作。

省、自治区、直辖市人民政府水行政主管部门负责本行政区域内所管辖的水利工程建设安全生产的监督管理工作，其主要职责如下：

（1）贯彻、执行有关安全生产的法律、法规、规章、政策和技术标准，制定地方有关水利工程建设安全生产的规范性文件。

（2）监督、指导本行政区域内所管辖的水利工程建设安全生产工作，组织开展对本行政区域内所管辖的水利工程建设安全生产情况的监督检查。

（3）组织、指导本行政区域内水利工程建设安全生产监督机构的建设工作以及有关的水利水电工程施工单位的主要负责人、项目负责人和专职安全生产管理人员的安全生产考核工作。

规定还指出，水行政主管部门或者流域管理机构委托的安全生产监督机构，应当配备一定数量并经水利部考核合格的专职安全生产监督人员，严格按照有关安全生产的法律、法规、规章和技术标准，对水利工程施工现场实施监督检查。

1.5 施工企业安全生产管理机构

施工企业安全生产管理机构是指水利工程建设施工企业设置的负责安全生产管理工作的独立职能部门。

1.5.1 水利工程建设施工企业安全生产管理机构

根据《水利工程建设安全生产管理规定》的要求，施工企业应当设立安全生产管理机构，按照国家有关规定配备专职安全生产管理人员。水利工程建设施工企业安全生产管理机构的职责如下：

（1）宣传和贯彻国家有关安全生产法律法规和标准。

（2）组织或参与编制并适时更新安全生产管理制度并监督实施。

（3）组织或参与拟定本单位操作规程。

（4）组织或参与企业生产安全事故应急救援预案的编制及演练。

（5）组织开展安全教育培训与交流，如实记录安全生产教育和培训情况。

（6）协调配备项目专职安全生产管理人员。

（7）检查本单位的安全生产状况，及时排查生产安全事故隐患，提出改进安全生产管理的建议。

（8）组织开展危险源辨识和评估，督促落实本单位重大危险源的安全管理措施。

（9）监督在建项目安全生产费用的使用。

（10）参与危险性较大工程的安全专项施工方案专家论证会。

（11）制止和纠正违章指挥、强令冒险作业、违反操作规程的行为，通报在建项目违规违章查处情况。

（12）组织开展安全生产评优评先表彰工作。

（13）建立企业在建项目安全生产管理档案。

（14）考核评价分包企业安全生产业绩及项目安全生产管理情况。

（15）参加生产安全事故的调查和处理工作。

（16）督促落实本单位安全生产整改措施。

（17）企业明确的其他安全生产管理职责。

1.5.2　水利工程建设施工企业安全生产领导小组

水利建设施工企业应当在建设工程项目组建安全生产领导小组。实行施工总承包的，安全生产领导小组由总承包企业、专业承包企业和劳务分包企业项目经理、技术负责人和专职安全生产管理人员组成。其主要职责如下：

（1）贯彻落实国家有关安全生产法律、法规、规章、制度和标准。

（2）组织制订项目安全生产总体目标及年度目标、安全生产目标管理计划。

（3）组织制定项目安全生产管理制度并监督实施。

（4）编制项目生产安全事故应急救援预案并组织演练。

（5）保证项目安全生产费用的有效使用。

（6）组织编制危险性较大工程安全专项施工方案（建议删除，属于技术负责人职责）。

（7）组织编制保证安全生产措施方案和蓄水安全鉴定等工作。

（8）开展项目安全教育培训。

（9）组织实施项目安全检查和隐患排查。

（10）建立项目安全生产管理档案。

（11）及时、如实报告安全生产事故。

（12）协调解决项目安全生产工作中的重大问题等。

1.6　安全生产标准体系

标准在安全生产工作中起着十分重要的作用，法定的安全标准是我国安全生产法律体系的重要组成部分，保障企业安全生产的重要技术规范，安全监管监察和依法行政的重要依据和规范市场准入的必要条件。标准体系是"一定范围内标准按其内在联系形成的科学的有机整体"。

1.6.1　安全生产标准体系

安全生产标准体系是指为维持生产经营活动，保障安全生产而制定颁布的一切有关安全生产方面的技术、管理、方法、产品等标准的有机组合，既包括现行的安全生产标准，也包括正在制定修订和计划制定修订的安全生产标准。根据《标准化法》的规定，标准有国家标准、行业标准、地方标准和团体标准、企业标准。国家标准、行业标准又分为强制性标准和推荐性标准。安全标准主要指国家标准和行业标准，大部分是强制性标准。

1.6.2　我国安全生产标准的主要内容

我国安全标准涉及面广，从大的方面看，由煤矿安全、非煤矿山安全、电气安全、危险化学品安全、石油化工安全、易爆物品安全、烟花爆竹安全、涂装作业安全、交通运输安全、机械安全、消防安全、建筑安全、个体防护装备（原劳动防护用品）、特种设备安全、通用生产安全等多个子体系组成。每个子体系又由若干部分组成，如非煤矿山安全标准体系又由冶金安全、有色金属安全等下一层级标准组成。每个层级的标准包括基础标准、管理标准、技术标准、方法标准和产品标准等五大类。

多年来，在国务院各有关部门以及各标准化技术委员会的共同努力下，制定了一大批涉及安全生产方面的国家标准和行业标准。据初步统计，我国现有的有关安全生产的国家标准涉及设计、管理、方法、技术、检测检验、职业健康和个体防护用品等多个方面。除国家标准外，国家安全生产监督管理、公安、交通、建设等有关部门还制定了大量有关安全生产的行业标准。这些安全标准的制定和颁布在安全生产方面发挥了重要作用。

1.6.3　我国安全生产标准体系的建立和完善

国家标准化管理委员会和国家安全生产监督管理总局 2007 年共同组织编制了《2007—2010 年全国安全生产标准化发展规划》草案，向全社会广泛征求对规划草案的修改意见，同时公示了规划中 604 项安全生产标准制修订计划项目。

该规划草案涵盖了通用、煤矿、非煤矿山、危险化学品等 10 个领域。按照此规划，总体目标是：到 2010 年，重点领域初步建立比较完善的安全生产标准体系。基本完成煤矿、非煤矿山、危险化学品、烟花爆竹、粉尘防爆、涂装作业、防尘防毒 7 个重点行业现行安全生产标准的修订工作和一些急需安全生产标准的制定工作。个体防护装备和机械安全等安全生产标准基础较好的行业积极采用国际或先进国家标准。其中阶段性目标分别为：2007—2008 年，制修订安全生产工作急需、关键领域缺失以及标龄超过 10 年的安全生产标准。2009 年重点修订标龄为 5～10 年的安全生产标准。2010 年，在重点领域初步建立比较完善的安全生产标准体系。

2021 年，应急管理部制定《企业安全生产标准化建设定级办法》，进一步规范和促进企业开展安全生产标准化建设，建立并保持安全生产管理体系，全面管控生产经营活动各环节的安全生产工作，不断提升安全管理水平。

安全生产标准化建设是落实企业安全生产主体责任，强化企业生产基础工作，改善安全生产条件，预防事故的重要手段，对保障职工生命财产安全具有重要意义。为进一步推进企业安全生产标准建设进程，规范水利安全生产标准化评审工作，根据《国务院关于进一步加强企业安全生产工作的通知》（国发〔2010〕23 号）、《国务院安委会关于深入开展企业安全生产标准化建设的指导意见》（安委〔2011〕4 号）和《水利行业深入开展安全生产标准化建设实施方案》（水安监〔2011〕346 号）、《水利部关于水利部安全生产标准化评审有关事项的通知》（水监督函〔2018〕206 号）、《水利部关于水利安全生产标准化达标动态管理的实施意见》（水监督〔2021〕143 号）、《水利安全生产标准化通用规范》（SL/T 789—2019）、《企业安全生产标准化基本规范》（GB/T 33000—2016）等文件、标准，采用"策划、实施、检查、改进"动态循环模式开展企业安全生产标准化工作，结合自身的特点，设置 8 个一级项目、28 个二级项目和 149 个三级项目，建立并保持安全生产标准体系，通过自我检查、自我纠正和自我完善，建立安全绩效持续改进的安全生产长效机制。

1.7　安全生产责任制

安全生产责任制是对各级政府、各职能部门、各生产经营单位和各级领导，各有关负责人及各类人员所规定的在各自职责范围对安全生产应负责任的制度。

1.7.1　政府安全生产工作职责

(1) 应当加强对安全生产工作的领导，支持、督促各有关部门依法履行安全生产监督管理工作职责，及时协调、解决安全生产监督管理中存在的重大问题。《安全生产法》第九条规定："国务院和县级以上地方各级人民政府应当加强对安全生产工作的领导，建立健全安全生产工作协调机制，支持、督促各有关部门依法履行安全生产监督管理职责，及时协调、解决安全生产监督管理中存在的重大问题。"

(2) 应当组织有关部门对本行政区域内容易发生重大生产安全事故的生产经营单位进行严格检查并及时处理事故隐患。《安全生产法》第六十二条规定："县级以上地方各级人民政府应当根据本行政区域内的安全生产状况，组织有关部门按照职责分工，对本行政区域内容易发生重大生产安全事故的生产经营单位进行严格检查。应急管理部门应当按照分类分级监督管理的要求，制定安全生产年度监督检查计划，并按照年度监督检查计划进行监督检查，发现事故隐患，应当及时处理。"

(3) 应当组织有关部门制定特大事故应急救援预案，建立应急救援体系。《安全生产法》第七十九条规定："国家加强生产安全事故应急能力建设，在重点行业、领域建立应急救援基地和应急救援队伍，并由国家安全生产应急救援机构统一协调指挥；鼓励生产经营单位和其他社会力量建立应急救援队伍，配备相应的应急救援装备和物资，提高应急救援的专业化水平。"

1.7.2　安全生产监督管理部门职责

(1) 进入生产经营单位进行安全检查，调阅有关资料，向有关单位和人员了解情况。

(2) 对检查中发现的安全生产违法行为，当场予以纠正或者要求限期改正；对依法应当给予行政处罚的行为，依照本法和其他有关法律、行政法规的规定做出行政处罚决定。

(3) 对检查中发现的事故隐患，应当责令立即排除。重大事故隐患排除前或者排除过程中无法保证安全的，应当责令从危险区域内撤出作业人员，责令暂时停产停业或者停止使用；重大隐患排除后，经审查同意，方可恢复生产经营和使用。

(4) 对有根据认为不符合保障安全生产的国家标准或者行业标准的设施、设备、器材予以查封或者扣押，并应当在 15 日内依法作出处理决定。

1.7.3　负有安全生产监督管理职责的部门职责

(1) 依法严把审批、验收关。

(2) 对依法应当经过审批、验收，而未经审批、验收即从事有关活动的违法行为，必须依法予以处理。

（3）发现已经审批的生产经营单位不再具备安全生产条件的，应当撤销原批准。

1.7.4　生产经营单位主要负责人的职责

（1）建立、健全并落实本单位全员安全生产责任制，加强安全生产标准化建设。主要包括：

1）生产经营单位主要负责人的安全生产责任制。生产经营单位的主要负责人或者正职是安全生产第一责任者，对本单位的安全生产工作全面负责。

2）生产经营单位负责人或者副职的安全生产责任制。生产经营单位负责人或者副职在各自职责范围内，协助主要负责人或者正职搞好安全生产工作。

3）生产经营单位职能管理机构负责人及其工作人员的安全生产责任制。职能管理机构负责人按照本机构的职责，组织有关工作人员做好安全生产工作，对本机构职责范围的安全生产工作负责。职能机构工作人员在本职责范围内做好有关安全生产工作。

4）班组长安全生产责任制。班组长是搞好安全生产工作的关键，是法律、法规的直接执行者。安全生产工作搞得好不好，关键在班组长。班组长督促本班组的工人遵守有关安全生产规章制度和安全操作规程，不违章指挥、不违章作业、不强令工作冒险作业，遵守劳动纪律，对本班组的安全生产负责。

5）岗位工人的安全生产责任制。每个岗位的工人要接受安全生产教育和培训，遵守有关安全生产规章和安全操作规程，不违章作业，遵守劳动纪律，对本岗位的安全生产负责。特种作业人员必须接受专门的培训，经考试合格取得操作资格证书的，方可上岗作业。

（2）组织制定并实施本单位安全生产规章制度和操作规程。

（3）组织制定并实施本单位安全生产教育和培训计划。

（4）保证本单位安全生产投入的有效实施。

（5）组织建立并落实安全风险分级管控和隐患排查治理双重预防工作机制，督促、检查本单位的安全生产工作，及时消除生产安全事故隐患。

（6）组织制定并实施本单位的生产安全事故应急救援预案。

（7）及时、如实报告生产安全事故。

1.7.5　我国安全生产责任制的建立和完善

安全生产责任制是经长期的安全生产实践证明的成功制度与措施。这一制度与措施最早见于国务院 1963 年 3 月 30 日颁布的《关于加强企业生产中安全工作的几项规定》（即《五项规定》）。《五项规定》中要求，企业的各级领导、职能部门、有关工程技术人员和生产工人，各自在生产过程中应负的安全责任，必须加以明确。国务院 2004 年 1 月 9 日发布的《国务院关于进一步加强安全生产工作的决定》（国发〔2004〕2 号）明确要求："地方各级人民政府要建立健全领导干部安全生产责任制。加强对地方领导干部的安全知识培训和安全生产监管人员的执法业务培训。依法严肃查处事故责任，对存在失职、渎职行为，或对事故发生负有领导责任的地方政府、企业领导人，要依照有关法律法规严格追究责任。严厉惩治安全生产领域的腐败现象和黑恶势力。"明确了政府和生产经营单位在安全生产方面的两个责任主体，使安全生产责任制进一步完善。2021 年颁布的《中华人民共和国安全生产法（修正）》对各级人民政府，特别是县级以上地方各级人民政府和有关部门的安全生产监督管理职责也作出了明确规定。

安全生产责任制的内容是根据各地区、各部门、各生产经营单位和各类人员的职责来确定的，充分体现责权利相统一的原则。完善安全生产责任制的总要求是"横向到边、纵向到底"，形成一个完整的制度体系，并落实措施，建立完善的制约机制和激励机制，奖罚分明。

1.8　安全技术措施和一般规定

为改善企业生产过程中的安全卫生和文明生产条件所采取的各种技术措施，统称为安全技术措施。为此编制的措施计划称为安全技术措施计划。安全技术措施计划是企业安全管理的基本制度之一，是企业生产、基建、技术、财务和物资供应计划的重要组成部分，也是安全生产工作的重要内容。通过编制安全技术措施计划可以把改善劳动条件和实现文明生产的工作纳入国家和企业的生产建设计划之中。有计划、有步骤地解决安全技术中的重大技术问题，可以合理地使用资金，保证安全技术措施落实，发挥安全措施经费的更大作用，可以调动群众的积极性，增强各级领导对安全生产工作的责任心，从根本上改善安全作业环境和劳动条件。

1.8.1　安全技术措施计划的项目

安全技术措施计划的项目包括改善劳动条件、防止事故、预防职业病、提高职工安全素质的一切安全技术措施。主要包括以下几个方面的项目：

（1）安全技术措施。即以防止工伤事故、火灾爆炸等设备事故及影响生产的险兆事故为目的的一切技术措施。如防护装置、信号装置、保险装置、防爆装置及各种安全设施等。

（2）工业卫生技术措施。即以改善对职工身体健康有害的生产环境条件、防止职业中毒与职业病为目的的一切技术措施。如防尘、防毒、防噪声与振动、通风、降温、防寒等装置或设施。

（3）辅助措施。即保证工业卫生方面所必需的房屋及一切卫生保障措施。如消毒作业人员的淋浴室、更衣室或存衣箱、消毒室、妇女卫生室等。

（4）安全宣传教育措施。即提高作业人员安全素质的有关宣传教育设备、仪器、教材和场所等。如劳动保护教育室、安全生产教材、挂图、宣传画、培训室（场地）、展览等。

1.8.2　建筑工程安全防护、文明施工措施

根据住房城乡建设部《建设工程安全防护、文明施工措施费用及使用管理规定》（建办〔2005〕89号），建筑工程安全防护、文明施工措施包括文明施工、环境保护、临时设施和安全施工等项目，主要内容有：

（1）文明施工措施项目：包括工程搭设的临时设施，如临时宿舍、食堂、仓库、办公室、加工厂和卫生设施、文化设施及道路、水、电、管线等临时设施；文明施工措施，如厨厕瓷片、场地的硬地化、施工场地围墙、大门、场地排水系统、洗车槽、材料堆放设置、泥浆、污水处理、垃圾及拆除废料的堆放与清运、场地绿化等。

（2）安全生产措施项目：包括外墙钢管脚手架（含安全网、安全挡板）等及其他安全生产措施。如安全管理实施方案（制度）的编印；安全标志的设置及宣传栏的设置（包括报刊、宣教书籍、标语的购置）；安全培训；消防设施和消防器材配置及保健急救措施；楼梯口、电梯口、通道口、预留洞口、阳台周边、楼层周边及上下通道的临边安全防护；交叉、高处作业安全防护；变配电装置的三级配电箱、外电防护、二级保护的防触电系统（包括漏电保护器）；起重机、塔吊等起重吊装设备（含井字架、龙门架）与外用电梯的安全检测、安全防护设施（含警戒标志）；隧道施工等地下作业中的通风、低压电配送等有关设施、监测；交通疏导、警示设施和危险性较大工程安全措施等。

建设单位、设计单位在编制工程概（预）算时，应当依据工程所在地工程造价管理机构测定的相应费率，合理确定工程安全防护、文明施工措施费。其中安全施工费由临边、洞口、交叉、高处作业安全防护费，危险性较大工程安全措施费及其他费用组成。危险性较大工程安全措施费及其他费用项目组成由各地建设行政主管部门结合本地区实际自行确定。建设单位应当及时向施工单位支付安全防护、文明施工措施费，并督促施工企业落实安全防护、文明施工措施。

1.8.3　编制安全技术措施计划的依据

编制安全技术措施计划应以"安全第一，预防为主，综合治理"的安全生产方针为指导思想，以国家有关安全生产法规为依据，是根据企业具体情况提出的一项安全措施制度。其编制依据主要有以下几个方面：

（1）国家公布的安全生产方针、政策、法令、法规、职业安全卫生国家标准和各产业部门公布的有关安全生产政策及指示；

（2）安全检查中发现的事故隐患；

（3）防止工伤事故、职业病和职业中毒应采取的各种措施；

（4）职工群众提出的有关安全生产和工业卫生方面的合理化建议；

（5）采用新技术、新工艺、新材料和新设备等应采用的安全措施。

在具体编制安全技术措施计划的过程中，应从党和政府的安全生产方针、政策、法规、标准及企业实际情况出发，考虑措施项目计划是否必须，项目在技术上是否可行，经济上是否合理，所需费用是否可以承受等。列入计划的做事项目要注重实用、节约。力求措施项目能发挥最大作用，避免因贪大、求洋、求高的做法造成资金的浪费，做到花钱少、效果好。编制计划时要充分利用现有的设施、设备，只要在企业内通过努力，自己能解决的问题，应自力更生，尽量发动群众自己解决。编制安全生产措施计划要突出重点，优先解决对职工、群众安全健康威胁最大，而群众又迫切要求解决的问题。在选择措施方案时，要从发展的角度，优先考虑改革工艺、设备，采用新材料、新工艺、新技术等措施，力求从根本上消除职业危害，有效改善劳动条件，不留新的隐患。

1.8.4　实施安全技术措施计划的要求

（1）为实施、控制和改进项目安全技术措施计划提供必要的资源，包括人力、技术、物资、专项技能和财力等资源。

（2）通过项目安全管理组织网络，逐级进行安全技术措施计划的交底或培训，保证项目部人员和分包人等人员，正确理解安全管理实施计划的内容和要求。

（3）建立并保持安全技术措施计划执行状况的沟通与监控程序，随时识别潜在的危险因素和紧急情况，采取有效措施，预防和减少因计划考虑不周或执行偏差而可能引发的危险。

（4）建立并保持对相关方在提供物资和劳动力等方面所带来的风险进行识别和控制的程序，有效控制来自外部的危险因素。

1.9 安全技术交底

《建设工程安全生产管理条例》规定，建设工程施工前，施工单位负责项目管理的技术人员应当对有关安全施工的技术要求向施工作业班组、作业人员作出详细说明，并由双方签字确认。这种规定，习惯上被称为安全技术交底制度。

1.9.1 安全技术交底的重要性

安全技术交底是一种行之有效的安全管理方法，是被法律认可的一种安全生产管理制度。《安全生产法》规定，生产经营单位从业人员有权了解其作业场所和工作岗位存在的危险因素及事故应急措施。因此，生产经营单位就有义务事前告知有关危险因素和事故应急措施。安全技术交底主要用于建设工程当中施工单位对安全生产中员工需注意事项及责任问题的说明，也适用于安全监理部门对所监理的工程的施工安全生产进行的监督检查。随着安全生产工作的进一步加强和完善，安全技术交底制度在越来越多的生产经营场所被广泛采用。

安全技术交底的具体内容由施工单位安全管理部门和施工技术人员依据国家安全生产方针、政策、规程规范、行业标准及企业各种规章制度，特别是《中华人民共和国安全生产法》《建设工程安全生产管理条例》《施工企业安全检查标准》等有关规定，结合施工实际和施工组织设计总体要求共同编写。这种方法具有四大特点：针对性、时效性、强制性和全员性。针对性是指在安全施工中，针对特殊项目而提出特殊要求，特别是针对施工难度大、危险程度高、技术要求严、施工时间较长、人员较为集中的项目，要把项目的难点、特点、注意点及特殊要求列出来，让参与施工的人员了解和熟知；时效性是指针对具体项目，对所有施工人员提出本次施工期间的安全要求，在施工期间必须做到；强制性是指参与施工的人员必须毫无保留地做到《安全技术交底》规定的每一项要求；全员性是指所有参与施工人员都必须掌握安全技术交底的规定和具体内容，包括具体施工作业人员、组织管理人员、安全监督人员、聘请外来人员、司机和场地看护人员等，为了真正使每个人都熟悉交底内容，安全管理部门也可在施工前组织几次笔试和口试。只有完全掌握者才能参与施工。实践证明，安全技术交底法对保证重点施工项目的安全生产、实现对工人职业健康的有效预控，提高施工管理、操作人员的安全生产管理水平和操作技能，努力创造安全生产环境，杜绝事故的发生十分有效。

安全技术交底必须在工程开工前与下达施工任务同时进行，固定场所的工种（包括后勤人员）可定期交底，非固定作业场所的工种要按每一分部（分项）工程定期进行交底，新进场作业人员必须进行安全技术交底再上岗。采用新技术、新工艺、新材料施工，必须编制相应的安全技术操作规程，进行安全技术教育，做到先培训后上岗。

1.9.2　安全技术交底的形式和内容

工程技术负责人要根据工程进度部位、施工季节、施工条件、施工程序，结合各工种施工特点进行较为详细的安全技术交底。根据不同的对象和要求，安全技术交底一般有以下几种形式：

（1）施工单位安全生产部门和相关单位负责人对项目部进行安全生产管理首次交底。交底内容如下：

1）国家和地方有关安全生产的方针、政策、法律法规、标准、规范、规程和企业的安全规章制度。

2）项目安全管理目标、伤亡控制指标、安全达标和文明施工目标。

3）危险性较大的分部分项工程及危险源的控制、专项施工方案清单和方案编制的指导、要求。

4）施工现场安全质量标准化管理的一般要求。

5）公司部门对项目部安全生产管理的具体措施要求。

（2）项目部负责人对施工队长或班组长进行书面安全技术交底。交底内容如下：

1）项目各项安全管理制度、办法，注意事项、安全技术操作规程。

2）每一分部、分项工程施工安全技术措施、施工生产中可能存在的不安全因素及防范措施等，确保施工活动安全。

3）特殊工种的作业、机电设备的安拆与使用，安全防护设施的搭设等，项目技术负责人均要对操作班组做安全技术交底。

4）两个以上工种配合施工时，项目技术负责人要按工程进度定期或不定期地向有关班组长进行交叉作业的安全交底。

（3）施工队长或班组长根据交底要求，对操作工人进行有针对性的班前作业安全交底，操作人员必须严格执行安全交底的要求。交底内容如下：

1）本工种安全操作规程。

2）现场作业环境要求和本工种操作的注意事项。

3）作业过程中可能出现的不安全情况及应急措施。

4）个人防护用品的正确穿戴方法等个人防护措施。

1.9.3　安全技术交底的要求

安全技术交底内容要全面准确，通俗易懂，具有针对性和可操作性，并符合有关安全技术操作规程的规定。对专业性较强的分部分项工程和危险性较大的工程必须结合施工组织设计和专项安全技术方案进行较为具体的安全技术交底。施工环境发生变化时，应及时变更交底内容。

安全技术交底要经交底人与接受交底人签字方能生效。交底字迹要清晰，必须本人签字，不得代签。

安全交底后，项目技术负责人、安全员、班组长等要对安全交底的落实情况进行检查和监督，督促操作工人严格按照交底要求施工，制止违章作业现象发生。作业人员必须按照安全技术交底和本工种安全技术操作规程要求进行施工。对严重违章者必须重新教育考核合格后再上岗。

1.10　安　全　生　产　检　查

安全检查是一项综合性的安全生产管理措施,是建立良好的安全生产环境、做好安全生产工作的重要手段之一,也是企业防止事故、减少职业病的有效方法。

1.10.1　安全生产检查的法律依据

《安全生产法》第六十二条规定:县级以上地方各级人民政府应当根据本行政区域内的安全生产状况,组织有关部门按照职责分工,对本行政区域内容易发生重大生产安全事故的生产经营单位进行严格检查。《建设工程安全生产管理条例》也规定:县级以上人民政府负有建设工程安全生产监督管理职责的部门在各自的职责范围内履行安全监督检查职责时,有权进入被检查单位施工现场进行检查,纠正施工中违反安全生产要求的行为,对检查中发现的安全事故隐患,责令立即排除,重大安全事故隐患排除前或者排除过程中无法保证安全的,责令从危险区域内撤出作业人员或者暂时停止施工。县级以上地方各级人民政府和负有建设工程安全生产监督管理职责的部门应当认真履行这一职责,组织有关部门严格按照有关安全生产的法律、法规和有关国家标准或者行业标准的规定,认真检查生产经营单位的安全生产状况。对检查中发现的事故隐患,应当责令有关单位采取有效措施及时处理,如果事故隐患排除前或者排除过程中无法保证安全生产的,应当责令有关单位暂时停产、停业或者停止使用。对本地区存在的重大事故隐患,超出其管辖权或者职责范围的,应当立即向有管辖权或者负有职责的上级人民政府或者政府有关部门报告,情况紧急的,应当立即采取包括责令停产、停业在内的紧急措施并同时报告,有关上级人民政府或者有关部门接到报告后,应当立即组织查处。

生产经营单位主要负责人必须督促、检查本单位的安全生产工作,及时消除生产安全事故隐患。

《安全生产法》第二十一条同时规定,生产经营单位主要负责人必须组织建立并落实安全风险分级管控和隐患排查治理双重预防工作机制,督促、检查本单位的安全生产工作,及时消除生产安全事故隐患。《建设工程安全生产管理条例》规定,施工单位必须对所承担的建设工程进行定期和专项安全检查,并做好安全检查记录。因此,施工企业通过安全生产检查既可以达到宣传和执行安全生产方针、政策、法规的目的,又能及时发现生产现场不安全的物质状态、不良的作业环境、不安全的操作和行为以及潜在的职业危害因素,并促使其得到及时的纠正和解决,以利于预防工伤事故和职业病的发生。生产经营单位应当对检查中发现的安全问题或者事故隐患,立即处理解决;难以处理的,组织有关职能部门研究,采取有效措施,限期整改,并在人、财、物上予以保证,及时消除事故隐患。加强事故隐患整改和安全措施落实情况的监督检查,发现问题及时解决,把事故消灭在萌芽状态。目前,随着科学技术、生产技术的不断发展,企业管理水平的日趋提高,安全管理工作经验的愈加成熟,安全生产检查工作正朝着规范化、系统化、科学化方向发展。其必要性、重要性亦更加突出。

1.10.2　安全生产检查的类型

安全生产检查可分为定期安全生产检查、经常性安全生产检查、专业(项)安全生产检查、季节性安全生产检查、节假日前后的安全生产检查、综合性安全生产检查、不定期检查等类型。

（1）定期安全生产检查：定期安全生产检查一般是通过有计划、有组织、有目的的形式来实现，一般由生产经营单位统一组织实施，如月度检查、季度检查、年度检查等。检查周期的确定，应根据生产经营单位的规模、性质以及地区气候、地理环境等确定。定期安全生产检查一般具有组织规模大、检查范围广、有深度、能及时发现并解决问题等特点。定期安全生产检查一般和重大危险源评估、安全现状评价等工作结合开展。

（2）经常性安全生产检查：经常性安全生产检查是由生产经营单位的安全生产管理部门、车间、班组或岗位组织进行的日常检查。一般来讲，包括交接班检查、班中检查、特殊检查等几种形式。

交接班检查是指在交接班前，岗位人员对岗位作业环境、管辖的设备及系统安全运行状况进行检查，交班人员要向接班人员说清楚，接班人员根据自己检查的情况和交班人员的交代，做好工作中可能发生问题及应急处置措施的预想。

班中检查包括岗位作业人员在工作过程中的安全检查，以及生产经营单位领导、安全生产管理部门和车间班组的领导或安全监督人员对作业情况的巡视或抽查等。

特殊检查是针对设备、系统存在的异常情况，所采取的加强监视运行的措施。一般来讲，措施由工程技术人员制定，岗位作业人员执行。

交接班检查和班中岗位的自行检查，一般应制定检查路线、检查项目、检查标准，并设置专用的检查记录本。

岗位经常性检查发现的问题记录在记录本上，并及时通过信息系统和电话逐级上报。一般来讲，对危及人身和设备安全的情况，岗位作业人员应根据操作规程、应急处置措施的规定，及时采取紧急处置措施，不需请示，处置后则立即汇报。有些生产经营单位如化工单位等习惯做法是，岗位作业人员发现危及人身、设备安全的情况，只需紧急报告，而不要求就地处置。

企业或施工单位的项目部一般每年进行2～4次检查；车间或工段每月至少一次检查；班组每天进行检查；专职安全人员进行日常检查。班组长和工人应严格履行交接班检查和班中检查。

（3）专业（项）安全生产检查是针对特种作业、特种设备、特种场所进行的检查，如电焊、起重设备、运输车辆、爆破品仓库、锅炉等。

（4）季节性安全生产检查是根据季节特点，为保障安全生产的特殊要求所进行的检查。如冬季的防火、防寒防冻；夏季的防汛、防高温盛暑、防台风。

（5）节假日前后的安全生产检查，是由于节假日（特别是重大节日，如元旦、春节、劳动节、国庆节）前后容易发生事故，因而应在节假日前后进行有针对性的安全检查，包括节前的安全生产检查，节后的遵章守纪检查。

（6）综合性安全生产检查一般是由上级主管部门组织对生产单位进行的安全检查。综合性安全生产检查具有检查内容全面、检查范围广等特点，可以对被检查单位的安全状况进行全面了解。

（7）不定期检查是指设备装置试运行检查、设备开工前和停工前检查、检修检查等，以及根据《工会法》《安全生产法》的有关规定，生产经营单位的工会应定期或不定期组织职工代表进行安全生产检查。重点检查国家安全生产方针、法规的贯彻执行情况，各级人员安全生产责任制和规章制度的落实情况，从业人员安全生产权利的保障情况，生产现场的安全状况等。

1.10.3　安全生产检查的主要内容和要求

安全生产检查的主要内容包括思想认识、管理制度、劳动纪律、机电设备、安全卫生设施、个人防护用品使用、作业环境、各种事故隐患、事故处理等。

安全生产检查要坚持四个原则：一是领导与群众相结合的原则，二是自查与互查相结合的原则，三是专业检查与全面检查相结合的原则，四是检查与整改相结合的原则。

1.10.4　安全生产检查的形式

安全生产检查的形式很多，有工人在岗位上的自我检查、各级领导组织的自上而下的检查、季节性检查、专业性检查以及安全检查表检查等等。一般来说，这些检查都有领导人员和专业技术人员参加，但是往往由于缺乏系统的检查提纲，只是凭几个有经验的人根据各自的经验进行检查，因而很容易造成检查漏项，达不到检查预期的效果。而安全检查表是进行安全检查、发现潜在危险的一种简单实用的工具，它是系统安全分析的初步手段，是比较原始的初步定性的安全分析方法。

为了系统地发现工厂、车间、班组或设备、工作场所以及各种操作、管理和组织措施中的不安全因素，事先把检查的对象加以剖析，把大系统分割成若干小系统，查出不安全因素所在，然后确定检查项目，以提问的方式，将检查项目按系统或小系统顺序编制成表，以便进行检查。根据上述顺序编制的表，称作安全检查表（safety check list，SCL）。因为安全检查是用系统的观点编制的，它将复杂的大系统分割成子系统或更小的单元，然后集中有经验人员的智慧，事先讨论这些简单的单元中可能存在什么样的危险性，会造成什么样的危险后果，如何消除它。由于事前有了考虑，就可以做到全面周密，不至于漏项。再经编制人员从单元、子系统以至整个系统详细推敲后，按系统编制出安全检查的详细提纲，以提问的方式列成表格，作为安全检查时的指南和备忘录。检查表应充分依靠职工讨论，提出建议，多次修改，由安全技术部门审定后实施。

1.10.5　安全检查表的主要特点

（1）全面性。由于安全检查表是事先组织对被检查对象熟悉的人员，经过充分讨论后编制出来的，可以做到系统化、完整化，不会漏掉任何能导致危险的关键因素，因而克服了盲目性，做到有的放矢，避免了安全检查走过场的现象，起到了改进和提高安全检查质量的作用。

（2）直观性。安全检查表是采用提问的方式，以提纲的形式体现出来的，有问有答，给人以深刻的印象，能够让人们直观地知道如何做才是正确的，因此同时也起到了安全教育的作用。

（3）准确性。安全检查表是根据国家和行业规程标准和企业自身的规章制度等制订的，从检查遵守规章制度的情况，可以得出准确的评价。

（4）广泛性。企业、车间、班组、个人都可以编制安全检查表，企业、车间、班组都可以使用，因此具有广泛性。安全检查表系定性的安全分析方法，简明易懂，容易掌握，不仅适合我国现阶段使用，还可以为进一步使用更先进的安全系统工程方法，进行事故预测和安全评价打下基础。

1.10.6　安全检查表的类型

（1）公司级安全检查表，供公司安全检查时使用。其主要内容包括车间管理人员的安全管理情况；现场作业人员的遵章守纪情况；各重点危险部位；主要设备装置的灵敏性、可靠性，危险性仓库的储存、使用和操作管理。

（2）车间工地安全检查表，供工地定期安全检查或预防性检查时使用。其主要内容包括现场工人的个人防护用品的正确使用；机电设备安全装置的灵敏性、可靠性；电器装置和电缆电线安全性；作业条件环境的危险部位；事故隐患的监控可靠性；通风设备与粉尘的控制；爆破物品的储存、使用和操作管理；工人的安全操作行为；特种作业人员是否到位等。

（3）专业安全检查表，指对特种设备的安全检验检测。危险场所、危险作业分析等。

为了科学地评价建筑施工安全生产情况，提高安全生产工作和文明施工的管理水平，预防伤亡事故的发生，确保职工的安全和健康，实现检查评价工作的标准化、规范化，住房城乡建设部于1999年组织有关人员采用安全系统工程原理，结合建筑施工中伤亡事故规律，依据国家有关法律法规、标准和规程制定了《建筑施工安全检查标准》标准用于建筑施工企业及其主管部门对建筑施工安全工作的检查和评价，同时规定主管部门在考核工程项目和建筑施工企业的安全情况、评选先进、企业升级、项目经理资质时，都必须以本标准为考核依据。

该标准要求，对建筑施工中易发生伤亡事故的主要环节、部位和工艺等的完成情况做安全检查评价时，应采用检查评分表的形式，分为安全管理、文明工地、脚手架、基坑支护与模板工程、"三宝""四口"防护、施工用电、物料提升机与外用电梯、塔吊、起重吊装和施工机具共十项分项检查评分表和一张检查评分汇总表，并对检查内容、检查方法以及评分方法提出了具体的要求，将检查评分结果分为优良、合格、不合格三个等级。《建筑施工安全检查标准》既可作为施工现场安全检查的重要依据，也可作为指导施工现场安全管理的重要依据。

1.11　安全生产宣传与教育培训

安全教育是安全生产管理工作中一项十分重要的内容，它是提高全体劳动者安全生产素质的一项重要手段，是国家和企业安全生产管理的基本制度之一，也是预防和防止生产安全事故的一项重要对策。安全生产教育管理是为了增强企业各级领导与职工的安全意识和法治观念，提高职工安全知识和技术水平，减少人的失误，促进安全生产所采取的一切教育措施的总称。

1.11.1　安全生产教育的法律依据

我国政府十分重视安全生产的宣传和教育工作，早在1954年，国家劳动部就发布了《关于进一步加强安全技术教育的决定》，对安全生产教育的内容、形式作出了规定，并要求在各行业认真贯彻执行。在1963年国务院发布的《关于加强企业生产中安全工作的几项规定》中，安全生产教育就是其中一项重要内容，要求企业把安全生产教育作为其安全生产管理工作必须坚持的一项基本制度。1981年，国家劳动总局制定了《劳动保护宣传教育工作五年规划》，提出要建立劳动保护教育中心和劳动保护室，有计划地开展劳动保护教育和培训工作。1990年，劳动部颁发了《厂长、经理职业安全卫生教育和培训认证规定》，并制定了《厂长、经理职安全卫生管理知识培训大纲》。1991年，劳动部又颁发了《特种作业人员安全技术培训考核管理规定》，制定了《特种作业人员安全技术培训考核管理规定》。1995年劳动部颁布《企业职工劳动安全卫生教育管理规定》。2015年国家安全生产监督管理局修订安全生产培训管理办法（国家安全生产监督管理总局令第44号）以及《生产经营单位安全培训规定》（国家安全生产监督管理总局令第3号）。2021年，《安全生产法》规定生产经营单位的主要负责人和安全生产管理人员必须具备与本单位所从事的生产经营活动相应的安全生产知识和管理能力；危险物品的生产、经营、储存、装卸单位以及矿山、金属冶炼、建筑施工、运输单位的主要负责人和安全生产管理人员，应当由主管的负有安全生产监督管理职责的部门对其安全生产知识和管理能力考核合格；生产经营单位应当对从业人员进行安全生产教育和培训，保证从业人员具备必要的安全生产知识，熟悉有关的安全生产规章制度和安全操作规程，掌握本岗位的安全操作技能，了解事故应急处理措施，知悉自身在安全生产方面的权利和义务。未经安全生产教育和培训合格的从业人员，不得上岗作业；生产经营单位使用被派遣劳动者的，应当将被派遣劳动者纳入本单位从业人员统一管理，对被派遣劳动者进行岗位安全操作规程和安全操作技能的教育和培训。劳务派遣单位应当对被派遣劳动者进行必要的安全生产教育和培训；生产经营单位接收中等职业学校、高等学校学生实习的，应当对实习学生进行相应的安全生产教育和培训，提供必要的劳动防护用品。学校应当协助生产经营单位对实习学生进行安全生产教育和培训；生产经营单位应当建立安全生产教育和培训档案，如实记录安全生产教育和培训的时间、内容、参加人员以及考核结果等情况；生产经营单位采用新工艺、新技术、新材料或者使用新设备，必须了解、掌握其安全技术特性，采取有效的安全防护措施，并对从业人员进行专门的安全生产教育和培训；生产经营单位的特种作业人员必须按照国家有关规定经专门的安全作业培训，取得相应资格，方可上岗作业。2003年，《建设工程安全生产管理条例》（中华人民共和国国务院令第393号）规定，施工单位应当建立健全安全生产责任制度和安全生产教育培训制度，主要负责人、项目负责人、专职安全生产管理人员应当经建设行政主管部门或者其他有关部门考核合格后方可任职，对管理人员和作业人员每年至少进行一次安全生产教育培训，其教育培训情况记入个人工作档案。安全生产教育培训考核不合格的人员，不得上岗。作业人员进入新的岗位或者新的施工现场前，应当接受安全生产教育培训。未经教育培训或者教育培训考核不合格的人员，不得上岗作业。在采用新技术、新工艺、新设备、新材料时，应当对作业人员进行相应的安全生产教育培训。

随着生产的发展，一些新的安全教育措施和规定还会陆续出台。从国外的情况看，发达国家对安全生产教育工作也十分重视，不但法规有明确要求，而且拥有技术设施先进、设备完善、师资力量雄厚的培训机构，并要求所有从事安全生产管理工作的人员必须经过适当形式的培训，取得合格资格后方能上岗。

1.11.2　安全教育的要求

（1）建立健全职工全员安全教育制度，严格按制度进行教育对象的登记、培训、考核、发证、资料存档等工作，环环相扣，层层把关。坚决做到不经培训者、考试（核）不合格者、没有安全教育部门签发的合格证者，不准上岗工作。

（2）结合企业实际情况，编制企业年度安全教育计划，每个季度应当有教育的重点，每个月要有教育的内容。计划要有明确的针对性，并根据企业安全生产的特点，适时修改计划，变更或补充内容。

（3）要有相对固定的教育培训大纲、培训教材和培训师资，确保教育时间和教学质量。相应补充新内容、新专业。

（4）在教育方法上，力求生动活泼，形式多样，寓教于乐，提高教育效果。

（5）经常监督检查，严肃查处未经培训就上岗作业和特种作业人员无证上岗操作等责任单位和责任人员。

1.12　事故管理与工伤保险

事故是指人们在实现有目的的行动过程中，由不安全的行为、动作或不安全的状态所引起的、突然发生的、与人的意志相反且事先未能预料到的意外事件，它能造成财产损失，生产中断，人员伤亡。

从劳动保护角度讲，事故主要是指伤亡事故，又称伤害。根据能量转移理论，伤亡事故指人们在行动过程中，接触了与周围条件有关的外来能量，这种能量在一定条件下异常释放，反作用于人体，致使人身生理机能部分或全部丧失的现象。

在伤亡事故中，我国重点抓了企业职工的伤亡事故，先后制定了国家标准《企业职工伤亡事故分类》（GB 6441—86）和《企业职工伤亡事故调查分析规则》（GB 6442—86）。在这两个标准中，从企业职工的角度将伤亡事故定义为：伤亡事故是指企业职工在生产劳动过程中发生的人身伤害、急性中毒事故。

为了规范生产安全事故的报告和调查处理，落实生产安全事故责任追究制度，防止和减少生产安全事故，2007 年国务院发布了《生产安全事故报告和调查处理条例》，对生产经营活动中发生的造成人身伤亡或者直接经济损失的生产安全事故的报告和调查处理，作出了明确规定。

1.12.1　事故处理的原则

《生产安全事故报告和调查处理条例》明确规定，生产安全事故调查处理工作的根本要求，是贯彻落实"四不放过"原则，即事故原因未查明不放过，责任人未处理不放过，整改措施未落实不放过，有关人员未受到教育不放过。

1.12.2　事故等级划分

根据生产安全事故（以下简称事故）造成的人员伤亡或者直接经济损失，事故一般分为以下等级：

（1）特别重大事故，是指造成 30 人以上死亡，或者 100 人以上重伤（包括急性工业中毒，下同），或者 1 亿元以上直接经济损失的事故。

（2）重大事故，是指造成 10 人以上 30 人以下死亡，或者 50 人以上 100 人以下重伤，或者 5000 万元以上 1 亿元以下直接经济损失的事故。

（3）较大事故，是指造成 3 人以上 10 人以下死亡，或者 10 人以上 50 人以下重伤，或者 1000 万元以上 5000 万元以下直接经济损失的事故。

（4）一般事故，是指造成 3 人以下死亡，或者 10 人以下重伤，或者 1000 万元以下直接经济损失的事故。

根据国家标准《企业职工伤亡事故分类标准》和《企业职工伤亡事故调查分析规则》，伤亡事故按伤害程度（即事故对受伤害者造成损伤以致劳动能力丧失的程度）分为轻伤、重伤和死亡三类；按事故严重程度，只有轻伤的事故称为轻伤事故，有重伤没有死亡的事故称为重伤事故，一次死亡 1~2 人的事故称为死亡事故，一次死亡 3~9 人的事故称为重大伤亡事故，一次死亡 10 人以上（含 10 人）的事故称为特大伤亡事故。

1.12.3　事故类别

国家标准《企业职工伤亡事故分类》（GB 6441—86）将事故划分为物体打击、车辆伤害、机械伤害、起重伤害、触电、淹溺、灼烫、火灾、高处坠落、坍塌、冒顶片帮、透水、放炮、火药爆炸、瓦斯爆炸、锅炉爆炸、容器爆炸、其他爆炸、中毒和窒息和其他伤害等 20 个类别。

1.12.4　事故报告

事故发生后应当及时、准确、完整地向有关人员和部门报告，任何单位和个人对事故不得迟报、漏报、谎报或者瞒报。具体报告程序为：

事故发生后，事故现场有关人员应当立即向本单位负责人报告；单位负责人接到报告后，应当于 1h 内向事故发生地县级以上人民政府安全生产监督管理部门和负有安全生产监督管理职责的有关部门报告。

情况紧急时，事故现场有关人员可以直接向事故发生地县级以上人民政府安全生产监督管理部门和负有安全生产监督管理职责的有关部门报告。

安全生产监督管理部门和负有安全生产监督管理职责的有关部门接到事故报告后，应当依照下列规定上报事故情况，并通知公安机关、劳动保障行政部门、工会和人民检察院。

（1）特别重大事故、重大事故逐级上报至国务院安全生产监督管理部门和负有安全生产监督管理职责的有关部门。

（2）较大事故逐级上报至省、自治区、直辖市人民政府安全生产监督管理部门和负有安全生产监督管理职责的有关部门。

（3）一般事故上报至设区的市级人民政府安全生产监督管理部门和负有安全生产监督管理职责的有关部门。

安全生产监督管理部门和负有安全生产监督管理职责的有关部门依照前款规定上报事故情况，应当同时报告本级人民政府。国务院安全生产监督管理部门和负有安全生产监督管理职责的有关部门以及省级人民政府接到发生特别重大事故、重大事故的报告后，应当立即报告国务院。

必要时，安全生产监督管理部门和负有安全生产监督管理职责的有关部门可以越级上报事故情况。

安全生产监督管理部门和负有安全生产监督管理职责的有关部门逐级上报事故情况，每级上报的时间不得超过 2h。

报告事故应当包括下列内容：

（1）事故发生单位概况。

（2）事故发生的时间、地点以及事故现场情况。

（3）事故的简要经过。

（4）事故已经造成或者可能造成的伤亡人数（包括下落不明的人数）和初步估计的直接经济损失。

（5）已经采取的措施。

（6）其他应当报告的情况。

1.12.5 事故调查

事故调查处理应当坚持实事求是、尊重科学的原则，及时、准确地查清事故经过、事故原因和事故损失，查明事故性质，认定事故责任，总结事故教训，提出整改措施，并对事故责任者依法追究责任。

特别重大事故由国务院或者国务院授权有关部门组织事故调查组进行调查。

重大事故、较大事故、一般事故分别由事故发生地省级人民政府、设区的市级人民政府、县级人民政府负责调查。省级人民政府、设区的市级人民政府、县级人民政府可以直接组织事故调查组进行调查，也可以授权或者委托有关部门组织事故调查组进行调查。

未造成人员伤亡的一般事故，县级人民政府也可以委托事故发生单位组织事故调查组进行调查。

上级人民政府认为必要时，可以调查由下级人民政府负责调查的事故。

根据事故的具体情况，事故调查组由有关人民政府、安全生产监督管理部门、负有安全生产监督管理职责的有关部门、监察机关、公安机关以及工会派人组成，并应当邀请人民检察院派人参加。

事故调查组可以聘请有关专家参与调查。

事故调查组应当自事故发生之日起 60 日内提交包括下列内容的事故调查报告；特殊情况下，经负责事故调查的人民政府批准，提交事故调查报告的期限可以适当延长，但延长的期限最长不超过 60 日：

（1）事故发生单位概况。

（2）事故发生经过和事故救援情况。

（3）事故造成的人员伤亡和直接经济损失。

（4）事故发生的原因和事故性质。

（5）事故责任的认定以及对事故责任者的处理建议。

（6）事故防范和整改措施。

1.12.6 事故处理

重大事故、较大事故、一般事故，负责事故调查的人民政府应当自收到事故调查报告之日起 15 日内做出批复；特别重大事故，30 日内做出批复，特殊情况下，批复时间可以适当延长，但延长的时间最长不超过 30 日。

有关机关应当按照人民政府的批复，依照法律、行政法规规定的权限和程序，对事故发生单位和有关人员进行行政处罚，对负有事故责任的国家工作人员进行处分。

事故发生单位应当按照负责事故调查的人民政府的批复，对本单位负有事故责任的人员进行处理。

负有事故责任的人员涉嫌犯罪的，依法追究刑事责任。

事故发生单位应当认真吸取事故教训，落实防范和整改措施，防止事故再次发生。防范和整改措施的落实情况应当接受工会和职工的监督。

1.12.7　工伤保险

事故的发生，往往会造成伤亡现象，给企业和职工带来极大的损失和伤害，为了保障因工作遭受事故伤害或者患职业病的职工获得医疗救治和经济补偿，促进工伤预防和职业康复，分散用人单位的工伤风险，国务院于 2003 年 4 月公布了《工伤保险条例》，并从 2004 年 1 月 1 日起实施。这标志着我国正式实行工伤保险制度。工伤保险，又称为职业伤害保险。工伤保险是通过社会统筹的办法，集中用人单位缴纳的工伤保险费，建立工伤保险基金，对劳动者在生产经营活动中遭受意外伤害或职业病，并由此造成死亡、暂时或永久丧失劳动能力时，给予劳动者及其实用性法定的医疗救治以及必要的经济补偿的一种社会保障制度。这种补偿，既包括医疗、康复所需费用，也包括保障基本生活的费用。它不仅仅是赔偿性质，还有物质帮助性质。具有社会保障性，是社会保障体系的组成部分。企业职工或个体工商户的雇工因工作过程中或者与工作有关的突发事故导致的伤害，或者因工作环境和条件长时间侵害职工健康造成的职业病，均可享受工伤保险待遇。

《工伤保险条例》规定，中华人民共和国境内的各类企业、有雇工的个体工商户应当依照本条例规定参加工伤保险，为本单位全部职工或者雇工缴纳工伤保险费。同时，中华人民共和国境内的各类企业的职工和个体工商户的雇工，均有依照本条例的规定享受工伤保险待遇的权利。

工伤保险实行行业差别费率，根据各单位性质核定不同的缴费费率。工伤保险重视工伤事故后补偿，实行补偿不究过失原则，即劳动者因工负伤或职业病暂时失去劳动能力，工伤不管什么原因，责任在个人或在企业，都享受工伤待遇。

根据《建设工程安全生产管理条例》规定，施工单位应当为施工现场从事危险作业的人员办理意外伤害保险。意外伤害保险费，由施工单位支付。实行施工总承包的，由总承包单位支付意外伤害保险费。意外伤害保险期限自建设工程开工之日起至竣工验收合格止。这是对工伤保险制度在工程施工方面的重要补充。

1.12.8　建立工伤保险制度的法律意义

（1）有利于保障职工利益，维护社会的稳定。由于用工单位是市场经济的主体，在市场竞争中失败与成功均有可能，如果企业破产，则工伤职工的待遇得不到保障，把工伤保险待遇与用工单位分离，有利于社会的稳定。

（2）分散风险，提高企业承担风险的能力。工伤事故发生后，支付的工伤待遇较高，企业可能很难承担，通过保险的方式，可以分摊风险，提高企业承担风险的能力。

（3）缓解矛盾，减少诉讼。工伤事故发生后，如果工伤待遇全由用工单位承担，利害关系直接在用人单位与职工之间产生，用人单位懈怠于支付的可能性大，不利于工伤职工利益的保护。工伤事故发生后的赔偿转由社会保险基金支付，用人单位与工伤职工的利益冲突就减小，因此发生的诉讼就会大大减少。

1.13　档　案　管　理

施工现场的安全管理大体分为硬件管理和软件管理两个方面。现场安全防护设施和文明施工属于硬件管理的范围；安全生产管理方针和体制、安全生产责任制、安全生产现场检查、安全生产宣传与教育培训、安全保证体系、法律法规和规章制度以及安全管理资料属于软件管理的范围。施工现场安全技术管理资料，应视为工程项目部施工管理的一部分，安全管理资料是企业实施科学化安全管理的重要组成部分，对实现施工现场安全达标和加强科学化安全管理起着考核和指导的作用，同时也是有关法规的基本要求。

1.13.1　安全生产管理资料的搜集、整理与建档

安全生产管理资料反映了一个单位安全生产管理的整体情况。建立和完善安全管理资料的过程，就是实施预测、预控、预防事故的过程。因此，工地安全生产管理资料的搜集、整理与建档的管理工作，应由项目部专职安全员和资料员共同负责。搜集资料与现场检查评分的工作主要由安全员负责；资料整理分类与建档管理的工作，主要由资料员负责。施工现场的安全员、资料员都应具备基本的安全管理知识，熟悉安全管理资料内容，并结合现场实际情况，按照规定如实地记载、整理和积累相关安全管理资料，做到及时、准确、完善；并做到与施工进度同步相结合，与施工现场实况相结合，与部颁规范标准要求相结合。只有把安全管理资料整理得全面、细致、严谨、可行、具有针对性并使之标准化、规范化、制度化，切实运用于施工过程之中，才能有效地指导安全施工，及时发现问题和采取有效措施，排除施工现场的不安全因素，达到预防为主，防患于未然的目的。

1.13.2　安全生产管理资料的内容

按照建设部《建筑施工安全检查评分标准》表 31012"安全管理"分项内容，施工现场安全管理资料大体可分为以下 10 个方面。

1. 安全生产责任制

安全生产责任制主要包括：

（1）现场各级人员的安全生产责任制，如项目经理、施工员（工长）、工地质量安全员、设备员、材料员、班组长以及生产工人等的安全生产责任制。

（2）工地安全文明生产保证体系，以网络图的形式绘制。

（3）施工生产经济承包合同中应有安全承包指标和明确各自应负的主要责任与奖罚事项。

2. 安全教育

安全教育主要包括：

（1）针对新入场职工进行的三级安全教育。三级安全教育分为公司级、分公司（工程处、项目部、车间）级、工地或班组级。三级安全培训教育时间按建设部建教〔1997〕83号文要求累计不少于 50 小时。

(2) 工人返岗安全教育。在春节、麦收、秋收时期，主要对民工队伍返岗时进行的安全教育。

(3) 变换工种岗位的安全教育。

(4) 其他机动性安全教育和对职工的安全知识测验、考核。

(5) 安全教育内容要有针对性，要建立安全教育资料档案，在安全教育登记表上，教育者和被教育者均应由本人签字。

3. 施工组织设计

施工组织设计主要包括：

(1) 编制施工组织设计或施工方案首先必须坚持"安全第一，预防为主"的方针，制定出有针对性、时效性、实用性的安全技术措施。根据单位工程的结构特点、总体施工方案和施工条件、施工方法、选用的各种机械设备以及施工用电线路、电气装置设施，施工现场及周围环境等因素从 11 个方面编制单位工程施工组织设计的安全技术措施：①基础作业；②高处作业与脚手架搭设；③施工用电与防护；④起重吊装与垂直吊运；⑤"四口"防护；⑥"五临边"防护；⑦施工机械的防护；⑧工地临建设施与排水；⑨防火、防爆措施；⑩现场文明施工与管理；⑪根据季节变化的特点应采取的安全防护措施等。

(2) 绘出施工现场总平面布置图。

(3) 特殊项目的施工组织设计与安全技术措施的编制。例如，对临时用电设备在 5 台及 5 台以上或用电设备总容量 50kW 及 50kW 以上者，应编制临时用电施工组织设计，内容应包括：①现场勘探；②确定电源进线、变电所、配电室、总配电箱、分配电箱等的位置及线路走向；③进行负荷计算；④选择变压器容量、导线截面和电器的类型、规格；⑤绘制电气平面图、立面图、接线系统图；⑥制定安全用电技术措施和电气防火措施。此外，对于深基础工程、高建筑工程、钢结构工程、桥梁工程、大型设备构件安装工程等也应单独编制特殊工程的施工组织设计和安全技术措施。

(4) 编制施工组织设计与安全技术措施应抓住要害，全面、具体、切实可行；施工组织设计经讨论定稿后应报上级主管技术领导审查盖章才有效。

4. 分部（分项）工程安全技术交底

从工程开始到工程结束，按进度及作业项目由负责施工的工长编制分部（分项）工程安全技术措施，并及时进行交底。安全技术措施内容应全面、具体、有针对性。向班组和操作人员交底，采取口头与书面交底相结合，并由交底人和接受人在交底书上签字。

5. 特种作业持证上岗

凡是特种作业的人员（如电工、架子工、焊工、卷扬机司机或施工升降机司机、塔吊司机、起重工、机动车辆驾驶员、爆破工、锅炉与压力容器操作工等）必须经专门培训考试合格后持证上岗，并将其操作证复印件与花名册（登记表）和考核复验资料等一并存入安全管理资料档案。

6. 安全检查

安全检查主要包括：

(1) 制定定期安全检查制度和检查记录，检查出的隐患问题应下达隐患整改通知书，整改措施实行"三定"落实（定措施内容、定完成时间、定执行人），整改情况应有复查记录；项目部应及时向上级检查部门写出整改反馈报告。

（2）以部颁"建筑施工安全检查评分表"作为定期检查评分标准，将七个分项安全检查评分表评出的分数汇集到单位工程安全检查评分汇总表中，有缺项的要进行换算，最后评定达标等级，写出评语及整改意见；检查部门及被检查单位有关人员均应签名。

（3）对施工用电、塔吊、垂直运输等起重设备、受压容器、临建设施，以及脚手架、安全网等的搭设与安装，应在使用前组织进行检查验收，认真填写各项检查验收表，验收合格，双方签字后才准投入使用。

（4）一切有关安全检查、评分、验收、整改、复查反馈、测试、鉴定等项的资料均应分类、及时、准确地整理归入档案。

7. 班前安全活动

班前安全活动主要包括：

（1）施工工地及班组均应建立班前安全活动制度；班前安全活动情况应有记录。

（2）班组长在班组安排施工生产任务时要进行安全措施交底与遵章守纪的教育，带领组员进行上岗前的安全自查及工序交接互检，发现不安全因素及时处理，作出日记。记录由班组长或班组安全员填写。

（3）工地施工安全活动工作日记，主要由工地专职安全员记载；工地上当天的安全活动情况，如班前安全教育与安全措施交底，对事故隐患或违章行为的处理，事故的分析统计及安全奖罚情况等均应真实地记录下来。

8. 遵章守纪

对工地职工在安全文明生产方面遵章守纪的好人好事、典型事迹、表彰奖励的资料及违章违约人员的典型事例，批评教育与处罚的资料均应归类存入档案。

9. 工伤事故处理

工地应建立工伤事故档案。工伤事故登记台账应每月据实填写，如无事故发生也须填写"本月无事故"；若有工伤事故，应如实填写，及时按规定报告上级有关部门，并根据事故调查分析规则，填报伤亡事故调查处理报告书或事故登记表与复工报告单。

10. 施工现场安全文明管理

工地应有现场文明施工措施要求，建立文明施工管理制度。有关施工现场道路畅通、构件、设备、材料堆放，现场整洁、污水排放，工地防火设施、环境卫生、现场平面布置、文明施工等的状态，以及施工现场的安全标志牌、安全色标和安全操作规程牌的数量与设置是否符合要求的情况，均应通过检查作出评价，分别统计，写出资料归入档案。

1.13.3　安全管理制度

根据上级要求和加强现场安全管理工作的需要，工程项目部（或工地）应建立如下安全管理制度：

（1）安全生产责任制度。

（2）安全检查验收制度。

（3）安全教育制度。

（4）安全技术措施交底制度。

（5）安全奖惩制度。

（6）工伤事故报告处理制度。

（7）防火安全管理制度。

（8）文明卫生管理制度。

（9）工地安全生产纪律。

（10）班组安全活动制度。

（11）各工种安全操作规程。

以上各项制度内容连同上级下达的有关安全文明生产文件均应一并纳入安全管理资料进行归档。安全管理制度应认真贯彻落实。施工现场如能积累和整理出一套完善、标准、符合要求的安全管理资料，就能全面反映施工现场安全文明生产状况及基层管理人员的技术业务素质和管理水平，基层领导与职工才能在安全生产中各司其职、各负其责、有章可循、有令可行。这项工作如能引起重视并认真做好，对于指导和推动施工现场安全管理工作将起到很大的作用。

第2章

安全生产相关法律法规知识

教学要求：了解安全生产法律体系及其分类；了解水利工程建设安全生产管理法规及其体系；掌握工程建设标准强制性条文（水利工程部分）、水利工程施工作业人员安全操作规程的主要内容。

2.1 安全生产通用法规与标准

2.1.1 安全生产法律体系

安全生产法律体系是一个包含多种法律形式和法律层次的综合性系统，从法律规范的形式和特点来讲，既包括作为整个安全生产法律法规基础的宪法规范，也包括行政法律规范、技术性法律规范、程序性法律规范。按法律地位及效力同等原则，安全生产法律体系分为以下 7 个门类：

（1）宪法。《中华人民共和国宪法》（简称《宪法》）是安全生产法律体系框架的最高层级，"加强劳动保护，改善劳动条件"是有关安全生产方面最高法律效力的规定。

（2）安全生产方面的法律。有基础法，包括《中华人民共和国安全生产法》（简称《安全生产法》）和与它平行的专门法律和相关法律，《安全生产法》是综合规范安全生产法律制度的法律，它适用于所有生产经营单位，是我国安全生产法律体系的核心；专门法律，是规范某一专业领域安全生产法律制度的法律，主要有《中华人民共和国矿山安全法》（简称《矿山安全法》）、《中华人民共和国海上交通安全法》（简称《海上交通安全法》）、《中华人民共和国消防法》（简称《消防法》）、《中华人民共和国道路交通安全法》（简称《道路交通安全法》）等；相关法律，指涵盖有安全生产内容的法律，包括《中华人民共和国劳动法》（简称《劳动法》）、《中华人民共和国建筑法》（简称《建筑法》）、《中华人民共和国煤炭法》（简称《煤炭法》）、《中华人民共和国铁路法》（简称《铁路法》）、《中华人民共和国航空法》（简称《航空法》）、《中华人民共和国工会法》（简称《工会法》）、《中华人民共和国全民所有制企业法》（简称《全民所有制企业法》）、《中华人民共和国乡镇企业法》（简称《乡镇企业法》）、《中华人民共和国矿产资源法》（简称《矿产资源法》）等；与安全生产监督执法工作有关的法律，包括《中华人民共和国刑法》（简称《刑法》）、《中华人民共和国刑事诉讼法》（简称《刑事诉讼法》）、《中华人民共和国行政处罚法》（简称《行政处罚法》）、《中华人民共和国行政复议法》（简称《行政复议法》）、《中华人民共和国国家赔偿法》（简称《国家赔偿法》）、《中华人民共和国标准化法》（简称《标准化法》）等。

（3）安全生产行政法规。安全生产行政法规是由国务院组织制定并批准公布的，是为实施安全生产法律或规范安全生产监督管理制度而制定并颁布的一系列具体规定，是我们实施安全生产监督管理和监察工作的重要依据。我国已颁布了多部安全生产行政法规，如《国务院关于特大安全事故行政责任追究的规定》和《煤矿安全监察条例》等。

（4）地方性安全生产法规。地方性安全生产法规是指由有立法权的地方权力机关——人民代表大会及其常务委员会和地方政府制定的安全生产规范性文件，是由法律授权制定的，是对国家安全生产法律、法规的补充和完善，以解决本地区某一特定的安全生产问题为目标，具有较强的针对性和可操作性。

（5）部门安全生产规章、地方政府安全生产规章。根据《中华人民共和国立法法》（简称《立法法》）的有关规定，部门规章之间、部门规章与地方政府规章之间具有同等效力，在各自的权限范围内施行。

（6）安全生产标准。分为设计规范类、安全生产设备工具类、生产工艺安全卫生、防护用品类4类标准。

（7）已批准的国际劳工安全公约。我国政府已批准国际劳工组织（ILO）190个国际公约中的26个，其中4个与职业安全卫生相关。

2.1.2　涉及安全生产的相关法律范畴

我国的安全生产法律体系比较复杂，它覆盖整个安全生产领域，包含多种法律形式。可以从涵盖内容不同分成8个类别：

（1）综合类安全生产法律、法规和规章，综合类安全生产法律同时适用于各行各业的安全生产行为，由安全生产监督检查类、伤亡事故报告和调查处理类、重大危险源监管类、安全中介管理类、安全检测检验类、安全培训考核类、劳动防护用品管理类、特种设备安全监督管理类和安全生产举报奖励类等通用安全生产法规和规章组成，主导性的法律是《劳动法》《安全生产法》。

（2）矿山类安全法律法规，适用于煤矿、金属和非金属矿山、石油天然气开采业，主要有《矿山安全法》《煤炭法》《矿山安全法实施条例》《煤矿安全监察条例》和相关部门先后颁布的一批矿山安全监督管理规章以及各省（自治区、直辖市）人大制定的《矿山安全法》实施办法。

（3）危险物品类安全法律法规，主要有《危险化学品安全管理条例》《民用爆炸物品安全管理条例》《使用有毒物品作业场所劳动保护条例》《放射性同位素与射线装置安全和防护条例》《核材料管制条例》《放射性药品管理办法》等。

（4）建筑业安全法律法规，主要有《安全生产法》《建筑法》。行业规章一直沿用1956年颁布的《建筑安装工程安全技术规程》和其他有关技术标准。我国已批准国际劳工组织通过的《建筑业安全和卫生公约》，但目前还没有一部统一的建筑业安全法规。

（5）交通运输安全法律法规，包括铁路、道路、水路、民用航空运输行业的法律、法规和规章，《安全生产法》原则上也适用于这些行业，主要有《铁路法》《铁路运输安全保护条例》等铁路运输业，《民用航空法》《民用航空器适航条例》《民用航空安全保卫条例》

以及执行的国际公约等民航运输业，《道路交通安全法》《道路交通管理条例》及《道路交通事故处理办法》等道路交通，《海上交通安全法》《海上交通事故调查处理条例》和《渔港水域交通安全条例》等海上交通运输业，以及《内河交通安全管理条例》等内河交通运输业等专门法律法规。

（6）公众聚集场所及消防安全法律法规，适用于公众聚集场所、娱乐场所、公共建筑设施、旅游设施、机关团体及其他场所的安全及消防工作，主要有《消防法》《公共娱乐场所消防安全管理规定》《消防监督检查规定》《机关、团体、企业、事业单位消防安全规定》《集贸市场消防安全管理规定》《仓库防火安全管理规则》《火灾统计管理规定》等。

（7）其他安全生产法律法规，适用于以上专业领域以外的行业，主要有水利、石化、电力、机械、建材、造船、冶金、轻纺、军工、商贸等，这些行业和部门都有一些规章和规程，但均未制定专门的安全行政法规，因此《安全生产法》是规范这些部门安全生产行为的主导性法律。

截至 2024 年，水利部已经发布了《水利工程建设安全生产管理规定》《水利安全生产监督管理办法（试行）》《水利安全生产信息报告和处置规则》等一批部门安全生产规章。

八是国际劳工安全卫生标准。

2.1.3 安全管理法规

安全管理法规是根据《安全生产法》以及《劳动法》等有关法律规定而制定的有关条例、部门规章及管理办法规定。它是指国家为了搞好安全生产，加强劳动保护，保障职工的安全健康所制定的管理法规的总称。安全管理法规的主要内容有：明确安全生产责任制；制定和实施劳动安全卫生措施计划；安全生产的经费来源；安全检查制度；安全教育制度；事故管理制度；女职工和未成年工的特殊保护；工时、休假制度等。

我国现行的安全管理法规主要有：《安全生产许可证条例》（国务院令第 397 号）、《国务院关于特大安全事故行政责任追究的规定》（国务院令第 302 号）、《企业职工伤亡事故报告和处理规定》（国务院令第 75 号）、《女职工劳动保护特别规定》（国务院令第 619 号）、《国务院关于特别重大事故调查程序暂行规定》（国务院令第 34 号）、《企业职工伤亡事故分类》（GB/T 6441—1986）、《企业职工伤亡事故经济损失统计标准》（GB 6721—1986）等。

2.1.4 安全技术法规

安全技术法规，是指国家为搞好安全生产，防止和消除生产中的灾害事故，保障职工人身安全而制定的法律规范。安全技术法规规定的主要内容，大体可分如下几个方面：工矿企业设计、建设的安全技术；机器设备的安全设置；特种设备的安全措施；防火、防爆安全规则；锅炉压力容器安全技术；工作环境的安全条件；劳动者的个体防护等。某些行业还有一些特殊的安全技术问题，如矿山，特别是煤矿，突出的问题是预防井下开采中水、火、瓦斯、煤尘和冒顶片帮五大灾害的安全技术措施；化工企业主要是解决防火、防爆、防腐蚀的安全技术问题；建筑安装工程则主要应解决立体高空作业中的高空坠落、物体打击，以及土石方工程和拆除工程等方面的安全技术问题等。

我国现行的安全技术法规很多，涉及各行各业和各个方面，例如：《矿山安全法》、《危险化学品安全管理条例》（国务院令第 344 号）、《工厂安全卫生规程》、《建筑工程安全生产管理条例》（国务院令第 393 号）、《特种设备安全监察条例》（国务院令第 373 号）、《电力安全事故应急处置和调查处理条例》（国务院令第 599 号）等。

2.1.5 职业卫生法规

职业卫生法规，是指国家为了改善劳动条件，保护职工在劳动生产过程中的健康，预防和消除职业病和职业中毒等而制定的各种法律规范。这里既包括劳动卫生工程技术措施，也包括预防医学的保健措施的规定。其主要内容包括：工矿企业设计、建设的劳动卫生规定；防止粉尘危害；防止有毒物质的危害；防止物理性危害因素的危害；劳动卫生个人防护；劳动卫生辅助设施等。

我国现行的职业卫生方面的法规主要有：《工业企业设计卫生标准》（GBZ 1—2010）、《放射性同位素与射线装置放射防护条例》（国务院令第 44 号）、《环境噪声污染防治法》《职业性接触毒物危害程度分级》（GBZ/T 230—2010）《中华人民共和国尘肺病防治条例》等。

2.2 水利工程建设安全生产管理法规

2.2.1 水利工程建设管理法规体系

目前，水利工程建设管理法规体系基本形成。1988 年 1 月，《中华人民共和国水法》（简称《水法》）颁布伊始，水利部就提出要把水利法治建设作为水利的一项重要基础性工作来抓，全面贯彻实施《水法》。各级水行政主管部门坚持以《水法》宣传为先导，以水法规体系建设、水管理体系建设和水行政执法体系建设为重点，大力加强水利法治建设。

水法规体系是指由调整水事活动中社会经济关系、规范水事行为、管理全社会水事活动的法律规范组成的有机整体。为了有计划、有组织地开展水行政立法工作，逐步建立科学严谨、结构合理、相互配套、符合我国国情的水法规体系，水利部于 1988 年制订了《水法规体系总体规划》，并于 1994 年、2006 年、2013 年进行了修订。《水法规体系总体规划》实施以来，我国水法规体系建设取得了重大成就，一大批重要水法规相继出台，适合我国国情和水情的水法规体系基本建立，各项涉水事务管理基本做到有法可依，为推动水利改革发展奠定了坚实的制度基础。与此同时，我国经济社会迅速发展，法治建设加快推进，各项改革不断深化。党中央、国务院高度重视水利工作，作出了一系列重要决策部署，把水利作为国家基础设施建设的优先领域，把农田水利作为农村基础设施建设的重点任务，把严格水资源管理作为加快转变经济发展方式的战略举措，对加快水利改革发展、保障经济社会可持续发展提出了新的更高要求。

2.2.2 水法规

按照制定机关和效力等级不同，水法规包括水法律（全国人大及其常委会制定）、水行政法规（国务院制定）、部门水行政规章（水利部及联合有关部门制定），以及地方制定的地方性水法规和地方政府规章。

按照调整的内容不同，水法规分为：

（1）综合。

（2）水资源管理。

（3）河道管理。

（4）水利工程建设与管理。

（5）防洪与抗旱管理。

（6）农村水利水电管理。

（7）水文管理。

（8）水土保持管理。

（9）流域管理。

（10）水行政立法与执法管理。

（11）其他。

综合考虑立法的必要性、可行性、紧迫性和成熟程度，将水法规体系建设总体安排分为两个部分，涉及 72 件水法规和 11 个研究方向。第一部分是拟开展调查研究、咨询论证、组织起草的立法项目，共计 72 件，其中法律 2 件、行政法规 21 件、部门规章 49 件；第二部分是为满足水利改革发展需要拟开展立法研究的主要方向，包括综合、水资源管理等 11 个方面。

2.2.3　水利工程建设管理法规与水利工程建设技术标准的关系

水利工程建设管理法规体系，是指由调整水利工程建设中的各种社会关系（含行政管理关系、经济协作关系及其相关的民事关系）、规范水利工程建设行为、监督管理水利工程建设活动的法律规范组成的有机整体。是水法规体系的组成部分，是其子体系之一。

水利工程建设管理的法规文件与水利工程建设技术标准，有着不同的性质：

法规文件是法律规范的形式，是指国家机关（包括权力机关、行政机关、军事机关、司法审判机关、检察机关等）在其权限范围内，按照法定程序制定和颁布的具有普遍约束力的，并以其强制力保证实施的行为规则的文件。具有法律效力，如不遵守或违反，就要承担法律责任。

技术标准是国家质量技术监督主管机关和行业主管部门审批和发布的，从技术控制的角度来规范和约束科学技术和生产建设等活动的文件，包括国家标准、行业标准和地方标准等。技术标准与法律规范（规范性文件）在制定机关、制定程序和颁布等方面有明显的不同，且技术标准中均未明确设定法律责任，加之很多现行的技术标准中的强制性条款与执行者视具体情况选择采用或推荐采用的技术要求混在一起，其强制性和约束力大大削弱。因此，技术标准一般均不作为法律规范而纳入法律体系范畴，只在相应的领域或区域内具有一定的法律效力。水利工程建设技术标准一般也未纳入水利工程建设管理法规体系中。

水利工程建设管理法规与水利工程建设技术标准的性质虽然不同，但二者又有密切的联系和统一性。首先，二者虽然其规范建设活动的角度和内容不同，但都是从事水利工程建设管理的重要依据。其次，二者的目标指向是一致的，都是为了满足建设项目的质量、工期、投资等约束条件，使其获得应有的社会效益和经济效益。二者相互联系，相辅相成。从某种意义上讲，水利工程建设技术标准可以视为水利工程建设技术管理范围内的法律规范，是规范产品和工艺的规则，在水利工程建设技术管理范围内具有一定的法律效力。同时，水利工程建设技术标准应该，也必须受到水利工程建设管理法律规范的制约和限制。也就是说，水利工程建设技术标准的制定和实施，必须遵纪守法，不能违法。只有这样，才能保证水利工程建设活动正常有序地进行，从而使项目建设达到预期的目标。

现行水利工程建设安全生产管理的规章是《水利工程建设安全生产管理规定》（水利部令第 26 号，2005 年发布，2014 年修正，2017 年修正，2019 年修正），主要技术标准是《水利工程建设标准强制性条文》以及《水利水电工程施工通用安全技术规程》（SL 398—2007）、《水利水电工程土建施工安全技术规程》（SL 399—2007）、《水利水电工程机电设备安装安全技术规程》（SL 400—2016）、《水利水电工程金属结构制作与安装安全技术规程》（SL/T 780—2020）、《水利水电工程施工作业人员安全操作规程》（SL 401—2007）五个部颁标准和《水利水电工程施工安全防护设施技术规范》（SL 714—2015）等其他水利工程现场施工操作安全技术规程。要实现水利工程建设安全生产，上述规章和技术标准都必须严格执行。

2.2.4　《水利工程建设标准强制性条文》（2020 年版）简介

依据《中华人民共和国标准化法》规定，对保障人身健康和生命财产安全、国家安全、生态环境安全以及满足经济社会管理基本需求的技术要求，应当制定强制性国家标准。按照《水利标准化工作管理办法》要求，法律、法规和国务院决定的工程建设、环境保护等领域，可以制定强制性行业标准和地方标准。目前水利行业强制性标准分为全文强制和条文强制两种形式，标准中的全部技术内容需要强制时，为全文强制形式；标准中的部分技术内容需要强制时，为条文强制形式，即强制性条文。

水利工程建设标准强制性条文的发布与实施是水利部贯彻落实国务院《建设工程质量管理条例》的重要举措，是水利工程建设全过程中的强制性技术规定，是参与水利工程建设活动各方必须执行的强制性技术要求，也是对水利工程建设实施政府监督的技术依据。水利工程建设标准强制性条文的内容，直接涉及人的生命财产安全、人身健康、水利工程安全、环境保护、能源和资源节约及其他公众利益，是必须执行的技术条款。

我国经济社会的高质量发展，对水利技术标准保障水利工程质量安全的要求不断提高，为适时推进水利技术标准制修订工作，水利部于 2012 年印发了《水利工程建设标准强制性条文管理办法（试行）》（水国科〔2012〕546 号），对强制性条文的制定、实施和监督检查作出了具体规定。依据《水利工程建设标准强制性条文管理办法（试行）》，从2012 年 12 月开始，制定强制性条文的工作机制由从批准颁布的现行标准中摘录、集中审查、汇编发布的工作方式，调整为在水利工程建设标准制定与修订的送审、报批阶段，明确规定对强制性条文进行审查、审定的要求，并要求在出版发行的标准文本中用黑体字标识。将强制性条文审查、审定的关口前移，进一步规范、完善了强制性条文制修订机制，对水利工程建设标准强制性条文实施和监督检查更具指导意义。实践证明，强制性条文自2000 年实施以来，对保障水利工程建设质量发挥了重要作用，也进一步促进了水利标准化工作改革。

2020 年版《水利工程建设标准强制性条文》以 2016 年版《水利工程建设标准强制性条文》篇章框架为基础，其章节内技术标准按照国家标准、水利行业标准和其他行业标准排序，同级标准按照标准顺序号排序。本次汇编收录的水利工程建设标准发布日期截至

2019 年 11 月 30 日，包括未修订标准和新制定与修订标准，未修订标准以 2016 年版《水利工程建设标准强制性条文》中相应的强制性条文为依据，新制定与修订的标准以近期批准颁布的标准中明确用黑体字标识的强制性条文为依据。2020 年版《水利工程建设标准强制性条文》共涉及 94 项水利工程建设标准、557 条强制性条文。

2.3　水利工程施工作业人员安全操作规程

根据水利部《关于下达 2003 年第四批中央水利基建前期工作投资计划的通知》（水规计〔2003〕540 号）的安排，按照《水利技术标准编写规定》（SL 1—2002）的要求，对原能源部、水利部于 1988 年 7 月 1 日颁布的《水利水电建筑安装安全技术工作规程》（SD 267 - 88）进行了修订。其中《水利水电工程施工作业人员安全操作规程》（SL 401—2007）对原标准的第 11、16 篇内容进行了修编，删除了一些水利水电工程施工中现已很少出现的工种，按照现行施工要求合并了一些工种，并增加了一些新工种；对水利水电工程施工的各专业工种和主要辅助工种，规范其行为准则，明确其安全操作标准。

《水利水电工程施工作业人员安全操作规程》适用于大中型水利水电工程施工现场作业人员安全技术管理、安全防护与安全、文明施工，小型水利水电工程可参照执行。规程要求参加水利水电工程施工的作业人员应熟悉掌握本专业工程的安全技术要求，严格遵守本工种的安全操作规程，并应熟悉、掌握和遵守配合作业的相关工种的安全操作规程。

《水利水电工程施工作业人员安全操作规程》还将"三工活动"（即工前安全会、工中巡回检查和工后安全小结）、每周一次的"安全日"活动以及定期培训、教育纳入规范的重要内容，要求新参加水利水电工程施工的作业人员以及转岗的作业人员，作业前，施工企业应进行不少于一次周的学习培训，考试合格后方可进入现场作业；施工作业人员每年进行一次本专业安全技术和安全操作规程的学习、培训和考核，考核不合格者不应上岗。

《水利水电工程施工作业人员安全操作规程》共分 12 章，采用按工程项目分类的方法，分别对施工供风供水供电、起重运输、土石方工程、地基与基础工程、砂石料工程、混凝土工程、金属结构与机电安装、监测与试验以及辅助工种等 73 个工种的作业人员的安全操作标准以及作业中应注意的事项进行了规范，并对具体的条文进行了说明。

2.4　复习思考题

2.4.1　安全生产法律体系主要包括哪些内容？

2.4.2　什么是水利工程建设管理法规体系？

2.4.3　《水利工程建设标准强制性条文》（2020 年版）的主要内容有哪些？

2.4.4　水利工程施工作业人员安全操作规程的主要内容有哪些？

第 3 章

水利工程施工现场安全管理

教学要求：通过本章的教学，使学生了解水利工程施工特点，熟悉水利工程施工现场的安全管理措施，明确施工现场布置、施工道路和交通、职业卫生和环境保护、消防安全管理等的基本要求，理解水利工程季节施工、防汛、施工排水的人员组织和器材使用规定，懂得文明施工、现场保卫等环节的主要岗位职责和管理措施。

3.1 水利工程施工特点

水利工程施工，与一般土木建筑工程相比，施工条件要困难得多。水利工程施工常在河流上进行。受水文、气象、地形、地质等因素影响很大。河流上修建的挡水建筑物，施工质量不仅影响建筑物的寿命和效益，而且关系着下游千百万人民生命财产的安全。

水利水电工程多处在偏远山区，人烟稀少，交通运输不便。在河流上修建水利工程，常涉及国民经济各部门的利益，因而增加了施工的复杂性和困难性。

水利水电枢纽工程由许多单项工程组成，容易发生施工干扰。因此，需要统筹规划，重视现场施工的组织和管理，运用系统工程学的原理，因时因地选择最优的施工方案。

水利工程施工过程中的爆破作业、地下作业、水上水下作业和高空作业等，常常平行交叉进行，对施工安全非常不利。因此，必须十分注意安全施工，采取有效措施，防止事故发生。具体应注意以下一些特点。

（1）受自然条件影响大。水文、气象、地形、地质和水文地质等自然条件，在很大程度上影响着工程施工的难易程度和施工方案的取舍。如：①水文：对导流、截流、排水等的影响；②气象：雨雪、气温对施工进程的影响；③地质：常遇复杂的地质条件，如渗漏、软弱地基、断层、破碎带等，需认真处理；④地形：对运输、场地布置、供水电等影响很大。因此，在勘测、规划、设计和施工过程中，要特别注意这一问题。

（2）工程量大、投资大、工期长。修建时需要花费大量的资金、材料和劳动力，需要使用各种类型的机械设备。以大型工程为例：三峡工程混凝土施工，工种多、工序多，施工强度大、施工干扰大，施工复杂，施工组织与管理很重要。

（3）工程质量要求高。在河流上修建挡水建筑物，关系着下游千百万人民生命财产的安全。如果施工质量不高，不但会影响建筑物的寿命和效益，而且有可能造成建筑物失事，带来不可弥补的损失。因此，除了在规划设计中注意质量与安全外，在施工中也要加强全面质量管理，注重工程安全。

（4）综合利用制约因素多。在河道上修建水利水电枢纽时，必须考虑施工期间河道的通航、灌溉、发电、供水和防洪等因素，使施工组织复杂化，这就要求从河流综合利用的全局出发，组织好施工导流工作。

（5）工程地点偏僻。丰富的水力资源，多蕴藏在荒山峡谷地区。由于交通不便，人烟稀少，给大规模工程施工组织带来困难。为此，常需建立一些临时性的施工工厂，还要修建大量生活福利设施。水力枢纽施工总工期较长，特别是施工准备期较长，均与此有关。

（6）水利水电枢纽建设是复杂的系统工程。水力枢纽的兴建不仅关系到千百万人民生命财产的安危，而且涉及社会、经济、生态，甚至气候等复杂因素。就水电工程施工而言，施工组织和管理所要面对的也是一个十分复杂的系统。因此，必须采用系统分析方法，统筹兼顾，全局择优。

3.2　水利工程施工现场的安全管理措施

水利工程施工现场的安全管理，重点是进行人的不安全行为与物的不安全状态的控制，落实安全管理决策与目标，以消除一切事故，避免事故伤害，减少事故损失为管理目的。安全管理措施是安全管理的方法与手段，管理的重点是对生产各因素状态的约束与控制。根据水利工程施工的特点，安全管理措施带有鲜明的行业特色。

3.2.1　落实安全责任、实施责任管理

施工项目经理部承担控制、管理施工生产进度、成本、质量、安全等目标的责任。因此，必须同时承担进行安全管理、实现安全生产的责任。专职安全员主要负责对施工现场进行监督检查，并负责文明卫生、防火管理、安全技术交底等诸项工作，制止违章指挥、违章作业，一旦发现事故隐患及时向项目负责人和安全生产管理机构报告，同时还应当采取有效措施，防止事故隐患继续扩大，对安全设施的配置提出合理意见，对有关安全生产制度进行监督。

（1）建立、完善以项目经理为首的安全生产领导组织，有组织、有领导地开展安全管理活动。承担组织、领导安全生产的责任。

（2）建立各级人员安全生产责任制度，明确各级人员的安全责任。抓制度落实、抓责任落实，定期检查安全责任落实情况，及时报告。

1）项目经理是施工项目安全管理第一责任人。

2）安全员是施工项目安全管理具体负责人。

3）各级职能部门、人员，在各自业务范围内，对实现安全生产的要求负责。

4）全员承担安全生产责任，建立安全生产责任制，从经理到工人的生产系统做到纵向到底，一环不漏。各职能部门、人员的安全生产责任做到横向到边，人人负责。

（3）施工项目应通过监察部门的安全生产资质审查，并得到认可。一切从事生产管理与操作的人员，依照其从事的生产内容，分别通过企业、施工项目的安全审查，取得安全操作许可证，持证上岗。

特种作业人员，除经企业的安全审查，还需按规定参加安全操作考核；取得监察部核

发的《安全操作合格证》，坚持"持证上岗"。施工现场出现特种作业无证操作现象时，施工项目必须承担管理责任。

（4）施工项目经理部负责施工生产中物的状态审验与认可，承担物的状态漏验、失控的管理责任，接受由此而出现的经济损失。

（5）一切管理、操作人员均须与施工项目经理部签订安全协议，向施工项目经理部作出安全保证。

（6）安全生产责任落实情况的检查，应认真、详细地记录，作为分配、补偿的原始资料之一。

（7）制订施工现场安全管理红线条款。

为加强各个参建单位的安全意识，针对安全检查中经常性、习惯性的违章情况，以及容易疏忽的重要安全问题，须制定必要的基建安全红线条款，一旦发现违反条款内容将严肃处理。基建安全十项红线条款如下：

1）无安全施工技术方案、作业指导书等，没有履行交底手续等，无票操作等。

2）对危险性较大的作业如基坑支护与降水工程、跨越、土方开挖、模板安装与拆卸、起重吊装、脚手架、拆除、爆破工程等无专项安全技术方案，现场作业无专人安全监护。

3）基坑超过 2m 没有围栏防护、孔洞无盖板；登高作业（2m 及以上）不使用安全带或酒后登高作业的。

4）高处作业未使用工具袋，较大的工具未固定在牢固的构件上，且随便乱放；上下传递物件未用绳索拴牢传递，并上下抛掷。

5）脚手架未设外防护立网、防护栏杆、上下梯档，脚手板未铺满且存在探头板；脚手架未经验收并挂牌后就投入使用（验收牌中红色牌为不合格禁止使用、黄色牌为必须挂安全带使用、绿色牌为可不挂安全带使用）。

6）进入施工现场不戴安全帽或戴安全帽不规范。

7）使用未经入场安全教育培训合格的外协工、临时工。

8）在带电设备附近进行起吊作业不符合安全距离或无人监护。

9）电工、爆破、电焊、垂直运输、叉车、大型起重设备等特殊工种无证作业，或酒后作业。

10）配电箱、电动机械未做保护接零、接地；电器设备未设漏电保护器；存在施工电线破损现象。

3.2.2　安全教育与训练

进行安全教育与训练，能增强人的安全生产意识，增加安全生产知识，有效地防止人的不安全行为，减少人的失误。安全教育、训练是进行人的行为控制的重要方法和手段。因此，进行安全教育、训练要适时、宜人，内容合理、方式多样，形成制度。组织安全教育、训练做到严肃、严格、严密、严谨，讲求实效。

1. 一切管理、操作人员均应具有基本条件与较高的素质

（1）具有合法的劳动手续。临时性人员须正式签订劳动合同，接受入场教育后，才可进入施工现场和劳动岗位。

（2）没有痴呆、健忘、精神失常、癫痫、脑外伤后遗症、心血管疾病、晕眩及不适于从事操作的疾病。

（3）没有感官缺陷，感性良好。有良好的接受、处理、反馈信息的能力。

（4）具有适于不同层次操作所必需的文化。

（5）输入的劳务，必须具有基本的安全操作素质。经过正规训练、考核，输入手续完善。

2. 安全教育、训练的目的与方式

（1）安全教育、训练包括知识、技能、意识三个阶段的教育。进行安全教育、训练，不仅要使操作者掌握安全生产知识，而且能正确、认真地在作业过程中表现出安全的行为。

（2）安全知识教育。使操作者了解、掌握生产操作过程中，潜在的危险因素及防范措施。

（3）安全技能训练。使操作者逐渐掌握安全生产技能，获得完善化、自动化的行为方式，减少操作中的失误现象。

（4）安全意识教育。在于激励操作者自觉坚持实行安全技能。

3. 安全教育的内容随实际需要而确定

（1）新工人入场前应完成三级安全教育。对学徒工、实习生的入场三级安全教育，偏重一般安全知识，生产组织原则，生产环境，生产纪律等。强调操作的非独立性。对季节工、农民工三级安全教育，以生产组织原则、环境、纪律、操作标准为主。两个月内安全技能不能达到熟练的，应及时解除劳动合同，废止劳动资格。

（2）结合施工生产的变化，适时进行安全知识教育。一般每 10d 组织一次较合适。

（3）结合生产组织安全技能训练，干什么训练什么，反复训练、分步验收。以达到出现完善化、自动化的行为方式，划为一个训练阶段。

（4）安全意识教育的内容不易确定，应随安全生产形势的变化，确定阶段教育内容。可结合发生的事故，增强安全意识，坚定掌握安全知识与技能的信心，接受事故教训教育。

（5）受季节、自然变化影响时，针对由于这种变化而出现的生产环境、作业条件的变化进行的教育，其目的在于增强安全意识，控制人的行为，尽快地适应变化，减少人的失误。

（6）采用新技术，使用新设备、新材料，推行新工艺之前，应对有关人员进行安全知识、技能、意识的全面安全教育，激励操作者学习、使用安全技能的自觉性。

4. 加强教育管理，增强安全教育效果

（1）教育内容全面，重点突出，系统性强，抓住关键反复教育。

（2）反复实践。养成自觉采用安全的操作方法的习惯。

（3）使每个受教育的人，了解自己的学习成果。鼓励受教育者树立坚持安全操作方法的信心，养成安全操作的良好习惯。

（4）告诉受教者怎样做才能保证安全，而不是不应该做什么。

（5）奖励促进，巩固学习成果。

5. 进行安全教育记录

进行各种形式、不同内容的安全教育，都应把教育的时间、内容等，清楚地记录在安全教育记录本或记录卡上。

3.2.3　作业标准化

在施工作业过程产生的不安全行为中，由于不知正确的操作方法，为了干得快些而省略了必要的操作步骤，坚持自己的操作习惯等原因所占比例很大。按科学的作业标准规范人的行为，有利于控制人的不安全行为，减少人的失误。

（1）制定作业标准，是实施作业标准化的首要条件。

1）采取技术人员、管理人员、操作者三结合的方式，根据操作的具体条件制定作业标准。坚持反复实践、反复修订后加以确定的原则。

2）作业标准要明确规定操作程序、步骤。怎样操作、操作质量标准、操作的阶段目的、完成操作后物的状态等，都要作出具体规定。

3）尽量使操作简单化、专业化，尽量减少使用工具、夹具次数，以降低操作者熟练技能或注意力的要求。使作业标准尽量减轻操作者的精神负担。

4）作业标准必须符合生产和作业环境的实际情况，不能把作业标准通用化。不同作业条件的作业标准应有所区别。

（2）作业标准必须考虑到人的身体运动特点和规律，作业场地布置、使用工具设备、操作幅度等，应符合人机学的要求。

1）人的身体运动时，尽量避开不自然的姿势和重心的经常移动，动作要有连贯性、自然节奏强。如，不出现运动方向的急剧变化；动作不受限制；尽量减少用手和眼的操作次数；肢体动作尽量小。

2）作业场地布置必须考虑行进道路、照明、通风的合理分配，机、料具位置固定，作业方便。要求如下：

a. 人力移动物体，尽量限于水平移动。

b. 把机械的操作部分，安排在正常操作范围之内，防止增加操作者的精神和体力的负担。

c. 尽量利用重力作用移动物体。

d. 操作台、座椅的高度与操作要求、人的身体条件匹配。

3）使用工具与设备。

a. 尽可能使用专用工具代替徒手操作。

b. 操纵操作杆或手把时，尽量使人身体不必过大移动，与手的接触面积，以适合手握时的自然状态为宜。

（3）反复训练，达标报偿

1）训练要讲求方法和程序，宜以讲解示范为先，符合重点突出、交代透彻的要求。

2）边训练边作业，巡检纠正偏向。

3）先达标、先评价、先报偿，不强求一致。多次纠正偏向，仍不能克服习惯操作或操作不标准的，应得到负报偿。

3.2.4 生产技术与安全技术的统一

生产技术工作是通过完善生产工艺过程、完备生产设备、规范工艺操作，发挥技术的作用，保证生产顺利进行的。包含了安全技术在保证生产顺利进行的全部职能和作用。两者的实施目标虽各有侧重，但工作目的完全统一在保证生产顺利进行、实现效益这一共同的基点上。生产技术、安全技术统一，体现了安全生产责任制的落实、具体的落实"管生产同时管安全"的管理原则。具体表现在以下方面：

（1）施工生产进行之前，考虑施工的特点、规模、质量，生产环境，自然条件等。摸清生产人员流动规律，能源供给状况，机械设备的配置条件，需要的临时设施规模，以及物料供应、储放、运输等条件。完成生产因素的合理匹配计算，完成施工设计和现场布置。

施工设计和现场布置，经过审查、批准，即成为施工现场中生产因素流动与动态控制的唯一依据。

（2）施工项目中的分部、分项工程，在施工进行之前，针对工程具体情况与生产因素的流动特点，完成作业或操作方案。这将为分部、分项工程的实施，提供具体的作业或操作规范。方案完成后，为使操作人员充分理解方案的全部内容，减少实际操作中的失误，避免操作时的事故伤害。要把方案的设计思想、内容与要求，向作业人员进行充分的交底。

安全技术交底既是安全知识教育的过程，同时，也确定了安全技能训练的时机和目标。

（3）从控制人的不安全行为、物的不安全状态，预防伤害事故，保证生产工艺过程顺利实施去认识，生产技术工作中应纳入如下的安全管理职责：

1）进行安全知识、安全技能的教育，规范人的行为，使操作者获得完善的、自动化的操作行为，减少操作中的人失误。

2）参加安全检查和事故调查，从中充分了解生产过程中；物的不安全状态存在的环节和部位、发生与发展、危害性质与程度。摸索控制物的不安全状态的规律和方法。提高对物的不安全状态的控制能力。

3）严把设备、设施用前验收关，不使有危险状态的设备、设施盲目投入运行，预防人、机运动轨迹交叉而发生的伤害事故。

3.2.5 安全值班制度

为了水利工程施工的顺利进行，杜绝事故隐患，做到文明安全生产，需制定安全值班制度，主要内容如下：

（1）工地安全生产管理人员必须重视生产安全，提高安全意识，在项目经理和安全员的领导下，具体负责工地安全检查和监督。

（2）安全监督和检查应责任分明，落实到人，并有专项监督检查记录。

（3）工地每天设一安全值班人员负责具体监督安全工作，并有交接记录。

（4）工地确定安全检查日，如每月1号、10号、20号、30号，集中针对工地安全设施、措施进行检查，并做出总结报告，制定整改措施。

3.3 现场布置、施工道路和交通

3.3.1 基本规定

（1）施工生产区域宜实行封闭管理。主要进出口处应设有明显的施工警示标志和安全文明生产规定、禁令，与施工无关的人员、设备不应进入封闭作业区。在危险作业场所应设有事故报警及紧急疏散通道设施。

（2）进入施工生产区域的人员应遵守施工现场安全文明生产管理规定，正确穿戴使用防护用品和佩戴标志。

（3）施工生产现场应设有专（兼）职安全人员进行安全检查，及时督促整改隐患，纠正违章行为。

（4）爆破、高边坡、隧洞、水上（下）、高处、多层交叉施工、大件运输、大型施工设备安装及拆除等危险作业应有专项安全技术措施，并应设专人进行安全监护。

（5）施工设施的设置应符合防汛、防火、防砸、防风、防雷及职业卫生等要求。

（6）设备、原材料、半成品、成品等应分类存放、标识清晰、稳固整齐，并保持通道畅通。

（7）作业场所应保持整洁、无积水；排水管、排水沟应保持畅通，施工作业面应做到工完场清。

（8）施工现场的井、洞、坑、沟、口等危险处应设置明显的警示标志，并应采取加盖板或设置围栏等防护措施。

（9）临水、临空、临边等部位应设置高度不低于1.2m的安全防护栏杆，下部有防护要求时还应设置高度不低于0.2m的挡脚板。

（10）施工生产现场临时的机动车道路，宽度不宜小于3.0m，人行通道宽度不宜小于0.8m，做好道路日常清扫、保养和维修。

（11）交通频繁的施工道路、交叉路口应按规定设置警示标志或信号指示灯；开挖、弃渣场地应设专人指挥。

（12）爆破作业应统一指挥，统一信号，专人警戒并划定安全警戒区。爆破后应经爆破人员检查，确认安全后，其他人员方能进入现场。洞挖、通风不良的狭窄场所，应在通风排烟、恢复照明及安全处理后，方可进行其他作业。

（13）脚手架、排架平台等施工设施的搭设应符合安全要求，经验收合格后，方可投入使用。

（14）上下层垂直立体作业应有隔离防护设施，或错开作业时间，并应有专人监护。

（15）高边坡作业前应处理边坡危石和不稳定体，并应在作业面上方设置防护设施。

（16）隧洞作业应保持照明、通风良好、排水畅通，应采取必要的安全措施。

（17）施工现场电气设备应绝缘可靠，线路敷设整齐，应按规定设置接地线。开关板应设有防雨罩，闸刀、接线盒应完好并装漏电保护器。

（18）施工照明及线路，应遵守下列规定：

1）露天施工现场宜采用高效能的照明设备。

2）施工现场及作业地点，应有足够的照明，主要通道应装设路灯。

3）在存放易燃、易爆物品场所或有瓦斯的巷道内，照明设备应符合防爆要求。

（19）施工生产区应按消防的有关规定，设置相应消防池、消防栓、水管等消防器材，并保持消防通道畅通。

（20）施工生产中使用明火和易燃物品时应做好相应防火措施。存放和使用易燃易爆物品的场所严禁明火和吸烟。

（21）大型拆除工作，应遵守下列规定：

1）拆除项目开工前，应制定专项安全技术措施，确定施工范围和警戒范围，进行封闭管理，并应有专人指挥和专人安全监护。

2）拆除作业开始前，应对风、水、电等动力管线妥善移设、防护或切断。

3）拆除作业应自上而下进行，严禁多层或内外同时进行拆除。

3.3.2　现场布置

（1）现场施工总体规划布置应遵循合理使用场地、有利施工、便于管理等基本原则。分区布置，应满足防洪、防火等安全要求及环境保护要求。

（2）生产、生活、办公区和危险化学品仓库的布置，应遵守下列规定：

1）与工程施工顺序和施工方法相适应。

2）选址地质稳定，不受洪水、滑坡、泥石流、塌方及危石等威胁。

3）交通道路畅通，区域道路宜避免与施工主干线交叉。

4）生产车间，生活、办公房屋，仓库的间距应符合防火安全要求。

5）危险化学品仓库应远离其他区布置。

（3）施工区内起重设施、施工机械、移动式电焊机及工具房、水泵房、空压机房、电工值班房等布置应符合安全、卫生、环境保护要求。

（4）混凝土、砂石料等辅助生产系统和制作加工维修厂、车间的布置，应符合以下要求：

1）单独布置，基础稳固，交通方便、畅通。

2）应设置处理废水、粉尘等污染的设施。

3）应减少因施工生产产生的噪声对生活区、办公区的干扰。

（5）生产区仓库、堆料场布置应符合以下要求：

1）单独设置并靠近所服务的对象区域，进出交通畅通。

2）存放易燃、易爆、有毒等危险物品的仓储场所应符合有关安全的要求。

3）应有消防通道和消防设施。

（6）生产区大型施工机械与车辆停放场的布置应与施工生产相适应，要求场地平整、排水畅通、基础稳固，并应满足消防安全要求。

（7）弃渣场布置应满足环境保护、水土保持和安全防护的要求。

（8）生活区应遵守下列规定：

1）噪声应符合表 3.1 的规定。

2）生活区大气环境质量不应低于《环境空气质量标准》（GB 3095—2012）三级标准。

3）生活饮用水符合国家饮用水标准。

表 3.1　　　　　　生产性噪声传播至非噪声作业地点噪声声级的限值

地点名称	卫生限值/[dB（A）]	等效限值/[dB（A）]
噪声车间办公室	75	不超过 55
非噪声车间办公室	60	
会议室	60	
计算机、精密加工室	70	

（9）各区域应根据人群分布状况修建公共厕所或设置移动式公共厕所。

（10）各区域应有合理排水系统，沟、管、网排水畅通。

（11）有关单位宜设立医疗急救中心（站），医疗急救中心（站）宜布置在生活区内。施工现场应设立现场救护站。

3.3.3　施工道路及交通

（1）永久性机动车辆道路、桥梁、隧道，应按照 JTG 801 的有关规定，并考虑施工运输的安全要求进行设计修建。

（2）铁路专用线应按国家有关规定进行设计、布置、建设。

（3）施工生产区内机动车辆临时道路应符合下列规定：

1）道路纵坡不宜大于 8%，进入基坑等特殊部位的个别短距离地段最大纵坡不应超过 15%；道路最小转弯半径不应小于 15m；路面宽度不应小于施工车辆宽度的 1.5 倍，且双车道路面宽度不宜窄于 7.0m，单车道不宜窄于 4.0m。单车道应在可视范围内设有会车位置。

2）路基基础及边坡保持稳定。

3）在急弯、陡坡等危险路段及岔路、涵洞口应设有相应警示标志。

4）悬崖陡坡、路边临空边缘除应设有警示标志外还应设有安全墩、挡墙等安全防护设施。

5）路面应经常清扫、维护和保养并应做好排水设施，不应占用有效路面。

（4）交通繁忙的路口和危险地段应有专人指挥或监护。

（5）施工现场的轨道机车道路，应遵守下列规定：

1）基础应稳固，边坡保持稳定。

2）纵坡应小于 3%。

3）机车轨道的端部应设有钢轨车挡，其高度不低于机车轮的半径，并设有红色警示灯。

4）机车轨道的外侧应设有宽度不小于 0.6m 的人行通道，人行通道临空高度大于 2.0m 时，边缘应设置防护栏杆。

5）机车轨道、现场公路、人行通道等的交叉路口应设置明显的警示标志或设专人值班监护。

6）应设有专用的机车检修轨道。

7）通信联系信号需齐全可靠。

（6）施工现场临时性桥梁，应根据桥梁的用途、承重载荷和相应技术规范进行设计修建，并符合以下要求：

1）宽度应不小于施工车辆最大宽度的 1.5 倍。

2）人行道宽度应不小于 1.0m，并应设置防护栏杆等要求。

（7）施工现场架设临时性跨越沟槽的便桥和边坡栈桥，应符合以下要求：

1）基础稳固、平坦畅通。

2）人行便桥、栈桥宽度不应小于 1.2m。

3）手推车便桥、栈桥宽度不应小于 1.5m。

4）机动翻斗车便桥、栈桥，应根据荷载进行设计施工，其最小宽度不应小于 2.5m。

5）设有防护栏杆。

（8）施工现场的各种桥梁、便桥上不应堆放设备及材料等物品，应及时维护、保养，定期进行检查。

（9）施工交通隧道，应符合以下要求：

1）隧道在平面上宜布置为直线。

2）机车交通隧道的高度应满足机车以及装运货物设施总高度的要求，宽度不应小于车体宽度与人行通道宽度之和的 1.2 倍。

3）汽车交通隧道洞内单线路基宽度不应小于 3.0m，双线路基宽度不应小于 5.0m。

4）洞口应有防护设施，洞内不良地质条件洞段应进行支护。

5）长度 100m 以上的隧道内应设有照明设施。

6）应设有排水沟，排水畅通。

7）隧道内斗车路基的纵坡不宜超过 1.0%。

（10）施工现场工作面、固定生产设备及设施处所等应设置人行通道，并应符合以下要求：

1）基础牢固、通道无障碍、有防滑措施并设置护栏，无积水。

2）宽度不应小于 0.6m。

3）危险地段应设置警示标志或警戒线等要求。

3.4　环境保护、水土保持与职业卫生

（1）本书所称环境保护，是针对在工程建设过程中可能对环境（大气、水体、土地、野生动植物、矿藏、自然遗迹、人文遗迹、自然保护区、风景名胜区、城市、乡村等自然因素的总体）造成的影响，建设单位应采取组织和技术性环境保护措施，以满足国家、地方有关环境保护法律、法规、标准的要求。

（2）建设单位必须从法律的高度重视环境保护工作，建立环境保护责任制，加强宣传教育工作，督促各参建单位认真执行环境保护措施，在工程建设过程中防止或尽量减少对施工现场和周围环境的影响。

（3）工程现场的办公区、生活区应采取绿化措施，保护和改善生态环境。

（4）工程建设过程中产生的建筑垃圾和生活垃圾，应及时清运到指定地点，集中处

理，防止对环境造成污染。

（5）工程建设过程中产生的污水，应经处理、达标后排放。工程施工期间挖、填、平整场地以及土石方的堆放，必须按经批准的施工组织设计确定的方案实施，施工弃渣、垃圾严禁倒入江河，防止造成淤积妨碍行洪及造成环境污染和水土流失。

（6）控制施工生产废渣、废气、废水等污染物的排放，排放超过标准的，应采取相应有效措施进行回收治理。

（7）施工生产弃渣应运放到指定地点倾倒，集中处理，不应乱丢乱放。

（8）土石方施工中装运渣土、破碎、填筑宜采取湿式降尘措施。

（9）水泥搬运、装卸、拆包、进出料、拌和应采取密封措施，减少向大气排放水泥粉尘。

（10）燃煤锅炉烟尘应经处理后方可排放。

（11）施工废水、生活污水应符合污水综合排放标准。砂石料系统废水宜经沉淀池沉淀等处理后回收利用。

（12）施工生产生活区域应设有相应卫生清洁设施和管理保洁人员，保持生产生活环境整洁、卫生。

（13）对产生粉尘、噪声、有毒、有害物质及危害因素的施工生产作业场所，应制定职业卫生与环境保护措施。

（14）生产作业场所常见生产性粉尘、有毒物质在空气中允许浓度及限值应符合表3.2的规定。

表3.2   常见生产性粉尘、有毒物质在空气中允许浓度及限值

序号	有害物质名称		阈限值/(mg/m^3)		
			最高容许浓度 Pc—MAC	时间加权平均容许浓度 Pc—TWA	短时间接触容许浓度 Pc—STEL
1	矽尘		—		—
	总尘	含10%～50%游离 SiO_2	—	1	2
		含50%～80%游离 SiO_2	—	0.7	1.5
		含80%以上游离 SiO_2	—	0.5	1.0
	呼吸尘	含10%～50%游离 SiO_2	—	0.7	1.0
		含50%～80%游离 SiO_2	—	0.3	0.5
		含80%以上游离 SiO_2	—	0.2	0.3
2	石灰石粉尘	总尘	—	8	10
		呼吸尘	—	4	8
3	硅酸盐水泥	总尘（游离 $SiO_2<10\%$）	—	4	6
		呼吸尘（游离 $SiO_2<10\%$）	—	1.5	2
4	电焊烟尘		—	4	6
5	其他粉尘		—	8	10

续表

序号	有害物质名称			阈限值/(mg/m³)		
				最高容许浓度 Pc—MAC	时间加权平均 容许浓度 Pc—TWA	短时间接触 容许浓度 Pc—STEL
6	锰及无机化合物（按 Mn 计）			—	0.15	0.45
7	一氧化碳	非高原		—	20	30
		高原	海拔 2000～3000m	20	—	—
			海拔大于 3000m	15	—	—
8	氨 Ammonia			—	20	30
9	溶剂汽油			—	300	450
10	丙酮			—	300	450
11	三硝基甲苯（TNT）			—	0.2	0.5
12	铅及无机化合物 （按 Pb 计）	铅尘		0.05	—	—
		铅烟		0.03	—	—
13	四乙基铅（按 Pb 计）			—	0.02	0.06

（15）常见产生粉尘危害的作业场所应采取以下相应措施控制粉尘浓度：

1）钻孔应采取湿式作业或采取干式捕尘措施，不应打干钻。

2）水泥储存、运送、混凝土拌和等作业应采取隔离、密封措施。

3）密闭容器、构件及狭窄部位进行电焊作业时应加强通风，并佩戴防护电焊烟尘的防护用品。

4）地下洞室施工应有强制通风设施，确保洞内粉尘、烟尘、废气及时排出。

5）作业人员应配备防尘口罩等防护用品。

（16）生产车间和作业场所工作地点噪声声级卫生限值应符合表 3.3 的规定。

表 3.3 生产性噪声声级卫生限值

日接触噪声时间/h	卫生限值/[dB（A）]	日接触噪声时间/h	卫生限值/[dB（A）]
8	85	2	91
4	88	1	94

（17）生产性噪声传播至非噪声作业地点噪声声级的卫生限值应符合表 3.1 的规定。

（18）施工作业噪声传至有关区域的允许标准见表 3.4。

（19）产生噪声危害的作业场所应符合下列要求：

1）筛分楼、破碎车间、制砂车间、空压机站、水泵房、拌和楼等生产性噪声危害作业场所应设隔音值班室，作业人员应佩戴防噪耳塞等防护用品。

2）木工机械、风动工具、喷砂除锈、锻造、铆焊等临时性噪声危害严重的作业人员，应配备防噪耳塞等防护用品。

3）砂石料的破碎、筛分、混凝土拌和楼、金属结构制作厂等噪声严重的施工设施，不应布置在居民区、工厂、学校、生活区附近。因条件限制时，应采取降噪措施，使运行时噪声排放符合规定标准。

表 3.4　　　　　　　　　　　　　非施工区域的噪声允许标准

类　　别	等效声级限值/[dB（A）]	
	昼间	夜间
以居住、文教机关为主的区域	55	45
居住、商业、工业混杂区及商业中心区	60	50
工业区	65	55
交通干线道路两侧	70	55

（20）宜采用无毒或低毒的原材料及先进的生产工艺，对易产生毒物危害的作业场所应采取通风、净化装置或密闭等措施，使毒物排放符合规定要求。

（21）产生粉尘、噪声、毒物等危害因素的作业场所，应实行评价监测和定期监测制度，对超标的作业环境应及时治理。评价监测应由取得职业卫生技术服务资质的机构承担，并按规定定期检测。生产使用周期在 2 年以上的大中型人工砂石料生产系统、混凝土生产系统，正式投产前应进行评价监测。

（22）粉尘、毒物、噪声、辐射等定期监测可由建设单位或施工单位实施，也可委托职业卫生技术服务机构监测，并遵守下列规定：

1）粉尘作业区至少每季度测定一次粉尘浓度，作业区浓度严重超标应及时监测；并采取可靠的防范措施。

2）毒物作业点至少每半年测定一次，浓度超过最高允许浓度的测点应及时测定，直至浓度降至最高允许浓度以下。

3）噪声作业点至少每季度测定一次 A 声级，每半年进行一次频谱分析。

4）辐射每年监测一次，特殊情况及时监测。

（23）工程建设过程中及竣工后，应及时修整和恢复在建设过程中受到影响的生态环境。

（24）施工单位要依照建设项目中环境保护设施必须与主体工程同步设计、同时施工、同时投产使用的"三同时"制度要求，负责管理维护好本项目有关环境保护、水土保持设施，并建立有关环保、水保设施运行台账和报告制度，负责建立本单位主要污染源台账和制定环境污染事故应急预案。

（25）施工单位负责本项目收集、整理、归档环境保护、水土保持资料；根据监理单位或业主单位要求，及时报送环境保护、水土保持工作各类信息材料。

（26）施工单位是本企业和承包工作职责范围内的环保水保的责任主体。在施工过程中，发生环保水保事故时，按国家有关部委、地方政府、上级主管单位的有关规定，向地方政府、监理单位、上级主管部门提交事故报告，并按规定由相关单位组织进行事故调查并提出调查报告，施工单位应配合做好调查工作。

（27）如发生因施工单位责任造成的环境污染、水土流失危害、人员伤害和财产损失的，由承包人承担责任并负责赔偿；引起的行政处罚由承包人承担。

（28）工程建设各单位应建立职业卫生管理规章制度和施工人员职业健康档案，对从事尘、毒、噪声等职业危害的人员应每年进行一次职业体检，对确认职业病的职工应及时给予治疗，并调离原工作岗位。

3.5　消防安全管理

3.5.1　防火一般性规定

（1）施工现场的平面布置图、施工方法和施工技术均应符合消防安全要求。现场道路应畅通，夜间应设照明，并有值班巡逻。

（2）施工现场应明确划分用火作业、易燃可燃材料堆放、仓库、废品集中以及生活等区域。

（3）不准在高压架空线下搭设临时性建筑或堆放可燃物品。

（4）工程开工前，应将消防器材和设施配备齐全，备好室外消防水管、砂箱、铁锹等。

（5）施工现场用电，应严格遵守用电安全管理规定，加强电源管理。

（6）冬季施工采用煤炭取暖时，取暖设施应符合防火要求，并指定专人负责管理。

（7）焊、割作业点与氧气瓶、电石桶和乙炔发生器等的距离不得少于 10m，与易燃、易爆物品的距离不得少于 30m。

（8）乙炔发生器与氧气瓶之间的距离，存放时应大于 5m，使用时应大于 10m。

（9）施工现场的焊、割作业，必须符合防火要求，严格执行"十不准"规定：

1）焊工必须持证上岗，无证者不准进行焊、割作业。

2）属一、二、三级动火范围的焊、割作业，未办理动火审批手续，不准进行焊割。

3）焊工不了解焊、割现场周围情况，不得进行焊、割作业。

4）焊工不了解焊件内部是否有易燃、易爆物时，不得进行焊、割作业。

5）各种装过可燃气体、易燃液体和有毒物质的容器，未经彻底清洗，或未排除危险之前，不准进行焊、割作业。

6）用可燃材料作绝热层、保冷层、隔声、隔热设备的部位，或火星能飞溅到的地方，在未采取切实可靠的安全措施前，不准进行焊、割作业。

7）有压力或密闭的管道、容器，不准进行焊、割作业。

8）焊、割部位附近有易燃、易爆物品，在未做清理或未采取有效的安全防护措施前，不准进行焊、割作业。

9）附近有与明火作业相抵触的工种作业时，不准进行焊、割作业。

10）与外单位相连的部位，在没有弄清有无险情，或明知存在危险而未采取有效措施之前，不准进行焊、割作业。

3.5.2　重点部位、重点工种防火规定

（1）电焊工。

1）电焊工在操作前，要严格检查所用工具（包括电焊机设备、线路敷设、电缆线的接点等），使用的工具均应符合标准，保持完好状态。

2) 电焊机应有单独开关，装在防火、防雨的闸箱内，电焊机应设防雨棚（罩）。开关的保险丝容量应为该机的 1.5 倍。保险丝不准用铜丝或铁丝代替。

3) 焊割部位必须与氧气瓶、乙炔瓶、乙炔发生器及各种易燃、可燃材料隔离，两瓶之间距离不得小于 5m，与明火之间不得小于 10m。

4) 电焊机必须设有专用接地线，直接放在焊件上，接地线不准接在建筑物、机械设备、各种管道、避雷引下线和金属架上借路使用，防止接触火花，造成起火事故。

5) 电焊机一次、二次线应用线鼻子压接牢固，同时应加装防护罩，防止松动、短路放弧，引燃可燃物。

6) 严格执行防火规定和操作规程，操作时采取相应的防火措施，与看火人员密切配合，防止引起火灾。

（2）气焊工。

1) 乙炔发生器、乙炔瓶、氧气瓶和焊割具的安全设施必须齐全有效。

2) 乙炔发生器旁严禁一切火源。夜间添加电石时，应使用防爆电筒照明，禁止用明火照明。

3) 乙炔发生器、乙炔瓶和氧气瓶不准放在高低压架空线路下或变压器旁。

4) 乙炔瓶、氧气瓶应直立使用，禁止平放卧倒使用。油脂或沾油物品，不要接触氧气瓶、导管及其零部件。

5) 乙炔瓶、氧气瓶严禁暴晒、撞击，防止受热膨胀。乙炔发生器、回火阻止器以及导管发生冻结时，只允许用蒸汽、热水解冻，严禁使用火烤或金属敲打。

6) 乙炔瓶、氧气瓶开启阀门时，应缓慢，防止升压过速产生高温、火花引起爆炸和火灾。

7) 测定导管及其分配装置是否漏气，应用气体探测仪或用肥皂水测试，严禁用明火测试。

8) 操作乙炔发生器和电石桶时，应使用不产生火花的工具。乙炔发生器上不能装有纯铜配件。浮桶式发生器上不准堆压其他物品。

9) 乙炔发生器的水不能含油脂，避免油脂与氧气接触发生反应，引起燃烧或爆炸。

10) 防爆膜失效后，应按规定的规格型号更换，严禁任意更换，禁止用胶皮等代替防爆膜。

11) 瓶内气体不能用尽，必须留有余气。

12) 作业结束，应将乙炔发生器内的电石、污水及其残渣清除干净，倒到指定的安全地点，并排除内腔和其他部位的气体。

（3）电工。

1) 电工应经过专门培训，掌握安装与维修的安全技术，并经过考试合格后，方准独立操作。

2) 施工现场临设线路、电气设备的安装与维修应执行《施工现场临时用电安全技术规范》（JGJ 46—2005）。

3) 新设、增设的电气设备，必须由主管部门或人员检查合格后，方可通电使用。

4) 各种电气设备或线路，不应超过安全负荷，并用牢靠、绝缘良好和安装合格的保险设备，严禁用铜丝、铁丝等代替保险丝。

5）放置及使用易燃液体、气体的场所，应采用防爆型电气设备及照明灯具。

6）定期检查电气设备的绝缘电阻是否符合"不低于$1k\Omega/V$（如对地220V绝缘电阻应不低于$0.22M\Omega$）"的规定，发现隐患，应及时排除。

7）不可用纸、布或其他可燃材料做无骨架的灯罩，灯泡距可燃物应保持一定距离。

（4）各施工单位应建立、健全各级消防责任制和管理制度，组建专职或义务消防队，并配备相应的消防设备，做好日常防火安全巡视检查，及时消除火灾隐患，经常开展消防宣传教育活动和灭火、应急疏散救护的演练。

（5）根据施工生产防火安全需要，应配备相应的消防器材和设备，存放在明显易于取用的位置。消防器材及设备附近，严禁堆放其他物品。

（6）消防用器材设备，应妥善管理，定期检验，及时更换过期器材，消防汽车、消防栓等设备器材不应挪作他用。

（7）根据施工生产防火安全的需要，合理布置消防通道和各种防火标志，消防通道应保持通畅，宽度不应小于3.5m。

（8）宿舍、办公室、休息室内严禁存放易燃易爆物品，未经许可不得使用电炉。利用电热的车间、办公室及住室，电热设施应有专人负责管理。

（9）挥发性的易燃物质，不应装在开口容器及放在普通仓库内。装过挥发油剂及易燃物质的空容器，应及时退库。

（10）闪点在45℃以下的桶装、罐装易燃液体不应露天存放，存放处应有防护栅栏，通风良好。

（11）施工区域需要使用明火时，应将使用区进行防火分隔，清除动火区域内的易燃、可燃物，配置消防器材，并应有专人监护。

（12）油料、炸药、木材等常用的易燃易爆危险品存放使用场所、仓库，应有严格的防火措施和相应的消防设施，严禁使用明火和吸烟。

（13）易燃易爆危险物品的采购、运输、储存、使用、回收、销毁应有相应的防火消防措施和管理制度。

（14）施工生产作业区与建筑物之间的防火安全距离，应遵守下列规定：

1）用火作业区距所建的建筑物和其他区域不应小于25m。

2）仓库区、易燃、可燃材料堆集场距所建的建筑物和其他区域不应小于20m。

3）易燃品集中站距所建的建筑物和其他区域不应小于30m。

（15）加油站、油库，应遵守下列规定：

1）独立建筑，与其他设施、建筑之间的防火安全距离不应小于50m。

2）周围应设有高度不低于2.0m的围墙、栅栏。

3）库区内道路应为环形车道，路宽应不小于3.5m，应设有专门消防通道，保持畅通。

4）罐体应装有呼吸阀、阻火器等防火安全装置。

5）应安装覆盖库（站）区的避雷装置，且应定期检测，其接地电阻不应大于10Ω。

6）罐体、管道应设防静电接地装置，接地网、线用40mm×4mm扁钢或ϕ10圆钢埋设，且应定期检测，其接地电阻不应大于 30Ω。

7）主要位置应设置醒目的禁火警示标志及安全防火规定标识。

8）应配备相应数量的泡沫、干粉灭火器和砂土等灭火器材。

9）应使用防爆型动力和照明电器设备。

10）库区内严禁一切火源，严禁吸烟及使用手机。

11）工作人员应熟悉使用灭火器材和消防常识。

12）运输使用的油罐车应密封，并有防静电设施。

（16）木材加工厂（场、车间）应遵守下列规定：

1）独立建筑，与周围其他设施、建筑之间的安全防火距离不应小于 20m。

2）安全消防通道保持畅通。

3）原材料、半成品、成品堆放整齐有序，并留有足够的通道，保持畅通。

4）木屑、刨花、边角料等弃物及时清除，严禁滞留在场内，保持场内整洁。

5）设有 10m³ 以上的消防水池、消防栓及相应数量的灭火器材。

6）作业场所内禁止使用明火和吸烟。

7）明显位置设置醒目的禁火警示标志及安全防火规定标识。

3.6 季 节 施 工

冬期、雨期、暑期的施工，应根据工程规模、特点和现场环境状况编制施工方案，确定施工部署、重点部位的施工方法和程序、进度计划、施工设备与物资及相应的安全技术措施。施工前，应根据施工方案要求对全体施工人员进行安全技术交底，掌握要点，明确责任。施工前和施工中，应根据施工方案检查施工现场，落实方案中规定的部署和安全技术措施执行情况，确认符合要求。在冬期、雨期、暑期的施工中，应与气象、水文等部门密切联系，及时掌握气温、雨情、汛情、雪情、风力、雾、沙尘暴等灾报，采取相应的安全技术措施。施工过程中工程项目发生变化时，应及时补充或修订施工方案及相应的安全技术措施。大雨、大雪、大雾、沙尘暴和风力六级（含）以上的恶劣天气，不得进行吊装、钻孔、防水、高处等露天作业。具体要求有：

（1）昼夜平均气温低于 5℃或最低气温低于 −3℃时，应编制冬季施工作业计划，并应制定防寒、防毒、防滑、防冻、防火、防爆等安全措施。

（2）冬季施工，应遵守以下基本规定：

1）车间气温低于 5℃时，应有取暖设备。

2）施工道路应采取防滑措施。冰霜雪后，脚手架、脚手板、跳板等应清除积雪或采取防滑措施。

3）爆炸物品库房，应保持一定的温度，防止炸药冻结，严禁用火烤冻结的炸药。

4）水冷机械、车辆等停机后，应将水箱中的水全部放净或加适当的防冻液。

5）室内采用煤、木材、木炭、液化气等取暖时，应符合防火要求，火墙、烟道保持畅通，防止一氧化碳中毒。

6）进行气焊作业时，应经常检查回火安全装置、压阀，如冻结应用温水或蒸汽解冻，严禁火烤。

（3）混凝土冬季施工，应遵守下列规定：

1）进行蒸汽法施工时，应有防护烫伤措施，所有管路应有防冻措施。

2）对分段浇筑的混凝土进行电气加热时，其未浇筑混凝土的钢筋与已加热部分相联系时应作接地，进行养护浇水时应切断电源。

3）采用电热法施工，应指定电工参加操作，非有关人员严禁在电热区操作。工作人员应使用绝缘防护用品。

4）电热法加热，现场周围均应设立警示标志和防护栏杆，并有良好照明及信号。加热的线路应保证绝缘良好。

5）如采用暖棚法时，暖棚宜采用不易燃烧的材料搭设，并应制定防火措施，配备相应的消防器材，并加强防火安全检查。

（4）寒冷地区解冻期施工时，应做好以下工作：

1）对各种设备、设施及危险施工部位应进行全面检查，以防解冻发生坍塌。

2）江河开冻期间应预防冰凌堵塞导流孔洞、冲坏涵洞桥梁等。

3）清除施工现场内的冰雪、污物，维护好交通道路。

（5）高温季节露天作业宜搭设休息凉棚，供应清凉饮料。施工生产应避开高温时段或采取降温措施。

（6）雨季施工防触电安全规定

1）电源线不得使用裸导线和塑料线，不得沿地面敷设。

2）配电箱必须防雨、防水，电器布置符合规定，电器元件不应破损，严禁带电明露。

3）机电设备的金属外壳必须采取可靠的接地或接零保护。

4）手持电动工具和机械设备时，必须安装合格的漏电保护器。

5）工地临时照明灯，标志灯，其电压不应超过 36V，特别潮湿场所，金属管道和容器内的照明灯，电压不超过 12V。

6）电器作业人员，应穿绝缘鞋、戴绝缘手套。

7）施工现场内，不得架设高压线路，变压器应设在施工现场边角处，并设围栏，进入现场的主干线尽量少，根据用电位置，在主干线的电杆上事先设好分电箱，防止维修电工经常上电杆接线，以减少电气故障和发生触电事故。

（7）夏季气候火热，高温时间持续较长，施工现场应制定防火、防暑及降温职业健康安全措施。暑期施工的安全措施有：

1）合理调整作息时间，避开中午高温时间工作，严格控制工人加班加点，工作时间要适当缩短。保证工人有充足的休息和睡眠时间。

2）容器内和高温条件下的作业场所，要采取措施，搞好通风和降温。

3）露天作业集中和固定场所，应搭设歇凉棚，防止热辐射，并要经常洒水降温。高温、高处作业的工人，需经常进行健康检查，发现有作业禁忌症者应及时调离高温和高处作业岗位。

4）要及时供应合乎卫生要求的茶水、清凉含盐饮料、绿豆汤等。

5）要经常组织医护人员深入工地进行巡回医疗和预防工作。重视年老体弱、患过中暑者和血压较高的工人身体情况的变化。

6）及时给职工发放防暑降温的急救药品和劳动保护用品。

（8）防雷击安全规定有：

1）高出建筑物的塔吊、井架、龙门架、脚手架应安装避雷装置。

2）施工的高层建筑工程等应安装可靠的避雷设施，在周围无高大建筑物的空场地施工时，也应安装可靠的避雷设施。

（9）沿海地带施工应制定预防台风侵袭的应急预案。

3.7 防 汛

台风暴雨季节应提前做好防台风、暴雨的各项防汛技术准备工作和相应的物资准备，随时注意气象预报。台风来临前由项目部组织一次安全检查。塔吊、施工电梯、井架等施工机械，要采取加固措施。塔吊吊钩收到最高位置，吊臂处于自由旋转状态。在建工程作业面和脚手架上的各种材料应堆放、绑扎固定，以防止被风吹落伤人。施工临时用电除保证生活照明外，其余供电一律切断电源。做好工地现场围墙和工人宿舍生活区安全检查，疏通排水沟，保证现场排水畅通。台风、暴雨后，应进行安全检查，重点是施工用电、临时设施、脚手架、大型机械设备，发现隐患，及时排除。

3.7.1 防汛的主要任务

（1）建设单位应组织成立有施工、设计、监理等单位参加的工程防汛机构，负责工程安全度汛工作。应组织制定度汛方案及超标准洪水的度汛预案。

（2）设计单位应于汛前提出工程度汛标准、工程形象面貌及度汛要求。

（3）施工单位应按设计要求和现场施工情况制定度汛措施，报建设单位（监理）审批后成立防汛抢险队伍，配置足够的防汛物资，随时做好防汛抢险的准备工作。

（4）建设单位应做好汛期水情预报工作，准确提供水文气象信息，预测洪峰流量及到来时间和过程，及时通告各单位。

（5）防汛期间，应组织专人对大坝、围堰、堤防等施工现场防汛部位巡视检查，观察水情变化，发现险情，及时进行抢险加固或组织撤离。

（6）防汛期间，超标洪水来临前，施工淹没危险区的施工人员及施工机械设备，应及时组织撤离到安全地点。

（7）汛期应加强与上级主管部门和地方政府防汛部门的联系，听从统一防汛指挥。

（8）洪水期间，如发生主流改道，航标漂流移位、熄灭等情况，施工运输船舶应避洪停泊于安全地点。

（9）堤防工程防汛抢险，应遵循前堵后导、强身固脚、减载平压、缓流消浪的原则。

（10）防汛期间，在抢险时应安排专人进行安全监视，确保抢险人员的安全。

对于特大台风、暴雨还要做好以下工作：

1）成立防台风、暴雨领导小组，安排人员值班。

2）密切与上级部门保持联系，随时掌握台风动向。

3）对工人宿舍要进行加固，确保安全，对可能造成吹倒或吹翻工棚顶部的宿舍，要提前安排工人迁往其他安全可靠场所。

4）若出现险情应及时报告上级部门并组织人员进行抢险。

5）台风、暴雨过后，应组织人员进行检查，将台风、暴雨造成的影响和损失报告上级部门。

3.7.2 防汛检查的内容

1. 建立防汛组织体系与落实责任

（1）防汛组织体系。成立防汛领导小组，下设防汛办公室和抗洪抢险队（每个施工项目经理部均应设立）。

（2）明确防汛任务。根据建设工程所在地实际情况，明确防汛标准、计划、重点和措施。

（3）落实防汛责任。业主、设计、监理、施工等单位的防汛责任明确，分工协作，配合有力。各级防汛工作岗位责任制明确。

2. 检查防汛工作规章制度情况

（1）上级有关部门的防汛文件齐备。

（2）防汛领导小组、防汛办公室及抗洪抢险队工作制度健全。

（3）汛前检查与消缺管理制度完善，针对性、可操作性强。

（4）建立汛期值班、巡视、联系、通报、汇报制度，相关记录齐全，具有可追溯性。

（5）建立灾情（损失）统计与报告制度。

（6）建立汛期通信管理制度，确保信息传递及时、迅速、24h畅通。

（7）建立防汛物资管理制度，做到防汛物资与工程建设物资的相互匹配，在汛期应保证相关物资的可靠储备，确保汛情发生时相关物资及时到位。

（8）防汛工作奖惩办法和总结报告制度。

（9）制定防汛工作手册。手册中应明确防汛工作职责、工作程序、应急措施等内容。上述制度、手册应根据工程建设所在地的实际情况制定，及时修编。

3. 检查建设工程度汛措施及预案

（1）江河堤坝等地区钻孔作业，要密切关注孔内水位变化，并备有必要的压孔物资（如沙袋等），严防管涌等事故的发生。

（2）江（河）滩中施工作业，应事先制定水位暴涨时，人员、物资安全撤离的措施。

（3）山区施工作业，应事先制定严防泥石流伤害的技术和管理措施。

（4）现场临时帐篷等设施避免搭建在低洼处，实行双人值班，配备可靠的通信工具。

（5）检查在超标准暴雨情况下，保护建设工程成品（半成品）、机具设备和人员疏散的预案。预案应按规定报上级单位审批或备案。

（6）检查工程形象进度是否达到度汛要求，如达不到要求应制定相应的应急预案。

4. 生活及办公区域防汛

（1）工程项目部及材料库应设在具有自然防汛能力的地点，建筑物及构筑物具有防淹没、防冲刷、防倒塌措施。

（2）生活及办公区域的排水设备与设施应可靠。

（3）低洼地的防水淹措施和水淹后的人员转移安置方案。

(4) 项目部防汛图（包括排水、挡水设备设施、物资储备、备用电源等）。

(5) 防汛组织网络图（包括指挥系统、抢修抢险系统、电话联络等）。

5. 防汛物资与后勤保障检查

(1) 防汛抢险物资和设备储备充足，台账明晰，专项保管。

(2) 防汛交通、通信工具应确保处于完好状态。

(3) 有必要的生活物资和医药储备。

6. 与地方防汛部门的联系和协调检查

(1) 按照管理权限接受防汛指挥部门的调度指挥，落实地方政府的防汛部署，积极向有关部门汇报有关防汛问题。

(2) 加强与气象、水文部门的联系，掌握气象和水情信息。

7. 防汛管理及程序

(1) 每年汛前建设单位组织对本工程的防汛工作进行全面检查。

(2) 建设单位对所属建设工程进行汛前安全检查，发现影响安全度汛的问题应限期整改，检查结果应及时报上级主管部门。

(3) 上级部门根据情况对有关基建工程的防汛准备工作进行抽查。

3.8 施 工 排 水

(1) 施工区域排水系统应进行规划设计，并应按照工程所在地的气象、地形、地质、降水量等情况，以及工程规模、排水时段等，确定相应的设计标准，作为施工排水规划设计的基本依据。

(2) 应考虑施工场地的排水量、外界的渗水量和降水量，配备相应的排水设施和备用设备。

(3) 排水系统设备供电应有独立的动力电源（尤其是洞内排水），必要时应有备用电源。

(4) 施工排水系统的设备、设施等安装完成后，应分别按相关规定逐一进行检查验收，合格后方可投入使用。

(5) 排水系统的机械、电气设备应定期进行检查维护、保养，排水沟、集水井等设施应经常进行清淤与维护，排水系统应保持畅通。

(6) 土方开挖应注重边坡和坑槽开挖的施工排水，要特别注意对地下水的排水处理，并应符合以下要求：

1) 坡面开挖时，应根据土质情况，间隔一定高度设置戗台，台面横向应为反向排水坡，并在坡脚设置护脚和排水沟。

2) 坑槽开挖施工前，应做好地面外围截、排水设施，防止地表水流入基坑（槽），冲刷边坡导致坍塌事故。

3) 进行地下水较为丰富的坑槽开挖时，应在坑槽外设置临时排水沟和集水井，将基坑水位降低至坑槽以下再进行开挖。

4) 场地狭窄、土层自稳性能和防冲刷性能较差，明沟难以形成时可采取埋管排水。

（7）石方开挖工区施工排水应合理布置，选择适当的排水方法，并应符合以下要求：

1）一般建筑物基坑（槽）的排水，采用明沟或明沟与集水井排水时，应在基坑周围，或在基坑中心位置设排水沟，每隔 30～40m 设一个集水井。集水井应低于排水沟至少 1m 左右，井壁应做临时加固措施。

2）厂坝基坑（槽）深度较大，地下水位较高时，应在基坑边坡上设置 2～3 层明沟，进行分层抽排水。

3）大面积施工场区排水时，应在场区适当位置布置纵向深沟作为干沟，干沟沟底应低于基坑 1～2m，使四周边沟、支沟与干沟连通将水排出。

4）岸坡或基坑开挖应设置截水沟，截水沟距离坡顶安全距离不应小于 5m；明沟距道路边坡距离应不小于 1m。

5）工作面积水、渗水的排水，应设置临时集水坑，集水坑面积宜为 2～3m²，深 1～2m，并安装移动式水泵排水。

（8）边坡工程排水设施，应遵守下列规定：

1）周边截水沟，一般应在开挖前完成，截水沟深度及底宽不宜小于 0.5m，沟底纵坡不宜小于 0.5%；长度超过 500m 时，宜设置纵排水沟、跌水或急流槽。

2）急流槽的纵坡不宜超过 1∶1.5；急流槽过长时宜分段，每段不宜超过 10m；土质急流槽纵度较大时，应设多级跌水。

3）边坡排水孔宜在边坡喷护之后施工，坡面上的排水孔宜上倾 10% 左右，孔深 3～10m，排水管宜采用塑料花管。

4）挡土墙宜设有排水设施，防止墙后积水形成静水压力，导致墙体坍塌。

5）采用渗沟排除地下水措施时，渗沟顶部宜设封闭层，寒冷地区沟顶回填土层小于冻层厚度时，宜设保温层；渗沟施工应边开挖、边支撑、边回填，开挖深度超过 6m 时，应采用框架支撑；渗沟每隔 30～50m 或平面转折和坡度由陡变缓处宜设检查井。

（9）地下工程施工期间产生的废水和山体渗水，应经沉淀后排出。

（10）砂石料场排水，应遵守下列规定：

1）应根据料场地形、降雨特点等情况，确定合理的排水标准，并进行排水规划布置。

2）料场周围布置排水沟，排水沟应有足够过流断面。

3）顺场地布置排水沟时，应辅以支沟。

4）排水系统与进场道路布置应相协调，主要道路两侧均应设排水沟，道路与水沟交叉处设管涵。

5）当料场低于地平面时，应设水泵进行排水。

（11）土质料场的排水宜采取截、排结合，以截为主的排水措施。对地表水宜在采料高程以上修截水沟加以拦截，对开采范围的地表水应挖纵横排水沟排出。

（12）基坑排水，应满足以下要求：

1）采用明沟排水方法时，应符合以下要求：

a. 坡面过长或有集中渗水时，应增加一级排水沟和集水井。

b. 基坑集水井的位置，应低于开挖工作面，并根据水量大小、基坑长度、基建面地形布置一个或多个集水井。

c. 基坑排水，宜由基坑水泵排至两岸坡开挖（或不砌筑）的排水渠排出基坑外，或在坝上设置排水槽引出。

d. 应根据基坑边界条件计算排水量，必要时可通过抽水试验验证，排水设备、供电容量和排水渠的大小应留有裕量。

2）采用深井（管井）排水方法时，应符合下列要求：

a. 管井水泵的选用应根据降水设计对管井的降深要求和排水量来选择，所选择水泵的出水量与扬程应大于设计值的 20%～30%。

b. 管井宜沿基坑或沟槽一侧或两侧布置，井位距基坑边缘的距离应不小于 1.5m，管埋置的间距应为 15～20m。

3）采用井点排水方法时，应满足以下要求：

a. 井点布置应选择合适方式及地点。

b. 井点管距坑壁不应小于 1.0m，间距应为 1.0～2.5m。

c. 滤管应埋在含水层内并较所挖基坑底低 0.9～1.2m。

d. 集水总管标高宜接近地下水位线，且沿抽水水流方向有 2‰～5‰ 的坡度。

（13）防坍塌措施。

1）确保做好井字架、龙门架、脚手架基础的排水工作，防止沉陷倾斜。

2）坑、槽、沟两边要放足边坡，危险部位要另外加支撑，搞好排水工作，一经发现紧急情况，应马上停止施工。

3）施工时不宜靠墙壁堆土，强度较差的墙体和围墙，严禁将土靠墙堆放。

4）雨季开挖基坑（槽）或管沟时，应特别注意边坡（或直里壁）的稳定，必要时可适当放缓边坡坡度或设置支撑，施工时应加强对边坡和支撑的检查。

3.9 文 明 施 工

水利工程施工单位应贯彻文明施工要求，推行现代管理方法，科学组织施工，努力做好施工现场的各项管理工作。须指定专人和部门负责文明施工管理、监督、检查、落实整改工作，认真执行上级有关文明施工管理规定，加强职工文明施工思想意识的教育，开展文明施工达标活动。具体要求是：

（1）建设单位应负责文明施工的组织领导，应定期开展检查、考核、评比，并应积极推行创建"文明工区"活动。

（2）施工单位在工程开工前，应将文明施工纳入工程施工组织设计，建立、健全组织机构及各项文明施工措施，并应保证各项制度和措施的有效实施和落实。

（3）文明施工，应遵守以下基本规定：

1）施工现场及各项目部的入口处设置明显的企业名称、工程概况、项目负责人、文明施工纪律等标示牌。

2）施工用房和生活用房不应乱搭乱建。

3）施工道路平整、畅通，安全警示标志、设施齐全。

4）风、水、电管线、通信设施、施工照明等布置合理，安全标志清晰。

5）施工机械设备定点存放，车容机貌整洁，材料工具摆放有序，工完场清。

6）消防器材齐全，通道畅通。

7）施工脚手架、吊篮、通道、爬梯、护栏、安全网等安全防护设施完善、可靠，安全警示标志醒目。

8）办公区、生活区清洁卫生、环境优美。

（4）施工现场管理人员在施工现场应当佩戴证明其身份的胸章，作业人员必须挂证或卡上岗。

（5）施工现场作业人员，应遵守以下基本要求：

1）进入施工现场，应按规定穿戴安全帽、工作服、工作鞋等防护用品，正确使用安全绳、安全带等安全防护用具及工具，严禁穿拖鞋、高跟鞋或赤脚进入施工现场。

2）应遵守岗位责任制和执行交接班制度，坚守工作岗位，不应擅离岗位或从事与岗位无关的事情。未经许可，不应将自己的工作交给别人，更不应随意操作别人的机械设备。

3）严禁酒后作业。

4）严禁在铁路、公路、洞口、陡坡、高处及水上边缘、滚石坍塌地段、设备运行通道等危险地带停留和休息。

5）上下班应按规定的道路行走，严禁跳车、爬车、强行搭车。

6）起重、挖掘机等施工作业时，非作业人员严禁进入其工作范围内。

7）高处作业时，不应向外、向下抛掷物件。

8）严禁乱拉电源线路和随意移动、启动机电设备。

9）不应随意移动、拆除、损坏安全卫生及环境保护设施和警示标志。

（6）不扰民施工措施。如果水利工程施工现场布置在城镇居民点附近，为保证施工现场周围的单位、居民有一个良好的工作、学习和生活环境，在施工过程中要严格执行以下不扰民施工措施：

1）晚上 10 点至早上 6 点，原则上停止一切施工活动，特别是噪声较大的施工活动，以免影响周围的单位、居民的休息。不可避免要在该时段内施工作业，施工前要事先取得周围的单位、居民或居委会的同意，并到政府有关部门办理相关的施工许可手续。

2）施工过程中所产生的垃圾、废水、废气等有可能污染周围环境的，应采取相应措施及时处理，不可随意倾倒、排放。

3）施工现场车辆出入时，要避开每日上下班（学）时段，不要造成施工现场周围交通不畅或发生事故。

4）施工现场材料的运输车辆要冲洗干净，方可进出现场，运送散装材料的车辆要有防止散落、飘落的措施，防止污染周围地面。运送砂、石的车辆在卸车时，要避开居民休息时段，以免卸料噪声影响他人休息。

5）施工过程中若造成周围环境地面及空气污染，应及时终止施工并采取有效措施及时清理、整改。

6）施工现场周围设置安全警示牌，提醒路人注意施工可能对其造成影响。若施工需要破坏附近的路面或在路边挖坑，一定要设置防护，夜间要设照明和警示灯。在行人出入的附近施工，应设置封闭的防高空坠物走道，并悬挂安全警示牌。

7）教育好工人要遵纪守法，严禁施工人员骚扰附近单位、居民。

8）施工现场要公布施工投诉电话，虚心接受他人批评意见。

9）要经常与当地单位、居委会保持联系，交流情况，经常征求意见，及时消除施工带来的扰民隐患，切实做好文明施工。

3.10 复习思考题

3.10.1 水利工程施工现场的安全管理措施有哪些？

3.10.2 施工现场安全管理红线条款有哪些？

3.10.3 违反劳动纪律的主要表现有哪些？

3.10.4 违反安全操作规程的危险性是什么？

3.10.5 施工道路及其交通的现场布置有哪些基本规定？

3.10.6 施工照明及线路布置应遵守什么规定？

3.10.7 大型拆除项目作业应遵守哪些规定？

3.10.8 生产区仓库、堆料场布置应符合哪些要求？

3.10.9 试说明生产性噪声传播至非噪声作业地点噪声声级的限值规定。

3.10.10 施工生产区内机动车辆临时道路的布置应符合哪些规定？

3.10.11 试说明常见生产性粉尘、有毒物质在空气中允许浓度及限值。

3.10.12 对产生噪声危害的作业场所应采取的降噪措施有哪些？

3.10.13 因施工单位责任造成的环境保护、水土保持危害及损失的，由何方负责赔偿？

3.10.14 施工现场重点部位、重点工种的防火规定有哪些？

3.10.15 试分别说明冬期、雨期、暑期施工应遵守哪些基本规定？

3.10.16 布置边坡工程排水设施应遵守哪些规定？

3.10.17 布置砂石料场的排水应遵守什么规定？

3.10.18 基坑排水应满足哪些要求？

3.10.19 水利工程施工单位应贯彻文明施工的具体要求和规定有哪些？

第4章

施工用电、供水、供风及通信安全管理

教学要求：通过本章学习，使学生了解施工用电的基本规定，理解接地（接零）与防雷、变压器与配电室、线路敷设、配电箱、开关箱、施工照明等的布置、安装及使用方面的安全管理内容，以及使用电动机械与手持电动工具的安全规程、规定，并掌握水利工程施工供水、施工供风、施工通信的布置特征及安全管理要求。

4.1 施 工 用 电

4.1.1 基本规定

（1）施工单位应编制施工用电方案及安全技术措施。

（2）从事电气作业的人员，应持证上岗；非电工及无证人员严禁从事电气作业。

（3）从事电气安装、维修作业的人员应掌握安全用电基本知识和所用设备的性能，应按规定穿戴和配备好相应的劳动防护用品，应定期进行体检。

（4）现场施工用电设施，除经常性维护外，每年雨季前应检修一次，应保证其绝缘电阻等符合要求。

（5）在建工程（含脚手架）的外侧边缘与外电架空线路的边线之间应保持安全操作距离。最小安全操作距离应不小于表 4.1 的规定。

表 4.1　　　　在建工程（含脚手架）的外侧边缘与外电架空线路
边线之间的最小安全操作距离

外电线路电压/kV	<1	1～10	35～110	154～220	330～500
最小安全操作距离/m	4	6	8	10	15

注　上、下脚手架的斜道严禁搭设在有外电线路的一侧。

（6）施工现场的机动车道与外电架空线路交叉时，架空线路的最低点与路面的垂直距离不应小于表 4.2 的规定。

表 4.2　　　　施工现场的机动车道与外电架空线路交叉时的最小垂直距离

外电线路电压/kV	<1	1～10	35
最小垂直距离/m	6	7	7

（7）机械如在高压线下进行工作或通过时，其最高点与高压线之间的最小垂直距离不应小于表 4.3 的规定。

表 4.3　　　　　　　　　　机械最高点与高压线间的最小垂直距离

线路电压/kV	<1	1~20	35~110	154	220	330
机械最高点与线路间的最小垂直距离/m	1.5	2	4	5	6	7

（8）旋转臂架式起重机的任何部位或被吊物边缘与 10kV 以下的架空线路边线最小水平距离不应小于 2m。

（9）施工现场开挖非热管道沟槽的边缘与埋地外电缆沟槽边缘之间的距离不应小于 0.5m。

（10）对达不到第 5、6、7 条规定的最小距离的部位，应采取停电作业或增设屏障、遮栏、围栏、保护网等安全防护措施，并悬挂醒目的警示标志牌。

（11）人员触电时，首先应切断电源，或用绝缘材料使触电者脱离电源，然后立即采用人工呼吸等急救方法进行抢救。如触电者在高处，在切断电源时，应采取防止坠落的措施。

（12）用电场所电器灭火应选择适用于电气的灭火器材，不应使用泡沫灭火器。

4.1.2　接地（接零）与防雷

（1）施工现场专用的中性点直接接地的电力线路中应采用 TN-S 接零保护系统，并应遵守以下规定：

1）电气设备的金属外壳应与专用保护零线（简称"保护零线"）连接。保护零线应由工作接地线、配电室的零线或第一级漏电保护器电源侧的零线引出。

2）当施工现场与外电线路共用同一个供电系统时，电气设备应根据当地的要求作保护接零，或作保护接地。不得一部分设备作保护接零，另一部分设备作保护接地。

3）作防雷接地的电气设备，应同时作重复接地。同一台电气设备的重复接地与防雷接地使用同一接地体时，接地电阻应符合重复接地电阻值的要求。

4）在只允许作保护接地的系统中，因条件限制接地有困难时，应设置操作和维修电气装置的绝缘台。

5）施工现场的电力系统严禁利用大地作相线或零线。

6）保护零线不应装设开关或熔断器。保护零线应单独敷设，不作他用。重复接地线应与保护零线相接。

7）接地装置的设置应考虑土壤干燥或冻结等季节变化的影响（表 4.4），但防雷装置的冲击接地电阻值只考虑在雷雨季节中土壤干燥状态的影响。

表 4.4　　　　　　　　　　接地装置的季节系数值

埋深/m	水平接地体	长度 2~3m 的垂直接地体	备注
0.5	1.4~1.8	1.2~1.4	
0.8~1.0	1.25~1.45	1.15~1.45	
2.5~3.0	1.0~1.1	1.0~1.1	深埋接地体

注　大地比较干燥时，取表中的较小值；比较潮湿时，则取表中较大值。

8）保护零线的截面，应不小于工作零线的截面，同时应满足机械强度要求，保护零线的统一标志为绿/黄双色线。

（2）正常情况下，下列电气设备不带电的外露导电部分，应作保护接零。

1）电机、变压器、电器、照明器具、手持电动工具的金属外壳。

2）电气设备传动装置的金属部件。

3）配电屏与控制屏的金属框架。

4）室内外配电装置的金属框架及靠近带电部分的金属围栏和金属门。

5）电力线路的金属保护管、敷线的钢索、起重机轨道、滑升模板操作平台等。

6）安装在电力线路杆（塔）上开关、电容器等电气装置的金属外壳及支架。

（3）正常情况时，下列电气设备不带电的外露导电部分，可不作保护接零。

1）在木质、沥青等不良导电地坪的干燥房间内；交流电压 380V 及其以下的电气设备金属外壳（当维修人员可能同时触及电气设备金属外壳和接地金属物件时除外）。

2）安装在配电屏、控制屏金属框架上的电气测量仪表、电流互感器、继电器和其他电器的外壳。

（4）电力变压器或发电机的工作接地电阻值不应大于 4Ω。

（5）施工现场用电的接地与接零应符合以下要求：

1）保护零线除应在配电室或总配电箱处作重复接地外，还应在配电线路的中间处和末端处作重复接地。保护零线每一重复接地装置的接地电阻值应不大于 10Ω。

2）每一接地装置的接地线应采用两根以上导体，在不同点与接地装置作电气连接。不应用铝导体作接地体或地下接地线。垂直接地体宜采用角钢、钢管或圆钢，不宜采用螺纹钢材。

3）电气设备应采用专用芯线作保护接零，此芯线严禁通过工作电流。

4）手持式用电设备的保护零线，应在绝缘良好的多股铜线橡皮电缆内。其截面不应小于 $1.5mm^2$，其芯线颜色为绿/黄双色。

5）Ⅰ类手持式用电设备的插销上应具备专用的保护接零（接地）触头。所用插头应能避免将导电触头误作接地触头使用。

6）施工现场所有用电设备，除作保护接零外，应在设备负荷线的首端处设置有可靠的电气连接。

（6）移动式发电机供电的用电设备，其金属外壳或底座，应与发电机电源的接地装置有可靠的电气连接。接地应符合固定电气设备接地的要求。

（7）施工现场内的起重机、井字架及龙门架等机械设备，若在相邻建筑物、构筑物的防雷装置的保护范围以外，应按表 4.5 的规定安装防雷装置。

表 4.5　　　　　　　施工现场内机械设备需安装防雷装置的规定

地区年平均雷暴日/d	机械设备高度/m	地区年平均雷暴日/d	机械设备高度/m
≤15	≥50	40～90	≥20
15～40	≥32	≥90 及雷害特别严重的地区	≥12

（8）防雷装置应符合以下要求：

1）施工现场内所有防雷装置的冲击接地电阻值不应大于 30Ω。

2) 各机械设备的防雷引下线可利用该设备的金属结构体,但应保证电气连接。

3) 机械设备上的避雷针(接闪器)长度应为1~2m。

4) 安装避雷针的机械设备所用动力、控制、照明、信号及通信等线路,应采用钢管敷设,并将钢管与该机械设备的金属结构体作电气连接。

4.1.3 变压器与配电室

(1) 施工用的10kV及以下变压器装于地面时,应有0.5m的高台,高台的周围应装设栅栏,其高度不应低于1.7m,栅栏与变压器外廓的距离不应小于1m,杆上变压器安装的高度不应低于2.5m,并挂"止步,高压危险"的警示标志。变压器的引线应采用绝缘导线。

(2) 变压器运行中应定期检查以下内容:

1) 油的颜色变化、油面指示、有无漏油或渗油现象。

2) 响声是否正常,套管是否清洁,有无裂纹和放电痕迹。

3) 接头有无腐蚀及过热现象,检查油枕的集污器内有无积水和污物。

4) 有防爆管的变压器,要检查防爆隔膜是否完整。

5) 变压器外壳的接地线有无中断、断股或锈烂等情况。

(3) 配电室应符合以下要求:

1) 配电室应靠近电源,并应设在无灰尘、无蒸汽、无腐蚀介质及振动的地方。

2) 成列的配电屏(盘)和控制屏(台)两端应与重复接地线及保护零线作电气连接。

3) 配电室应能自然通风,并应采取防止雨雪和动物进入措施。

4) 配电屏(盘)正面的操作通道宽度,单列布置应不小于1.5m,双列布置应不小于2m;侧面的维护通道宽度应不小于1m;盘后的维护通道应不小于0.8m。

5) 在配电室内设值班或检修室时,该室距配电屏(盘)的水平距离应大于1m,并应采取屏障隔离。

6) 配电室的门应向外开,并配锁。

7) 配电室内的裸母线与地面垂直距离小于2.5m时,应采用遮挡隔离,遮挡下面通行道的高度应不小于1.9m。

8) 配电室的围栏上端与垂直上方带电部分的净距,不应小于0.075m。

9) 配电装置的上端距天棚不应小于0.5m。

10) 母线均应涂刷有色油漆,其涂色应符合表4.6的规定。

表 4.6　　　　　　　　　　母 线 涂 色 表

相别	颜色	垂直排列	水平排列	引下排列
A	黄	上	后	左
B	绿	中	中	中
C	红	下	前	右
D	黑			

注　表内所列的方位均以屏、盘的正面方向为准。

11) 配电室的建筑物和构筑物的耐火等级应不低于3级,室内应配置砂箱和适宜于扑救电气类火灾的灭火器。

（4）配电屏应符合以下要求：

1）配电屏（盘）应装设有功、无功电度表，并应分路装设电流表、电压表。电流表与计费电度表不应共用一组电流互感器。

2）配电屏（盘）应装设短路、过负荷保护装置和漏电保护器。

3）配电屏（盘）上的各配电线路应编号，并应标明用途标记。

4）配电屏（盘）或配电线路维修时，应悬挂"电器检修，禁止合闸"等警示标志；停、送电应由专人负责。

（5）电压为 400/230V 的自备发电机组，应遵守下列规定：

1）发电机组及其控制、配电、修理室等，在保证电气安全距离和满足防火要求的情况下可合并设置也可分开设置。

2）发电机组的排烟管道应伸出室外，机组及其控制配电室内严禁存放贮油桶。

3）发电机组电源应与外电线路电源联锁，严禁并列运行。

4）发电机组应采用三相四线制中性点直接接地系统，并须独立设置，其接地阻值不应大于 4Ω。

5）发电机组应设置短路保护和过负荷保护。

6）发电机并列运行时，应在机组同期后再向负荷供电。

4.1.4　线路敷设

（1）架空线路架设，应遵守下列规定：

1）架空线应设在专用电杆上，严禁架设在树木、脚手架上。宜采用混凝土杆或木杆，混凝土杆不应有露筋、环向裂纹和扭曲；木杆不应腐朽，其梢径应不小于 130mm。

2）电杆埋设深度宜为杆长的 1/10 加 0.6m。在松软土质处应适当加大埋设深度或采用卡盘等加固。

3）拉线宜用镀锌铁线，其截面不应小于 $3 \times \phi 4.0$。拉线与电杆的夹角应在 30°～45°。拉线埋设深度不应小于 1m。钢筋混凝土杆上的拉线应在高于地面 2.5m 处装设拉紧绝缘子。

4）因受地形环境限制不能装设拉线时，宜采用撑杆代替拉线，撑杆埋深不应小于 0.8m，其底部应垫底盘或石块。撑杆与主杆的夹角宜为 30°。

（2）架空线导线应采用绝缘铜线或绝缘铝线，截面的选择应满足用电负荷和机械强度要求。接户线在档距内不应有接头，进线处离地高度不应小于 2.5m。接户线最小截面应符合表 4.7 的规定。跨越铁路、公路、河流、电力线路档距内的架空绝缘线铝线截面应不小于 $25mm^2$。接户线的线间及与邻近线路间的距离应符合表 4.8 的要求。

表 4.7　　　　　　　　接户线的最小截面

接户线架设方式	接户线长度/m	接户线截面/mm^2	
		铜线	铝线
架空敷设	10～25	4.0	6.0
	≤10	2.5	4.0

接户线架设方式	接户线长度/m	接户线截面/mm²	
		铜线	铝线
沿墙敷设	10～25	4.0	6.0
	≤10	2.5	4.0

表 4.8　　　　　　　　　　**接户线线间及与邻近线路间的距离**

架设方式	挡距/m	线间距离/mm
架空敷设	≤25	150
	>25	200
沿墙敷设	≤6	100
	>6	150
架空接户线与广播线、电话线交叉		接户线在上部 600 接户线在下部 300
架空或沿墙敷设的接户线零线和相线交叉		100

（3）架空线路与邻近线路或设施的距离应符合表 4.9 的规定。

表 4.9　　　　　　　　　　**架空线路与邻近线路或设施的距离**

项目	邻近线路或设施类别					
最小净空距离/m	过引线、接下线与邻线 0.13			架空线与拉线电杆外缘 0.05	树梢摆动最大时 0.5	
最小垂直距离/m	同杆架设下方的广播线路通信线路	最大弧垂与地面			最大弧垂与暂设工程顶端	与邻近线路交叉	
		施工现场	机动车道	铁路轨道		1kV 以下	1～10kV
	1.0	4.0	6.0	7.5	2.5	1.2	2.5
最小水平距离/m	电杆至路基边缘 1.0			电杆至铁路轨道边缘 杆高＋3.0	边线与建筑物凸出部分 1.0	

（4）配电线路，应遵守下列规定：

1）配电线路采用熔断器作短路保护时，熔体额定电流应不大于电缆或穿管绝缘导线允许载流量的 2.5 倍，或明敷绝缘导线允许载流量的 1.5 倍。

2）配电线路采用自动开关作短路保护时，其过电流脱扣器脱扣电流整定值，应小于线路末端单相短路电流，并应能承受短路时过负荷电流。

3）经常过负荷的线路、易燃易爆物邻近的线路、照明线路，应有过负荷保护。

4）装设过负荷保护的配电线路，其绝缘导线的允许载流量，应不小于熔断器熔体额定电流或自动开关延长时过流脱扣器脱扣电流整定值的 1.25 倍。

（5）电缆线路敷设，应遵守下列规定：

1）电缆干线应采用埋地或架空敷设，严禁沿地面明设，并应避免机械损伤和介质腐蚀。

2）电缆在室外直接埋地敷设的深度应不小于 0.6m，并应在电缆上下各均匀铺设不小于 50mm 厚的细砂，然后覆盖砖等硬质保护层。

3）电缆穿越建筑物、构筑物、道路、易受机械损伤的场所及引出地面从 2m 高度至地下 0.2m 处，应加设防护套管。

4）埋地敷设电缆的接头应设在地面上的接线盒内，接线盒应能防水、防尘、防机械损伤并应远离易燃、易腐蚀场所。

5）橡皮电缆架空敷设时，应沿墙壁或电杆设置，并用绝缘子固定，严禁使用金属裸线作绑线。固定点间距应保证橡皮电缆能承受自重所带来的荷重。橡皮电缆的最大弧垂距地面不应小于 2.5m。

6）电缆接头应牢固可靠，并应作绝缘包扎，保持绝缘强度，不应承受张力。

（6）室内配线，应遵守下列规定：

1）室内配线应采用绝缘导线。采用瓷瓶、瓷（塑料）夹等敷设，距地面高度不应小于 2.5m。

2）进户线过墙应穿管保护，距地面不应小于 2.5m，并应采取防雨措施。

3）进户线的室外端应采用绝缘子固定。

4）室内配线所用导线截面，应根据用电设备的计算负荷确定，但铝线截面应不小于 $2.5mm^2$，铜线截面应不小于 $1.5mm^2$。

5）潮湿场所或埋地非电缆配线应穿管敷设，管口应密封。采用金属管敷设时应作保护接零。

6）钢索配线的吊架间距不宜大于 12m。采用瓷夹固定导线时，导线间距应不小于 35mm，瓷夹间距应不大于 800mm；采用瓷瓶固定导线时，导线间距应不小于 100mm，瓷瓶间距应不大于 1.5m；采用护套绝缘导线时，允许直接敷设于钢索上。

4.1.5　配电箱、开关箱与照明

（1）动力配电箱与照明配电箱宜分别设置，如合置在同一配电箱内，动力和照明线路应分别设置。

（2）配电箱及开关箱安装使用应符合以下要求：

1）配电箱、开关箱及漏电保护开关的配置应实行"三级配电、两级保护"，配电箱内电器设置应按"一机、一闸、一漏"原则设置。

1）配电箱与开关箱的距离不应超过 30m，开关箱与其控制的固定式用电设备的水平距离不宜超过 3m。

2）配电箱、开关箱应装设在干燥、通风及常温场所，不应装设在有严重损伤作用的瓦斯、烟气、蒸汽、液体及其他有害介质环境中。不应装设在易受外来固体物撞击、强烈振动、液体浸溅及热源烘烤的场所。

3）配电箱、开关箱周围应有足够两人同时工作的空间和通道，不应堆放任何妨碍操作、维修的物品，不应有灌木、杂草。

4）配电箱、开关箱应采用铁板或优质绝缘材料制作，安装于坚固的支架上。固定式配电箱、开关箱的下底与地面的垂直距离应大于 1.3m、小于 1.5m；移动式配电箱、开关箱的下底与地面的垂直距离宜大于 0.6m、小于 1.5m。

5）配电箱、开关箱内的开关电器（含插座）应选用合格产品，并按其规定的位置安

装在电器安装板上，不应歪斜和松动。

6）配电箱、开关箱内的工作零线应通过接线端子板连接，并应与保护零线接线端子板分设。

7）配电箱、开关箱内的连接线应采用绝缘导线，接头不应松动，不应有外露带电部分。

8）配电箱和开关箱的金属箱体、金属电器安装板以及箱内电器不应带电的金属底座、外壳等应作保护接零。保护零线应通过接线端子板连接。

9）配电箱、开关箱应防雨、防尘和防砸。

（3）总配电箱应设置总隔离开关和分路隔离开关、总熔断器和分路熔断器（或总自动开关和分路自动开关），以及漏电保护器。总开关电器的额定值、动作整定值应与分路开关电器的额定值、动作整定值相适应。总配电箱应装设电压表、总电流表、总电度表及其他仪表。

（4）每台用电设备应有各自专用的开关箱，严禁用同一个开关电器直接控制两台及两台以上用电设备（含插座）。

（5）开关箱中应装设漏电保护器，漏电保护器的装设应符合以下要求：

1）漏电保护器应装设在配电箱电源隔离开关的负荷侧和开关箱电源隔离开关的负荷侧。

2）漏电保护器的选择应符合《剩余电流动作保护电器（RCD）的一般要求》（GB 6829—2017）的要求，开关箱内的漏电保护器其额定漏电动作电流应不大于 30mA，额定漏电动作时间应小于 0.1s；使用于潮湿和有腐蚀介质场所的漏电保护器应采用防溅型产品。其额定漏电动作电流应不大于 15mA，额定漏电动作时间应小于 0.1s。

3）总配电箱和开关箱中两级漏电保护器的额定漏电动作电流和额定漏电动作时间应作合理配合，使之具有分级分段保护的功能。

4）漏电保护器应按产品说明书安装、使用和维护。

（6）各种开关电器的额定值应与其控制用电设备的额定值相适应，手动开关电器只应用于直接控制照明电路的容量不大于 5.5kW 的动力电路，容量大于 5.5kW 的动力电路应采用自动开关电器或降压启动装置控制。

（7）配电箱、开关箱中导线的进线口和出线口应设在箱体的下底面，严禁设在箱体的上顶面、侧面、后面或箱门处。移动式配电箱和开关箱的进、出线应采用橡皮绝缘电缆。进、出线应加护套分路成束并作防水弯，导线束不应与箱体进、出口直接接触。

（8）配电箱、开关箱的使用与维护，应遵守下列规定：

1）所有配电箱均应标明其名称、用途，做出分路标记，并应由专人负责。

2）所有配电箱、开关箱应每月进行检查和维修一次；检查、维修时应按规定穿、戴绝缘鞋、绝缘手套，使用电工绝缘工具；应将其前一级相应的电源开关分闸断电，并悬挂停电标志牌，严禁带电作业。

3）所有配电箱、开关箱的使用应遵守下述操作顺序：

a. 送电操作顺序为：总配电箱→分配电箱→开关箱。

b. 停电操作顺序为：开关箱→分配电箱→总配电箱（出现电气故障的紧急情况除

外）。

4）施工现场停止作业 1h 以上时，应将动力开关箱断电上锁。

5）配电箱、开关箱内不应放置任何杂物，并应经常保持整洁；更换熔断器的熔体时，严禁用不符合原规格的熔体代替。

6）配电箱、开关箱的进线和出线不应承受外力。严禁与金属尖锐断口和强腐蚀介质接触。

（9）现场照明宜采用高光效、长寿命的照明光源。对需要大面积照明的场所，宜采用高压汞灯、高压钠灯或混光用的卤钨灯。照明器具选择应遵守下列规定：

1）正常湿度时，选用开启式照明器。

2）潮湿或特别潮湿的场所，应选用密闭型防水防尘照明器或配有防水灯头的开启式照明器。

3）含有大量尘埃但无爆炸和火灾危险的场所，应采用防尘型照明器。

4）对有爆炸和火灾危险的场所，应按危险场所等级选择相应的防爆型照明器。

5）在振动较大的场所，应选用防振型照明器。

6）在有酸碱等强腐蚀的场所，应采用耐酸碱型照明器。

7）照明器具和器材的质量均应符合有关标准、规范的规定，不应使用绝缘老化或破损的器具和器材。

（10）一般场所宜选用额定电压为 220V 的照明器，对下列特殊场所应使用安全电压照明器：

1）地下工程，高温、有导电灰尘，且灯具距地面高度低于 2.5m 等场所的照明，电源电压不应大于 36V。

2）在潮湿和易触及带电体场所的照明电源电压不应大于 24V。

3）在特别潮湿的场所、导电良好的地面、锅炉或金属容器内工作的照明电源电压不应大于 12V。

（11）使用行灯应遵守下列规定：

1）电源电压不超过 36V。

2）灯体与手柄连接坚固、绝缘良好并耐热耐潮湿。

3）灯头与灯体结合牢固，灯头无开关。

4）灯泡外部有金属保护网。

5）金属网、反光罩、悬吊挂钩固定在灯具的绝缘部位上。

（12）照明变压器应使用双绕组型，严禁使用自耦变压器。

（13）携带式变压器的一次侧电源引线应采用橡皮护套电缆或塑料护套软线。其中绿/黄双色线作保护零线用，中间不应有接头，长度不宜超过 3m，电源插销应选用有接地触头的插销。

（14）地下工程作业、夜间施工或自然采光差等场所，应设一般照明、局部照明或混合照明，并应装设自备电源的应急照明。

4.1.6　电动机械与手持电动工具

（1）电动施工机械和手持电动工具的选购、使用、检查和维修应遵守下列规定：

1）选购的电动施工机械、手持电动工具和用电安全装置，符合相应的国家标准、专业标准和安全技术规程，并且有产品合格证和使用说明书。

2）建立和执行专人专机负责制，并定期检查和维修保养。

3）保护零线的电气连接符合 4.1.2 第（2）条的要求，对产生振动的设备其保护零线的连接点不少于两处；并按要求装设漏电保护器。

（2）门（塔）式起重机、室外施工临时电梯、滑升模板的金属操作平台和需要设置避雷装置的井字架等，除应做好保护接零外，还应按 4.1.2 第（7）条的规定作重复接地。设备的金属结构架之间保证电气连接。

（3）电动施工机械或手持电动工具的负荷线，应按其容量选取用无接头的多股橡皮护套铜芯软电缆。每一台电动建筑机械或手持电动工具的开关箱内，除应装设过负荷、短路、漏电保护装置外，还应装设隔离开关。

（4）潜水式电机设备的密封性能，应符合《电机、低压电器外壳防护等级》（GB 1498—79）中的 IP68 级规定。

（5）移动式电动机械设备使用，应遵守下列规定：

1）应装设防溅型漏电保护器。其额定漏电动作电流不应大于 15mA，额定漏电动作时间应小于 0.1s。

2）负荷线应采用耐气候型的橡皮护套铜芯软电缆。

3）使用电动机械人员应按规定穿戴绝缘用品，应有专人调整电缆。电缆线长度应不大于 50m。严禁电缆缠绕、扭结和被移动机械跨越。

4）多台移动式机械并列工作时，其间距不应小于 5m；串列工作时，不应小于 10m。

5）移动机械的操作扶手应采取绝缘措施。

（6）手持式电动工具，应遵守下列规定：

1）一般场所应选用Ⅱ类手持式电动工具，并应装设额定动作电流不大于 15mA、额定漏电动作时间小于 0.1s 的漏电保护器。若采用Ⅰ类手持式电动工具，还应作保护接零。

2）露天、潮湿场所或在金属构架上操作时，应选用Ⅱ类手持式电动工具，并装设漏电保护器。严禁使用Ⅰ类手持式电动工具。

3）狭窄场所（锅炉、金属容器、地沟、管道内等），宜选用带隔离变压器的Ⅰ类手持式电动工具；若选用Ⅱ类手持式电动工具，应装设防溅的漏电保护器。把隔离变压器或漏电保护器装设在狭窄场所外面，工作时应有人监护。

4）手持电动工具的负荷线应采用耐气候型的橡皮护套铜芯软电缆，并不应有接头。

5）手持式电动工具的外壳、手柄、负荷线、插头、开关等应完好无损，使用前应作空载检查，运转正常方可使用。

4.2 施 工 供 水

（1）生活供水水质应符合表 4.10 的要求，并应经当地卫生部门检验合格方可使用。生活饮用水源附近不应有污染源。

（2）水质冻凝消毒处理所用的药剂或过滤材料应符合卫生标准，用于生活的饮用水不应含有对人体健康有害的成分；用于生产的用水不应含有对生产有害的成分。对水质应定期进行化验，确保水质符合标准。

表 4.10　　　　　　　　　　　　　生活饮用水水质标准

编号		项目	标准
感官性状指标	1	色	色度不超过 15 度，并不应呈现其他异色
	2	浑浊度	不超过 3 度，特殊情况不超过 5 度
	3	臭和味	不应有异臭异味
	4	肉眼可见物	不应含有
化学指标	5	pH 值	6.5～6.8
	6	总硬度（以 CaO 计）	不超过 450mg/L
	7	铁	不超过 0.3mg/L
	8	锰	不超过 0.1mg/L
	9	铜	不超过 1.0mg/L
	10	锌	不超过 1.0mg/L
	11	挥发酚类	不超过 0.002mg/L
	12	阴离子合成洗涤剂	不超过 0.3mg/L
毒理学指标	13	氟化物	不超过 1.0mg/L，适宜浓度 0.5～1.0mg/L
	14	氰化物	不超过 0.05mg/L
	15	砷	不超过 0.04mg/L
	16	硒	不超过 0.01mg/L
	17	汞	不超过 0.001mg/L
	18	镉	不超过 0.01mg/L
	19	铬（六价）	不超过 0.05mg/L
	20	铅	不超过 0.05mg/L
细菌学指标	21	细菌总数	不超过 100 个/mL 水
	22	大肠菌数	不超过 3 个/mL 水
	23	游离性余氯	在接触 30min 后不应低于 0.3mg/L，管网末梢水不低于 0.05mg/L

（3）泵站（取水点）周围半径不小于 100m 的水域不应有停靠船只、游泳、捕捞和可能污染水源的活动。

（4）缆车式泵站卷扬机牵引设施应固定牢固，轨道上端设有行程开关，下端设有车程等安全保险连锁装置，取水位置应有明显行车标志。在移车前应检查卷扬机正常完好；启动时应有明显信号，升降时应有专人监护指挥。

（5）浮船式泵站应采取固船措施，船上应设有航标灯或信号灯，汛期应设专人监视水情及调整缆绳和输水管。

（6）固定式泵站的水泵地基应坚实，水泵机组应牢固地安装在基础上。

（7）泵房内应有足够的通道，机组间距应不少于 0.8m，泵房门应朝外开。

（8）蓄水池，应遵守下列规定：

1）基础稳固。

2）墙体牢固，不漏水。

3）有良好的排污清理设施。

4）在寒冷地区应有防冻措施。

5）水池上有人行通道并设安全防护装置。

6）生活专用水池须加设防污染顶盖。

（9）阀门井大小应满足操作要求，应安全可靠并有防冻措施。

（10）管道宜敷设于地下，采用明设时，应有保温防冻措施。在山区明设管道应避开滚石、滑坡地带。当明管坡度达 15°～25°时，管道下应设挡墩支承，明管转弯处应设固定支墩。

4.3　施　工　供　风

（1）空气压缩机站（房）应选择在基岩或土质坚硬、地势较高的地点，并应适当离开安静和防震要求较高的场所。

（2）空气压缩机站应远离散发爆炸性、腐蚀性、有毒气体、产生粉尘的场所和生活区，并做好防火、防洪、防高温等各项措施。

（3）寒冷地区空气压缩机站应有取暖设施。

（4）机房应宽敞明亮，尽可能利用自然采光，并设有排风、降温设施。

（5）机房应有足够的高度。在单机排气量不小于 $20m^3/min$、总安装容量不小于 $60m^3/min$ 的压缩空气站宜安装桥（门）式起重机等起重设备。

（6）机组之间应有足够的宽度，不宜小于 2.5m，机组的一侧与墙之间的距离不应小于 2.5m，另一侧应有宽敞的空地。

（7）机房的墙壁和屋顶宜安装吸音材料以减少噪声，空压机房内的噪声不应超过 85dB（A），进气口应安装于室外，并装有消音器。

（8）压缩机的安全阀、压力表、空气阀、调压装置，应齐全、灵敏、可靠，并应按有关规定定期检验和标定。

（9）储气罐应符合以下要求：

1）储气罐罐体应符合国家有关压力容器的规定。

2）安装在机房外，距离不应小于 2.5～3m。

3）应安装安全阀，该阀全开时的通气量应大于空压机排气量。

4）罐与供气总管之间应装设切断阀门。

5）储气罐应定期检验和进行压力试验。

（10）空气压缩机的冷却水应符合以下要求：

1）应使用清洁无杂质水，脏污的水或酸性水严禁使用。

2）水质硬度较高时应进行软化处理。

3）压力不应低于 0.2MPa，进排水温差不应低于 10℃。

4）回水管坡度不小于 3‰，并坡向冷却水池。

5）冷却水池周围应设有防护栏杆及水池排污管。

（11）空气压缩机房的维修平台和电动机地坑的周围，应设置防护栏杆，栏杆下部应有防护网或板，地沟应铺设盖板。

（12）空气压缩机站应设废油收集沟。

（13）移动式空气压缩机应停放在牢固基础上，宜设防雨、防晒棚和隔离护栏等设施。

（14）供风管道宜布设在道路、设施的边缘，连接牢固，标志清楚，通过道路、作业场地时宜采用埋设。

（15）供风管道布设在滚石、塌方等区域时，应采用埋设或设置防护挡墙，在坡度大于 15°的坡面铺设管道下面应设挡墙支撑，明管弯段应设固定支墩。

4.4 施 工 通 信

（1）通信站址的选择，宜尽量接近线路网中心，并应满足以下要求：

1）避开经常有较大震动或强噪声的地方。

2）避开易爆、易燃的地方以及空气中粉尘含量过高、有腐蚀性气体、有腐蚀性排放物的地方，如无法避开时，宜设在上述腐蚀性气体或产生粉尘、烟雾、水汽较多厂房的全年最大频率风向上风侧。

3）避开总降压变电所及易燃、易爆的建筑物和堆积场。

4）站址地形较平坦，地质较坚实，地下水位较低，干扰少的地区。地基高程应高于施工期设计洪水位的地方。

（2）机房建筑的屋面构造应具有防渗漏、保温、隔热、耐久的性能。屋内应考虑所需架设通信设备的荷载和构造措施。

（3）机房屋面上设有天线杆、微波天线基础（包括轨道）、工艺孔洞时应采取防漏措施。

（4）机房内保温层应采用轻质材料，并应满足工艺结构强度和稳定性要求。

（5）机房及有关走廊等地段的土建工程设计时，主要出入口的高度和宽度尺寸除应符合工艺设计要求外，还应满足消防要求。

（6）机房照明、插座的数量和容量应符合设计配置要求，安装工艺良好，应满足使用要求。

（7）机房空调设备应性能良好，通风管道应清扫干净，达到洁净度规定要求，室内温度和相对湿度应满足局用程控交换设备运转条件要求，即温度 18～28℃，相对湿度 20%～80%。

（8）在铺设活动地板的机房内，应对活动地板进行专门检查，地板板块铺设严密坚固，符合安装要求，每平方米水平误差不应大于 2mm，地板支柱接地良好，活动地板的系统电阻值应符合 $1.0 \times 10^5 \sim 1.0 \times 10^{10} \Omega$ 的有关规定。

（9）消防及警卫业务中继线，应从每个电话站各引出不少于一对，接到本企业的消防哨和警卫部门。

（10）有线广播线路应采用双线回路，广播网的用户线电压宜采用 30V。

（11）广播明线与低压电力线同杆架设时，电力线电压不应超过 380V，广播线应设在电力线下面，其间距不应小于 1.5m，线位的确定应考虑安装和维护方便。

（12）广播明线与通信电缆同杆时，广播线应在通信电缆的上面，其间距不应小于 0.6m，且通信电缆每隔 200m 左右接地一次。

（13）架空广播明线引入室内或与电缆相连接时，应加装保护设备。

（14）通信明线线路不应与电力线路同杆架设。

（15）通信电缆不宜与电力线路同杆架设，否则应符合下列要求：

1）与 1～10kV 电力线路相距不应小于 2.5m。

2）与 1kV 以下电力线路间距不应小于 1.5m。

3）电缆及吊线每隔 200m 左右应作一次接地，接地电阻按不大于 10Ω 考虑，每隔 1000m 左右应作一次绝缘。

（16）通信电（光）缆线路施工时，应考虑以下施工环境的影响：

1）通信电（光）缆穿越道路，在条件允许时可采用钻孔顶管方法敷缆，以利安全和环保。

2）线路穿越江河时，在稳固的桥梁上宜采取桥上敷挂和穿槽道方案，以尽量避免扰动水体。

（17）通信机站建筑物施工建设时，应注意减轻噪声对周围环境的影响，噪声量级应符合《建筑施工场界环境噪声排放标准》（GB 12523—2011）的规定。

（18）特殊施工部位的安全要求：

1）爆破部位的通信线不应靠近爆破引爆线。

2）廊道部位的通信线应注意线路的防潮。

3）缆机部位的通信线应注意线路的折弯移动和线路屏蔽。

4）高架部位的通信线应注意线路的途中固定不应过疏。

（19）无线电通信应注意通信设备的频带、功率等有关数据指标是否符合当地无线电管理体系的要求。

（20）蓄电池室应符合下列有关人身安全的要求：

1）宜设于底层；否则对地面结构应采取防酸液渗入的措施。

2）有可能与蓄电池室、贮酸室的室内空气相接触的一切非耐酸材料和设备均应采取防酸措施。

3）室内应设洗涤和地漏。

4）在通向其他房间的隔墙上不宜开门或窗。

4.5 复习思考题

4.5.1 在施工现场专用的中性点直接接地的电力线路中应采用何种接零保护？

4.5.2 正常情况下，哪些电气设备不带电的外露导电部分，应作保护接零？

4.5.3 电力变压器或发电机的工作接地电阻应取何值？

4.5.4 施工现场用电的接地与接零应符合哪些要求？

4.5.5 施工现场内机械设备需安装防雷装置有哪些规定？

4.5.6 变压器运行中应定期检查哪些内容？

4.5.7 使用电压为 400/230V 的自备发电机组应遵守哪些规定？

4.5.8 架空线路架设应遵守哪些规定？

4.5.9 配电箱及开关箱安装使用应符合什么要求？

4.5.10 开关箱中应装设漏电保护器，漏电保护器的装设应符合哪些要求？

4.5.11 配电箱、开关箱的使用与维护规定有哪些？

4.5.12 电动施工机械和手持电动工具的选购、使用、检查和维修应遵守什么规定？

4.5.13 使用手持式电动工具应遵守哪些规定？

4.5.14 施工供水和生活供水水质应符合什么要求？

4.5.15 施工供风储气罐安装和使用应符合哪些要求？

4.5.16 空气压缩机的冷却水应符合什么要求？

4.5.17 施工通信及其通信站址的选择应满足的要求有哪些？

第 5 章

安 全 防 护 设 施

教学要求：通过本章的教学，使学生了解水利工程施工安全防护常识和基本规定，理解施工中各种安全防护设施应用的目的和意义，熟悉高处作业施工安全防护措施，掌握施工脚手架、安全网、施工走道、栈桥与梯子、栏杆、盖板与防护棚布置及应用的安全技术，并懂得安全防护用具检验及使用要求。

5.1 安 全 常 识

1. 反对"三违"

员工遵章守纪，是实现安全生产的基础。员工在生产过程中，不仅要有熟练的技术，而且必须自觉遵守各项操作规程和劳动纪律，远离"三违"，即违章指挥、违章操作、违反劳动纪律。

2. "三宝""四口""临边"

"三宝"指安全帽、安全带、安全网的正确使用。

"四口"指楼梯口、电梯井口、预留洞口、通道口。

"临边"通常指尚未安装栏杆或栏板的阳台周边、无外脚手架防护的楼面与屋面周边、分层施工的楼梯与楼梯段边、井架、施工电梯或外脚手架等通向建筑物通道的两侧、框架结构建筑的楼层周边、斜道两侧边、卸料平台外侧边、雨棚与挑檐边、水箱与水塔周边等处。

3. 三级安全教育

三级安全教育是每个刚进企业的新员工（包括新招收的合同工、临时工、学徒工、农民工、大中专毕业实习生和代培人员）必须接受的首次安全生产方面的基本教育，即公司（企业）、项目（工程、施工队、工区）、班组这三级。

4. 三不伤害

施工现场每一个操作人员和管理人员都要增强自我保护意识，切实做到"不伤害自己，不伤害别人，不被他人伤害"。同时也要对安全生产自觉负起监督的职责，做到"我保护他人不受伤害"，才能达到开展全员安全教育活动的目的。

5. "三落实"活动

"三落实"活动即施工班组的每周安全活动要做到时间、人员、内容"三落实"。

6. "三懂三会"能力

"三懂三会"能力即懂得本岗位和部门有什么火灾危险性，懂得消防知识，懂得预防措施；会报警，会使用灭火器材，会处理初起火灾。

7. 十项安全技术措施

(1) 按规定使用安全"三宝"。

(2) 机械设备防护装置一定要齐全有效。

(3) 塔吊等起重设备必须有限位保险装置，不准"带病"运转，不准超负荷作业，不准在运转中维修保养。

(4) 架设电线线路必须符合当地电业局的规定，电气设备必须全部接零接地。

(5) 电动机械和手持电动工具要设置漏电保护器。

(6) 脚手架材料及脚手架的搭设必须符合规程要求。

(7) 各种揽风绳及其设置必须符合规程要求。

(8) 在建设工程的楼梯口、电梯口、预留洞口、通道口，必须有防护设施。

(9) 严禁赤脚或穿高跟鞋、拖鞋进入施工现场，高空作业不准穿硬底和带钉易滑的鞋靴。

(10) 施工现场的悬崖、陡坎等危险地区应设有警戒标志，夜间要设红灯标志。

8. 施工现场行走或上下的"十不准"

(1) 不准从正在起吊、运吊中的物件下通过。

(2) 不准从高处往下跳或奔跑作业。

(3) 不准在没有设防护的外墙和外隔板等建筑物上行走。

(4) 不准站在小推车等不稳定的物体上操作。

(5) 不得攀爬起重臂、绳索、脚手架、井字架、龙门架和随同运料的吊盘及吊装物上下。

(6) 不准进入挂有"禁止出入"或设有危险警戒标志的区域、场所。

(7) 不准在重要的运输通道或上下行走通道上逗留。

(8) 未经允许不准私自出入非本单位作业区域或管理区域，尤其是存有易燃易爆物品的场所。

(9) 严禁在无照明设施、无足够采光条件的区域、场所内行走、逗留。

(10) 不准无关人员进入施工现场。

9. 防止违章和事故的十项操作，即做到"十不盲目操作"

(1) 新工人未经三级安全教育，复工换岗人员未经安全岗位教育，不盲目操作。

(2) 特殊工种人员，机械操作工未经专门安全培训，无有效安全上岗操作证，不盲目操作。

(3) 施工环境和作业对象情况不清，施工前无作业安全措施和安全交底不清，不盲目操作。

(4) 新技术、新工艺、新设备、新材料、新岗位无安全措施，未经安全培训教育，不盲目操作。

(5) 安全帽和作业所必需的个人防护用品不落实，不盲目操作。

（6）脚手架、吊篮、吊塔、井字架、龙门架、外用电梯，起重机械、电焊机、钢筋机械、木工平刨、圆盘锯、搅拌机、打桩机等设施设备和现浇混凝土模板支撑、搭设安装后，未经验收合格，不盲目操作。

（7）作业场所安全措施不落实，安全隐患不排除，威胁人身和国家财产安全时，不盲目操作。

（8）凡上级或管理干部违章指挥，有冒险作业情况时，不盲目操作。

（9）高处作业、带电作业、易燃易爆作业、爆破作业、有中毒或窒息危险的作业和科研试验或其他危险作业时，均应由上级指派，并经安全交底；未经指派批准、未经安全交底和无安全防护措施，不盲目操作。

（10）隐患未排除，有自己伤害自己、自己伤害他人、自己被他人伤害的不安全因素存在时，不盲目操作。

10. 防止机械伤害的"一禁、二必须、三定、四不准"

（1）一禁。不懂电器和机械的人员严禁使用和摆弄机电设备。

（2）二必须。

1）机电设备应完好，必须有可靠有效的安全防护装置。

2）机电设备停电、停工休息时必须拉闸关机，按要求上锁。

（3）三定。

1）机电设备应做到定人操作，定人保养、检查。

2）机电设备应做到定机管理、定期保养。

3）机电设备应做到定岗位和岗位职责。

（4）四不准。

1）机电设备不准带病运转。

2）机电设备不准超负荷运转。

3）机电设备不准在运转时维护修养。

4）机电设备运行时，操作人员不准将头、身伸入运转的机械行程范围内。

11. 防止车辆伤害的十项基本安全要求

（1）未经劳动、公安交通运输部门培训合格持证人员，不熟悉车辆性能者不得驾驶车辆。

（2）应坚持做好例保工作，车辆制动器、喇叭、转向系统、灯光等影响安全的部件如作用不良不准出车。

（3）严禁翻斗车、自卸车车厢乘人，严禁人货混装。车辆载货不得超载、超高、超宽，捆扎应牢固可靠，应防止车内物体失稳跌落伤人。

（4）乘坐车辆应坐在安全处，手、头、身不得露出车厢外，要避免车辆启动制动时跌倒。

（5）车辆进出施工现场，在场内掉头、倒车，在狭窄场地行驶应有专人指挥。

（6）现场行车要减速，并做到"四慢"，即：道路情况不明要慢，线路不明要慢，起步、会车、停车要慢，在狭路、桥梁弯路、坡路、岔道、行人拥挤地点及出入大门时要慢。

（7）在邻近机动车道的作业区和脚手架等设施，以及在道路中的路障应加设安全色标、安全标志和防护设施，并且要保证夜间要有充足的照明。

（8）装卸车作业时若车辆停在坡道上，应在车轮两侧用楔木加以固定。

（9）人员在场内机动车道应避免右侧行走，并做到不平排结队有碍交通；避让车辆时，应不避让于两车交会之间，不站于旁有堆物无法退让的死角。

（10）机动车辆不得牵引无制动装置的车辆，牵引物体上不得有人，人不得进入正在牵引的物与车之间，坡道上牵引时，车和被牵引物下方不得有人作业和停留。

5.2　基　本　规　定

（1）工程施工生产安全防护设施应符合《水电水利工程施工安全防护设施技术规范》（DL 5162—2019）的有关规定。

（2）道路、通道、洞、孔、井口、高出平台边缘等设置的安全防护栏杆应由上、中、下三道横杆和栏杆柱组成，高度不应低于 1.2m，柱间距应不大于 2.0m。栏杆柱应固定牢固、可靠，栏杆底部应设置高度不低于 0.2m 的挡脚板。

（3）高处临边、临空作业应设置安全网，安全网距工作面的最大高度不应超过 3.0m，水平投影宽度应不小于 2.0m。安全网应挂设牢固，随工作面升高而升高。

（4）禁止非作业人员进出的变电站、油库、炸药库等场所应设置高度不低于 2.0m 的围栏或围墙，并设安全保卫值班人员。

（5）高边坡、基坑边坡应根据具体情况设置高度不低于 1.0m 的安全防护栏或挡墙，防护栏和挡墙应牢固。

（6）悬崖陡坡处的机动车道路、平台作业面等临空边缘应设置安全墩（墙），墩（墙）高度不应低于 0.6m，宽度不应小于 0.3m，宜采用混凝土或浆砌石修建。

（7）弃渣场、出料口的临空边缘应设置防护墩，其高度不应小于车辆轮胎直径的 1/3，且不应低于 0.3m。宜用土石堆体、砌石或混凝土浇筑。

（8）高处作业、多层作业、隧道（隧洞）出口、运行设备等可能造成落物的部位，应设置防护棚，所用材料和厚度应符合安全要求。

（9）地下工程作业，不良地质部位应采取钢、木、混凝土预制件支撑，或喷锚支护等措施。

（10）施工生产区域内使用的各种安全标志的图形、颜色应符合国家标准。

1）施工现场安全标志总平面图要根据工程特点、现场环境及《安全色标》标准编制。施工现场坑、井、沟和各种孔洞，易燃易爆场所、变压器周围，都要指定专人设置围栏或盖板和安全标志，夜间要设红灯示警，各种防护设施、警告标志，未经施工负责人批准，不得移动和拆除。

2）施工现场应按现场实际挂设的安全标志牌的数量、规格及挂设位置填写《施工现场安全标志牌一览表》，并在安全管理资料中存档。一览表记录的数字与挂设位置应与现场所挂的数量位置一致。

3）施工现场安全标志牌应设在醒目、与其所表示的内容有关的地方，并使施工人员在看到后有足够的时间来注意它所表示的内容，不可以全部并挂排列流于形式。

（11）夜间和地下工程施工应配有灯光信号。

（12）危险作业场所、机动车道交叉路口、易燃易爆有毒危险物品存放场所、库房、变配电场所及禁止烟火场所等应设置相应的禁止、指示、警示标志。

（13）安全色是传递安全信息含义的颜色，包括红、黄、蓝、绿四种颜色。

1）红色是各种禁止标志；交通禁令标志；消防设备标志；机械的停止按钮、刹车及停车装置的操纵手柄；机器转动部件的裸露部分，如飞轮、齿轮、皮带轮等轮辐部分；指示器上各种表头的极限位置的刻度；各种危险信号旗等。

2）黄色为各种警告标志；道路交通标志和标线；警戒标记，如危险机器和坑池周围的警戒线等；各种飞轮、皮带轮及防护罩的内壁；警告信号旗等。

3）蓝色为各种指令标志；交通指示车辆和行人行驶方向的各种标线等标志。

4）绿色是各种提示标志：车间厂房内的安全通道、行人和车辆的通行标志、急救站和救护站等；消防疏散通道和其他安全防护设备标志；机器启动按钮及安全信号旗等。

（14）凡涂有安全色的部位，最少半年至一年检查一次，应经常保持整洁、明亮，如有变色、褪色等不符合安全色范围和逆反射系数低于 70% 的要求时，需要及时重涂或更换，以保证安全色的正确、醒目，以达到传递安全信息的目的。

5.3　高　处　作　业

凡在坠落高度基准面 2m 及以上有可能坠落的高处作业，或虽在 2m 以下但在作业地段坡度大于 45° 的斜坡下面，视为高处作业。

（1）高处作业人员应经过专业技术培训及专业考试合格，持证上岗，并应定期进行体格检查。对患有职业禁忌症（如高血压、心脏病、贫血、癫痫、精神疾病）、年老体弱、过度疲劳、视力不佳及其他不适于高处作业的人员，不应从事高处作业。

（2）高处作业下方或附近有煤气、烟尘及其他有害气体，应采取排除或隔离等措施，否则不应施工。

（3）高处作业前，应检查排架、脚手板、通道、马道、梯子和防护设施，符合安全要求方可作业。高处作业使用的脚手架平台，应铺设固定脚手板，临空边缘应设高度不低于 1.2m 的防护栏杆。

（4）在坝顶、陡坡、屋顶、悬崖、杆塔、吊桥、脚手架及其他危险边沿进行悬空高处作业时，临空面应搭设安全网或防护栏杆。

（5）安全网应随建筑物升高而提高，安全网距离工作面的最大高度不应超过 3m。安全网搭设外侧应比内侧高 0.5m，长面拉直拴牢在固定的架子或固定环上。

（6）在带电体附近进行高处作业时，距带电体的最小安全距离，应满足表 5.1 的规定，如遇特殊情况，应采取可靠的安全措施。

（7）高处作业使用的工具、材料等，不应掉下。严禁使用抛掷方法传送工具、材料。小型材料或工具应该放在工具箱或工具袋内。

（8）在 2m 以下高度进行工作时，可使用牢固的梯子、高凳或设置临时小平台，严禁站在不牢固的物件（如箱子、铁桶、砖堆等物）上进行工作。

表 5.1 高处作业时与带电体的最小安全距离

电压等级/kV	10 及以下	20~35	44	60~110	154	220	330
工器具、安装构件、接地线等与带电体的距离/m	2.0	3.5	3.5	4.0	5.0	5.0	6.0
工作人员的活动范围与带电体的距离/m	1.7	2.0	2.2	2.5	3.0	4.0	5.0
整体组立杆塔与带电体的距离	应大于倒杆距离（自杆塔边缘到带电体的最近侧为塔高）						

（9）从事高处作业时，作业人员应系安全带。高处作业的下方，应设置警戒线或隔离防护棚等安全措施。

（10）高处作业时，应对下方易燃、易爆物品进行清理和采取相应措施后，方可进行电焊、气焊等动火作业，并应配备消防器材和专人监护。

（11）高处作业人员上下使用电梯、吊篮、升降机等设备的安全装置应配备齐全，灵敏可靠。

（12）霜雪季节高处作业，应及时清除各走道、平台、脚手板、工作面等处的霜、雪、冰，并采取防滑措施，否则不应施工。

（13）高处作业使用的材料应随用随吊，用后及时清理，在脚手架或其他物架上，临时堆放物品严禁超过允许负荷。

（14）上下脚手架、攀登高层构筑物，应走斜马道或梯子，不应沿绳、立杆或栏杆攀爬。

（15）高处作业时，不应坐在平台、孔洞、井口边缘，不应骑坐在脚手架栏杆、躺在脚手板上或安全网内休息，不应站在栏杆外的探头板上工作和凭借栏杆起吊物件。

（16）特殊高处作业，应有专人监护，并应有与地面联系的信号或可靠的通信装置。

（17）在石棉瓦、木板条等轻型或简易结构上施工及进行修补、拆装作业时，应采取可靠的防止滑倒、踩空或因材料折断而坠落的防护措施。

（18）在电杆上进行作业前，应检查电杆埋设是否牢固，强度是否足够，并应选符合杆型的脚扣，系好合格的安全带，严禁用麻绳等代替安全带登杆作业。在构架及电杆上作业时，地面应有人监护、联络。

（19）高处作业周围的沟道、孔洞井口等，应用固定盖板盖牢或设围栏。

（20）遇有 6 级及以上的强风、浓雾、沙尘暴等恶劣气候，严禁从事高处作业。

（21）进行三级、特级、悬空高处作业时，应事先制定专项安全技术措施。施工前，应向所有施工人员进行技术交底。

5.4 施 工 脚 手 架

（1）脚手架应根据施工荷载经设计确定，其中常规承载力不得小于 2.7kPa。脚手架搭成后，须经施工及使用单位技术、质检、安全部门按设计和规范检查验收合格，方准投入使用。

（2）高度超过 25m 和特殊部位使用的脚手架，应专门设计并报建设单位（监理）审核、批准，并进行技术交底后，方可搭设和使用。

（3）脚手架基础应牢固，禁止将脚手架固定在不牢固的建筑物或其他不稳定的物件之上，在楼面或其他建筑物上搭设脚手架时，均应验算承重部位的结构强度。

（4）钢管材料脚手架应符合下列要求：

1）钢管外径应为48～51mm，壁厚3～3.5mm，有严重锈蚀、弯曲或裂纹的钢管不应使用。

2）扣件应有出厂合格证明，脆裂、气孔、变形或滑丝的扣件不应使用。

（5）脚手架安装搭设应严格按设计图纸实施，遵循自下而上、逐层搭设、逐层加固、逐层上升的原则，并应符合下列要求：

1）脚手架底脚扫地杆、水平横杆离地面距离为20～30cm。

2）脚手架各节点应连接可靠，拧紧，各杆件连接处相互伸出的端头长度应大于10cm，以防杆件滑脱。

3）外侧及每隔2～3道横杆设剪刀撑，排架基础以上12m范围内每排横杆均应设置剪刀撑。

4）剪刀撑、斜撑等整体拉结件和连墙件与脚手架应同步设置，剪刀撑的斜杆与水平面的交角宜为45°～60°，水平投影宽度不应小于2跨或4m和不大于4跨或8m。

5）脚手架与边坡相连处应设置连墙杆，每18m设一个点，且连墙杆的竖向间距不应大于4m。连墙杆采用钢管横杆，与墙体预埋锚筋相连，以增加整体稳定性。

6）脚手架相邻立杆和上下相邻平杆的接头应相互错开，应置于不同的框架格内。搭接杆接头长度，扣件式钢管排架不应小于1.0m。

7）钢管立杆、大横杆的接头应错开，搭接长度不小于50cm，承插式的管接头不应小于8cm，水平承插或接头应穿销，并用扣件连接，拧紧螺栓，不应用铁丝绑扎。

8）脚手架的两端，转角处以及每隔6～7根立杆，应设剪刀撑及支杆，剪刀撑和支杆与地面的角度不应大于60°，支杆的底端埋入地下深度不应小于30cm。架子高度在7m以上或无法设支杆时，竖向每隔4m，水平每隔7m，应使脚手架牢固地连接在建筑物上。

（6）脚手架的支撑杆，在有车辆或搬运器材通过的地方应设置围栏，以免受到通行车辆或搬运器材的碰撞。

（7）脚手架应定期检查，发现材料腐朽、紧固件松动时，应及时加固处理。靠近爆破地点的脚手架，每次爆破后均应进行检查。

（8）脚手架（排架）平台的外侧边缘与输电线路的边线之间的最小安全距离应符合表5.1的要求。

（9）从事脚手架工作的人员，应熟悉各种架子的基本技术知识和技能，并应持有国家特种作业主管部门考核的合格证。

（10）搭设架子时，所用扳手应系绳保护，所用的紧固件、工具应放在工具袋内，传递所用紧固件材料、工具不应抛掷。

（11）搭设架子，应尽量避免夜间工作，夜间搭设架子，应有足够的照明，搭设高度不应超过二级高处作业标准。

（12）脚手架的立杆、大横杆及小横杆的间距不应大于表5.2的规定。

表 5.2　　　　　　　　　　　脚手架各杆的间距　　　　　　　　　　单位：m

脚手架类别	立杆	大横杆	小横杆
钢脚手架	2.0	1.2	1.5

（13）脚手架的外侧、斜道和平台，应搭设防护栏杆、挡脚板或防护立网。在洞口、牛腿、挑檐等悬臂结构搭设挑架（外伸脚手架）时，斜面与墙面夹角不宜大于30°，并应支撑在建筑物的牢固部分，不应支撑在窗台板、窗檐、线脚等地方。

（14）斜道板、跳板的坡度不应大于1∶3，宽度不应小于1.5m，防滑条的间距不应大于0.3m。

（15）井架、门架和烟囱、水塔等的脚手架，凡高度10～15m的要设一组缆风绳（4～6根），每增高10m加设一组。在搭设时应先设临时缆风绳，待固定缆风绳设置稳妥后，再拆除临时缆风绳。缆风绳与地面的角度应为45°～60°，要单独牢固地拴在地锚上，并用花篮螺栓调节松紧，调节时应对角交错进行。缆风绳严禁拴在树木或电杆等物上。

（16）钢管脚手架的立杆，应垂直稳放在金属底座或垫木上。

（17）挑式脚手架的斜撑上端应连接牢固，下端应固定在立柱或建筑物上。

（18）用钢管搭设井架、相邻两立杆接头错开不应少于50cm，横杆和剪刀撑应同时安装，滑轨应垂直，两轨间距误差不应超过10mm。

（19）悬吊式脚手架除遵守本节有关规定外，还应符合下列要求：

1）脚手架的全部悬吊系统应经设计，使用前，应进行设计荷载两倍的静负荷试验，并应对所有受力部分进行详细的检查和鉴定，符合要求后，方可使用。

2）任何情况下禁止超负荷使用。在工作过程中，对其结构、挂钩和钢丝绳应指定专人每天进行检查和维护。

3）全部悬吊系统（包括吊车）所用钢材应符合相关质量标准，各种挂钩应用套环箍紧，以免使用过程中脱开。钢管脚手架为防止节点滑脱，除立杆与横杆的扣件应牢固外，凡搭架人能站立部分，其立杆的上下两端还需要加设扣件保险，立杆伸出搭杆的部分不应短于20cm。

4）升降用的卷扬机、滑轮及钢丝绳，应根据施工荷载计算选用，卷扬机应用地锚固定，并应备用双重制动闸。钢丝绳的安全系数不应小于14，使用过程中应防止钢丝绳与构筑物棱角相摩擦。

5）为避免晃动，应使悬吊式脚手架固定在建筑物的牢固部位上。

（20）平台脚手板铺设，应遵守下列规定：

1）脚手板应满铺，与墙面距离不应大于20cm，不应有空隙和探头板。

2）脚手板搭接长度不应小于20cm。

3）对头搭接时，应架设双排小横杆，其间距不大于20cm，不应在跨度间搭接。

4）在架子的拐弯处，脚手板应交叉搭接。

5）脚手板的铺设应平稳，绑牢或钉牢，脚手板垫木应用木块，并且钉牢。

（21）脚手架验收投入使用后，未经有关人员同意，不应任意改变脚手架的结构和拆除部分杆件及改变使用用途。

（22）拆除架子前，应将电气设备，其他管、线路，机械设备等拆除或加以保护。

（23）拆除架子时，应统一指挥，按顺序自上而下地进行，严禁上下层同时拆除或自下而上地进行。严禁用将整个脚手架推倒的方法进行拆除。

（24）拆下的材料，严禁往下抛掷，应用绳索捆牢，用滑轮、卷扬机等方法慢慢放下，集中堆放在指定地点。

（25）三级、特级及悬空高处作业使用的脚手架拆除时，应事先制定出安全可靠的措施才能进行拆除。

（26）拆除脚手架的区域内，无关人员严禁逗留和通过，在交通要道应设专人警戒。

5.5 安 全 网

安全网的质量必须符合《安全网》（GB 5725—2009）规定，即外形尺寸为 1.8m×6m 和 4m×6m 两种，每张网的重量应少于 15kg/张、大于 8kg/张，安全网分平网和立网两种。立网的目数应在 2000 目（10cm×10cm）以上。

5.5.1 平网

安装平面不垂直于水平面，主要是用来接住坠落的人和物的安全网称为平网。

1. 平网承重要求

平网要能承受重 100kg、底面积为 2800cm^2 的模拟人形沙包冲击后，网绳、边绳、系绳都不断裂（允许筋绳断裂），冲击高度 10m 最大延伸率不超过 1.5m。

旧网重新使用前，按 GB 5725—2009 规定，应全面进行检查，并签发允许使用证明方准使用。

2. 网的外观检查

（1）网目边长不得大于 10cm，边绳、系绳、筋绳的直径不少于网绳的 2 倍，且应大于 7mm。

（2）筋绳必须纵横向设置，相邻两筋绳间距在 30～100cm 之间，网上的所有绳结成节点必须牢固，筋绳应伸出边绳 1.2m，以方便网与网或网与横杆之间的拼接绑扎（或另外加系绳绑扎）。

（3）旧网应无破损或其他影响使用质量的毛病。

3. 网的选择

（1）根据使用目的选择网的类型；根据负载高度选择网的宽度。立网不能代替平网使用，而平网可代替立网使用。

（2）当网宽为 3m 时，张挂完伸出宽度约 2.5m，当网宽为 4m 时，张挂后伸出宽度约 3m。

4. 网的安装

（1）安装前必须对网及支杆、横杆、锚固点进行检查，确认无误后方可开始安装。

（2）安全网的内外侧应各绑一根大横杆，内侧横杆绑在事先预埋好的钢筋环上或在墙（楼板）的内侧再绑一根大横杆与外侧安全网的大横杆绑在一起，大横杆离墙（或楼板）间隙不大于 15cm。网外侧大横杆应每隔 3m 设一支杆，支杆与地面保持 45°角，支杆落点要牢靠固定，如在楼层无法固定时可设扫地杆，把几根支杆底脚连在一起与柱绑牢。

（3）安全网以系结方便、连接牢固又易解开、受力后不会散脱为原则。多张安全网连接使用时，相邻部分应紧靠或重叠。

（4）平网安装时不宜绷得过紧，应外高内低（外侧高出 50m）。网的负载高度在 5m 以内时，网伸出建筑物宽度 2.5m 以上，10m 以内时网伸出建筑物宽度最小 3m。

（5）在输电线路附近安装时，必须先征得有关部门同意，并采取适当的防触电措施，否则不得安装。

（6）第一道安全网一般张挂在二层楼板面（3～4m 高度），然后每隔 6～8m 再挂一道活动安全网（GB 5725—2009 规定）。多层或高层建筑除在二层设一道固定安全网外，每隔四层应再设一道固定安全网。

（7）网与其下方（或地面）物体表面距离不得小于 3m。

（8）在张挂安全网时应事先考虑到在临时需进出料位置应留有可收起的活动安全网，当吊料时将网收起，用完时立即恢复原状。

5. 使用、维修、保养

（1）安全网在使用中必须每周进行一次外观检查，杂物及时清理。

（2）当受到较大荷载冲击后，应更换新网或及时进行检查，看有无严重变形、磨损、断裂、连接部位脱落等，确认完好后，方可继续使用。

（3）按 GB 5725—2009 规定使用中每 3 个月应进行试验绳强力试验（或根据说明书进行试验）。

6. 安全网的清理

清理安全网如需进入安全网，事先必须先检查安全网的质量，支杆是否牢靠、确认安全后，方可进入安全网清理，清理时应一手抓住网筋，一手清理杂物，禁止人站立安全网上，双手清理杂物或往下抛掷。

清理杂物时，地面应设监护人，禁止入内，或是加设围栏。

5.5.2　立网

安装平面垂直于水平面（相对来说），主要是用来防止人和物坠落的安全网称为立网。

（1）根据 GB 5725—2009 规定，立网边绳、系绳断裂强力不低于 300kgf，网绳的断裂强力为 150～200kgf，网目的边长不大于 10cm。

（2）挂设立网必须拉直、拉紧。

（3）网平面与支撑作业人员的面的边缘处最大的间隙不得超过 15cm。

5.6　施工走道、栈桥与梯子

（1）施工场所内人行及人力货运走道（通道）基础应牢固，走道表面应保持平整、整洁、畅通，无障碍堆积物，无积水。

（2）施工走道的临空（2m 高度以上）、临水边缘应设有高度不低于 1.2m 的安全防护栏杆，临空下方有人施工作业或人员通行时，沿栏杆下侧应设有高度不低于 0.2m 的挡板。

（3）施工走道宽度不宜小于 1m。

（4）施工栈桥和栈道的搭设应根据施工荷载设计后施工。

（5）跨度小于 2.5m 的悬空走道（通道）宜用厚 7.5cm、宽 15cm 的方木搭设，超过 2.5m 的悬空走道搭设应经设计计算后施工。

（6）施工走道上方和下方有施工设施或作业人员通行时应设置大于通道宽度的隔离防护棚。

（7）出现霜雪冰冻后，施工走道应采取相应防滑措施。

（8）高处作业垂直通行应设有钢扶梯、爬梯或简易木梯。

（9）钢扶梯梯梁宜采用工字钢或槽钢；踏脚板宜采用不小于 ϕ20mm 的钢筋、扁钢与小角钢；扶手宜采用外径不小于 30mm 的钢管。焊接制作安装应牢固可靠。钢扶梯宽度不宜小于 0.6m，踏脚板宽度不宜小于 0.1m，间距以 0.3m 为宜。钢扶梯的高度大于 5m 时，宜设梯间平台，分段设梯。

（10）钢爬梯梯梁宜采用不小于 L50×50 角钢或不小于 ϕ30mm 的钢管；踏棍宜采用不小于 ϕ20mm 的圆钢。焊接制作安装应牢固可靠；钢爬梯宽度不宜小于 0.3m，踏棍间距以 0.3m 为宜；钢爬梯与建筑物、设备、墙壁、竖井之间的净间距不应小于 0.15m，钢爬梯的高度超过 5m 时，其后侧临空面宜设置相应的护笼；超长直爬梯，每隔 8m 宜设置梯间平台。

（11）简易木梯材料应轻便坚固，长度不宜超过 3m，底部宽度不宜小于 0.5m；梯梁梢径不小于 8cm，踏步间距以 0.3m 为宜。

（12）人字梯应有限制开度的链条绳具。

（13）梯子使用应符合以下规定：

1）工作前应把梯子安放稳定。安放立梯工作角度以 75°±5°为宜，必须固定稳固。

2）在光滑坚硬的地面上使用梯子时，梯脚应套上橡皮套或在地面上垫防滑物（如橡胶布、麻袋）。

3）梯子应安放在固定的基础上，严禁架设在不稳固的建筑物上或悬吊在脚手架上。

4）在梯子上工作时要注意身体的平稳，不应两人或数人同时站在一个梯子上工作。

5）上下梯子不宜手持重物。工具、材料等应放在工具袋内，不应上下抛掷。

6）使用梯子宜避开机械转动部分以及起重、交通要道等危险场所。

7）梯子应有足够的长度，最上两挡不应站人工作，梯子不应接长或垫高使用。

（14）绳梯的使用应符合以下规定：

1）绳梯的安全系数不应小于 10。

2）绳梯的吊点应固定在牢固的承载物上，并应注意防火、防磨、防腐。

3）绳梯应指定专人负责架设。使用前应进行认真检查。

4）绳梯每半年应进行一次荷载试验。试验时应以 500kg 的重量挂在绳索上，经 5min，若无变形或损坏，即认为合格。试验结果应做记录，应由试验者签章，未按期做试验的严禁使用。

5.7 栏杆、盖板与防护棚

（1）栏杆材料及连接要求：

1）钢管管径 ϕ≥30mm，壁厚 d≥2mm，用扣件或焊接连接。

2) 钢筋横杆 $\phi \geqslant 16$mm，柱杆 $\phi \geqslant 20$mm，宜采用焊接连接。

3) 原木横杆梢径 $D \geqslant 7$cm，柱杆梢径 $D \geqslant 7.5$cm，不宜用小于 12 号镀锌铁丝绑扎。

4) 毛竹横杆梢径 $D \geqslant 7$cm，柱杆梢径 $D \geqslant 8$cm，不宜用小于 12 号镀锌铁丝绑扎。

（2）栏杆的横杆由上、中、下三道组成，上杆离地高度宜为 1.0～1.2m，下杆离地高度宜为 0.3m。坡度大于 25°时，栏杆高度应为 1.5m。

（3）栏杆的柱杆间距不宜大于 2m。若栏杆长度大于 2m，必须加设立柱。

（4）柱杆固定应符合以下要求：

1) 泥石地面，宜打入地面 0.5～0.7m，离坡坎边口的距离不应小于 0.5m。

2) 混凝土地面，宜用预埋件与钢管或钢筋柱杆焊接固定；采用原木、竹栏杆柱杆固定时，应在预埋件上焊接 0.3m50×50 的角钢或 $\phi \geqslant 20$mm 的钢筋，应用螺栓连接或用不小于 12 号的镀锌铁丝绑扎两道以上固定。

3) 在操作平台、通道、栈桥等处固定柱杆，应与已埋设的插件焊接或绑扎牢固。

（5）栏杆长度小于 10m，两端应设斜杆；长度大于 10m，每 10m 段至少设置一对斜杆。斜杆的材料要求与横杆相同，并与立柱、横杆焊接或绑扎连接牢固。

（6）施工现场各类洞井、孔口和沟槽应设置固定盖板，盖板材料宜采用木材、钢材或混凝土，其中普通盖板承载力不应小于 2.5kPa；机动车辆、施工机械设备通行道路上的盖板承载力不应小于经过车辆设备中最大轴压力的 2 倍。

（7）各类盖板表面应防滑，基础应牢固可靠，并定期检查维修。

（8）在同一垂直方向同时进行两层以上交叉作业时，底层作业面上方应设置防止上层落物伤人的隔离防护棚，防护棚宽度应超过作业面边缘 1m 以上。

（9）施工道路、通道上方可能落物伤人地段以及隧洞出口，施工用电梯、吊篮出入口处应设有防护棚，防护棚高度应不影响通行，宽度不应小于通行宽度。

（10）防护棚应安装牢固可靠，棚面材料宜使用 5cm 厚的木板等抗冲击材料，且满铺无缝隙，经验收符合设计要求后使用，并定期检查维修。

5.8 安全防护用具

（1）安全帽、安全带、安全网等施工生产使用的安全防护用具，应符合国家规定的质量标准，具有厂家安全生产许可证、产品合格证和安全鉴定合格证书，否则不应采购、发放和使用。

（2）安全防护用具应按规定要求正确使用，不应使用超过使用期限的安全防护用具。

（3）常用安全防护用具应经常检查和定期试验，其检查试验的要求和周期见表 5.3。

（4）高处临空作业应按规定架设安全网，作业人员使用的安全带，应挂在牢固的物体上或可靠的安全绳上，安全带严禁低挂高用。拴安全带用的安全绳，不宜超过 3m。

（5）安全防护用具，严禁作其他工具使用，并应注意保管，安全带、安全帽应放在空气流通、干燥处。

（6）在有毒有害气体可能泄漏的作业场所，应配置必要的防毒护具，以备急用，并应及时检查维修更换，保证其处在良好待用状态。

表 5.3　　　　　　　　常用安全防护用具的检验标准与试验周期

名称	检查与试验质量标准要求	检查试验周期
塑料安全帽	1. 外表完整、光洁； 2. 帽内缓冲带、帽带齐全无损； 3. 耐 40～120℃ 高温不变形； 4. 耐水、油、化学腐蚀性良好； 5. 可抗 3kg 的钢球从 5m 高处垂直坠落的冲击力	一年一次
安全带	1. 绳索无脆裂、断脱现象； 2. 皮带各部接口完整、牢固，无霉朽和虫蛀现象； 3. 销口性能良好； 4. 静荷载：使用 255kg 重物悬吊 5min 无损伤； 5. 动荷载：将重量为 120kg 的重物从 2～2.8m 高架上冲击安全带，各部件无损伤	1. 每次使用前均应检查； 2. 新带使用一年后抽样试验； 3. 旧带每隔 6 个月抽查试验一次
安全网	1. 绳芯结构和网筋边绳结构符合要求； 2. 两件各 120kg 的重物同时由 4.5m 高处坠落冲击完好无损	每年一次，每次使用前进行外表检查

（7）电气设备操作人员应根据工作条件选用适当的安全电工用具和防护用品，电工用具应符合安全技术标准并定期检查，凡不符合技术标准要求的绝缘安全用具、登高作业安全工具、携带式电压和电流指示器及检修中的临时接地线等，均不应使用。使用的安全用具、防护用品其试验内容、标准和周期按表 5.4 执行。电工登高作业安全用具的试验标准应符合表 5.5 的规定。

表 5.4　　　　　　　　电工安全用具防护用品试验标准周期表

名　　称		工作电压 /kV	试验标准						试验周期 /年
			耐压 /kV		耐压时间 /min		泄漏电流 /mA		
			出厂	使用	出厂	使用	出厂	使用	
绝缘杆绝缘夹钳		≤35	线电压的 3 倍，但不应低于 40		5		—		1～2
绝缘手套		各种电压	12	8	1		12	9	0.5
绝缘靴		各种电压	20	15	2		10	7.5	0.5
绝缘鞋		≤1	5	3.5	1		2		0.5
绝缘毡		≤1	5		以 2～3cm/s 的速度拉过		2		2
绝缘垫		≤1	15				15		2
绝缘站台		各种电压	40		2				3
高压验电器	本体	≤35	25		1				0.5
	手把	≤10	40		5				0.5
		≤10	105		5				0.5

表 5.5　　　　　　　　　　　　　　　电工登高用具试验标准

名　称	安全带		安全帽	升降板	脚扣	竹（木）梯
	大皮带	小皮带				
试验静拉力/kg	225	150	225	225	100	荷重 180
试验周期	半年一次					
外表检查周期	每月一次					
试验时间/min	5					

5.9　复习思考题

5.9.1　"三不伤害"是指什么？

5.9.2　施工现场行走或上下规定"十不准"是指什么？

5.9.3　何为防止机械伤害的"一禁、二必须、三定、四不准"？

5.9.4　防止车辆伤害的十项基本安全要求是什么？

5.9.5　施工生产区域内使用的各种安全标志的图形、颜色应符合哪些标准？

5.9.6　安全色是传递安全信息含义的颜色，具体包括哪几种颜色？各自含义为何？

5.9.7　高处作业时工器具、安装构件、接地线等与带电体的安全距离为何？

5.9.8　高处作业时工作人员的活动范围与带电体的安全距离为何？

5.9.9　钢管材料脚手架应符合哪些技术要求？

5.9.10　脚手架安装搭设按设计图纸实施，应遵循的原则是什么？

5.9.11　安全网的质量要求必须符合哪一规范或规程的规定？

5.9.12　安全网安装前必须对哪些部位进行检查，且确认无误后方可开始安装？

5.9.13　施工栈桥和栈道的搭设应根据何种荷载设计施工？

5.9.14　高处作业垂直通行应安设哪几种梯子？

第6章

大型施工设备安装与安全运行

教学要求： 本章包括大型施工设备安装与安全运行的基本规定、大型设备安全运行的操作规定以及特种设备的安全运行规定等内容。

(1) 掌握大型施工设备的种类，掌握作业前、作业时、作业后的安全运行操作规定。

(2) 理解特种设备的概念及基本规定，以及这些特种设备运行时的安全操作要求。

(3) 了解大型施工设备及操作人员在安装与运行过程中应注意的基本事项。

(4) 通过学习，提高学生对大型施工设备在安装与运行过程中的安全管理能力。

6.1 基 本 规 定

水利工程安装企业及其附属的工业生产和维修单位的机械应按其技术性能和有关规定正确使用。缺少安全装置或安全装置已失效的机械设备不得使用。

(1) 严禁拆除机械设备上的自动控制机构、力矩限位器等安全装置及监测、指示仪表，警报器等自动报警信号装置。其调试和故障的排除应由专业人员负责进行。

(2) 机械设备应按时进行保养，当发现有漏保、失修或超载、带病运转等情况时，有关部门应停止其使用。严禁对处在运行和运转中的机械进行维修、保养或调整等作业。

(3) 机械设备的操作人员必须身体健康、并经过专业培训考试合格，在取得有关部门颁发的操作证、特殊工种操作证后，方可独立操作。学生必须在师傅的指导下进行操作。

(4) 机械操作人员和配合作业人员，都必须按规定穿戴劳动保护用品，长发不得外露。高处作业必须系安全带，不得穿硬底鞋和拖鞋。严禁从高处往下投掷物件。

(5) 机械作业时，操作人员不得擅自离开工作岗位或将机械交给非本机操作人员操作。严禁无关人员进入作业区和操作室。工作时，思想要集中，严禁酒后操作。

(6) 操作人员有权拒绝执行违反安全操作规程的命令。由于发令人强制违章作业造成事故者，应追究发令人的责任，直至追究刑事责任。

(7) 进行日作业两班及以上的机械设备均须实行交接班制。操作人员要认真填写交接班记录。

(8) 机械进入作业地点后，施工技术人员进行施工任务及安全技术措施交底。操作人员应熟悉作业环境和施工条件，听从指挥，遵守现场安全规则。

(9) 现场施工负责人应为机械作业提供道路、水电、临时机棚或停机场地等必需的条件，并消除对机械作业有妨碍或不安全的因素。夜间作业必须设置有充足的照明。

（10）在有碍机械安全和人身健康场所作业时，机械设备应采取相应的安全措施。操作人员必须配备适用的安全防护用品。

（11）当使用机械设备与安全发生矛盾时，必须服从安全的要求。

（12）当机械设备发生事故或未遂恶性事故时，必须及时抢救，保护现场，并立即报告领导和有关部门听候处理。企业领导对事故应按"三不放过"的原则进行处理。

6.2 设 备 运 行

6.2.1 起重机安全操作规程

（1）各种起重机必须经国家专业检验部门检验合格。

（2）起重机机械运行空间内不得有障碍物、电力线路、建筑物或其他设备；空间边缘与建筑物或施工设施或山体的距离不小于2m，与架空输电线路的距离应符合表6.1的规定。

表 6.1　　　　　　　　　输电线路电压等级与设备的安全距离

输电线电压/kV	<1	1~10	35~110	154	220	330
允许沿输电线垂直方向最近距离/m	1.5	2.0	4.0	5.0	6.0	7.0

（3）起重机机械设备移动轨道应符合以下规定：

1）距轨道终端3m处应设置高度不小于行车轮半径的极限位移阻挡装置，设置警告标志。

2）轨道的外侧应设置不小于0.5m的走道，走道平整铺满。当走道为高处通道时，应设置防护栏杆。

3）轨道外侧应设置排水沟。

（4）起重机机械安全运行应符合以下规定：

1）起重机机械应配备荷载、变幅等指示装置和荷载、力矩、高度、行程等限位、限制及连锁装置。

2）操作司机室应防风、防雨、防晒、视线良好，地板铺有绝缘垫层。

3）设有专用起吊机作业照明和运行操作警告灯光音响信号。

4）露天工作起重机机械的电气设备四周应有警告标志和涂有警示色标。

6.2.2 搅拌机安全管理规定

（1）搅拌机工作场地要有良好的排水条件，机械近旁应有水源，机棚内应有良好的通风、采光及防雨、防冻条件，并不得积水。

（2）移动式搅拌机应在平坦坚硬的地坪上用方木或撑架架牢，并保持水平。

（3）固定式搅拌机的操纵台应使操作人员能看到各部工作情况，仪表、指示信号准确可靠，电动搅拌机的操纵台应垫上橡胶板或干燥木板。

（4）电动机应设有开关箱，并设漏电保护器。停机不用或下班后应拉闸断电，锁好开关箱。

（5）传动离合器和制动器应灵活可靠，轨道滑轮应良好，各部位的润滑到位，周围无障碍。

（6）气温降到5℃以下时，管道、泵、机内均应采取防冻保温措施。

（7）空车试运转，检查搅拌筒或搅拌叶的转动方向与转速是否正常。搅拌筒的旋转方向应符合箭头的指示方向，如不符应更改电动机的接线。

（8）作业时，应遵守以下规定：

1）作业时，应经常注意机械各部件的运转是否正常，搅拌叶片是否变形、螺钉是否松动、脱落。

2）骨料规格应与搅拌机的性能相符，超出许可范围的不得使用。

3）进料时，严禁将头或手伸入料斗与机架之间察看或探摸进料情况，运转中不得用手或工具等物伸入搅拌筒内扒料出料。

4）向搅拌筒内加料应在运转中进行，添加新料必须先将搅拌机内原有的混凝土全部卸出后才能进行。不得中途停机或在满载荷时启动搅拌机，反转出料者除外。

5）料斗升起时，严禁在其下方工作或穿行。料坑底部要设料斗的枕垫，清理料坑时必须将料斗用链条扣牢。

6）作业中，如发生故障不能继续运转时，应立即切断电源，将搅拌筒内的混凝土清除干净，然后进行检修。

（9）作业后，应及时将机内、水箱内、管道内的存料、积水放尽，进行全面清洗，操作人员如需进入筒内清洗时，必须切断电源，设专人在外监护，或卸下熔断器并锁好电闸箱，然后方可进入。

（10）作业后，应将料斗降落到料斗坑，如需升起则应用链条扣牢，并清理场地。

（11）移动式搅拌机长期停放或使用时间超过3个月以上时，应将轮胎卸下妥善保管，轮轴端部应做好清洁和防锈工作。

6.2.3 卷扬机安全管理规定

（1）卷扬机应安装在平稳牢固的基础上，设置可靠的地锚并搭设工作棚。安装地点必须使工人能清楚地看见重物的起吊位置，否则应使用自动信号或设多级指挥。禁止在黑暗或光线不足的地方进行起重工作。

（2）卷扬机必须有可靠的制动装置（自动制动器、手闸、脚闸），如制动装置失灵，未修复前不得使用。

（3）钢构件或重大设备起吊，必须使用齿轮传动的卷扬机，禁止使用摩擦式或皮带式卷扬机。

（4）钢丝绳不许打结、扭绕，在一个节距内断线超过10%时，应予更换。钢丝绳断丝更新标准见表6.2。

（5）使用皮带式和齿轮传动的部分，均须设防护罩，导向滑轮不得用开口拉板式滑轮。

（6）以动力正反转的卷扬机，卷筒旋转方向应与操纵开关上指示的方向一致。正转变反转时，应先停车，再按反转按钮，禁止不停车直接按反转按钮。

（7）从卷筒中心线到第一个导向滑轮的距离，带槽卷筒应大于卷筒宽度的15倍，无槽卷筒应大于20倍。当钢丝绳在卷筒中间位置时，滑轮的位置应与卷筒轴心垂直。

表6.2 钢丝绳断丝更新标准

钢丝绳结构形式	断丝长度范围（d＝绳径）	钢丝绳的型号			
		6×19＋1	6×37＋1	6×61＋1	18×19＋1
交捻	6d	10	19	29	27
	30d	19	38	58	54
顺捻	6d	5	10	15	18
	30d	10	19	30	27

（8）卷筒上的钢丝绳应排列整齐，如发现重叠或斜绕时，应停机重新排列。严禁在转动中用手、脚去拉、踩钢丝绳。钢丝绳不许放完，最少应保留三圈。

（9）作业前检查卷扬机与地面固定情况，防护设施、电气线路、制动装置和钢丝绳等全部合格后方可使用。

（10）作业中，任何人不得跨越正在作业的卷扬钢丝绳。物件提升后，操作人员不得离开卷扬机。休息时物件或吊笼应降至地面。

（11）作业中，如遇停电，应切断电源，将提升物降至地面。

（12）作业完毕，应断开电源，锁好开关箱。提升吊笼或物件应降至地面，清整场地障碍物。

（13）交接班时，交班司机应把机械运行情况交代清楚，做好记录；接班司机在完成各接班事项后才能开始工作。

（14）应进行经常性的维护保养工作，按照清洁、润滑、紧固、调整、防腐十字作业法，确保整个机械运转正常，制动灵活有效。

6.2.4 混凝土振捣器安全管理

（1）使用电动振捣器，须有触电保安器或接地装置。

（2）使用前应检查各部连接是否牢固，旋转方向是否正确。

（3）检查振动设备的电源、漏电保护开关。

（4）湿手不得接触振捣器电源开关，振捣器的电缆不得破皮漏电。

（5）不得将运转中的振捣器放在模板或脚手架上。

（6）振捣器与平板应保持紧固，电源线必须固定在平板上，电器开关应装在手把上。

（7）在一个构件上同时使用几台附着式振捣器工作时，所有振捣器的频率必须相同。

（8）如检修、搬移振捣器或中断工作时，必须切断电源，不得硬拉电线，不得在钢筋或其他锐利物上拖拉电线。

（9）浇筑高仓位时，要防止振捣工具和混凝土骨料掉落仓外。

（10）吊运平仓振捣器时，必须注意吊索、吊具、吊耳是否完好，吊索角度是否正当。

（11）电动振捣器的安装、拆除，或在运转过程中的故障处理，均应由电工进行。

（12）电动内部或外部振捣器在使用前应先对电动机、导线、开关等进行检查，如导线破损绝缘老化、开关不灵、无漏电保护装置等，禁止使用。

（13）电动振捣器须用按钮开关，不得使用插头开关；电动振捣器的扶手，必须套上绝缘胶皮管。

（14）雨天进行混凝土振捣作业时，必须将振捣器加以遮盖，避免雨水浸入电机造成漏电伤人。

（15）不准放在初凝混凝土、地板、脚手架、道路和干硬的地面上进行试振。如检修或作业间断时，应切断电源。

（16）振捣器软轴的弯曲半径不得小于 50cm，并不得多于两个弯，操作时振动棒应自然垂直地沉入混凝土，不得用力硬插、斜推或使钢筋夹住棒头，也不得全部插入混凝土中。

（17）保持清洁，不得有混凝土黏结在电动机外壳上妨碍散热。

（18）机械转移时，电动机的导线应保持有足够的长度和松度。严禁用电源线拖拉振捣器。

（19）用绳拉平板振捣器时，拉绳应干燥绝缘，移动或转向时不得用脚踢电动机。

（20）操作人员振捣混凝土时，必须穿戴绝缘胶鞋和绝缘手套。

（21）作业后，必须做好清洗、保养工作。振捣器要放在干燥处。

6.2.5　蛙式打夯机安全管理

（1）蛙式打夯机适用于夯实灰土和素土的地基、地坪以及场地平整，不得夯实坚硬或软硬不一的地面，更不得夯打坚石或混有碎石块的杂土。

（2）夯机操作开关必须使用定向开关，并保证动作灵敏，且进线口必须加胶圈。

（3）每台夯机应设两名操作人员。一人操作夯机，一人随机整理电线。操作和传递导线人员都要戴绝缘手套和穿绝缘胶鞋。

（4）检查电路应符合要求，接地（接零）良好，偏心块连接牢固。各传动部件均正常后，方可作业。

（5）电门开关处的管子内壁和电动机的接线穿入手把的入口处，均应套垫绝缘管或其他绝缘物。

（6）作业时应注意以下几点：

1）操作夯机者应先根据现场情况和工作要求确定行夯路线，操作时按行夯路线随夯机直线行走，不得用力推拉或按压手柄，转弯时不得用力过猛，严禁急转弯。

2）随机整理电线者应随时将电缆整理通顺，盘圈送行，并应与夯机保持 3～4m 的余量，发现电缆线有扭结缠绕、破裂及漏电现象，应及时切断电源，并停止作业。

3）夯机作业前方 2m 不得有人。多台夯机同时作业时，其左右间距不得小于 5m，前后间距不得小于 10m。

4）夯实填高土方时，应从边缘以内 10～15m 开始夯实 2～3 遍后，再夯实边缘。

5）一般应在打夯机连续工作约 2h 后，停机检查一次。

（7）作业后，切断电源，卷好电缆，锁好电源闸箱。清理机面余土。

（8）蛙式打夯机需定期进行保养。分一级保养和二级保养，各级保养的周期和工作内容，见表 6.3。

6.2.6　钻孔灌浆机械的安全管理

1．一般规定

（1）钻孔灌浆机械的操作人员，必须受过安全生产教育，熟悉机械的技术操作规程，并严格遵守。

表 6.3　　　　　　　　　　　蛙式打夯机的保养间隔与保养工作内容

保养级别	间隔/h	工 作 内 容	备 注
一级保养	60～300	1. 全面清洗外部； 2. 检查传动轴轴承、大带轮轴承磨损程度，必要时拆卸修理或更换； 3. 检查偏心块的联结是否牢固； 4. 检查大带轮及固定套是否有严重的轴向窜动； 5. 检查动力线是否有破损； 6. 调整 V 带的松紧度； 7. 全面润滑	轴承松旷不及时修理或更换会使传动轴摇摆
二级保养	400	1. 进行一级保养的全部工作内容； 2. 拆检电动机、传动轴、前轴，并对轴承、轴套进行清洗和换油； 3. 检查夯架、托盘、操纵手柄、前轴、偏心套等是否有变形、裂纹和磨损； 4. 检查电动机和电器开关的绝缘程度，更换破损的导线	轴承磨损过甚时，需修理或更换。应及时修好各种故障或缺陷

（2）对现场运行的施工机械临时进行修理时，必须与运转操作人员取得联系。

（3）遇到台风或六级以上的大风时，必须迅速做好以下几项工作：

1）卸下钻架布并妥善放置，检查钻架并做好加固。

2）在不能进行工作时，必须切断电源，盖好设备，报表工具应装箱保管，严密封盖孔口。

3）经常检查及修补设备的防水设施，确保安全运行。

（4）钻机平台必须平整坚实牢固，满足最大负荷 1.3～1.5 倍的承载安全系数。钻架脚周边一般情况要保证有 50～100cm 的安全距离。临空面必须设置安全栏杆。

（5）安装、拆卸钻架必须遵守下列规定：

1）立、拆钻架工作必须在机长或指定的有关人员统一指挥下进行，参加工作人员必须全神贯注。听从指挥信号动作，不得擅动。腿架起落范围内不得有人，严格按照起重架设的有关安全操作规程有秩序地进行。

2）必须严格遵守先立钻架后装机，先拆机后拆钻架，立架应从下而上，拆架从上而下的原则。

（6）在架空输电线路下面工作时，钻架顶与架空线的最近距离不应小于表 6.4 的规定。

表 6.4　　　　　　　　　　　钻架顶与架空线的最近距离

输电线路电压/kV	<1	1～20	35～110	154	220
允许与输电线的最近距离/m	1.5	2.0	4.0	5.0	6.0

（7）钻架腿应用坚固的杉木或相应的木材制作，穿钉孔距架腿顶不得小于 20cm。孔的上下部位要用铁丝或铁板加固，在深孔或其他故障负载超过钻台重量的情况下，架腿必须安装在地梁上，并用夹板螺栓固定牢靠。钻架结构规格尺寸必须满足表 6.5 的要求。

表 6.5 钻架结构规格尺寸

架腿长度/m	梢径不小于 /mm	穿梁直径 /mm	适用孔深 /m	备 注
6～7	140	30	0～100	穿梁螺母要装设紧
8～9	150	35	100～200	固开口销

（8）钻架立毕必须做好下列加固工作：

1）腿根要打有牢固的柱窝或其他防滑设施。

2）腿架至少有两面要绑扎加固拉杆。

3）钻架不论长期或短期使用，至少加固对称缆风绳 3 根，缆绳与水平角一般不大于 45°。遇特殊情况不能满足，要做相应加固措施。

（9）移动钻架、钻机要有安全措施。若人力移动时，架子腿不要离地面过高并注意拉绳，抬动时要同时起落，并要清除移动范围内的障碍物。

（10）机电设备拆装必须遵守下列规定：

1）机械拆装解体的部件，要用支架稳固垫实，对回转机构要卡死。

2）拆装各部件，禁止使用铁锤直接猛力敲击，要以硬木或钢棒承垫。铁锤活动方向不得有人。

3）拆装螺栓使用扳手，用力要均匀对称，同时必须一手用力，一手做好支撑防滑措施。

4）电机设备必须安装在干燥、清洁的地方，严防油水杂物侵入，电机设备及启动、调整装置的外壳应有良好的保护接地装置，有危险的传动部位必须装设安全保护罩，照明电线必须与铁架绝缘。

（11）作业前应重点检查以下几点：

1）各部位螺丝、水接头丝扣紧固、机身平稳、水平移动刹车装置磨合。

2）将各操纵手把放在不同位置，油压调到最大限度，检查油路系统是否正常，并按规定对各部位加注润滑油。

3）各操作手把、离合、刹车、安全阀应灵活可靠。

4）传动机构正常，转向正确，防护设施齐备牢固。

5）动力系统正常，线路绝缘良好。

6）卡盘在松开状态，机上钻杆能滑动自然，有异常时必须进行修整。

7）钻机安装好后，滑车、立轴、钻孔三者的中心应在同一条直线上，钻杆应卡在卡盘的中心位置。

8）新旧程度和材质不同的钻杆，要分孔、分组使用，避免或减少钻具折断事故。

9）扫孔或钻进中遇阻力过大时，不得强行开车。

10）认真检查塔架腿脚、回转、给进机构安全稳固。确认卷扬提引系统符合起重工作规定，方可开始升降工作。

11）未送冲洗液前，应保持钻具离孔底 50cm 以上，待确认冲洗液已送到孔底后，方能开钻。

（12）作业时应重点检查以下几点：

1）水接头要系好保护绳，开车时要互相关照，防止过大摆动缠绕，以防发生危险事故。

2）使用升降机刹车时，严禁使用手把结合脚刹。

3）钻杆直径单边磨损达 2mm 或均匀磨损达 3mm、每米弯曲超过 3mm，岩芯管磨损超过壁厚 1/3、每米弯曲超过 2mm，以及各种钻具有微小裂隙、丝扣严重磨损、旷动或明显变形时，均不得下入孔内。

4）机械转动时不许拆装零件，不许触摸和擦洗运转着的部位。

5）操作升降机，不得猛刹猛放，在任何情况下都不准用手或脚直接触动钢丝绳，如缠绕不规则时，可用木棒拨动。

6）孔口操作人员必须站在钻具起落范围以外，摘挂提引器时要注意回绳碰打，提引器未升过横轴箱（手把式钻机）以前，必须扶导正直提升，防止碰撞翻机。

7）使用普通提引器，倒放或拉起钻具时，开口必须朝下，钻具下面不得站人。

8）起放粗径钻具，手指不得伸入管内去提拉，应用一根有足够拉力的麻绳将钻具拉开。

9）升降钻具时，若中途发生钻具脱落，不准用手去抓。

10）松脱过紧的钻杆时，经冲击 3～5 次仍拧卸不脱，不得强行拧卸，而应用管钳人工拧卸，并找出原因排除故障。

11）发现钻具（塞）刚刚被卡时应立即活动钻具（提塞），严禁无故停泵。

12）钻具（塞）在提起中途被卡时，应用管子钳扳扭，或设法将钻具（塞）放下一段，同时开泵送水冲洗，上下活动慢速提升，严禁猛提硬拉，严禁用升降机与给进把同时起拔事故钻具。

13）在需要油压系统和升降机同时顶拔事故钻具时，事先应对整个系统的有关机件进行可靠的全面检查，操作中先用油缸上顶至最高额定负荷，再用升降机继续提拉，卸载时应先松升降机，后回油，不得用升降机承受全部荷载。

2. 冲击钻

（1）安装钻机的场地应平整、坚实。如地基松软应进行处理后铺设垫木，以免成孔机在冲击过程中发生局部下沉，影响成孔精度。

（2）钻机的安装与拆除均应在机长的指导下进行。

（3）安装钻机的专用底车架，在拖运时轮子应向上，卸架翻转应做到轻放。

（4）人工安装钻机，可采用人力拉牵、倒链绞磨、手摇绞车等，具体要求如下：

1）先将已安装好的底车架的轮子用三角木前后垫紧，并在其两侧铺设略高于底车架面和具有足够宽度的车道板，车道板应平坦牢固，坡度应小于 12.5%。

2）在钻机前梁中心，用直径 25mm 的优质麻绳绑牢，作前进方向拉牵；另在桅杆中点加绑保险绳，分两侧同时着力，稳住钻机，以防钻机向任何一侧倾倒。

3）拉运必须统一号令，专人指挥，精力集中，缓慢、准确地拉动钻机，严禁猛拉猛拖。随钻机移动，须有专人负责移动车轮的三角木塞垫工作。

（5）当钻机拉运至底车架位置后，应用相同规格的千斤顶将钻机两边底梁顶住，再缓慢下降千斤顶，使钻机平稳就位。千斤顶与钻机底梁之间必须加垫木板，以防受力打滑，千斤顶一次下降高度不应大于 5cm。

（6）机械吊装钻机时应满足以下要求：

1）吊装钻机的吊车，一般应选用起吊能力 10t 以上的型号，严禁超负荷吊装。

2）套挂用的钢丝绳必须完好，直径不小于 16mm。

3）套吊拴挂必须稳固，并经检查认为可靠后方能试吊。

4）吊装钻机必须先行试吊，试吊高度一般为离地 10～20cm，检查钻机套挂是否平稳，吊车的制动装置以及套挂的钢丝绳是否可靠，确认无误方可正式起吊。下降必须缓慢，装入底车架必须轻放就位。

（7）钻机就位后，应用水平尺找平后才能安装。

（8）钻机地锚埋深不能小于 1.2m，引出的绳头应用钢丝绳，不宜用脆性材料。

（9）钻机后面的电线，必须架空，以免妨碍工作及造成可能的触电事故。

（10）钻机桅杆必须装置避雷针。

（11）作业前应重点检查以下几点：

1）检查钻具重量是否与钻机性能相符，要求所有钻头和抽筒均应焊有易拉、易挂、易捞装置。

2）操作人员开钻前，必须对钻场的安全设施及一切设备进行全面细致地检查。要做到以下几点：

a. 润滑部位应有足够的润滑油。

b. 各部机械螺丝不能松动。

c. 检查并调整各操纵系统，使之灵活可靠。

d. 液压、动力传动系统正常，线路绝缘良好。

e. 钻机上应有的安全防护装置必须齐备、适用、可靠。

f. 检查冲击臂缓冲弹簧，其压紧程度要求两边应一致，否则应进行调整。

g. 按电气操作规程检查电气部分，三相按钮开关必须安装在操纵手把附近便于操作。

h. 开机前应拉开所有离合器，严禁带负荷启动。

3）为杜绝翻车事故的发生，凡属下列情况时严禁开车。

a. 钻头距离钻机中心线 2m 以上时。

b. 钻头埋紧在相邻的槽孔内或在深孔内提起有障碍时。

c. 钻机未挂好，收紧绑绳时。

d. 孔口有塌陷痕迹时。

（12）作业时应重点检查以下几点：

1）钻进过程中应注意检查机器运行情况，如发现轴瓦、钢丝绳、皮带等有损坏或机件操作不灵等情况，应及时停机检查修理，严禁带"病"作业。

2）冲孔时，应随时察看钢丝绳回弹和回转情况，耳听冲击声音，借以判断孔底情况。

3）用卷扬机提升冲击钻时，应在钢丝绳上做标记，以控制冲程。冲击钻到底后要及时收绳，以免大绳松多反缠卷筒；同时也可提高冲击频率，但不宜过早收绳，防止空击。

4）作业过程中，冲击钻的刃口处会受到不断的磨损，尤其是冲击基岩、漂石时磨损更快，当冲击钻磨损比原尺寸小 30～40mm 或刃口磨钝时，应及时进行补焊。

5）冲击成孔时，要注意检查转向装置、泥浆黏度和密度，注意在使用低冲程一段时间后要换用高一些的冲程，让冲击钻有转动的时间，以免梅花孔、十字孔的出现。

6）下钻速度不能过快，应用闸把控制下落速度，以免翻转、卡钻。

7）每次取下钻具，抽筒必须有 3 人操作，并检查钻角、提梁、钢丝绳、绳卡、保护铁、抽筒活门、活环螺丝等处的完好程度，发现问题要及时处理，具体要求如下：

a. 钻角磨损 2cm，应补焊至原来直径。

b. 钻具提梁直径磨损超过 1/3 者，应补焊至原来直径。

c. 主绳绳卡不得少于 3 个，副绳绳卡不得少于 2 个，提渣斗绳卡不少于 3 个，绳卡螺丝必须紧固。

d. 如保护铁磨损至钢丝绳与提梁直接接触，应更换保护铁。

e. 抽筒活门必须灵活，活环螺丝必须紧固。

f. 当钢丝绳断丝超过 10% 或一股的 1/2 以上者，应将破坏部分割去，否则禁止继续使用。破坏部分较多时，应更换新的。

8）钻机突然发生故障，应立即拉开离合器，如离合器操作失灵，应立即停机。

9）钻机需要变速时，要先拉开离合器，切断动力可变速。

10）操作离合器手把时，用力必须平稳，不得猛拉猛推，以免造成钻机振动过大或拉断钢丝绳。

11）暴风、雷电时，禁止开车，并切断电源。

12）钻进中突然发现有塌孔迹象或成槽以后突然大量漏浆都应立即采取一定的安全技术措施进行处理。

13）运行中，如遇钢丝绳缠绞，应立即停机拨开，在钻机未停稳前，严禁拨弄。

14）改变电动机转向，必须在电机停稳后方可进行。

15）当钻具提升到槽口时，应立即打开大链离合器，同时将卷筒锁住，钻头应放置在钻头承放板上，放时要慢速、轻放，以免承放板断裂伤人。

16）孔内发生卡钻、掉钻、埋钻等事故，必须摸清情况，分析原因，采取有效措施后，方能进行处理。不得盲目行事。

17）上桅杆进行高处作业时，必须佩戴安全带；安排专人看管动力闸刀。严禁高处作业人员与地面人员闲谈、说笑。

18）电动机停止运行前，禁止检查钻机和加注黄油，严禁在桅杆上工作。

（13）作业后应重点检查以下几点：

1）钻机移动前必须将车架轮的三角木取掉，松开绷绳，摘掉挂钩，钻头、抽筒应提出孔口，经检查确认无障碍时，方可移车。

2）对机械各部要经常检查，发现异常现象要及时采取措施处理。

3. 灰浆搅拌机、灌浆泵

（1）灰浆搅拌机开机前，必须按电机安全技术操作规程检查电气部分，按操作规程和技术要求紧固所有连接螺丝，加注润滑油。

（2）搅拌机安置要平稳牢固，进料口及皮带，齿轮传动部分的防护罩要完善可靠。否则，严禁开机运行。

（3）搅拌机运转时不准用手或其他物件伸入拌浆筒中清除杂物，需要掏灰必须停机清理。

（4）停机后，操作人员进入搅拌机清理之前，必须切断电源，闸刀开关箱应加锁，并挂上"有人操作，严禁合闸"的标示牌，严防误伤人，搅拌槽内照明灯电压以 12V 为宜。

（5）使用灌浆泵输送泥浆时应遵守下列各项规定：

1）启动前应检查并拧紧所有应当紧固的零件。

2）检查连杆衬瓦间、十字头销间、曲柄轴轴径间等各部间隙是否符合要求。

3）检查齿轮箱内及各摩擦部分润滑油是否足量和清洁。

4）检查压力表是否指示正确，安全阀是否开启灵活。必要时测试压力在大于 30kPa 时，安全阀能否起作用。

5）检查灌浆泵皮带位置是否正确，皮带松紧程度是否适当，皮带防护罩是否完好。

6）盖好泵盖，注意严密。

7）进出浆皮管接头应绑扎牢固。

8）开机前用手拉动皮带轮，使活塞转动 1～2 行程，检查是否灵活。

9）启动时应警告周围人员离开机械及其转动部分。

10）启动后，要倾听机械各部声响，查看排浆情况，认为正常后，才能把排浆三通阀转至工作位置，并调整压力至规定的范围之内，严禁超过规定压力运转。

11）严禁在运转过程中修理机器、调整零件，泥浆泵必须按额定转数运行。

12）应经常保持管路畅通，不可将皮管随便扭结。出现管路堵塞时，应先关闭三通阀门，然后用小锤平打皮管再送泥浆，不可用手弯折皮管。

（6）在运转中，安全阀必须无故障，运转前应进行校正，校正后不随意转动。

（7）高压灌浆对高压调节阀应设置防护装置，调压人员应佩戴防护镜。

（8）灌浆用各种设备，必须密闭性能好，并尽量采用自动化操作。

（9）灌浆前必须先行试压，以便检查各种设备仪表及其安装是否符合要求，当试验设备仪器发生故障（如搅拌器运转不正常、搅拌棒断裂、系统漏气等），应立即停止运转，关掉电源，进行修复处理。

6.2.7 挖装机械的安全管理

1. 一般规定

（1）机械运转中不准登车，必须上下时要通知司机停车。

（2）铲斗起落时，上不准碰天轮，下不准碰翻板，先装碎石，后装大块石。

（3）回转时，铲斗必须先离开掌子面，防止铲斗碰掌子面的大块石。

（4）在回转半径范围以内禁止一切人员停留。

（5）装车时，禁止铲斗从汽车驾驶室顶部通过，车不停稳不许装车；装渣时铲斗距车厢边以 0.2m 为宜，禁止刮车帮和把大块石偏装。

（6）挖渣高度一般应不超过天轮高度。

（7）在边坡下挖渣时，边坡上禁止施工，以防坠石伤人和砸坏机械。

（8）爆破前，挖掘机应退出危险区避炮，同时做好必要的防护。

（9）出渣路线应保持平整通畅。

（10）卸渣地点靠边沿处应有挡轮木和明显标志并设专人指挥。

（11）要根据掌子面的情况，采用不同的铲掘方法，禁止铲斗载荷不均或单边受力，铲掘时铲斗切入不宜过深。

2. 挖掘机

（1）挖掘机作业前规定如下：

1）作业前应检查挖掘机的工作装置、行走机构、各部位的安全防护装置、各种仪表、钢丝绳、液压传动部件及电气装置等，确认齐全完好，方可启动作业。

2）检查或加注燃油时，禁止吸烟或接近明火，对漏油处应及时补漏。燃油着火时，应用泡沫灭火器或砂扑灭，严禁浇水。

3）钢丝绳在卷筒上应排列整齐，放出后尾端不得少于 3 圈，铲臂的钢丝绳在一个节距内（即每股钢丝搓拧一周的长度）断丝超过 10％时，禁止继续使用。

4）启动发动机前，应将离合器分离，各操纵杆置于空挡位置。按发动机启动程序启动。

5）正式作业前，应先鸣号，并试挖，检查各制动器是否灵活可靠。确认正常后，方可正式作业。

6）禁止挖掘机在未经爆破的五级以上岩石或冻土地区作业。

7）作业场地松软，应垫道木或垫板，沼泽地段应先做路基处理或更换专用履带。

8）挖掘悬崖时，应采取防护措施，作业面不得留有伞沿及松动大块石，若发现有塌方危险应立即处理。

（2）挖掘机作业时规定如下：

1）挖掘机应保持水平位置，将行走机构制动住，并将轮胎或履带楔牢。

2）操作力求平稳、准确，不得过猛、过急。

3）机身停稳以后方可挖土。当铲斗未离开工作面时，不得作回转行走等动作。回转制动时，应使用回转制动器，不得用转向离合器反向制动。

4）禁止在挖掘机工作时进行转动部位注油、调整、修理或清扫。

5）挖掘机挖渣、装车，要有专人指挥。铲斗回转前司机要鸣号。

6）遇较大石块或障碍物时，应待清除后方可挖掘，不得用铲斗破碎石块，或用单边斗齿硬啃。

7）作业时做到：不碰天轮；不碰保险牙；不碰履带板及机架；不碰缓冲木；不准"三条腿"作业。

8）铲斗装满回转时不得紧急制动，以防飞料肇事。在满斗时，不得悬空行驶或变换铲臂仰角。

9）卸料时，铲斗应放低，不准在高空向汽车卸料。装满料后，应鸣号通知对方。

10）液压挖掘机作业时，应注意液压缸的伸缩极限，防止极限块被撞出。当需制动时，应将变速阀置于低速位置。

11）液压挖掘机如发现挖掘力突然变化，应停机检查，找出原因，及时处理，严禁自行提高分配阀压力。

12）作业或行走时，严禁靠近架空输电线路，机械与架空输电线的安全距离应符合有关规定。

13）挖掘机不宜长距离行驶。行走前要对行走机构进行全面保养，行走时每隔45min必须停机检查，并对行走机构加注润滑油。

14）作业及行走时，驱动轮应在行驶方向的后面，臂杆应与履带处于同一方向。

15）挖掘机停车地面倾斜度不得超过5%。

16）运转中应随时监听各部位有无异常声响，监视各仪表是否指示在正常范围之内。

17）严禁用铲斗进行起吊作业。

（3）挖掘机作业后规定如下：

1）挖掘机司机离开驾驶室时，不论时间长短，必须将铲斗落地。

2）挖掘机作业后应停放在坚实、平坦、安全的地带，铲斗落地，使提升绳松紧适当，臂杆降至40°~50°。

3.装载机

（1）装载机作业前规定如下：

1）发动机启动前应检查以下事项：

a.各液压管路及接头处应无渗漏。

b.液压油量充足。

c.轮胎气压符合规定；制动器灵敏可靠。

d.检查各润滑部位并添加润滑油。

2）发动机启动后的注意事项：

a.检查各仪表指针数值是否处在正常范围之内。

b.观察有无异常的振动、噪声、气味。

c.检查机油、燃油、液压油和冷却水有无渗漏。

3）装载机运距不宜过大，行驶道路应平整，在石方施工场地作业时，应在轮胎上加装保护链条或用钢质链板直边轮胎。

4）作业前，作业区内不得有障碍物和无关人员，场地的倾斜度不超过规定要求。

5）起步前应先鸣号，将铲斗提升离地面0.5m左右，行驶中不得进行升降和翻转铲斗动作。

（2）装载机作业时规定如下：

1）装载机在后退时应连续鸣号，以免伤人。

2）装载机装有报警蜂鸣装置，在行驶或作业时蜂鸣器鸣叫时，必须停车检查，排除故障时方可继续作业。

3）采用装载机挖装时，装载机应低速铲切，不得采用加大油门高速猛冲的方式。

4）装车时，应待汽车司机离开驾驶室后进行。放低铲斗或开斗门时，不得撞击汽车任何部位。

5）装料时，铲斗应从正面插入，防止单边受力。推料时不得转向。

6）卸料时，卸渣应缓慢，严禁装偏。

7）铲斗前翻和回位时不得碰撞车厢。臂杆下降时，中途不得突然停顿。

8）铲臂向上或向下动作到最大限度时，应将操纵杆回到中立位置，防止在安全阀作用下发出噪声和引起故障。

9）作业时应使用低速挡，严禁铲斗载人。

10）行驶时，须将铲斗和斗柄的液压缸活塞杆完全伸出，使铲斗、斗柄和铲臂靠紧，并将铲斗提离地面 0.5m 左右。

11）在松散不平场地作业时，可把铲臂放在浮动位置，使铲斗平稳作业，如推进阻力过大，可稍稍提升铲臂。

12）作业时注意机械工作情况，发现异常，应立即停车检查，待故障排除后，方可继续作业。

（3）装载机作业后规定如下：

1）作业后，应将装载机放在平坦坚实的地面上，并将铲斗落地，将滑阀手柄放在空挡位置，拉好手制动器。

2）寒冷季节应全部放净未加防冻液的冷却水。

4. 推土机

（1）推土机的坡度规定如下：行驶纵坡小于 35°、横坡小于 25°，工作时纵坡小于 30°、横坡小于 10°。

（2）作业前规定如下：

1）作业前应做以下检查：

a. 各系统管路有无裂纹或泄漏。

b. 各部位螺栓连接件是否紧固。

c. 操纵杆和制动踏板的行程间隙，履带、传动链的松紧度等应符合要求。

d. 绞盘、液压缸等处无污泥。

2）作业前，禁止在履带或刀片的支架上站人。机械四周应无障碍物，确认安全方可启动。

3）发动机启动后，应试验离合器、刹车和油压操纵系统是否灵活可靠。

4）牵引其他机械时，应有专人负责指挥。钢丝绳的连接应牢固可靠，在坡道或长距离牵引时，应用牵引杆连接。

5）推土机在 3～4 级土壤或多石土壤地带作业时，应先进行爆破或用松土器疏松。

（3）作业时规定如下：

1）夜间作业时，机械的前后灯应完好无损。

2）在深沟、基坑或陡坡地段作业时，应有专人指挥，其垂直边坡深度一般不超过 2m，否则应放出安全边坡。

3）填沟作业驶近边坡时，刀片不得越过边缘，倒退时应先换挡，方可提升刀片进行倒车。

4）推土机上坡不得换挡，不得拐死弯；下坡不得脱挡滑行，下陡坡可将刀片放下接触地面，并倒车下行。

5）在上坡途中，若发动机突然熄火时，应立即将推土刀放到地面，踏下并锁住制动踏板，待推土机停稳后，再将主离合器脱开，把变速杆放到空挡位置，用三角木块将履带或轮胎楔死，然后重新启动发动机。

6）推土机在 25°以上坡度上进行推土时，应先进行挖填，使机身保持平衡，方可作业。

7）推土机在上坡途中，如发动机突然熄火应立即放下刀片，踏下并锁住制动，切断主离合器，方可重新启动。

8）推土机发生故障时，如无可靠措施不得在斜坡上修理。

9）严禁推带有钢筋或与地基基础连接的混凝土建筑物。

10）两台以上推土机在同一地段作业时，前后距离应大于 8m，左右距离大于 1.5m。

11）在浅水地带作业时，应查明水深，应以冷却风叶不接触水面为限；下水前，应对行走装置各部注满润滑脂。

12）推土机在工作中发生陷车时，禁止用另一台推土机的刀片在前、后硬推。

13）推土作业遇到过大阻力，履带产生"打滑"或发动机出现减速现象时，应立即停止铲推，不得强行作业。

14）进行保养、检修或加油时，必须关闭引擎、放下刀片。

（4）作业后规定如下：

1）停机时，应先切断离合器，放下刀片，锁住制动，将操纵杆置于空挡位置，然后关闭发动机。

2）坡道停机时，应将变速杆挂低挡，接合主离合器，锁住制动踏板，并将履带楔住。

3）作业后，应将推土机开到平坦安全地段，落下刀片，关闭发动机，锁好门窗，方可离开。

5. 铲运机

（1）铲运机操作人员必须了解本机性能，熟悉操作程序，经考试合格后，方能独立操作。

（2）行驶道路要平坦，以利旋转、前进、后退和调头。拖式铲运机的上下纵坡不得超过 25°，横坡不得超过 6°。

（3）铲运机轮胎气压必须符合规定，轮胎压条须压牢坚固，并随时清除轮胎上的油脂污物。

（4）铲运机若用拖拉机牵引时，应使用销子进行连接，两机之间必须有加强保险的装置，以免脱钩发生事故。被牵引的速度应限制在 30km/h 以内。

（5）铲斗与机身不正时，不得铲土。在开始铲土和提斗时，动作要缓慢。

（6）铲运机作业时规定如下：

1）不准急转弯进行铲土，以免损坏铲运机刀片。

2）在行驶途中遇有大块石等障碍物时，应避让，以免损坏机械。

3）工作中驾驶员必须离开机械时，应将操纵杆放在空挡位置，关闭发动机，将铲斗放到地面。

4）下坡时应放下铲运机斗作辅助制动，禁止空挡滑行。

5）铲运机在崎岖的道路上行驶转弯时，铲斗不得提得太高，防止机身倾倒。

6）对双胎铲运机，应随时检查两胎中间位置，如夹有硬物应立即清除。

7）清除铲斗内积土时，应先将斗门顶牢或将铲斗落地，再进行清扫。

8) 多台铲运机同时作业时，应注意以下事项：

a. 多台拖式铲运机同时作业时，前后距离不得小于 10m；多台自行式铲运机同时作业时，前后间距不得小于 20m。

b. 铲土时前后距离可适当缩短，但不得小于 5m，左右距离不得小于 2m。

c. 多台铲运机在狭窄地区或道路上行走时，未征得前机同意，后机不得强行超越。两车会车时，彼此间应保持适当距离，并减速行驶。

9) 土壤中如有较大石块或树根时，应先用推土机除去再进行铲运作业，不准强行铲运，以免损坏机械造成事故。

10) 在斜坡横向卸土时，禁止倒退。若坡度较大，车身左右偏斜过多时，均不得铲运或卸土。

（7）作业后规定如下：

1) 作业完毕，必须对铲运机内外及时进行全面的例行保养，保养内容：清洁、滑润、调整、紧周和防腐；对钢丝绳认真检查，并涂上黄油，以便下次作业。

2) 在检修和保养铲斗时，必须用道木垫实铲斗。

6. 采砂船

（1）采砂船工作处的实际水深应大于规定的吃水水深。

（2）船上一切安全设施禁止乱拆。消防救生用具按规定配备齐全，并定期检查，严禁挪用。

（3）船上不准明火取暖。非规定地点不许烧煮食物。

（4）锚泊定位、开挖施工时，应注意水下电缆和架空电线。

（5）在通过桥梁、跨河架空线等时，应注意电线的净高和桥梁的净空尺寸，保证船舶安全通过。

（6）船在航道上航行作业或停泊时，必须按《内河避碰规则》的规定悬挂灯号或其他信号标志。

（7）在由拖轮拖拽转移时，船长应全面了解新泊位以及转移中所经过的航区的航道、地质、水文等情况，并向全体船员交底，制定转移方案，组织实施。

（8）采掘时应注意斗桥的振动和声响，发现异常应提升斗桥进行检查。

（9）船上向外伸出的绳索、锚链或其他物体有碍其他船只（或竹排、木排）行驶时，应在伸出方向显示明显标志。不得妨碍船排正常航行。

（10）冬季作业应做好防滑工作。

（11）电气设备要有保安器具，应有妥善的防雨、防潮设施。

（12）两艘以上的采砂船同时进行生产时，彼此必须保持一定距离。

（13）采砂船应给过往船队让出一定距离的航道，以不妨碍过往船队航行为原则。

7. 挖泥船

（1）施工标志设立。

1) 挖槽设计位置应以明显标志显示，标志可采用标杆、浮标或灯标，纵向标志应设在挖槽中心线和设计上开口边线上，横向标志应设在挖槽起讫点、施工界线及弯道处。平直河段每隔 50~100m 设立一组横向标志，弯道处应适当加密。

2）在沿海、湖泊以及开阔水域施工时，各组标志应以不同形状的标牌相间设置。为便于夜间区分标志，同组标志上应安装颜色相同的单面发光灯，相邻组标志的灯光，应以不同的颜色区别。

3）水下卸泥区应设置浮标、灯标或岸标等标志，指示卸泥范围和卸泥顺序。

4）在挖泥区通往卸泥区、避风锚地的航道上，应设置临时性航标，指示航行路线。

5）在水道狭窄、航行条件差、船舶转向特别困难时，应在转向区增设转向标志。

6）在施工船舶避风水域内，应设置泊位标，并在岸上埋设带缆桩或在水上设置系缆浮筒以利船舶紧急停泊。

7）在施工作业区内必须设置水尺，并应符合下列规定：

a. 水尺间距应视水面比降、地形条件、水位变化及开挖质量要求而定，当水面比降小于1/10000时，宜每千米设置一组，当水面比降不小于1/10000时，宜每0.5km设置一组。

b. 水尺应设置在便于观测、水流平稳、波浪影响最小和不易被船舶碰撞的地方，必要时应加设保护桩和避浪设备。

c. 水尺零点宜与挖槽设计底高程一致，施工水尺应满足五等水准精度要求。

d. 施工区远离水尺所在地，当挖泥船操作人员不能清楚地观察水尺读数时，应在水尺附近设置水位读数标志，由专人负责，定时悬挂水位信号，或采用其他通信方式通报水位。

（2）排泥管线架设。

1）排泥管线应平坦顺直，弯度力求平缓，避免死弯，出泥管口伸出围堰坡脚以外的长度不宜小于5m，并应高出排泥面0.5m以上。

2）排泥管接头应坚固严密，整个管线和接头不得漏泥漏水，发现泄漏应及时修补。

3）排泥管支架必须牢固可靠，不得倾斜和摇动；水陆排泥管连接应采用柔性接头，以适应水位的变化。

4）排泥管线尽量避免穿越公路、铁路或大堤。必须穿越时，按照有关部门规定实施。

5）水上浮筒排泥管线力求平顺。为避免死弯，可视水流及风浪条件，每隔适当距离抛设一只浮筒锚。

6）当绞吸式挖泥船直接由浮筒排泥管卸泥时，其浮筒末端可采用打桩或抛锚等措施加以固定，但须防止锚缆埋死。

（3）水下排泥管（潜管）。

1）当排泥管线跨越通航河道或受气候、海况等条件限制不能使用水上浮筒管线进行疏浚或吹填作业时，可采用潜管，潜管宜在水流平稳、河槽稳定、河床横向变化平缓的水域内敷设。

2）潜管敷设前，必须对潜管进行加压检验，各处均达到无漏气、漏水要求时，方可用于敷设。

3）潜管的敷设和拆除应符合下列规定：

a. 敷设前，应对预定敷潜管的水域进行水深、流速和地形测量，根据地形图布置潜管，确定端点站位置。

b. 潜管节间的连接，宜采用柔性接头，即钢管与橡胶管沿管线方向相间设置并用法兰连接。

　　c. 潜管的起止端宜设置端点（浮体）站，配备充排气、水设施、锚缆和管道封闭闸阀等，以操纵潜管下沉或上浮。

　　d. 潜管沉放完毕，应在其两端设置明显标志，严禁过往船舶在潜管作业区抛锚或拖锚航行。

　　e. 跨越航道的潜管，如因敷设潜管不能保证通航水深时，可采用挖槽设置，但必须同时满足潜管可以起浮的要求。

　　f. 拆除潜管，应由端点站向管内充气，使其逐节缓缓起浮，待潜管全部起浮后，拖运至水流平稳的水域内妥为置放。

　　g. 潜管在敷设、运用或拆除期间有碍通航时，应向当地港航监督部门提出临时性封航申请，经批准后实施。

　　4）潜管操作运行时应符合下列规定：

　　a. 挖泥船开机前应先打开端点排气阀放气，以防潜管起浮，开机时必须先以低速吹清水，确认正常后，再开始吹泥。

　　b. 排泥或吹填过程中，凡需停机时，必须先吹清水，冲去潜管中的泥沙，直到排泥管口出现清水时为止，以防潜管堵塞。

　　c. 潜管注水下沉或充气上浮时，均应缓慢进行。

　　（4）挖泥船定位与抛锚。

　　1）采用定位桩施工的绞吸式挖泥船，在驶近挖槽起点 20～30m 时，航速应减至极慢，待船停稳后，应先测量水深，然后放下一个定位桩，并在船首抛设两个边锚，逐步将船位调整到挖槽中心线起点上，船在行进中严禁落桩。

　　2）绞吸式挖泥船的横移地锚必须牢固，逆流向施工时，横移地锚的超前角不宜大于30°，落后角不宜大于15°。

　　3）抓斗、链斗、铲扬式挖泥船分别由锚缆、斗桥和定位桩定位。当挖泥船驶进挖槽时，其航速应减至极慢，顺流开挖时先抛尾锚，逆流开挖时先抛首锚，无强风强流时可将斗桥、铲斗或抓斗下放至泥面，辅助船舶定位。

　　4）斗式挖泥船施工抛锚时，应按下列规定执行：

　　a. 主锚：应抛在挖槽中心线上，泥层厚薄不均匀时，宜偏于泥层较厚的一侧，水流方向不正时，宜偏于主流一边，锚缆应尽可能放长，必要时可设置架缆船。

　　b. 尾锚：顺流施工时必须抛设，逆流施工时可不抛设。

　　c. 边锚：逆流施工时，抛在挖泥船侧前方，顺流施工时，抛在挖泥船侧后方。

　　5）挖泥船抛锚时，宜先抛上风锚，后抛下风锚，收锚时，应先收下风锚，后收上风锚。

　　6）施工地段的所有水下锚位均应系上浮标。

6.3　特　种　设　备　管　理

6.3.1　一般规定

　　特种设备是指由国家认定的，因设备本身和外在因素的影响容易发生事故，并且一旦发生事故会造成人身伤亡及重大经济损失的危险性较大的设备。它包括电梯、起重机械、客运索道、锅炉及压力容器（第十章专门介绍）、厂内机动车辆、游艺机与游乐设施、防爆电气设备等。

（1）电梯：是指沿固定的刚性导轨从一个高度运行到另一个高度的运送乘客和货物的升降装置。可分为乘客电梯、载货电梯、病床电梯（医梯）、服务电梯（杂物梯）、观光电梯、车辆电梯、自动扶梯、自动人行道等。简易电梯是指在工厂、仓库等固定使用的（不含建筑工地施工、矿井专用提升设备和船用电梯），仅限于载运货物的，有轿厢和刚性导轨的，但安全装置不齐全且不符合国家电梯安全标准要求的垂直运输机械。

（2）起重机械：是以间歇工作方式，使物件在空间实现垂直升降和水平位移的机械设备，包括电动葫芦、桥式起重机（行车）、门式起重机、汽车起重机、随车起重机、轮胎起重机、履带起重机、塔式起重机、门座起重机、装卸桥、集装箱正面吊、擦窗机（高空吊挂作业平台）等。

（3）厂内机动车辆：是指在企业厂区范围内（含码头、货场、矿场等生产作业区域和施工现场）从事运输作业的各类机动车辆，包括叉车、堆垛机、固定平台搬运车、牵引车、推土机、挖掘机、装载机、压路机、摊铺机等。

（4）游艺机与游乐设施：是指公共场所中供大众娱乐用的机械、声光电设备和其他无动力设施。如过山车、高空观览车、碰碰车、卡丁车、转马等。

（5）客运索道：是利用架空绳索支撑和牵引轿厢运送乘客的机械运输设备。

6.3.2　特种设备安全管理

根据《特种设备安全监察条例》（国务院令第 373 号），特种设备是指涉及生命安全、危险性较大的锅炉、压力容器（含气瓶，下同）、压力管道、电梯、起重机械、客运索道、大型游乐设施、场（厂）内专用机动车辆，以及法律、行政法规规定适用本法的其他特种设备。

有关特种设备的事故基本都发生在使用过程中，因此，使用过程的安全管理是特种设备的管理重点。特种设备使用单位必须对特种设备使用和运营的安全负责。按照相关要求，做好使用过程的管理工作。

1. 特种设备的选购

特种设备的选购，除满足生产要求外，根据有关规定，必须保证安全要求，选购必须进行严格审查，保证产品质量符合出厂标准，同时达到使用和安全要求。特种设备使用单位应当使用符合安全技术规范要求的特种设备。特种设备投入使用前，使用单位应当核对购置的特种设备是否附有以下相关文件：

（1）安全技术规范要求的设计文件。

（2）产品质量合格证明。

（3）安装及使用维修说明。

（4）监督检验证明等文件。

2. 对特种设备使用单位的安全管理要求

（1）应当建立、健全特种设备安全管理制度和岗位安全责任制度。

（2）人员培训。应当对特种设备作业人员进行特种设备安全教育和培训。保证特种设备作业人员具备必要的特种设备安全作业知识。

（3）特种设备使用单位应当建立安全技术档案，安全技术档案应当包括以下内容：

1）特种设备的设计文件、制造单位、产品质量合格证明、使用维护说明等文件以及安装技术文件和资料。

2）特种设备的定期检验和定期自行检查的记录。

3）特种设备的日常使用状况记录。

4）特种设备及其安全附件、安全保护装置、测量调控装置及有关附属仪器仪表的日常维护保养记录。

5）特种设备运行故障和事故记录。

（4）特种设备使用单位应当对在用特种设备进行经常性日常维护保养，并定期自行检查。

（5）特种设备使用单位对在用特种设备应当至少每月进行一次自行检查，并做出记录。特种设备使用单位在对在用特种设备进行自行检查和日常维护保养时发现异常情况的，应当及时处理。

（6）特种设备使用单位应当对在用特种设备进行检查，并进行定期校验、检修，并作出记录。

（7）特种设备使用单位应当按照安全技术规范的定期检验要求，在安全检验合格有效期届满前一个月向特种设备检验检测机构提出定期检验要求。未经定期检验或者检验不合格的特种设备，不得继续使用。

（8）特种设备出现故障或者发生异常情况，使用单位应当对其进行全面检查，消除事故隐患后，方可重新投入使用。

（9）特种设备存在严重事故隐患，无改造、维修价值，或者超过安全技术规范规定使用年限，特种设备使用单位应当及时予以报废，并应当向原登记的特种设备安全监督管理部门办理注销手续。

（10）特种设备使用单位应当制定特种设备的事故应急措施和救援预案。

（11）特种设备使用单位应当对特种设备作业人员进行特种设备安全教育和培训，保证特种设备作业人员具备必要的特种设备安全作业知识。特种设备作业人员在作业中应当严格执行特种设备的操作规程和有关的安全规章制度。

（12）特种设备作业人员在作业过程中发现事故隐患或者其他不安全因素，应当立即向现场安全管理人员和单位有关负责人报告。

6.3.3　特种设备的管理

1. 特种设备生产的主要管理规定

（1）特种设备生产单位应执行《特种设备安全监察条例》，以及国家质量技术监督局制订并公布的安全技术规范的要求，进行生产活动。

（2）特种设备的设计单位需经省一级质量技术监督局的许可，方可从事设计活动。

（3）锅炉、压力容器中的气瓶、氧舱和客运索道、大型游乐设施的设计文件，应当经省一级（含副省级）质量技术监督管理部门核准的检验检测机构鉴定，方可用于制造。

（4）特种设备出厂时，应附有安全技术规范要求的设计文件、产品质量合格证明、安装及使用维修说明、监督检验证明等文件。

（5）从事特种设备的安装、改造、维修等活动的单位，须取得质量技术监督管理部门的许可资格，方可从事相应的活动。跨省从事特种设备的设计、制造、安装、改造、维修活动还需凭已取得的许可资格，到该地质量技术监督部门办理备案手续。

（6）特种设备安装、改造、维修的施工单位应当在施工前到质量技术监督部门办理报装手续，报装批复后方可施工。

（7）特种设备的安装、改造、维修竣工后 30 日内，施工单位将有关技术资料移交使用单位。使用单位应当将其存入该特种设备的安全技术档案。

（8）特种设备需经由国务院特种设备安全监督管理部门核准的检验检测机构监督检验合格后，方可交付使用。

2. 特种设备使用的主要规定

（1）特种设备投入使用前或者使用后 30 日内，特种设备使用单位应当向直辖市或者设区市的特种设备安全监督管理部门登记。登记标志应当置于或者附着于该特种设备的显著位置。

（2）特种设备的作业人员，应当按照国家有关规定，经特种设备安全监督管理部门考核合格，取得国家统一格式的特种作业人员证书，方可从事相应的作业或者管理工作。

6.4 复习思考题

6.4.1 简述起重机作业时安全管理规定。

6.4.2 简述混凝土振捣器作业时安全注意事项。

6.4.3 简述钻孔灌浆机作业时安全管理规定。

6.4.4 冲击钻作业时有哪些安全管理规定？

6.4.5 简述挖掘机作业时安全管理规定。

6.4.6 简述装载机作业时安全管理规定。

6.4.7 挖泥船作业时必须在作业区设置水尺，设置水尺有哪些规定？

6.4.8 简述推土机作业时安全管理规定。

6.4.9 简述采砂船作业时安全管理规定。

6.4.10 简述挖泥船作业时安全管理规定。

6.4.11 简述特种设备使用时安全管理规定。

第 7 章

起重与运输安全管理

教学要求：本章主要包括起重与运输安全管理的基本规定，起重设备与机具、运输机械的安全管理等内容。

（1）重点掌握塔式起重机、履带式起重机、自卸车、卷扬机、混凝土泵、施工船舶运行前、运行时、运行后的安全管理知识。

（2）理解运输机械作业时应注意的安全事项。

（3）了解起重与运输安全管理的一些基本规定。

（4）通过学习，提高学生对起重机械与运输工具安全管理的能力。

7.1 起重与运输基本规定

（1）各级建设行政主管部门，负责建筑工地起重机械的租赁、安装、使用、维修、检验、检测活动的监督管理工作，核准审批安装资质，培训考核操作人员，办理登记使用手续。

（2）起重机械的使用单位应当建立起重机械安全管理制度，制定事故应急预案，使用单位的主要负责人，应在各自的职责范围内对本单位建筑工地起重机械的使用安全负责。

（3）起重工应熟悉、正确运用并及时发出各种规定的手势、旗语等信号。多人工作时，应指定一人负责指挥。

（4）安装单位在安装与拆除起重机械前，由安装拆除方案编制人员或技术负责人向建筑工地起重机械操作人员进行安全技术交底。由专业技术人员监督实施，统一指挥。安装区域应设置警戒线，划出警戒区，由专人进行监护。安装单位应当在投入使用前将有关安装工程资料移交使用单位和租赁单位，使用单位应将其存入工程项目安全技术资料档案中。

（5）验收和定期检验。起重机械安装结束后，安装单位应按照安全技术规范及技术说明书的有关要求对起重机械进行自检和调试，自检合格后申请特种设备监督管理部门核准的检验检测机构进行验收检验，未检验和检验不合格的起重机械不得投入使用。起重机械实行定期检验制度，其周期为两年（施工升降机为一年）。包括新设备首次启用；经大修、改造的；若遇可能影响其安全技术性能的自然灾害或者发生重大机械事故，以及停止使用一年以上再次使用的起重机械，应在验收检验合格后方可使用。

（6）使用中要加强管理，明确责任人，认真落实安全使用制度和日常维护保养制度，严禁设备带故障运行。

（7）使用三脚架起吊时，绑扎应牢固，杆距应相等，杆脚固定应牢靠，不宜斜吊。

（8）使用滚杠运输时，其两端不宜超出物件底面过长，摆滚杠的人不应站在重物倾斜方向一侧，不应戴手套，应用手指插在滚杠筒内操作。

（9）拖运物件的钢丝绳穿越道路时，应挂明显警示标志。

（10）吊运时应保持物件重心平稳。如发现捆绑松动，或吊装工具发生异常情况，应立即停车进行检查。

（11）吊运长形等大件时，应计算出其重心位置，起吊时应在长、大部件的端部系绳索拉紧。

（12）起吊拆箱后的设备或构件时，应对其油漆表面采取防护措施，不应使漆皮擦伤或脱落。

（13）当起重机使用到接近设计预期寿命、起重机的故障频度增加或定期检查发现起重机工作状况明显恶化时，应进行起重机使用状态特殊评估，动态监控起重机的有效寿命。起重机超过下列出厂年限时或达到设计规定的疲劳寿命时应进行使用状态评估：

1）缆索起重机：10 年。

2）塔式起重机、门座起重机：15 年。

3）水利工程建设用的桥式起重机（如装卸桥）、门式起重机：15 年。

4）水利工程永久性的桥式起重机、门式起重机：20 年。

（14）起重机的报废。有下列情况之一时，应报废。

1）检验检测不合格，经修理改造后仍不合格。

2）主要结构、机构部件严重磨损或损坏，失去修复价值。

3）整机主要构件严重腐蚀，无法全面修理或经大修后检验检测仍不合格。

4）有重大安全隐患，又无法彻底排除。

5）国家有关部门规定淘汰的机型。

（15）事故处理。起重机械发生事故时，施工单位应立即采取有效措施组织抢救，防止事故扩大，并按照《特种设备安全监察条例》的规定，及时报告当地主管部门按照国家相关规定处理。

7.2　起重设备与机具安全管理

7.2.1　一般规定

（1）每台起重机械必须由经过培训、考核合格，并持有操作证的司机操作。

（2）司机接班时，应对制动器、吊钩、钢丝绳和安全装置进行检查。发现性能不正常时，应在操作前排除。

（3）起重机的行驶轨道，必须严格按制造厂的技术要求进行铺设。轨道要有良好的接地，接地电阻不得大于 10Ω，轨道终端的限位装置要保持完好。

（4）开车前，必须鸣铃或报警。操作中接近人时，应给以铃声或报警。

（5）操作应按指挥信号进行。对紧急停车信号，不论何人发出，都应立即执行。

（6）司机进行维护保养时，应切断主电源并挂上标志牌或加锁；必须带电修理时，应戴绝缘手套、穿绝缘鞋、使用带绝缘手柄的工具，并有人监护。

（7）起重机在中波无线电广播发射天线附近施工时，凡与起重机接触的人员，均应穿戴绝缘手套和绝缘鞋。

（8）作业前注意事项：

1）起重机作业应有足够的工作场地，起重臂杆起落及回转半径内无障碍物，夜间应有充足的照明设备。

2）作业前必须对现场周围环境、行驶道路、架空电线、建筑物以及构件重量和分布等进行全面了解，各种物件正式起吊前，应先试吊，确认可靠后方可正式起吊。

3）应根据物件的重量、体积、形状、种类选用适宜的方法。运输大件应符合交通规则规定，配备指挥车，并事先规定前后车辆的联络信号，还应悬挂明显标志（白天宜插红旗，晚上宜悬红灯）。

4）起重机的变幅指示器、力矩限制器以及各种行程限位开关等保护装置，必须齐全完备，灵敏可靠。严禁用限位装置代替操纵机构进行停机。

5）起重机不得靠近架空输电线路作业，必须在线路旁作业时，应采取安全保护措施。

6）起重机使用的钢丝绳规格、强度必须符合该型起重机的要求，应以生产厂的技术文件作为使用依据。无证件时，应经试验合格后方可使用。

7）卷筒上钢丝绳应连接牢固、排列整齐。放出钢丝绳时，卷筒上至少保留三圈以上。不得使用扭结、变形的钢丝绳，所有活动的钢丝绳均不得有接头。

8）钢丝绳采用编结固接时，编结长度不得小于钢丝绳直径的 20 倍，并不得短于300mm，在编结部分应捆扎细钢丝。

9）钢丝绳采用绳卡固接时，数量不得少于 3 个。最后 1 个卡子距绳头的长度不得小于 140mm。绳卡夹板应在钢丝绳受力的一侧，U 形螺栓须在钢丝绳尾端，不得正反交错。卡子应拧紧到使两绳直径高度压扁 1/3 左右。绳卡固定后，待钢丝绳受力后应再次紧固。绳卡的规格数量与钢丝绳直径匹配见表 7.1。

10）闭合主电源前，应使所有的控制器手柄置于零的位置。

11）应先清理起吊地点及运行通道上的障碍物，通知无关人员避让，作业人员应选择恰当的位置及随物护送的路线。

表 7.1　　　　　　　　　　　　绳卡数量与绳径匹配表

钢丝绳直径/mm	卡子个数/个	钢丝绳直径/mm	卡子个数/个
6～16	3	28～37	5
17～27	4	38～45	6

注　绳卡压板应在钢丝绳长头一边，绳卡间距不应小于钢丝绳直径的 6 倍。

（9）作业时注意事项：

1）操作人员进行起重机吊钩升降、回转、变幅、行走等动作前，应鸣号示意。

2）作业时，操作人员和指挥人员必须密切配合。指挥人员必须熟悉所指挥起重机的性能，操作人员应严格执行指挥信号，如信号不清或错误，操作人员可拒绝执行。

3) 重物下方不得有人员停留或通过，严禁用起重机吊运人员。

4) 操作人员必须按规定的起重性能作业，不得超负荷和起吊不明重量的物件。特殊情况需超负荷时，必须有保证安全的技术措施，经企业技术负责人批准，并有专人在现场监护，方可起吊。

5) 严禁用起重机斜拉，斜吊和起吊地下埋设或凝结在地面上的重物。现场浇筑的混凝土构件或模板，必须全部松动后，方可起吊。

6) 起重机提升和降落速度应均匀，左右回转动作应平稳。严禁忽快忽慢和突然制动。当回转未停稳前不得做反向动作。非重力下降式起重机，严禁带载自由下降。

7) 操纵各控制器时应依次逐级操作，严禁越挡操作。

8) 在变换运转方向时，应将控制器转到零位，待电动机停止转动后，再转向。操作时严禁急开急停。

9) 起重机起吊满负荷或接近满负荷时，应先将重物吊起离地面 200～500mm 停机，检查起重机的稳定性、制动器的可靠性、重物的平稳性、绑扎的牢固性。检查无误后，方可再行起吊。

10) 工作中突然断电时，应使所有的控制手柄扳回零位；在重新工作前，应检查起重机动作是否正常。

11) 起重机在雨雪天气作业时，应先经试吊，证明制动器灵敏可靠后，方可进行作业。

12) 遇有六级及以上大风或大雨、大雪、大雾等恶劣天气时，应停止起重机露天作业，并将起重机锚定住。

（10）作业后注意事项：

1) 每个工作日后，应对钢丝绳所有可见部位及钢丝绳的联结部位进行检查。钢丝绳表面磨损、腐蚀使其名义直径减少 7％，或在规定长度内断丝根数达到钢丝绳更新标准时应及时更新。

2) 作业后，塔式起重机吊钩升至上限位，小车收进，操纵杆置于零位，切断电源，关闭驾驶室门窗。轨道式塔式起重机应开至轨道中部停放，并用夹轨钳夹紧在轨道上。

3) 履带式起重机应停在坚硬可靠的地基上。

4) 工作休息时，不得将重物悬挂在空中。

7.2.2 起重机的安全管理

1. 塔式起重机

（1）塔式起重机应按技术性能和出厂说明书规定使用。

（2）塔式起重机应有专职司机操作，司机必须持证上岗，并由专职指挥工持证指挥。

（3）起重机的安装、顶升、拆卸必须按照原厂规定进行，并制订安全作业措施，由专业队（组）在队（组）长统一指挥下进行，并要有技术和安全人员在场监护。

（4）新安装、搬迁或修复后的塔机，应按规定进行试运转，经有关部门验收后，方可正式使用。

（5）起重机的行驶轨道，必须按制造厂技术要求进行铺设。轨道要有良好的连接，接地电阻不大于10Ω。

(6) 起重机在气温低于−22℃、雷雨、大雪、大雾和六级以上风力时，禁止作业。吊钩应升至最高位置，臂杆落至最大幅度并转至顺风方向，将回转机构的制动器完全松开，大车要锁紧夹轨器。

(7) 塔式起重机整体安装或内爬式塔机每次爬升，或附着式塔机每次附着升节后，必须按规定验收合格后，方可使用。

(8) 起重机安装后，在无载荷情况下，塔身与地面的垂直度偏差值不得超过3/1000。

(9) 起重机专用的临时配电箱，宜设置在轨道中部附近，电源开关应符合规定要求。电缆卷筒必须运转灵活，安全可靠，不得拖缆。

(10) 起重机驾驶室内应铺设橡胶绝缘垫。电器设备外壳和金属结构均要可靠接地。

(11) 起重机必须安装行走、变幅、吊钩高度等限位器和力矩限制器等安全装置，并保证灵敏可靠。对有升降式驾驶室的起重机，断绳保护装置必须可靠。

(12) 起重机的塔身上，不得悬挂标语牌。

(13) 检查轨道应平直、无沉陷、轨道螺栓无松动，排除轨道上的障碍物，松开夹轨器并向上固定好。

(14) 电动起重机检修时应切断电源，并挂上"禁止合闸"等警告牌。

2. 门式起重机

(1) 新机安装或搬迁、修复后投入运转时，应按规定进行试运转，经检查合格后方可正式使用。

(2) 启动前注意事项：

1) 检查行走轨道基础，接地装置应保持良好。

2) 行走轨道、回转盘及各种传动机构开式齿轮啮合面上应无障碍物。

3) 检查各减速箱的油量和油质，按规定对各润滑部位加添润滑油，润滑油脂必须保持清洁，牌号符合要求。

4) 检查并保持各限位开关等安全保护装置的灵活性与可靠性。

5) 检查钢丝绳的磨损与断丝情况。每节距内断丝超过7%时，应给予更换。钢丝绳与卷筒的连接必须牢固。

6) 检查各制动器的间隙及效能。

7) 检查各电动机、减速箱、卷筒机构等基础螺栓及各部位的连接螺栓，如发现松动，应予紧固。

8) 各接触器应完好，限位开关齐全，位置正确。

9) 电缆应无破损。

10) 电源电压应符合规定，变动范围不得超过规定值的−5%～+10%。

(3) 启动后，应检查各传动机构齿轮啮合是否正常，各仪表指针位置是否正确，接触器、限位开关及制动器动作是否灵活可靠。

(4) 门式起重机作业中应注意：

1) 起吊物件的重量不得超过制造厂规定的最大起重量。

2) 每次作业，一般应先将物件吊离地面30cm左右，由作业人员检查被吊物件绑扎的牢固性和平稳性，然后再继续起升。

3）起吊接近满负荷重物时，在吊离地面 10cm 左右后，停机检查起重机的稳定性、制动器的可靠性和钢丝绳的受力状况，确认正常方可继续起吊。

4）起吊重要物件时应采取必要的安全措施。

5）回转时，操作要平稳、转动要均匀，无冲击现象。

6）操作过程中要避免紧急制动。

7）吊钩下降到最低位置或臂杆下落到最大幅度位置时，起升和变幅卷筒上的钢丝绳至少要留有 3 圈。钢丝绳在卷筒上要排列整齐。

8）起吊重物时，升降要平稳。快速下降不宜时间过长。当重物的下降速度大于电动机的同步转速时，不允许越挡直接进行反接制动。

9）行走时，应由专人监视电缆的收放和台车的运行。发现问题应立即通知司机停车，或手动断开台车限位开关，起重机离轨道尽头不得少于 3m。

10）运转中，应经常察听各传动部位声音，检查各部轴承的温度不得超过 85℃，各电动机的温升不得超过 60℃。发现问题要及时停机处理。

11）传动部位的调整和检修工作必须在停机后进行。

12）作业时遇突然停电或发生其他故障，应设法使被吊物件下落着地，不得停在空中。

13）两台门机抬吊，应经机电及安全部门批准，并做好安全措施。统一指挥。其抬吊重量不得超过双机额定起重量的 75%。每机所分担的负荷不得超过该机额定起重量的 80%。

14）吊运特大件时尽量用平衡梁吊挂，无平衡梁时，应随时保持钢丝绳垂直。

15）两台门机不得在同一跨横桥上作业。两机在同一轨道上作业时，相距不得小于 9m。并要注意回转方向，避免臂杆相碰。

（5）门式起重机作业后应注意：

1）将臂杆落至最大幅度位置，转至顺风方向，空钩升至距臂杆顶端 5～6m 处。

2）将各控制操作手柄置于零位，并应切断电源。

3）按规定做好各部位的日常保养工作，清点工具，做好防火检查。

4）如停机时间较长，应将台车行走轮用防爬器塞住，回转机构脚踏制动器用重锤制动住，变幅机构开式齿轮中间用木模塞住。

5）关门上锁，断开外部电源。

3. 链式起重机

（1）对制造厂铭牌不明或更换过主要受力零件的链式起重机，应根据链条、蜗母轮的计算能力做荷重试验，试验合格后按规定工作荷重使用。

（2）链式起重机在使用前，应详细检查吊钩、链条与轴是否变形、损坏，链条终端部位的销子是否固定牢固；链子是否打扭、手拉链条是否有滑链或掉链现象。所有检查工作完成后先做无负荷起落一次，检查刹车和传动装置是否灵活，然后进行工作。

（3）链式起重机的链条、齿轮裂纹、齿面磨损达齿厚的 30%；链条发生塑性变形，生锈或链条磨损达 15%，型性伸长达 5%；链条发生卡链、制动片制动力矩达不到要求、吊钩损坏达到报废标准的，禁止使用。

（4）链式起重机在起重时，不应超出起重能力。在任何方向使用时，拉链方向应与链轮方向相通，注意防止手拉链脱槽，拉链子的力量要均匀，速度不应过快过猛。

（5）应根据链式起重机起重能力大小决定拉链人数。如手拉链拉不动时，应查明原因，不能增加人数强行猛拉。链式起重机拉链人数按表7.2的规定确定。

表7.2　　　　　　　　　　　链式起重机拉链人数表

链式起重机起重量/t	拉链人数/人	链式起重机起重量/t	拉链人数/人
0.5～3	1	5～8	2
3～5	1～2	10～15	2

（6）链式起重机在起吊重物中途停止时间较长时，应将手拉链拉在起重链上，以防止由于时间过长而自锁失灵。

（7）链式起重机的转动部分要保持润滑，减少磨损。切勿将润滑油掺进摩擦胶木片内，以防止自锁失灵；链式起重机闲置时，应把它挂起来，以防锈蚀损坏。

4. 缆索起重机

（1）缆索起重机（以下简称缆机）运转人员必须是身体健康，应经医生检查具备高处作业条件。证明无心脏病、高血压、耳聋、眼花等禁忌性疾病。

（2）缆机运转人员必须熟悉缆机的性能、构造和用途，熟悉缆机起重作业信号及规则，具有操作和维护缆机的技能，方可操作。

（3）没有专门的技术安全措施和未经机电管理安全保卫部门的批准，禁止吊运人员及危险易爆易炸物品。

（4）在小车上或在塔吊栏杆外危险部位作业时，应系上安全带，安全带必须经过试验合格才能使用。

（5）各部机构应保持完整无缺，发现缺损时要及时增补或修复。

（6）经常检查轨道终端限位器，限位装置必须可靠。

（7）夜间作业，机房、操作室、台车移行区域及起吊和卸料等作业地点，应有足够的照明。塔顶应有警戒信号灯。

（8）作业时，必须保持联络畅通，无干扰。

（9）遇六级以上大风时，应停止作业，放下负荷，升起吊钩，将小车牵至塔头停靠。将主、副塔开至适当地点，锁上锚定器，并用三角木将主塔、副塔行走轮塞死。

（10）各电动机发动机的检视孔在运转中不得打开。

5. 电动和手动卷扬机

（1）卷扬机应安装在坚固的基础上，安装地点应使工人能清楚地看见重物的起吊位置，否则应使用自动信号或设多级指挥。

（2）钢构件或重大设备起吊时，应使用齿轮传动的卷扬机，禁止使用摩擦式或皮带式卷扬机。

（3）启动前，应检查卷扬机各部分零件是否灵活，然后开空车运转，再进行负载试验，检验制动闸、棘轮停止是否运行正常。确认正常后，再投入使用。

（4）电动卷扬机卷筒上钢丝绳余留圈数应不少于3圈。

（5）电动卷扬机的卷筒与选用的钢丝绳直径应当匹配。

（6）卷扬机工作结束时，要切断电源，控制器放到零位，用保险闸制动刹紧，跑绳应放松。

（7）用多台电动卷扬机吊装设备时，其牵引速度应相同，并且要做到统一指挥、统一动作、同步操作。

（8）吊装大型设备时，电动卷扬机应设专人监护，发现不正常情况，应及时进行处理。

（9）操作人员，应经考试合格，持证上岗。操作时应精神集中，听从信号指挥。

（10）使用地锚应遵守下列规定：

1）地锚不应超载使用。只限于在规定方向允许受力，其他方向不应受力。

2）重要的地锚要经过试拉，确认无误后，方可正式使用。在起吊过程中，还要有专人看护，发现问题，及时加以处理。

3）在起吊作业中，宜利用稳固的建筑物或构筑物作为地锚使用。但应经过有关单位同意，并核算受力符合要求后，方可使用。

6. 其他起重机

（1）悬臂式起重机应有不同幅度的起重量指示器。

（2）电动起重机驾驶室和电气室内应铺橡胶绝缘垫。电动起重机检修时应切断电源，并挂上"禁止合闸"等警告牌。

（3）起重臂、钢丝绳、重物等与架空输电线路间允许最小距离应满足规定。

（4）履带式、轮胎式、汽车式起重机在行驶前，应先检查道路，以免压坏地下沟渠或陷入深坑。如在泥泞或松软的路面行驶时，应先用砖头石块或木头将道路铺平。

（5）履带式、轮胎式起重机不应在斜坡上吊装或旋转。必须工作时，应将斜坡道路垫平。爬坡度一般不大于25°，爬坡时，起重臂不应旋转。

（6）履带式、轮胎式、汽车式起重机吊物回转时应低速回转，以免引起过大的离心力造成起重机倾翻或吊物在变幅方向形成游摆。

（7）各式起重机应根据需要安设起升限制器、起重量指示器、夹轨器、联锁开关等安全装置。齿轮、转轴等旋转部位露出时，应加保护装置。

（8）电动起重机的金属结构和电气设备外壳，均应可靠接地，并应设固定式照明和供检修用的低压照明装置。

（9）移动式起重机的驾驶室均应装有音响或色灯信号装置，以便操作时警告附近人员回避。

（10）起重机的电气室内应备有二氧化碳、四氯化碳灭火器。严禁使用泡沫灭火器。

7.2.3 起重机具的安全管理

施工现场常用的起重机具有：钢丝绳、尼龙纤维绳、吊钩和滑车、独脚扒杆、人字扒杆、龙门扒杆（龙门架）、牵缆式扒杆等。

1. 钢丝绳

（1）钢丝绳的安全系数应符合表7.3所列规定。

表 7.3   **钢 丝 绳 安 全 系 数 表**

起重机类型	特性和使用范围		钢丝绳最小安全系数
桅杆式起重机、自行式起重机及其他类型的起重机和卷扬机	手传动		4.5
	机械传动	轻型	5
		中型	5.5
		重型	6
1t 以下手动卷扬机			4
缆索式起重机	承担重量的钢丝绳		3.5
各种用途的钢丝绳	运输热金属、易燃物、易爆物		6
	拖拉绳（缆风绳）		3.5
	载人的升降机、吊篮绳		14

（2）钢丝绳的使用注意事项如下：

1）不允许钢丝绳扭成结，不得使钢丝绳穿过破损的滑车，不允许钢丝绳在运行中与地面或其他物体接触摩擦，特别是与金属相摩擦，不允许抛掷钢丝绳，即使高度不大也不许可。

2）钢丝绳穿过滑轮时，滑轮槽下口的宽度应比绳的直径大 1~2.5mm。过大，钢丝绳容易压扁；过小，钢丝绳容易磨损。滑轮直径与钢丝绳直径的关系见表 7.4。

表 7.4   **滑轮直径与钢丝绳直径的关系表**   单位：mm

滑轮直径	适用钢丝绳直径	最大钢丝绳直径	滑轮直径	适用钢丝绳直径	最大钢丝绳直径
70	5.7	7.7	210	20	23.5
85	7.7	11	245	23.5	25
115	11	14	280	26.5	28
135	12.5	15.5	320	30.5	32.5
165	15.5	18.5	360	32.5	35.5
185	17	20.2			

3）使用新钢丝绳时出现"走油"现象，应视为正常现象，因新绳受拉伸长变细，绳芯中的油被挤出所致。如使用旧绳因超过安全负荷而出现"走油"现象时，应停止工作进行检查，或更换钢丝绳。

4）用作起吊绳的环绳的允许荷重与其张开角度关系见表 7.5，一般捆绑绳间夹角不大于 90°，使用吊环时绳间夹角不大于 60°。

表 7.5   **起吊环绳夹角与荷重的关系表**

环绳角度/(°)	允许荷重/%	环绳角度/(°)	允许荷重/%
0	100	90	70
45	97	120	50
60	86		

5) 使用新钢丝绳前，应以它的 2 倍实际最大吊重的力作载重试验 15min；对重要工作也应在使用前作此试验。

6) 切断钢丝绳时，必须先将欲切断部分的两边用细铁丝绑扎，以免切断后绳头松弹伤人。

7) 用绳索捆绑有棱角的重物时，在其棱角处必须垫木板、管子皮、麻袋、胶皮板或其他柔软垫物，以免绳索被割断或磨损。

8) 钢丝绳应避免突然受力和承受冲击荷载，起吊重物时，启动和制动均必须缓慢。

9) 每次使用完毕后，应用钢丝刷将钢丝绳上的铁锈和尘垢刷净，并涂上油脂，妥善保管。

10) 存放在仓库里的钢丝绳应成卷排列，避免重叠堆放；保持干燥，以防钢丝绳锈蚀。

（3）钢丝绳端部的固定和连接应符合下列要求：

1) 用绳夹连接时，连接强度不小于钢丝绳最小破断拉力的 85％；

2) 用编结连接时，编结长度不小于钢丝绳直径的 15 倍，且不小于 300mm，连接强度不小于钢丝绳最小破断拉力的 75％；

3) 用楔形接头连接时，连接强度不小于钢丝绳最小破断拉力的 75％；

4) 用锥形套浇铸法连接时，连接强度不小于钢丝绳的最小破断拉力。

（4）钢丝绳的寿命和报废。钢丝的断裂主要是由于钢丝绳绕过滑轮和卷筒时，在很大拉力作用下，反复弯曲和挤压引起金属疲劳，再加上磨损而引起的。断丝数达到和超过规定的报废标准时，必须调换新绳。断丝数是指在一个编捻的节距内（即绳股绕一周在螺旋线上又到起始位置）的钢丝断裂数。对于交叉绕绳报废标准为断丝数达到总丝数的 10％，对于同向绕绳为总丝数的 5％，对于运送人或危险物品的钢丝绳报废断丝数标准减半。旧钢丝绳的合用程度的判别方法见表 7.6。

表 7.6 钢丝绳合用程度判别关系表

类别	钢丝绳表面现象	合用程度 /％	备注
甲	1. 各股钢丝已有变位，压扁及凸出现象但未露出绳芯； 2. 个别部分有轻微锈痕； 3. 有断丝，每米钢丝长度内断丝数目不多于钢丝总额的 3％	75	重要场所
乙	1. 每米钢丝长度内断丝数目超过钢丝绳总数的 3％，但不多于 10％； 2. 有明显锈痕	50	次要场所
丙	1. 绳股有明显的扭曲，凸出现象； 2. 钢丝绳全部均有锈痕，将锈痕刮去后钢丝上留有凹痕； 3. 每米钢丝绳长度内断丝数超过 10％，但少于 25％	40	不重要场所或辅助工作

注 表中合用程度百分比，也就是相当于相同规格的新的钢丝绳破断拉力值的百分比。

钢丝绳有下列情况之一，应予报废：

1) 断丝紧靠在一起形成局部聚集时。

2) 出现整根绳股的断裂时。

3）当钢丝绳的纤维芯损坏或绳芯（或多层结构中的内部绳股）断裂而造成绳径显著减少时。

4）钢丝绳的弹性显著减少，虽未发现断丝，但钢丝绳明显的不易弯曲和直径减小时。

5）当外层钢丝磨损达到其直径的40％；钢丝绳直径相对于公称直径减小7％或更多时。

6）当钢丝绳表面因腐蚀而出现深坑，钢丝相当松弛时。

7）当确认钢丝绳有严重的内部腐蚀时。

8）钢丝绳压扁变形及表面起毛刺严重时。

9）当钢丝绳出现笼状畸变、严重的钢丝挤出、绳径局部严重增大或减小、扭结、压扁、波形变形等情况之一时。

10）由于热或电弧的作用而引起损坏的钢丝绳应予以报废。

11）钢丝绳受冲击负荷后，长度伸长超过0.5％时。

12）在规定长度内断丝根数达到表7.6规定时应及时更新。

2. 纤维绳

（1）麻绳、棕绳或棉纺绳用作一般的起重绳。

（2）麻绳、棕绳或棉纺绳在潮湿状态下，允许荷重应减半使用。

（3）麻绳、棕绳或棉纺绳的滑轮或卷筒直径，不应小于绳径的10倍。

3. 滑车

（1）对没有制造厂铭牌或换过零件的链式起重机，应根据链条、蜗母轮的计算能力做荷重试验合格后，规定其工作荷重。

（2）链式起重机的链条、齿轮、轴承发生变形、生锈或链条磨损15％时，禁止使用。

（3）使用链式起重机时，应先检查其刹车和传动装置是否良好，然后方可投入使用。

（4）两人同时拉一链式起重机时，速度不可太快，防止重物摇摆或振动。

（5）链式起重机用完后，不可乱扔，应把它挂起来，以防锈蚀损坏。

4. 人字架和绞磨

（1）组立人字架和走线滑子应由有经验的起重工绑设。所用材料应按设计规定，宜用黄花松、白松、红松或杉木，必要时可用型钢，其尺寸大小应进行计算。

（2）人字架所用圆木必须仔细检查，有节疤、腐朽、横向裂纹等，不得使用。所用拖拉绳、地锚绳及地锚均应计算。地锚绳的安全系数应为3.5。

（3）固定人字架或走线支架时，各拖拉绳应紧拉在地锚上。人字架的夹角一般以30°为宜。

（4）挂设人字架或走线支架的拖拉绳，不应挂在未经计算的建筑物或其他物件上，人字架和走线支架底脚应用枕木或厚木板垫平，并绑有绊脚绳。

（5）移动人字架，应保持上下平衡，不得倾斜，架底绊脚绳不得解开。

（6）使用人字架起重时，必须详细检查：

1）基础或垫木、地锚是否稳固。

2）走线绳、缆风绳是否拉紧，地锚绳是否紧固。

3）起吊荷重是否超过允许荷重。

（7）绞磨使用要求：

1）绞磨应设有制动及逆止的安全装置，否则禁止使用。

2）绞磨拽引钢丝绳必须在磨芯上绕四圈半以上，并不许重叠。磨芯应有防止绳索跑出来的安全装置。

3）松紧绞磨拽引钢丝绳的工作，应由有经验的起重工来进行，并有专人指挥，谨防拽引绳被从附近通过的车辆挂住拖走。

5．扒杆、人字扒杆及斜臂扒杆

（1）木制独脚扒杆及人字扒杆，一般只用在起重量 6t 以下，起吊高度不超过 6m。

（2）独脚扒杆至少应有 4 根互相成为 90°角拉开张紧的缆风绳，人字扒杆至少应有 2 根缆风绳，缆风绳与地面的角度不宜大于 45°，缆风绳的固定点的最小高度不应小于桅杆高度的 2 倍。

（3）桅杆使用前应进行全面检查，各部件均应符合安全技术要求，严禁超载使用；当重物吊离地面时，应检查机具的各部位是否正常，确认无误后，方可继续起升。

（4）卷扬机至桅杆底部导向滑轮处的距离应大于桅杆高度，且不应少于 8m。

（5）扒杆顶端系有起重滑车组，起重绳的跑头经过扒杆底部的转向滑轮引向卷扬机，在转向滑轮的另一侧，必须设留绳，以防止起吊时扒杆被拉动。

（6）缆风绳和留绳都要用地锚固定，在起吊过程中，应有专人检查地锚和缆风绳的受力情况，发现不正常情况时，应及时加以处理或报告。

（7）斜臂扒杆的斜臂与水平面所成的角度不得小于 30°不得大于 80°。

（8）用以固定斜臂杆的滑轮组，其固定点与扒杆底支轴的中心线及起吊点应在同一垂直面上。

（9）斜臂扒杆的起重滑轮组，除了向扒杆所在平面外，不得向其他方向倾斜。

6．滚杠运输

（1）滚杠下面应铺设枕木，防止设备压力过大，影响设备的正常搬运。

（2）摆放滚杠时，要将滚杠头放整齐，使滚杠受力一致。

（3）摆放和调整滚杠时，应将四个指头放在滚杠（钢管）内，以避免压伤手部。

（4）在搬运过程中，发现滚杠走向偏移时，宜用大锤锤打加以调整和纠正。

（5）卷扬机操作人员与搬运人员应听从统一的指挥，配合要协调一致。

（6）运输路线要选择好，要保持路面平整、畅通，无障碍物。

（7）要找好设备的重心，以利于滚杠在底排下面顺利进行滚动。

（8）滚杠搬运遇到上坡或下坡时，应有防止下滑的措施，用绳索控制前进的速度，严防设备自行下滑。

7．卸扣

（1）应按规定负荷使用卸扣，不应超负荷使用。

（2）为防止卸扣横向受力，在连接绳索或吊环时，应将其中一根套在横销上，另一根套在环上，不应分别套在卸扣的两个直段上面。

（3）起吊作业进行完毕后，应及时卸下卸扣，并将横销插入弯环内，上好丝扣。

（4）卸扣上的螺纹部分，应定时涂油，保证其润滑不生锈。

（5）卸扣应存放在干燥的地方，并用木板将其垫好。

（6）不应使用横销无螺纹的卸扣。

8. 吊钩

（1）吊钩每年至少应检查一次。检查时应用煤油清洗，除去污垢，用 10～20 倍放大镜细心观察起重钩及其紧固件。

（2）吊钩表面应光洁，无剥裂、锐角、毛刺、裂纹等。吊钩出现裂纹、危险断面磨损达原尺寸的 1％或开口度比原尺寸增加 15％时，应予以报废。

（3）严禁在吊钩上焊补、填补或钻孔。

（4）吊钩强度试验时，用额定载荷的 125％的荷重进行，历时 10min 零负荷卸去后，用放大镜或其他可靠方法（如 X 射线探伤）检验，如发现残余变形或裂纹，严禁使用。

9. 千斤顶

（1）液压千斤顶使用前，应检查各零件是否灵活可靠，有无损坏。

（2）千斤顶工作时，应放在平整坚实的地面上，并在其下面垫枕木、木板或钢板来扩大受压面积。顶升时，用力要均匀；卸载时，应检查重物是否支撑牢固。

（3）多台千斤顶同时作业时，动作应一致，应同步顶升和降落。

（4）螺旋千斤顶和齿条千斤顶应定期进行润滑，以减少磨损避免锈蚀；液压千斤顶应按说明书要求定时清洗和加油。

（5）液压千斤顶严禁用作永久支撑。如必须作长时间支撑时，应在重物下面增加固定支撑。

（6）齿条千斤顶放松时，不应突然下降，以防止其内部机构受到冲击而损伤，或使摇把跳动伤人。

（7）各种千斤顶要定期进行维修保养，存放时，表面应涂以防锈油，把顶升部分回落至最低位置，并放在库房干燥处，妥善保管。

7.2.4　大件吊装

1. 水轮发电机组吊装

（1）机组主轴竖立时采用两个吊钩悬空进行。如用一个吊钩时，应在主轴与地面接触的法兰面下垫以木方，起吊应缓慢，严防滑动。

（2）机架和转子中心体，若采用一个吊钩翻身时，吊点应在重心以上，以防翻身时发生冲击。

（3）起吊重物前，应将其活动附件拆下或固定牢靠，以防因其活动引起重物重心变化或滑落伤人。重物上的杂物应清扫干净。

（4）大件起吊、翻身、两个吊钩抬吊、翻身时，钢丝绳应保持垂直状态，以防钢丝绳脱出卷筒或滑轮槽，或与设备棱角相割，以及钢丝绳磨刮小车架。翻转大件应先放好旧轮胎或木板等垫物，翻转时应采取措施防止冲击，工作人员应站在重物倾斜方向的反面。

（5）吊装现场必须有足够照明，指挥人员应站在起重司机能看见的部位。

（6）厂房内吊运大件时，应选好路线，计算好起吊高度，使得重物与其他设备或建筑物间有不小于 1m 的安全距离。

（7）吊运细长部件和材料时，禁止兜底吊运。

2. 变压器等电气设备吊装

（1）变压器吊装钟罩和铁芯时，钢丝绳的顶角一般不大于 60°，以免因水平分力过大而引起外壳或吊耳变形。

（2）变压器注油后起吊时，应有防止钢丝绳窜动的措施，以防油液波动引起重心变化而造成歪斜。

（3）变压器在拖拉中转向时，必须随时注意千斤顶的稳定性及其头部与变压器外壳接触处是否有变形，如有异常立即停止工作，采取措施。

（4）在厂房内吊运各种电气设备前，应检查吊环是否拧到底，设备上有无杂物，设备上活动部件是否取下或已固定牢固，严防吊运中落下伤人。在带电的开关站内吊装作业时，必须遵守带电作业的有关安全规定。

7.3　运输安全管理

7.3.1　道路运输

（1）汽车驾驶员必须遵守国家颁发的有关文件规定和技术要求，持有驾驶证、行车证及养路票证；不得驾驶与证件不相符合的车辆。不准任意将车辆交给他人驾驶。

（2）车辆不准超载运行，不准带病工作，除驾驶室外严禁乘人，驾驶室严禁超额载人。发动机未熄火前，不得加添燃油。

（3）车辆的零部件、附属装置，随机完整齐全，技术状况必须良好，性能必须达到规定要求。

（4）汽车启动时必须遵守以下规定：

1）发动机启动前，应按照例行保养的规定项目，做好各项检视工作。

2）带有液压助力转向装置的汽车，在液压油泵缺油的情况下，严禁启动发动机。

3）每次启动时间最长不得超过 10s。一次不成，再次启动时，间隔时间不少于 20s，连续 3 次不能启动时，应查明原因，待故障排除后，方可再行启动。

4）冬季气温低严禁用火焰烘烤燃油管道及油箱，汽油发动机应用热水、蒸汽预热，然后用手摇柄摇转发动机 20 转以上，感到轻松，无卡滞现象时为止。柴油机除采用上述方法外，还可烘烤机油盘，然后启动。

5）在低温冷车启动或蓄电池电力不足时，应用手摇柄启动，而不可勉强使用启动机。

6）启动后应保持怠速运转 3～5min，然后将转速提高到 1000～1500r/min，发动机温度未上升前不准进入高速运转，也不可低温时进行长时间的怠速运转。

7）发动机启动后，按例行保养规定进行启动后的检视工作。待温度上升后，进行低、中、高速运转，检查发动机有无异响，各仪表、警告信号或蜂鸣器的工作情况是否正常，有无漏油、漏水、漏气、漏电及焦臭气味。保修后第一次启动发动机，还应检查液压转向助力器的油位。

8）在陡坡、冰雪、泥泞的滑道，交通情况复杂的路段，没有可靠的制动条件的情况下，禁止采用拖、推、溜坡及倒车等方法启动发动机。

（5）起步时必须遵守以下规定：

1）起步前各部位必须合格，温度、气压表读数符合规定，全部警告信号解除。

2）上坡起步时一手紧握制动杆并调节轻重，一手把牢方向盘，对正方向，一脚踩踏加速踏板，一脚适当缓松离合器踏板，待离合器大部分接合，汽车开始前进时，进一步放松手制动器，并完全松开离合器踏板，适度踩下加速踏板，使汽车稳步前进。上坡起步时必须使用手制动器。

3）下坡起步时，挂上变速挡位后，应缓松离合器踏板，稍踩加速踏板，同时放松手制动器。

4）冰雪或泥泞道上起步时，如驱动轮打滑空转，应采取铺设砂石或清除轮下冰雪、泥浆等物的方法，使车辆平稳起步。有差速锁止装置的车辆可采用锁止器，不准猛踩加速踏板和猛抬离合器踏板，使车辆遭受来回冲击方法来实现起步。

（6）车辆运行时必须遵守以下规定：

1）应根据车型、拖载、道路、气候、视线和当时的交通情况，在交通规则规定的范围内，确定适宜的行驶速度。在良好的平路上，应使用经济车速，严禁超速行驶。起步后温度未升到70℃时，不准挂入高速挡。

2）后车与前车应保持适当的安全距离，在公路上行驶时，应不小于30m；遇气候不良或道路不明时，还应适当延长。

3）行驶中不得将脚踩在离合器踏板上，并尽量使用紧急制动。行驶中应注意避让尖石、铁钉、菱角物、拱坑、碎玻璃等物并及时剔除嵌入轮胎间的石块。

4）所有车辆在山区或陡坡路段严禁熄火滑行。

5）涉水前应观察水深和流速，将电路电线妥当防水，拆去风扇皮带以免带水，通过时应采用低挡徐徐通过，不能在中途停留或变速，涉水后应缓行一段路程，并时踩刹车，使用刹车令水分蒸发。

6）重车下坡时，尽量少用制动，应选择合适的挡位，辅以间歇制动，以控制车速。不可紧急制动或中途换挡。

7）道路泥泞、积雪、结冰、陡坡、狭路、急弯、阴暗、风雪、雨雾、黄昏、黑夜、视线不清；车辆危险品货物超高、超宽、超长等情况下严禁滑行。

8）雾天行驶应开启小光灯和防雾灯，按能见度掌握车速，能见度在30m内，则时速不应超过15km并多鸣短号，严禁超车；能见度在5m以内时，应停止行驶。

9）在冰雪路段行车，必须安装防滑链条减速行驶。

10）装载危险物品时，要严格按指定路线和时间行驶，车上应挂有红黄旗标志。行驶中避免紧急制动和滑行。

11）以挖掘机装料时，汽车在就位后要停稳刹住，驾驶室内应无搭乘人员停留，必要时司机也应离开，防止挖斗越过驾驶室顶时发生意外。

12）向坑洼地区卸料时，汽车后轮与坑边要注意保持适当安全距离，防止坍塌和翻车。

13）自卸汽车卸料时应注意上方空间有无架空线，卸料后车厢应及时复位并用锁定装置锁定，后挡板在卸料完毕后应即拴牢，防止行车时震颤脱落产生事故，在有横向坡度的路面上卸料，要防止车厢举升后重心偏移而翻车。

14）检查、保养、修理自卸车倾卸装置或向油缸加油时，在车厢举升后必须用安全撑竿将车厢顶稳，防止倾卸油缸突然失效，车厢骤然降落而发生事故。

15）轮胎温度、气压上升时，应在避荫处停车适当休息，不准以放气降压和浇泼方法降温。

16）倒车应观察四周地形及道路，显示倒车信号，注意车辆转向，防止碰撞，不得超过 5km/h，缓行倒退，要有专人指挥。

17）尽量避免在坡道狭窄、交通繁忙处倒车或调头，禁止在桥梁、隧洞或公铁路交叉处、路口上进行调车。

（7）汽车维修注意事项如下：

1）禁止在斜坡上停车进行修理，如果必须在斜坡上检修时，则应采取防止溜车、倒车措施。

2）汽车修理完毕试车时，首先仔细检查刹车总泵拉杆、开口销、刹车油及其他各部情况，挂上试车牌，在指定的路线进行试车。

7.3.2 皮带机

（1）皮带机的头架和尾架的主动轮、被动轮应有安全防护装置。

（2）除本班值班司机人员外，其他人员一概不准拆卸或开动机械。

（3）地面设置皮带机时，皮带两侧应设宽度不小于 0.8m 的走道。架空设置皮带机时，两侧应设置宽度不小于 0.5m 的走道。

皮带机应设有启动、运行、停止、故障的音响或灯光等联动信号装置。

（4）皮带机架各部必须连接牢固，不能有裂纹、变形或异常响声；移动式皮带机的行走轮必须用三角木前后塞死，防止移动。

（5）电工要经常检查电气设备的接地保护和绝缘情况，电动机要经常用仪表测量检查，并定期保养，防止日晒雨淋。

（6）皮带机沿线的适当地点应安设横跨天桥，皮带机跨越道路时，必须在道路上方搭设隔离棚架及棚板。

（7）固定式皮带机，应安装在稳固的基础上；移动式皮带机应用三角木将轮子塞住或用制动器刹住，以防在工作中走动。

（8）固定式皮带机沿线要搭风雨棚，夏季防止阳光暴晒，冬季防止冰雪冻结。

（9）保养和修理必须停车进行。

（10）开机时必须注意以下事项：

1）开机前，必须对以下部分进行认真检查，经检查无问题时才能发信号开车。

2）电气设备，绝缘应良好，接地（零）完整可靠，电线接头要牢固。

3）检查皮带机的电气和机械部分：如电机、电缆、控制设备、减速箱、传动齿轮、联轴节、拉紧装置、挡板、刮板、支架、托滚等是否良好、齐全，调整器是否适当，皮带松紧是否合适。

4）启动前应检查皮带卡子是否歪扭和断裂；尾轮是否被砂、土杂物塞住；前后防漏板（溜子）是否有割皮带之处；拉紧装置是否良好。

5）减速箱油位润滑情况，松开夹轨器为槽形导轮和反向压辊加注黄油。

6）如皮带机长期未用，应检查电机和控制设备的绝缘电阻，其值不得小于 0.5MΩ。

7）检查电源电压，其波动值不应超过额定电压的 5%～10%。

8）经检查确认正常后，才可启动开车。皮带机运转后，应检查各部件是否正常，如发现异常情况，应立即切断电源，停车后进行处理；检查各滚筒是否漏油，电机和滚筒轴承温度是否正常。

9）注意皮带上是否有人和其他杂物。

10）多节皮带串联时，其开机的顺序是卸料端至喂料端依次启动。

11）皮带机开动以后，先空转 3～5min，经检查各部件正常时，才能载负荷运行。

（11）皮带机运行中必须注意以下事项：

1）作业时要有统一的操作信号。

2）夜间作业时，工作场地要有完好照明设备和充足的光线。

3）皮带机运行后，操作人员必须集中思想坚守岗位，看守皮带机的人员要经常沿线巡视，发现问题，及时排除。

4）在皮带机空转并达到稳定速度后，方可通知放料。未启动下料时切不可猛放，应使漏斗均匀下料，严禁皮带机超负荷运转和超负荷启动。

5）一般空载不得连续启动超过 3 次，若不能启动，应查找原因。

6）运转中不得换托辊，不得用木棒、铁锹、撬棍等去撬筒内的泥沙、石头、冰块等。

7）如发现皮带跑偏、打滑、乱跳等异常现象时，应及时进行调整。皮带打滑时，严禁往转轮和皮带间塞草。皮带松紧度不合适，要及时调整拉紧装置。

8）要注意检查电动机、变速箱、传动齿轮、轴承轴瓦、联轴器、传动皮带、滚筒、

托辊等是否正常；清扫刮板及制动装置是否有效，特别是上行下行皮带的制动装置必须绝对可靠，防止飞车。

9）数台皮带机作串联运送物料时，应等第一台皮带达到正常运转后，才能开动第二台，待全部运送系统达到正常后，方可进料。

10）运转中要经常用高压水冲洗粘在皮带滚筒上的泥土。严禁不停机用三角扒、铁锹、木棒等清理。

11）往皮带上加料一定要均匀，防止加料过多，压死皮带，影响机械安全运转。

12）运送大块物件时，皮带两边应装置挡板或挡栅。

13）如轴承发热超过正常温度时，应进行下列各项检查：①轴承润滑是否良好；②轴承是否松动，轴承是否与轴承盖相摩擦；③传动链条是否拉得过紧。

14）严禁重车停车（紧急事故除外）；如突然停电，应立即将事故开关拉下。

（12）架空皮带机横跨运输道路、人行道、重要设施（设备）时，下部应设有防护设施，并符合下列规定：

1）牢固、可靠、稳定性好。

2）棚面用木板、脚手板等抗冲击的材料满铺，不应有孔洞。

3）防护棚宽度超过皮带两侧边缘各 0.75m，长度应超过横跨的道路设施 1m。

4）防护棚顶面周围设地脚挡板，其高度应不小于 30cm。

5）设有明显的限高标志。

（13）皮带机运行中，遇到下列情况必须紧急停机：

1）皮带撕开、断裂或拉断。

2）皮带被卡死。

3）机架倾斜、倒塌或严重变形。

4）电机冒烟，温度过高；或机械轴承、轴瓦烧毁。

5）转动齿轮打坏、转轴折断。

6）多节皮带串联，其中一台发生故障停机。

7）发生其他意外事故。

（14）皮带机停机时的注意事项：

1）停机前要首先停止给料，待皮带上的物料全部卸完后，才能发信号停机。

2）多节皮带串联时，其停机顺序是从喂料端至卸料端依次停机。

3）停机后，在检查机械各部件的同时，必须注意做好清洁工作，皮带及滚筒上的泥土应用水冲洗，严禁使用三角扒、铁锹、木棒等工具进行清理。并认真填写台班运转记录和交接班记录，把当班的情况给下班交代清楚。

7.3.3　混凝土泵

（1）混凝土泵操作人员，必须经过训练，了解机械性能、操作方法，方可进行操作。

（2）混凝土泵及导管的安装要注意以下要求：

1）混凝土泵应尽量安装在离浇灌工作面靠近的地点。地基必须坚实。保持泵体水平。开动时不允许有震动现象。

2）连接导管前，应检查导管数量是否够用，导管是否完好，内壁是否光滑。

3）混凝土导管的连接，要保证管路成直线和水平，每节导管下至少要有2个支架，以便随时拆接锁接，提高工效。混凝土导管应放置在支架中央，不得偏斜。

4）混凝土泵和导管、导管和导管的连接处，必须紧密；接头橡皮圈，必须垫平、扣紧，以免漏浆。

5）安装弯管部分，至少离开泵头6m以外才能装接。并应和混凝土泵总管路同心接紧，在弯管背部，用木楔塞紧，以免震动过大。

6）混凝土泵最大输送距离不准超过设备铭牌规定。

7）泄水阀应装在水平管路最低处，针阀应装在混凝土泵前端（6～8m处），如管路无升高或升高处距混凝土泵较远的可不装。

8）导管的末端应尽量装在最高处，距离挡板应有400～600mm，距顶应有350～400mm，以利混凝土自由下泄。在出口处应安装防溅罩，但在隧洞衬砌浇灌中，如导管装置在顶拱内时可不装。

（3）混凝土泵未安装稳固前，禁止运转。

（4）启动前应检查以下各部：

1）检查混凝土泵阀门间隙，关闭时，其间隙和混凝土中的最大骨料粒径应相当，否则应调节拉杆长度并重新安插阀门拉杆的孔洞，以校正阀门位置。

2）检查各部螺栓、螺帽有无松动现象。

3）润滑所有滑动的工作表面，必要时应灌满或更换新油。

4）检查传动机构的电动机和搅拌器的电动机的回转方向是否正确。电动机的接线是否牢固，绝缘应良好，外壳应装好接地线。

5）检查阀门的填料装置是否合适，注意在任何情况下不得将填料封圈压得太紧。

6）用以清洗活塞和混凝土导管的给水系统中，必须有足够的水量。

7）必须将混凝土导管中的存水放尽。

8）检查活塞的橡皮头是否良好，清洗活塞筒柱的水绝不允许漏出，如水流进阀箱，将引起混凝土的离析和导管的阻塞。

9）检查导管的装接及支架是否牢固。

（5）混凝土泵开机的操作注意事项如下：

1）开机前必须有明确的信号。

2）经检查一切正常，才能开车启动、试车，如有异常音响应停机检查原因，处理后再启动。

3）混凝土泵启动后，打开活塞清洗水，空车运行10min，查看拉杆情况，必要时适当调节阀门紧密圈。

4）承料斗内混凝土必须拌和均匀后方可压送。在向承料斗内倒入混凝土之前需先开动搅拌器，以免电动机启动超负荷，损坏设备。

（6）混凝土泵运行中应遵守以下规定：

1）搅拌机转动时，禁止清理承料斗中的混凝土。

2）在向高处输送混凝土时，应在距离泵口6～10m处的导管装上一个针阀。

3）运转时搅拌器和喂送器应连续不歇地运动。

4）每隔20～30min，用润滑油润滑阀门一次，在每次润滑阀门时，必须打开泄油开关，检查阀门润滑油空间内是否含有砂浆。污浊的润滑油要加以更换，紧密圈要有轻微的压力。阀门润滑好后，油管上的开关要关紧。

5）经常注意联动机构的滚轮、螺栓、支架和基座，曲柄轴轴承等处的工作情况。

6）混凝土泵运行中如导管发生阻塞，应用高压水或压缩空气导通，禁止用泵去打通，以免泵超负荷发生危险。

7）禁止泵发生故障及破损之后，仍继续工作。

8）中途暂时停车，应每隔5min，转动二三转。混凝土泵的排送阀应处在关闭状态，以减少电动机的启动转矩。

（7）停机时注意事项如下：

1）当压力超过3.04MPa大气压、电流超负荷时或阀门被卡塞时，应立即拉闸停机。

2）停车前，必须将承料斗中所有混凝土运送到混凝土导管中去，按电动机关闭电钮进行停车。

3）如遇特殊情况停车，预计导管内混凝土有可能凝固堵塞时，应用高压水或压缩空气将管内的混凝土全部压出。

4）混凝土泵停止后，才能打开导管上的锁接。在卡栓没有放松前，不准拆开锁接。

5）停车后混凝土泵和导管的清洗按下列规定进行：

a. 将泵端的混凝土导管拆开，再将锥形管及其邻近数节导管拆开。

b. 在混凝土导管节中，装进两个浸湿的麻布塞。麻布塞的边缘要平整，保证麻布塞在导管中推进时不致受到阻碍和边缘处有漏水等现象。

c. 用水将泵斗内所有的混凝土冲洗出去，再去掉泵吸入阀门上的楔形垫板，装上水阀，然后开动泵，小心清洗（水阀的接触表面应洗干净，安装时将橡皮紧密圈压在下面）。

d. 混凝土泵清洗即在装有麻布塞的导管和泵的管节上接上清洗软管。

e. 在装载承料斗中装满水，并将水注入泵的工作腔内后才可开动混凝土泵对导管进行清洗。

f. 清洗混凝土导管时，可中速运转混凝土泵，但不要连续不断地灌水。

g. 清洗混凝土导管，要有专人随时注意麻布塞在管内的位置（可用小锤轻击导管，探查）。

h. 当麻布塞到达导管末端时应立即停泵，以防止导管中的清洗水冲坏新浇好的混凝土工程。导管出口前严禁站人。

（8）停机后必须检查下列各部分：

1）检查全部接头是否牢固。

2）检查活塞橡皮头的状况，必要时加以紧固或变换。

3）检查缸衬套、阀及阀箱铜套。

4）将水阀拆下，装上楔形垫板；水阀要上好油并收藏好，以备下次清洗再用。

5）将混凝土泵擦洗干净，并清除其周围的混凝土。

6）检查及整理所有混凝土导管管节。

（9）混凝土泵的检修和维护，应按检修规定执行。

7.3.4　施工船舶调遣

1. 水上调遣

（1）施工船舶调遣前，应查勘调遣线路，制定调遣计划及安全措施，向当地港航监督部门提出申请，按照船舶设计使用说明书及有关部门规定进行封舱与船舶编队，落实调遣组织等准备工作。

（2）施工船舶在海上调遣时，除应遵守港航监督部门的有关规定进行封舱外，尚应符合下列规定：

1）链斗式挖泥船，斗链不得自由下垂低于船底，且应牢固系在斗桥上，斗桥应升至最高位置，用保险绳系牢，并在其燕尾槽上搁置坚固枕木，将斗桥固定楔紧。

2）绞吸式挖泥船，应将定位桩倾放在甲板支架上，并加以固定，绞刀桥架应升至水面以上，并系牢、楔紧，吸排泥口应以铁板封堵。

3）自航耙吸式挖泥船，应将耙桥升至最高位置加保险绳，泥门应紧闭，并固定保险。

4）抓斗式、铲扬式挖泥船，应将抓斗、铲斗拆卸，并妥为置放，吊架要搁牢，吊机应用钢索固定。

5）吸泥船，应将吸泥管及排泥管系牢或拆卸，泥驳的泥门应关紧，并加保险销子固定。

6）小型辅助船，浮筒及排泥管等设备应装在泥驳、货驳或其他船上调遣。

7）出海调遣中，非自航式挖泥船上的工作人员应离开本船，只留少数有经验的主要船员在主拖轮上，负责检查和联系，遇有险情，可及时回到本船采取应急措施。

8）在封舱的船上应备有灯光或其他通信联络装置，供调遣途中应用。

9）拖航期间应定时向有关主管部门报告航行情况及船舶方位。

（3）施工船舶在内河长途调遣时，除应遵守港航监督部门有关规定外，尚应符合下列规定：

1）对调遣线路，事先应作详细调查，除必须具有足够的航行尺度外，对沿途桥闸、电力、通信线路和水底电缆等跨河建筑物的净空及水位变化等尺寸，应取得可靠数据。

2）施工船舶上的游动及可拆卸部件，参照上条规定妥善置放或系牢。

3）浮筒应分段组排，系牢后拖运。

4）在被拖船上，应派有经验的船员值班，负责检查和联系。挖泥船上应备有抛锚设备，并能随时抛锚，机舱排水系统要保持完好。

（4）施工船舶拖带编队应符合下列规定：

1）船队的外围尺寸不得超过航道允许尺度，且应使航行的水流阻力最小，最大最坚固的船只应安排在队首，其余船只按大小顺序向后排列。当采用双排或多排一列式编队时，船队后面的宽度，不得超过前面的宽度。船队内各船舶之间应联结牢固，横向缆绳必须拉紧，纵向缆绳应处于松弛状态。

2）海上调遣宜采用一列式吊拖方式。

3）内河调遣宜采用吊拖、傍拖、顶推等方式。

4）长距离拖带时，宜将挖泥船的绞刀桥架、泥斗桥放在与行驶方向相反的一面。

2．陆上调遣

（1）小型挖泥船、辅助工程船舶、拼装式挖泥船、浮筒、排泥管以及索铲、推土机、铲运机等设备，当不具备水上调遣条件或经济上不合理时，可采用陆上调遣。

（2）设备调遣前，应做好下列准备工作：

1）根据可拆卸设备的部件尺寸、重量及运输条件，选择合理的运输方式和工具，落实运输组织，制定运输计划，申请运输车辆。

2）主要设备拆卸前，应按设计图纸绘制拆卸部件组装图。

3）设备拆卸后，应核定组件的尺寸及重量，并编号、登记、造册。对精密部件、仪表及传动部件，应按设备使用说明书规定，清洗加油，包扎装箱。

4）采用公路运输时，应对运输线路进行查勘，查明公路的等级、弯道半径、坡度、路面情况、桥涵承载等级和结构状况，以及所穿越的桥梁、隧道及架空设施的净空尺寸等，对不能满足大件运输要求的路段和设施，应采取切实可行的措施，并报请有关部门核准。

（3）疏浚设备组装场地应具备下列条件：

1）场地大小应满足车辆运输、部件堆放，以及必要的车间、仓库、生活用房等要求。地面高程应高于组装期间河、湖最高水位，防止淹没。

2）设置滑道的水域及水深条件，应满足船舶能沿滑道下水并拖运至施工作业地点的要求。滑道坡度宜为 1：20～1：15，或根据船舶要求专门设计。

（4）设备装车系缚必须牢固、稳妥，载运途中应严格遵守交通运输部门的有关规定。

（5）陆上土方施工机械不宜作长距离自行转移。

7.3.5　公路运输

1. 道路

（1）施工现场对内及对外交通道路，在编制施工组织设计时，规划应具体周密，以满足施工需要，保证安全运输。

（2）为工程服务的临时性交通道路（如土石方开挖施工过程中的临时性出渣线路等），其标准应符合下列要求：

1）路基坚实、边坡稳定。

2）根据选用的运输车型确定路宽：双车道一般不得窄于 7.0m，单车道不得窄于 4.0m，并须设错车场地。

3）路的两端应修建回车场地。

4）道路转弯半径一般不小于 15m，纵坡一般应控制在 8% 以下，个别短距离地段最大不得超过 13%。

（3）若修建道路是考虑临时和永久相结合，须综合当地交通和规划建设方案，根据公路设计标准进行设计。

（4）施工现场架设的跨越沟槽的临时性便桥，其宽度为：人行便桥不得小于 1.2m，手推车便桥不得小于 1.5m，斗车或汽车便桥不得小于 3.5m。

（5）在公路的急弯、陡坡、狭路，视距不足，桥头引道，高路堤，交叉口和地形险峻等地段，应按规定设置标志、护柱、护墙等安全设施。无明确规定者，应采取安全措施。

（6）运送超宽、超长或重型设备时，事先必须组织专人对路基、桥涵的承载能力、弯道半径、险坡及沿途架空线路高度、桥洞净空和其他障碍物等进行调查分析，确认可靠后方可办理运输。

2. 机动车运输

（1）各种机动车辆均不准带病或超载运行。

（2）车辆在施工区域内行驶，时速不得超过 15km/h，洞内时速不超过 8km/h，在会车、弯道、险坡段不得超过 3km/h。

（3）自卸汽车、油罐车、平板拖车、起重吊车、装载机、机动翻斗车及拖拉机除驾驶室外，不准乘人，驾驶室不准超额坐人。

（4）车辆在泥泞坡道上或冬季在冰雪路上行驶，必须安装防滑链，并减速行驶。

（5）各种机动车辆均不得停放于斜坡路上，因故必须临时停放时，一定要拉紧手刹，切断电路，并于轮胎处垫好卡木（三角木），确保车辆不溜滑。

（6）车辆过渡时必须遵守渡船的有关安全规定，听从渡口工作人员的指挥。

（7）车辆涉水过河前，水面超过汽车排气管时不得行车过河。

（8）自卸汽车，除必须遵守上述有关规定外，还应严格遵守下列规定：

1）向低洼地区卸料时，后轮与坑边要保持适当安全距离，防止坍塌和翻车。

2）在坚实地区陡坎处向下卸料时，必须设置牢固的挡车装置，其高度应不低于车轮外缘直径的 1/3，同时必须设专人指挥，夜间设红灯标识。

3）车厢未降落复位，不准行车。

4）禁止在有横坡的路面上卸料，以防止因重心偏移而翻车。

5）不得不在车厢升举状态下作检修维护工作时，必须使用有效的撑杆将车厢顶稳，并在车辆前后轮胎处垫好卡木。

（9）油罐车，除遵守上述有关安全规定外，还应严格遵守下列规定：

1）必须装有明显的防火标志，配备专用灭火器材，并装有金属链条。

2）装卸油时不准穿带有钉子的鞋上下油罐，同时必须将接地线妥善接地，以防静电产生火花，引起火灾。

3）装有油料时，遇雷雨天气不准停放在大树和高大建筑物之下。

4）检修油罐时，必须先除油放气进行清洗，确认罐内无油及油气，并在打开加油口后方可焊补，若修理人员欲进入罐内作业，则必须采取装设抽风装置等可靠的安全措施。

7.3.6 船舶运输

1. 基本规定

（1）除航道部门设立的航标外，水利水电施工部门在施工水域内应设置简易航标，保障船舶安全航行。

（2）航行船舶要保持适航状态，必须配备取得合格证件的驾驶人员、轮机人员和符合安全定额的船员，配备适当的消防、救生设备；执行有关客货装载和拖带的规定。

（3）船舶应按有关规定悬挂号灯，不准超速航行，且必须遵守交通部颁发的《内河避碰规则》。

（4）必须配备消防设备与救生器材，并有专人对消防设备、救生器材定期检查，加强保养与管理，使之保持良好状态，便于使用。

（5）船舶应在规定地点停泊。停泊期间，船上应配备值班船员，维护船舶安全。

（6）船舶航行中遇狂风暴雨、浓雾及洪水暴涨，要立即选择安全地点停泊，不准强行航行。

（7）严禁在航道中、轮渡线上、桥下及有水上架空设施的水域内抛锚、装卸货物，严禁船舶在航道中设置渔具。

（8）在狭窄航道上各种船舶均不准抢越。在航道相遇要安全礼让，各种船舶都要让交通指挥船，木帆船让机动船，上水船让下水船，小船让大船，空船让重船。

（9）船舶过浅滩时，要严格执行"当看必看""当转必转""当吊必吊""当跑必跑"的规定，不准冒险航行。

（10）船员必须经过专业培训，取得合格船员证件才能顶岗操作。船员还应熟悉水性，基本掌握水上自救技能。

（11）客船与轮渡严禁携带雷管、火药、汽油、香蕉水、油漆等易燃易爆危险品；装运易燃易爆危险品的专用船上，禁止吸烟和使用明火。

2. 航道

（1）严禁在主航道上设栅栏、拦网和种植水生作物。

（2）严禁向河道内倾倒垃圾、砂石、工业废渣，堵塞河道，污染水源。

（3）严禁在航道上空、水面或水下任意架设跨江（河）电线、电缆、水管。严禁损坏、盗窃航道的护坡、护岸块石、树木、航标或其他设施。

（4）严禁在航道上任意打桩、造桥或修建其他跨越航道的碍航建筑。

（5）严禁在航道两岸坡上种植农作物或填土、挖土，以防水土流失，淤浅航道。

3．码头与临时停靠

（1）在航道两岸建造码头等临时建筑物时，其位置应在最高通航水位横断面之外，以满足安全通航的要求。

（2）码头、栈桥等临时建筑物，应选在直线段上，不得占用主航道；应在最高通航水位横断面之外，再加上标准船舶 3～4 倍的宽度，向岸侧伸进。

（3）船舶停靠码头应早停车，使船速降低到倒车易于控制的速度，再进行安全停靠。

（4）船舶在无码头设施的情况下需要停靠，必须选择水流平缓并有足够水深的河段进行停泊作业。同时应仔细观察岸坡是否安全可靠。

4．船舶与行驶

（1）遇洪水暴发、大风或其他恶劣天气，开航有危险的时候，必须停止渡运。

（2）渡船在开航前 3min 应显示信号或鸣放声号，在停靠前 3min 也要显示信号或鸣放声号。

（3）渡船严禁装载易燃易爆危险品，必须切实加强防火防爆工作，保证乘客和船员的安全。

（4）在枯水、洪水、冰冻、强风等季节，必须加强预防措施，适当减低船舶载重量和临时增加船工，容易发生危险的小船，应当停止渡运或生产。

（5）严禁船舶载重超过吃水线航行。

（6）严禁在狭窄、弯曲航道、引航道、险滩处与其他船只追驶或齐头并进。两船迎面或交叉相遇，必须遵照《内河避碰规则》的有关规定及时交换会让信号，并使信号统一准确无误，严禁信号不明就会船。

（7）航行到控制河段，应严格听从信号台的指挥，在未悬挂准许本船通行的信号前，决不准冒进。

（8）船舶通过船闸、桥梁或其他水工建筑物时必须做到以下几个方面：

1）严格遵照该区段有关规定。

2）重视可航度与净空高度对通航船舶尺寸的限制。

3）进入水工建筑物、渠槽时，进槽前一定摆好航位，如船位不正则立即纠正，进槽后切忌由进槽航向一舵转向对准航标行驶，以免发生意外。

（9）雾天航行时，遵循以下规则：

1）根据船上助航设备情况，适当减速，谨慎驾驶，必要时选择安全地点停泊。

2）在岸边物标隐约可见的情况下，行驶的船舶应当按照慢车航行和鸣放雾号，随时做好停车、倒车、抛锚准备。

3）上水船遇雾，一般沿深水岸上驶；但遇下水船时，应及时主动让出主航道，以免碰撞。

（10）浅滩航行时，应遵循以下规则：

1）船舶上滩时，船舶首尾线与浅滩力求处于垂直状态，在可能情况下，应使航向平行于流向，以防发生偏移。

2）浅滩横流影响大的情况下，船舶在横流推压下易搁浅，操作要十分谨慎，防止越出航道界限。

7.3.7 索道运输

（1）索道安装工作应严格依照安装使用说明书及有关技术规定进行。未经设计部门同意不应修改其工艺参数。

（2）架空索道各主要部位安装完工后、具备运行条件时，应由监理工程师、制造厂家、施工单位等组织成立运行验收小组，对索道进行验收和试运行。

（3）试运行工作开始前，应制定验收试运行规程，明确技术标准和安全技术措施，验收内容至少应包括下列事项：

1）土建及金属结构部分。

2）机电设备，包括大车行走、爬升、牵引机构、吊钩、各种滑轮、制动器等主要零部件以及锚固装置、绳索接头等。

3）电气及动力装置，包括电气控制、接地、防雷、线路敷设及通信等。

4）安全保护装置，包括各种限位、连锁装置及音响、灯光、信号等装置。

5）技术图纸、安装验收资料、操作规程等相关技术资料。

（4）在验收合格后应按下列程序投入逐步试运行：

1）单机空转。

2）索道空转。

3）空车试运行。

4）重车试运行。

5）当重车试运行48h无故障时，认为试运行合格。

（5）每班在运行前，全体工作人员应对自己所负责的部位进行仔细检查，发现问题时应查明原因，及时处理并做好记录。

（6）由当班机长负责检查各部位设备状态，确认具备安全运行条件后，方可按照启动程序的规定分步进行启动。

（7）在启动运行中发现有不符合安全技术要求的现象，应立即停机检修。

（8）当发现有"飞车"迹象时，应立即停机检修。

（9）索道运行时，工作人员应巡回检查负责区段内所有机械设备的运行情况，包括机械运转声音是否正常；各部位机械制动是否灵敏可靠；各紧固件有无松动；牵引索有无脱槽跑偏；应特别注意牵引索或承载索的磨损情况。

（10）正在运行中的设备不应直接用手触摸和检修。因故障而需停车处理时，应挂上"禁止开车、有人作业"的警示标志。未经带班人下令，不应按"允许启动"按钮。

（11）电气设备的维修保养，应由电工进行。

（12）应按规定时间及时给各润滑部位加注润滑油，定期对缆机进行整机维修保养。

（13）巡线工应定期检查线路，包括塔架基础有无沉陷歪斜，边坡处有无塌方，排水沟是否堵塞等，发现问题应立即上报处理。

（14）运行人员应经过专门培训，考试合格后持证上岗。非本机运行人员不应任意登机操作。

（15）应配备专职安全管理人员检查巡视，保证设备的安全运行。对于设备的停机检修、更换钢丝绳等工作，应设置安全哨监督上下施工。

（16）夜间作业时，机房、司机室、台车移行区域及起吊和卸料等作业地点，应有足够的照明，塔顶应有警戒信号灯。

（17）主塔机房和电气房等部位，都应配备灭火器，运行人员要熟悉其使用方法。主、副机上禁止使用明火取暖。

（18）作业时应保持通信联络畅通、无干扰，除进行检修和维护保养等工作外，小车严禁搭乘人员。

（19）起吊点和卸料点应分别配备信号工和通信设备。信号工应口齿清楚，并经培训合格后方可上岗。

（20）停机前应卸除负荷，将小车牵引到主塔端停靠，并做好交接班记录。

7.4 复习思考题

7.4.1 简述塔式起重机安全作业时应注意的事项。

7.4.2 简述起重机作业时与高压线的安全距离。

7.4.3 简述道路运输作业时的安全管理规定。

7.4.4 简述钢丝绳使用过程中应注意的问题。

7.4.5 简述卷扬机运行时的安全管理规定。

7.4.6 简述混凝土泵运行时应注意的问题。

7.4.7 简述机动车运输时应注意的问题。

第 8 章

爆破器材及爆破安全作业

教学要求：爆破是水利施工经常遇到的作业，也是比较危险的作业。本章包括基本规定、爆破器材库、爆破器材管理、爆破作业、爆破通风五部分内容。

（1）掌握爆破器材运输、存放的安全管理，掌握爆破作业的安全管理。

（2）理解爆破器材库的管理内容。

（3）了解爆破作业的基本规定等内容。通过学习，提高学生的爆破安全管理能力。

8.1 基 本 规 定

（1）爆破器材的采购、运输、储存保管和使用，都必须按照《民用爆炸物品安全管理条例》执行。

（2）采用新的爆破器材和爆破技术均需经上级领导批准，制定相应的安全规定，否则禁止采用。

（3）从事有关爆破工作的人员必须经专门培训，经考核取得安全作业证后，方可从事爆破作业。

（4）禁止进行爆破器材加工和爆破作业的人员穿化纤衣服。

（5）从事爆破工作的单位，必须建立严格的爆破器材领发制度、清退制度、工作人员的岗位责任制、培训制以及重要爆破技术措施的审批制度。

（6）爆破器材必须用专用仓库储存，不得任意存放，严禁将爆破器材分发给承包户或个人保存。

（7）露天、地下、水下和其他爆破，必须按审批的爆破设计书或爆破说明书进行。

1）硐室爆破、蛇穴爆破、深孔爆破、拆除爆破及在特殊环境下的爆破工作，都必须编制爆破设计书。

2）裸露药包爆破和浅眼爆破应编制爆破说明书。

3）爆破设计书应由单位的主要负责人批准。爆破说明书由单位的总工程师或爆破工作领导人批准。

8.2 爆 破 器 材 库

8.2.1 安全距离

（1）爆破器材仓库或露天堆放爆破材料料堆至各种保护对象的距离，应由以下条件确定：

  1）外部距离的起算点是库房的轴线、药堆的边缘线、隧道式硐库的洞口地面中心。

  2）爆破器材储存区内有一个以上仓库或药堆时，应按每个药堆分别核算外部距离并取最大值。

  （2）根据前条原则，仓库和药堆与住宅区或村庄边缘的距离，规定如下：

  1）地面库房或药堆与住宅区或村庄边缘的最小外部距离按表8.1确定。

表8.1   **库房或药堆与住宅区或村庄边缘的最小外部距离**

存药量/t	150～200	100～150	50～100	30～50	20～30	10～20	5～10	≤5
最小外部距离/m	1000	900	800	700	600	500	400	300

  2）隧道式硐库至住宅区或村庄边缘的最小外部距离按表8.2确定。

表8.2   **硐库至住宅区或村庄边缘的最小外部距离**   单位：m

与洞口轴线交角 α	存药量/t				
	50～100	30～50	20～30	10～20	≤10
0°至两侧70°	1500	1250	1100	1000	850
两侧70°～90°	600	500	450	400	350
两侧90°～180°	300	250	200	150	120

  3）由于保护对象不同，因此在使用当中对表8.1、表8.2的数值应加以修正（修正系数），见表8.3。

表8.3   **对不同保护对象的最小外部距离修正系数**

序号	保护对象	修正系数
1	村庄边缘、住宅边缘、乡镇企业围墙、区域变电站围墙	1.0
2	地县级以下乡镇、通航汽轮的河流航道、铁路支线	0.7～0.8
3	总人数不超过50人的零散住户边缘	0.7～0.8
4	国家铁路线、省级及以上公路	0.9～1.0
5	高压送电线路 500kV	2.5～3.0
	220kV	1.5～2.0
	110kV	0.9～1.0
	35kV	0.8～0.9
6	人口不超过10万人的城镇规划边缘、工厂企业的围墙、有重要意义的建筑物、铁路车站	2.5～3.0
7	人口大于10万人的城镇规划边缘	5.0～6.0

  注 上述各项外部距离，适用于平坦地形。依地形条件有利时可适当减少，反之应增加。

  （3）爆破器材库房间的最小允许距离应符合下列规定。

  1）炸药库房间（双方均有土堤）的最小允许距离见表8.4。

表 8.4　　　　　　炸药库房间（双方均有土堤）的最小允许距离　　　　　单位：m

存药量/t	炸药品种			
	硝铵类炸药	梯恩梯	黑索金	胶质炸药
150～200	42	—	—	—
100～150	35	100	—	—
80～100	30	90	100	—
50～80	26	80	90	—
30～50	24	70	80	100
20～30	20	60	70	85
10～20	20	50	60	75
5～10	20	40	50	60
≤5	20	35	40	50

注　1. 相邻库房储存不同品种炸药时，应分别计算，取其最大值。

　　2. 在特殊条件下，库房不设土堤时，本表数字增大的比值为：一方有土堤为 2.0，双方均无土堤为 3.3。

　　3. 导爆索按每万米 140kg 黑索金计算。

2）雷管库与炸药库、雷管库与雷管库之间的最小允许距离见表 8.5（双方均有土堤）。

3）无论查表或计算的结果如何，表 8.4、表 8.5 所列库房间距均不得小于 35m。

表 8.5　　　　雷管库与炸药库、雷管库与雷管库之间的最小允许距离　　　　单位：m

库房名称	雷管数量/万发									
	200	100	80	60	50	40	30	20	10	5
雷管库与炸药库	42	30	27	23	21	19	17	14	10	8
雷管库与雷管库	71	50	45	39	35	32	27	22	16	11

注　当一方设土堤时表中数字应增大比值为 2，双方均无土堤时增大比值为 3.3。

8.2.2　储存库

1. 地面总库储存量和库区布局

（1）爆破器材库的储存量规定。

1）地面库单一库房允许的最大储量不得超过表 8.6 的规定。

表 8.6　　　　　　　　　地面库单一库房允许的最大储量

爆破器材名称	允许最大储量 /t	爆破器材名称	允许最大储量 /t
硝化甘油炸药	40（净重）	导爆索	120（皮重）
梯恩梯	120（净重）	导火索	不限
硝铵炸药（如 2 号岩石水胶炸药；浆状炸药）	200（净重）	雷管、继爆管、导爆管起爆系列	120（净重）
		硝酸铵；硝酸钠	400（净重）

2）地面总库的容量：炸药不超过本单位半年生产用量，起爆器材不超过一年生产用量。

（2）库区布局。

1）必须配备足够的消防设施，库区围墙内的杂草必须及时清除。

2）库房不得设在有山洪或地下水危害的地方，并充分利用山上等自然屏障。

3）位置在远离被保护对象的较安全的地方。其外部安全距离和库房彼此间的距离应符合表 8.1～表 8.5 的规定。

4）设在草原和森林地区的库房须修筑防火沟渠，沟渠边距离围墙至少 10m，沟宽为 1～3m，深 1m 以上。

5）周围应设围墙，围墙高度不应低于 2m，围墙至最近库房墙脚的距离至少 25m。

6）库区值班室应设在围墙外侧，距离一般不应小于 25m，食堂、宿舍距危险品库房应不小于 200m。

7）库房设置防护土堤时，土堤堤基至库房墙壁的距离为 1～3m，对有套间的一侧可达 5m；土堤与库房之间应设砖石砌成的排水沟。

（3）库房的结构。

1）库房建筑物应根据使用年限确定建筑等级、耐火和防火等级。

2）库房应采用钢筋混凝土梁柱承重，也可采用三七砖墙承重，墙体应坚固。

3）库房的门宜采用外开式。门的数量根据库房的大小确定。

4）库房采光通风窗的采光面积与地板面积之比应为 1/30～1/25，采光窗台距地板高度应小于 1.8m，向阳面的窗宜采用光玻璃，地板通风窗设金属丝网。

5）库内净高不得低于 3m，炎热地区不得低于 3.5m。

6）库房墙面要求防潮防腐蚀，地板应严密，同时铺上软垫。

7）多雨地区的库房入口处设置雨棚。

2. 地面分库

（1）地面分库系临时性储存爆破材料的库房，其最大储存量：炸药不超过 3 个月生产用量，起爆器材不超过半年生产用量。

（2）地面分库的安全距离标准应与地面总库相同。

（3）库房应通风良好且有防潮设施。

（4）有足够的防火器材，且经常处于完好状态。

（5）照明、防雷装置合乎标准。

（6）应设有单独的雷管库。

3. 库区的照明

（1）从库区变电站到各库房的外部线路，应采用铠装电缆埋地敷设或挂设，外部电气线路不应通过库房的上空。

（2）库房照明禁止安装电灯，宜自然采光或在库外安设探照灯进行投射采光，灯具距库房的距离不应小于 3m。

（3）电源开关和保险器，应设在库外，并安装在配电箱中。

（4）采用移动式照明时，应使用防爆手电筒，不应使用电网供电的移动手提灯。

（5）地下爆破器材库的照明，还应遵守下列规定：

1）应采用防爆型或矿用密闭型电气器材，电源线路应采用铠装电缆。

2）库区电压宜为 36V。

3）贮存室内不应安装灯具。

4）电源开关和保险器，应设在外包铁皮的专用开关箱内，电源开关箱应设在辅助硐室内。

5）地下库区存在可燃性气体和粉尘爆炸危险时，应使用防爆型移动电灯和防爆手电筒；其他地下库区，应使用蓄电池灯、防爆手电筒或汽油安全灯作为移动式照明。

4. 库区防雷与接地

（1）使用年限超过一年的各种爆破器材库和覆盖厚度小于 10m 的地下库，均应设置防雷装置。

（2）爆破器材库区各类建筑物的防雷等级与防雷装置，应参照《民用爆炸物品工程设计安全标准》（GB 50089—2018）的有关规定。

（3）爆破器材库区各类建筑物的防雷设施应根据防雷等级要求设置，高度为 h 的单支避雷针在地面的保护半径宜为 $1.5h$，接地电阻值不应大于 10Ω，接闪器、引下线和接地装置所用的材料应有足够的机械强度和截面积，并满足耐腐蚀的要求。全部金属导电部分应采取防锈、防腐蚀措施。

（4）库房内所有金属物体应全部接地，接地电阻值不应大于 4Ω。

（5）避雷针与建筑物的距离应大于 3m，每个避雷针应设单独的接地极板。

（6）库区的防雷装置应定期检查，凡不符合要求的应及时处理。

5. 库区消防

（1）库区应配备足够的消防设施，库区围墙内的杂草应及时清除。

（2）进入库区严禁烟火，不应携带引火物。

（3）进入库区不应穿带钉子的鞋和易产生静电的化纤衣服，不应使用能产生火花的工具。

（4）库区的消防设备、通信设备和警报装置应定期检查。

（5）在库区应设置消防水管。没有条件设置消防水管的库量较小的库区，宜在库区修建高位消防水池：库容量小于 100t 时，水池容量应为 50m³；库容量 100～150t 时，水池容量应为 100m³。库容量超过 500t 时，应设消防水管。消防水池距库房不应大于 100m。消防管路距库房不应大于 50m。

（6）草原和森林地区的库区周围，应修筑防火沟渠，沟渠边缘距库区围墙不小于10m，沟渠宽 1～3m，深 1m。

8.3　爆破器材管理

8.3.1　爆破器材的装卸

（1）装卸爆破器材应有专人负责。要求装卸运输人员必须经过专门培训，并熟悉相关的安全技术知识。

（2）雷管与炸药不准在同一地点同时装卸。

（3）严禁无关人员进入装卸现场，装卸时要有专人清点数目，严格交接手续，发现问题，立即报告有关部门。

（4）装卸爆破器材时严禁吸烟和携带发火物品，夜间严禁装卸雷管。

（5）装卸时应小心谨慎，轻搬轻放，禁止爆破器材冲击、撞击、抛掷、拖拽、翻滚。

（6）装有爆破器材的容器，堆放时不准在上面踩踏。

（7）雷管的装车高度要低于车厢 10cm，车厢底部铺软垫，雷管箱层间、车厢与爆破器材箱之间也应铺有软垫。

（8）雷电期间不得装卸爆破器材。

8.3.2　爆破器材的运输

（1）爆破器材应办理审批手续后持证购买，并按指定线路运输。

（2）爆破器材运达目的地后，收货单位应指派专人领取，认真检查爆破器材的包装、数量和质量；如果包装破损，数量与质量不符，应立即报告有关部门，并在有关代表参加下编制报告书，分送有关部门。

（3）运输爆破器材应使用专用车船。

（4）装卸爆破器材，应遵守下列规定：认真检查运输工具的完好状况，清除运输工具内一切杂物；有专人在场监督；设置警卫，无关人员不允许在场；遇暴风雨或雷雨时，不应装卸爆破器材；装卸爆破器材的地点应设明显的标识：白天应悬挂红旗和警标，夜晚应有足够的照明并悬挂红灯；装卸爆破器材应轻拿轻放，码平、卡牢、捆紧，不得摩擦、撞击、抛掷、翻滚；分层装载爆破器材时，不应脚踩下层箱（袋）。

（5）同车（船）运输两种以上的爆破器材时，应遵守（4）的规定。

（6）当需要将雷管与炸药装载在同一车内运输时，应采用符合有关规定的专用的同载车运输。

（7）待运雷管箱未装满雷管时，其空隙部分应用不产生静电的柔软材料塞满。

（8）装运爆破器材的车（船），在行驶途中应遵守下列规定：押运人员应熟悉所运爆破器材性能；非押运人员不应乘坐；运输工具应符合有关安全规范的要求，并设警示标识；不准在人员聚集的地点、交叉路口、桥梁上（下）及火源附近停留；开车（船）前应检查码放和捆绑有无异常；运输特殊安全要求的爆破器材，应按照生产企业提供的安全要求进行；车（船）完成运输后应打扫干净，清出的药粉、药渣应运至指定地点，定期进行销毁。

（9）在平坦道路上行驶时，前后两辆汽车距离不应小于 50m，上山或下山不小于 300m。

8.3.3　爆破器材的储存与保管

（1）爆破器材必须储存在专用仓库内，储存量不准超过设计容量。

（2）管理人员必须严格执行爆破器材的验收及统计制度。严禁在库内吸烟；严禁将容易引起燃烧、爆炸的物品带入仓库；严禁在库内住宿和进行其他活动。

（3）使用爆破器材的单位临时存放爆破器材时，要选择在安全可靠的地方单独存放，指定专人看管，经所在地公安局批准，并领取爆炸物品临时储存许可证后，方能储存，临时少量存放的，经所在地公安派出所备案，没有派出所的地方，向人民政府备案。

（4）库内严禁存放其他物品。禁止使用油灯、蜡烛、非防爆灯或其他明火照明。

（5）储存仓库应干燥、通风良好，相对湿度不大于 65%，库内温度应保持在 18～30℃之间。

（6）批号混乱、不同品种的产品必须分别存放，特别是硝化甘油类炸药必须单独储存。雷管和炸药不得混存。

8.3.4　爆破器材的销毁

（1）变质或过期失效的爆破器材，应及时清理出库，并加以销毁。

（2）经过检验，确认失效及不符合国家标准或技术条件要求的爆破器材，均应退回原发放单位销毁；包装过硝化甘油类炸药有渗油痕迹的药箱（袋、盒），应予销毁。

（3）不应在阳光下暴晒待销毁的爆破器材。

（4）销毁爆破器材，可采用爆炸法、焚烧法、溶解法、化学分解法。

（5）用爆炸法或焚烧法销毁爆破器材时，应在销毁场进行，销毁场应符合 GB 50089 的规定。

（6）用爆炸法销毁爆破器材应按销毁技术设计进行，技术设计由爆破器材库主任提出并经单位爆破技术负责人批准后报当地县级公安机关监督销毁。

（7）燃烧不会引起爆炸的爆破器材，可组织用焚烧法销毁；焚烧前，应仔细检查，严防其中混有雷管或其他起爆器材。

（8）不抗水的硝铵类炸药和黑火药可置于容器中用溶解法销毁；不得将爆破器材直接丢入河塘江湖及下水道。

（9）采用化学分解法销毁爆破器材时，应使爆破器材达到完全分解，其溶液应经处理符合有关规定后，方可排放到下水道。

（10）每次销毁爆破器材后，应对现场进行检查，发现残存爆破器材应收集起来，进行再次销毁。

8.4　爆　破　作　业

8.4.1　基本规定

（1）爆破工作要根据批准的设计或爆破方案进行，每个爆破工地都要有专人负责放炮指挥和组织安全警戒工作。凡从事爆破作业的人员必须受过爆破技术的专门训练或培训。

（2）在同一地点，露天浅孔爆破不得与深孔、硐室大爆破同时进行。

（3）地下井挖洞内空气含沼气或二氧化碳浓度超过 1% 时，禁止进行爆破作业。

（4）每批爆破材料使用前必须进行检查和做有关性能的试验，不合格的爆破材料禁止使用。

（5）爆破作业地点有下列情形之一时，禁止进行爆破工作。

1）有冒顶或边坡滑落危险。

2）支护规定与支护说明书的规定有较大出入或工作面支护损坏。

3）通道不安全或通道阻塞。

4）爆破参数或施工质量不符合设计要求。

5）工作面 20m 内风流中瓦斯含量达到 1% 或有瓦斯突出征兆的。

6）工作面有涌水危险或炮眼温度异常。

7）危及设备或建筑物安全，无有效防护措施。

8）危险区边界上未设警戒。

9）光线不足或无照明。

10）未严格按本规程要求做好准备工作。

11）在无照明的夜间、中大雨、浓雾、雷雨和大风时，不得进行露天爆破作业。

（6）起爆药包只能在爆破工地于装药前制作，不许做成成品备用。

（7）严禁边打眼、边装药、边放炮。装药只准用木、竹制的及铝、铜制成的炮棍。

（8）裸露药包因容易产生飞石伤人一般不宜采用；必须采用时，应严格控制装药量。采用扩大药壶时，不得将起爆药卷的导火索点燃后丢进炮眼。扩大眼深超过 4m 时，宜采用电雷管或导爆索起爆。

（9）在进行爆破时，要把规定的信号、放炮时间预先通告，使附近人员均能正确识别。在完成警戒布置并确认无误后，方可发布起爆信号。在一个地区，同时有几个场地进行爆破作业时，应统一行动，并有统一指挥。

（10）制作每茬炮的起爆药包所使用的炸药、雷管、导火索、传爆线，必须是同厂家、同批号经过检查合格的产品。

（11）利用电雷管起爆的作业区、加工房以及接近起爆电源线路的任何人，均不准携带不绝缘的手电筒，以防引起爆炸。

（12）爆破后炮工应检查所有装药孔是否全部起爆，如发现瞎炮，应及时按照瞎炮处理的规定妥善处理，未处理前，必须在其附近设警戒人员看守，并设明显标志。

（13）炮眼爆破后，无论眼底有无残药，不得打残眼。

（14）爆破完后，应仔细检查工作场地，发现问题及时处理。

8.4.2　爆破安全距离

（1）爆破作业设计时，爆炸源与人员和其他保护对象之间的安全允许距离应按爆破各种有害效应（地震波、冲击波、个别飞石等）分别核定，并取最大值。

（2）确定爆破安全允许距离时，应考虑爆破可能诱发滑坡、滚石、雪崩、涌浪、爆堆滑移等次生有害影响，适当扩大安全允许距离或针对具体情况划定附加的危险值。

（3）各种爆破器材库之间及仓库与临时存放点之间的距离，应大于相应的殉爆安全距离。各种爆破作业中，不同时起爆的药包之间的距离，也应满足不殉爆的要求。

（4）电力起爆时，普通电雷管爆区与高压线间的安全允许距离，应按表 8.7 的规定。

表 8.7　　　　　　　　爆区与高压线的安全允许距离

电压/kV		3～6	10	3～6	50	110	220	400
安全允许距离 /m	普通电雷管	20	50	100	100	—	—	—
	抗杂电雷管	—	—	—	—	10	10	16

（5）飞石安全距离。

1）一般工程爆破，个别飞散物对人员的安全距离不应小于表 8.8 的规定；对设备或建（构）筑物的安全允许距离，应由设计确定。

2）抛掷爆破时，个别飞散物对人员、设备和建筑物的安全允许距离应由设计确定。

3）硐室爆破，个别飞散物安全距离，可按下式计算：

$$R_f = 20K_f n^2 W \qquad (8-1)$$

式中 R_f——爆破飞石安全距离，m；

K_f——安全系数，一般取 $K_f = 1.0 \sim 1.5$；

n——爆破作用指数；

W——最小抵抗线，m。

应逐个药包进行计算，选取最大值为个别飞散物安全距离。

4）在浅水中进行爆破，当最小抵抗线（W）大于2倍水深时，对于人员的安全距离可参照表8.8的规定；当 W 小于2倍水深时，W 安全距离可适当缩小；当水深大于6m时。可不考虑飞石安全距离。

表 8.8　　　　　　　　爆破个别飞散物对人员的安全允许距离

爆破类型和方法		个别飞散物的最小安全允许距离/m
露天岩石爆破	浅孔爆破法破大块	300
	浅孔台阶爆破	200（复杂地质条件下或未形成台阶工作面时不小于300）
	深孔台阶爆破	按设计，但不小于200
	硐室爆破	按设计，但不小于300
水下爆破	水深小于1.5m	与露天岩石爆破相同
	水深大于1.5m	由设计确定
破冰工程	爆破薄冰凌	50
	爆破覆冰	100
	爆破阻塞的流冰	200
	爆破厚度大于2m的冰层或爆破阻塞流冰一次用药量超过300kg	300
金属物爆破	在露天爆破场	1500
	在装甲爆破坑中	150
	在厂区内的空场中	由设计确定
	爆破热凝结物和爆破压接	按设计，但不大于30
	爆炸加工	由设计确定
拆除爆破、城镇浅孔爆破及复杂环境深孔爆破		由设计确定
地震勘探爆破	浅井或地表爆破	按设计，但不大于100
	在深孔中爆破	按设计，但不大于30
沿山坡爆破时，下坡方向的个别飞散物安全允许距离应增大50%		

8.4.3　爆破冲击波

（1）进行地面爆破时，应参照下列条件确定空气冲击波的安全距离：

1）露天地表爆破。当一次爆破炸药量不超过25kg时，按式（8-2）确定空气冲击波对在掩体内避炮作业人员的安全允许距离。

$$R_k = 25\sqrt[3]{Q} \qquad\qquad (8-2)$$

式中　R_k——对掩体内人员的最小安全距离，m；

　　　　Q——一次爆破梯恩梯炸药当量，秒延时爆破为最大一段药量，毫秒延时爆破为总药量，kg。

　　2）地表裸露爆破空气冲击波安全允许距离，应根据保护对象、所用炸药品种、药量、地形和气象条件由设计确定。

　　（2）进行地下爆破时，对人员保护的安全距离应根据洞形、巷道分布、药量及损害程度等因素，经测试确定。

　　（3）水中爆破冲击波对人员的安全距离可参照表8.9执行。

表8.9　　　　　　　　　　水中爆破冲击波对人员的最小安全距离　　　　　　　　　　单位：m

装药及人员状况		炸药量/kg		
		$Q \leqslant 50$	$50 < Q \leqslant 200$	$200 < Q \leqslant 1000$
水中裸露装药	游泳	900	1400	2000
	潜水	1200	1800	2600
钻孔或药室装药	游泳	500	700	1100
	潜水	600	900	1400

　　（4）水中爆破冲击波对施工船舶的安全距离可参照表8.10确定。

表8.10　　　　　　　　　　对船舶的水冲击波最小安全距离

装药及人员状况		炸药量/kg		
		$Q \leqslant 50$	$50 < Q \leqslant 200$	$200 < Q \leqslant 1000$
水中裸露装药/m	木船	200	300	500
	铁船	100	150	250
钻孔或药室装药/m	木船	100	150	250
	铁船	70	100	150

8.4.4　爆破震动

　　（1）为防止房屋、建筑物、岩体等因爆破震动而受到损坏，应按照允许振速确定安全距离。

　　（2）爆破对建筑物和构筑物的爆破震动安全判据，宜采用保护对象所在地的质点峰值振动速度和主振频率，以主振频率的频段确定相应的振动速度，其安全标准见表8.11。

　　（3）爆破震动安全允许距离，可按式（8-3）计算：

$$R = \left(\frac{K}{V}\right)^{\frac{1}{\alpha}} Q^{\frac{1}{3}} \qquad\qquad (8-3)$$

式中　R——爆破震动安全允许距离，m；

　　　　Q——计算药量，齐发爆破时 Q 为总药量，延时爆破为最大单段药量，kg；

　　　　V——保护对象所在地安全允许质点振速，cm/s；

K、α——爆破点至计算保护对象间的地形、地质条件有关的系数和衰减指数,可按表 8.12 选取或通过现场试验确定。

表 8.11 爆破震动安全标准

序号	地面建筑物和隧道的分类		不同频段的爆破振动速度 $f/(cm/s)$		
			≤10Hz	10~50Hz	>50Hz
1	土窑洞、土坯房、毛石房屋		0.15~0.45	0.45~0.9	0.9~1.5
2	一般民用建筑物		1.5~2	2.0~2.5	2.5~3
3	工业和商业建筑物		2.5~3.5	3.5~4.5	4.5~5
4	一般古建筑与古迹		0.1~0.2	0.2~0.3	0.3~0.5
5	运行中的水电站及发电厂中心控制室设备		0.5~0.6	0.6~0.7	0.7~0.9
6	水工隧洞		7~8	8~10	10~15
7	交通隧道		10~12	12~15	15~20
8	矿山巷道		15~18	18~25	25~30
9	永久性岩石高边坡		5~9	9~12	12~15
10	新浇筑大体积混凝土（C20）	龄期：初凝~3d	1.5~2	2~2.5	2.5~3
		龄期：3~7d	3~4	4~5	5~7
		龄期：7~28d	7~8	8~10	10~12

注 1. 爆破震动监测应同时测定质点振动相互垂直的三个分量。
2. 表中质点振动速度为三个分量中的最大值,振动频率为主振频率。
3. 频率范围根据现场实测波形确定或按如下数据选取:硐室爆破 $f<20Hz$,露天深孔爆破 $10Hz<f<60Hz$,露天浅孔爆破 $40Hz<f<100Hz$;地下深孔爆破 $30Hz<f<100Hz$,地下浅孔爆破 $60Hz<f<300Hz$。

表 8.12 爆区不同岩性的 K、a 值

岩性	K	a
坚硬岩石	50~150	1.3~1.5
中硬岩石	150~250	1.5~1.8
软岩石	250~350	1.8~2

8.4.5 装药及堵塞

（1）制作药包前,首先应该检查炸药的质量,要选用干燥、松散的炸药。

（2）制作药包时必须保证其装药密度,需要防潮时,在药包外还应套以塑料防水套并加以包扎。

（3）装药前,非爆破作业人员和机械设备均应撤离至指定安全地点或采取防护措施,撤离之前不得将爆破器材运到工作面。

（4）在装药或填塞前,先用炮棍检查炮眼是否畅通。

（5）装药时,严禁将爆破器材放在危险地点或机械设备和电源火源附近。

（6）大爆破装药量应根据实测资料校核修正,经爆破工作领导人批准。

（7）使用木质炮棍装药。

（8）装起爆药包、起爆药柱和硝化甘油炸药时,严禁投掷或冲击。

（9）深孔装药出现堵塞时，在未装入雷管、起爆药柱等敏感爆破器材前，应采取铜或木制长杆处理。

（10）禁止使用冻结的或解冻不完全的硝化甘油炸药。

（11）在下列情况下，禁止装炮：①炮孔位置、角度、方向、深度不符合要求者；②孔内岩粉未清除；③孔内温度超过 35℃；④炮区内的其他人员未撤离。

（12）药卷不得冲击或抛掷入孔，深孔装药可用带钩的提绳吊送，应遵守以下规定：

1）检查起吊设备及容器是否安全可靠；

2）有无漏电现象，若有应及时处理；

3）严禁雷管、炸药同时吊运；

4）绳子下放速度不得超过 1m/s；

5）雷管箱必须绝缘。

（13）堵塞前，应组织专人对回填前的一切准备工作进行验收，并做好原始记录。

（14）炸药装完后，立即进行堵塞，堵塞时不得撞击炸药，不得损坏起爆网路。

（15）堵塞时，最初装入的堵塞物（最好在炸药与堵塞物之间用废水泥袋纸隔开），不可用力挤压；以后装入的用炮棍轻轻捣紧，到炮口附近的填塞物，则需要用力捣紧。

（16）堵塞物应采用土壤、细砂或其他混合物，禁止使用石块和易燃材料填塞炮孔。

（17）装药和堵塞过程中，要注意保护导火索、导爆索、导电线及电雷管脚线的完整。严防有坚硬的物质混入炮泥中，以免毁坏脚线。

（18）禁止在深孔装入起爆药包后直接用木楔填塞。

（19）深孔的装药、堵塞作业时，应有爆破技术人员在现场进行技术指导和监督。应有两人配合操作，并有专人复核。

8.4.6　起爆

1. 火花起爆

（1）深度超过 4m 的炮眼，应装两个起爆雷管，并同时点燃。深度超过 10m 的炮眼，禁止采用火花起爆法。

（2）炮孔的孔排距较密时，导火索的外露部分不得超过 1.0m，以防止导火索互相交错而产生起火现象。

（3）当一次点炮数目超过 5 炮时，应使用信号导火索和信号雷管，以便控制点炮时间。信号雷管的导火索应比炮眼中最短的导火索短 8cm；多人点炮时，应指定专人负责指挥，并明确分工。

（4）点炮人员应事先记好炮位，找好避炮地点，检查导火索切口。听到撤离信号（如信号雷管的响声）时，无论点完炮与否，必须迅速撤离点炮区。

（5）当信号炮响后，全部人员必须立即撤出炮区，迅速到安全地点掩蔽。

（6）禁止用火柴、香烟和打火机点燃导火索，必须使用香或专用点火工具点燃导火索。

2. 电力起爆

（1）用于同一爆破网路内的电雷管，应为同厂、同型号产品。康铜桥丝雷管的电阻极差不得超过 0.25Ω；镍铬桥丝雷管的电阻极差不得超过 0.5Ω。

（2）放炮导线应事先做导电、电阻检验。

（3）敷设电爆网路的区域内，所有电气装置及动力、照明线路，从开始装炮起完全停止供电，如遇雷雨停止作业，将支线或雷管脚线短路，作业人员迅速撤离作业地点，避到安全处。

（4）电力起爆宜使用有手柄的闸刀开关，并在爆破前指定专人负责保管。爆破前要检查电爆网路的电阻，若与设计电阻不符，应及时采取措施。

（5）同一网路中各支线（组）电阻应平衡。当并入母线后，必须量测总电阻值，测定与计算的电阻值相差不得超过 5％。

（6）网路中的支线、区域线和母线彼此连接之前各自的两端应短路绝缘。

（7）供给每个电雷管的实际电流应大于准爆电流。具体要求是：直流电源不小于 2.5A，对于洞室或大规模爆破不小于 3A。交流电源不小于 3A，对于洞室或大规模爆破不小于 4A。

（8）测量电阻只许用经过检查的专用爆破测试仪表或线路电桥。严禁使用其他电气仪表进行量测。

（9）给电后若发生拒爆，必须立即切断母线电源，将母线两端拧在一起，锁上电源开关箱进行检查。检查时，如炮孔用即发电雷管至少在 10min 以后，如炮孔用延发电雷管，则至少需在 15min 以后，方可进行。

3. 导爆索起爆

（1）导爆索禁止打结或移作绑扎物品。

（2）只准在临起爆前将起爆雷管绑结于导爆索上。

（3）导爆索要用刀子切割，严禁用剪刀剪断。

（4）用搭接法连接时，接头搭接长度不得小于 8cm，并用胶布包扎牢固。分支与干线连接时，必须使支线的接头方向迎着干线爆炸波的传播方向。

（5）起爆导爆索的雷管，应捆扎在距导爆索的端头 10～15cm 处，用胶布包好。雷管底部应指向导爆索的传播方向。敷设雷管时，导爆索上不得有线扣或死弯，线路交叉部分应用厚度不小于 15cm 的衬垫物隔开。

（6）导爆索接触铵油炸药的部位必须用塑料布包好，避免导爆索的药芯被柴油浸染，发生拒爆。

（7）导爆索装入炮孔后，不得任意切割，严禁对导爆索撞击或投掷任何物体。

（8）在同一导爆索网路上有两组导爆索时，应同时起爆。

4. 导爆管起爆

（1）导爆管连接处不得进入杂质和水，使用卡口接头连接时，卡口接头要接牢，防止连接过程中因网路扯动而脱落。

（2）用导爆管起爆时，必须有设计起爆网路，并进行传爆试验。网路中所使用的连接元件必须经过技术鉴定。

（3）导爆管爆破施工中应注意打结、对折、管壁破损、异物入管等问题。

（4）一个 8 号传爆雷管连爆簇起导爆管的数量不宜超过 40 根，层数不宜超过 3 层。

（5）只有确认网路连接正确，与爆破无关人员已经撤离，才准许接入引爆装置。

（6）应遵守厂家出厂说明书的规定进行使用。

8.4.7 爆破警戒与信号

（1）爆破工作开始前，必须确定危险区的边界，并设置明显的标志。

（2）地面爆破应在危险区的边界设置岗哨，使所有通路经常处于监视之下，每个岗哨应处于相邻岗哨视线范围之内。

（3）地下爆破应在有关的通道上设置岗哨。回风巷应使用木板交叉钉封或设支架路障，并挂上"爆破危险区，不准入内"的标志。爆破结束，巷道经过充分通风后，方可拆除回风巷的木板及标志。

（4）在爆破空气冲击波危险范围外的回风巷道设置岗哨，岗哨应配带自救器。

（5）爆破前必须同时发出音响和视觉信号，使危险区内的人员都能清楚地听到和看到。

1）第一次信号：预告信号。所有与爆破无关人员应立即撤到危险区以外，或撤至指定的安全地点。向危险区边界派出警戒人员。

2）第二次信号：起爆信号。确认人员、设备全部撤离危险区，具备安全起爆条件时，方准发出起爆信号。根据这个信号准许爆破员起爆。

3）第三次信号：解除警戒信号。未发出解除警戒信号前，岗哨应坚守岗位。除爆破工作领导人批准的检查人员以外，不准任何人进入危险区，经检查确认安全后，方准发出解除警戒信号。

8.4.8 爆破后的安全检查和处理

（1）爆破后，爆破员必须按规定的等待时间进入爆破地点，检查有无冒顶、危石、支护破坏和瞎炮等现象。

（2）爆破员如果发现冒顶、危石、支护破坏和瞎炮等现象，应及时处理，未处理前应在现场设立危险警戒标志。

（3）只有确认爆破地点安全后，经当班爆破班长同意，方准人员进入爆破地点。

（4）每次爆破后，爆破员应认真填写爆破记录。

8.4.9 瞎炮的原因、预防

1. 产生瞎炮的原因分析

（1）火花起爆法产生瞎炮的原因如下：

1）导火索、雷管储存、运输或装药后受潮变质，导火索浸油渗入药芯造成断火。

2）起爆雷管加工质量不合格，造成瞎火。

3）装药、充填不慎，使导火索受损，或使雷管与导火索拉开。

4）点炮时漏点、带炮等。

（2）电力起爆法产生瞎炮的原因如下：

1）采用过期变质的电雷管。

2）爆破网路有短路、接地、连接不紧或连接错误；电雷管电阻差过大，超出允许范围。在同一电爆网路中采用不同厂不同批的电雷管。

3）爆破工作面有水使雷管受潮（纸壳电雷管和秒差电雷管的可能性更大）。

（3）导爆索起爆法产生瞎炮的原因如下：

1）爆破网路连接方法错误。

2）导爆索浸油（如在铵油类炸药中）渗入药芯则产生拒爆。

3）导爆索受潮，起爆量不够。

4）充填过程中导爆索受损或落石砸断。

5）多段起爆时，被前段爆破冲坏。

（4）导爆管起爆法产生瞎炮的原因如下：

1）产品质量不好产生拒爆。

2）对该系统的性能不了解漏连等而产生拒爆。

3）起爆网路连接不好和施工中应注意问题没做好而引起的拒爆。

2. 防止产生瞎炮的措施

（1）改善保管条件：防止雷管、导火索和导爆索受潮；发放前应严格检验爆破材料质量，对质量不合格的应予报废；发放时对电雷管应注意同厂同批，对燃速不同的导火索要分批使用。

（2）改善爆破网路质量及连接方式：网路设计应保证准爆条件，设置专用爆破线路，防止接地和短路，避免电源中性点接地，加强对网路的测定或敷设质量的检查工作。

（3）改善操作技术：对火雷管要保证导火索与雷管紧密连接，避免导火索与雷管脱离或雷管与药包脱离；对电雷管应避免漏接、接错和防止折断脚线；经常检查开关、插销和线路接头；导爆索网路要注意接法正确，并加强网路的维护工作。

（4）在有水工作面装药时，应采取可靠的防水措施，避免爆破材料受潮。

8.4.10 瞎炮处理方法

发现瞎炮应及时处理，处理方法要确保安全，并力求简单有效。不能及时处理的瞎炮，应在其附近设置明显标志，并采取相应措施。对难处理的瞎炮，应在爆破负责人的指导下进行。处理瞎炮时禁止无关人员在附近做其他工作。在有自爆可能性的高硫高温矿床内产生的瞎炮应划定危险区，瞎炮处理后，要检查和清理残余未爆材料。确认安全后，方可撤去警戒标志，进行施工作业。

（1）发现瞎炮或怀疑有瞎炮，应立即报告并及时处理。若不能及时处理，应在附近设明显标志，并采取相应的安全措施。

（2）难处理的瞎炮，应请示爆破工作领导人，派有经验的爆破员处理，大爆破的瞎炮处理方法和工作组织，应由单位总工程师批准。

（3）处理瞎炮时，无关人员不准在场，应在危险区边界设警戒，危险区内禁止进行其他作业。

（4）禁止拉出或掏出起爆药包。

（5）电力起爆发生瞎炮时，须立即切断电源，及时将爆破网路短路。

（6）瞎炮处理后，应仔细检查爆堆，将残余的爆破器材收集起来，未判明爆堆有无残留的爆破器材前，应采取预防措施。

（7）处理浅眼爆破的瞎炮可采用下列方法：

1）经检查确认炮孔的起爆线路完好时，可重新起爆。

2）打平行眼装药爆破。平行眼距瞎炮孔口不得小于 0.3m，对于浅眼药壶法，平行眼距瞎炮药壶边缘不得小于 0.5m。为确定平行炮眼的方向，允许从瞎炮孔口起取出长度不超过 20cm 的填塞物。

3）用木制、竹制或其他不产生火星的材料制成的工具，轻轻地将炮眼内的大部分填塞物掏出，用聚能药包诱爆。

4）在安全距离外用远距离操纵的风、水管吹出瞎炮填塞物及炸药，但必须采取措施，回收雷管。

5）瞎炮应在当班处理，当班不能处理或未处理完毕，应将瞎炮情况（瞎炮数目、炮眼方向、装药数量和起药包位置、处理方法和处理意见）在现场交接清楚，由下一班继续处理。

（8）处理深孔瞎炮可采用下列方法：

1）爆破网路未受破坏，且最小抵抗线无变化者，可重新联线起爆；最小抵抗线有变化者，应验算安全距离，并加大警戒范围后，再联线起爆。

2）在距瞎炮孔口不小于 10 倍炮孔直径处另打平行孔装药起爆，爆破参数由爆破工作领导人确定。

3）所用炸药为非抗水硝铵类炸药，且孔壁完好者，可以预见部分填塞的，向孔内灌水，使之失效，然后做进一步处理。

（9）处理硐室爆破的瞎炮可采用下列方法：

1）如能找出起爆网路的电线、导爆索或导爆管，经检查正常，仍能起爆者，可重新测量最小抵抗线，重画警戒范围，联线起爆。

2）沿竖井或平硐清除填塞物，重新敷设网路，联线起爆或取出炸药和起爆体。

（10）处理水下裸露爆破的瞎炮可采用下列方法：

1）在瞎炮附近另行投放裸露药包，使之殉爆。

2）小心地将药包提出水面，用爆炸法销毁。

（11）处理水下炮孔瞎炮可采用下列方法：

1）造成瞎炮的因素消除后，可重新起爆。

2）填塞长度小于炸药的殉爆距离或全部用水填塞者，可另装入起爆药包起爆。

3）在瞎炮附近投放裸露药包爆破。

8.5 爆 破 通 风

8.5.1 爆破施工现场的作业环境

爆破施工现场的作业环境应符合下列卫生标准：

（1）道内氧气含量按体积不应小于 20%。

（2）有害气体浓度容许值如下：

1）一氧化碳（CO）最高容许浓度为 $30mg/m^3$。在特殊情况下，施工人员必须进入工作面时，可为 $100mg/m^3$，但工作时间不得超过 30min。

2）二氧化碳（CO_2）按体积计不得大于 0.5%。

3）氮氧化物（NO_2）为 $5mg/m^3$ 以下。

4）甲烷（CH_4）（瓦斯）按体积计不得大于 0.5%。

5）二氧化碳浓度不得超过 $15mg/m^3$。

6）硫化氢（H_2S）浓度不得超过 $10mg/m^3$。

（3）坑道内气温不宜高于 28℃。

8.5.2 通风方式及要求

（1）承包人应将施工期间通风设计提交监理工程师批准，并须为每座隧道的掘进提供已批准的通风设施。风速和风量要求：全断面开挖（包括竖井）时应不少于 0.15m/s，坑道内应不小于 0.25m/s，但均不得大于 6m/s；供风量应保证每人供应新鲜空气不少于 $3m^3/min$。

（2）通风方式：实施机械通风，必须具有通风机和风道，按照风道的类型和通风安装位置，有如下几种通风方式：

1）风管式通风。风流经由管道输送，分为压力式、抽出式、混合式三种方式。风管式通风的优点是设备简单，布置灵活，易于拆装，故被一般隧道施工所采用。

2）巷道式通风。适用于有平行坑道的长隧道。这种通风方式断面大、阻力小，可提供较大的风量，是目前解决长隧道施工通风比较有效的方法。

3）风墙式通风。这种方法适用于较长隧道。

（3）压入式进风管口或吸出式通风管口应设在洞外适当位置，并做成烟囱式，防止污染空气再回流进入洞内。

（4）通风管靠近工作面的距离，压入式进风管的进风口距工作面不宜大于 15m，吸出式通风管出风口不宜大于 5m。

（5）采用混合式通风时，当一组风机向前移动，另一组风机的管路即相应接长，始终保持两组管相邻端交错不小于 20～30m。局部通风时，吸出式通风管的出风口应引入主风流循环的回风流中。

（6）通风机应装有保险装置，当发生故障时能自动停机。

（7）通风设备应有适当的备用数量，一般为计算能力的 50%。通风系统应定期测试通风的风量、风速、风压，检查通风设备的供风能力和动力消耗。

（8）如通风设备出现事故或洞内通风受阻，所有人员应撤离现场，在通风系统未恢复正常工作和经全面检查确认洞内已无有害气体以前，任何人均不得进入洞内。

（9）如假日风机停止运转，在假日过后进入隧道工作以前，风机应至少提前 2h 启动，并要进行上述同样检查工作。

8.5.3 风流及其质量的量测

（1）掘进工作中安全监理工程师或领班应连续监测瓦斯，在其他时间内也需经常监测，以确保洞内工作安全。同时记录测试数据，随时提交监理工程师核查。

（2）在每班工作期间，应用手持式风速仪或皮托管风速量测计，对风道内的风量至少量测一次。如有通风不足，应予记录并立即报告监理工程师。

（3）承包人应提供瓦斯浓度、缺氧及游离二氧化硅（SiO_2）等检测试验所需的设备，还应为检测试验人员提供经批准的防毒面罩。

8.5.4　通风设备

（1）隧道施工必须采用机械通风。在进口和出口处设置消声器，施工场所的噪声不得超过 90dB。

（2）无论采用何种通风方式，通风管宜采用钢制可拆装的刚性管，也可用不可燃性材料制作的管，刚性管道长不宜超过 6m。

8.5.5　风量确定

地下工程采用爆破方法施工时，须排除因钻孔、爆破等原因而产生的有害气体和岩尘，以保证供给工人必要的新鲜空气，并改善洞内温度、湿度和气流速度。

（1）掘进速度不超过 40m 时，可以采用自然通风，否则需要采取机械通风（压入式、吸出式和混合式）。

（2）通风量计算：按式（8-4）计算的最大值再考虑 20%～50% 的风管漏风损失。

1）按洞内同时工作的最多人数计算：每人所需通气量为 3m³/min。

2）按冲淡有害气体的需要量计算：

$$Q = \frac{A \times B}{1000 \times 0.02\% \times t} = 5AB/t \tag{8-4}$$

式中　Q——通风量，m³/min，洞内使用内燃机应另加（按每马力 3m³/min 通风量计算）；

　　　A——工作面同时爆破的最大炸药量，kg；

　　　B——每千克炸药产生的 CO 气体量，可按 40L 计算；0.02% 为 CO 浓度降低到 0.02% 以下人员才可进入工作面；

　　　t——通风时间，可按 20min 计算。

3）按洞内温度与风速要求计算，根据洞内温度确定洞内风速。

$$Q > v_{最小风速} S_{max} \tag{8-5}$$

式中　$v_{最小风速}$——全断面开挖时不小于 0.15m/s，洞内不小于 0.25m/s；

　　　S_{max}——洞最大断面，m²。

8.6　复习思考题

8.6.1　爆破器材储存库区布局应注意哪些事项？

8.6.2　爆破器材的运输应注意哪些事项？

8.6.3　爆破器材的储存与保管有哪些规定？

8.6.4　试述瞎炮产生的原因、预防措施及处理方法。

8.6.5　爆破施工现场的作业环境有哪些要求？

第 9 章

焊接与气割安全作业

教学要求：本章包括基本规定、焊接场地和设备、焊接的安全管理、气焊与气割安全管理、电焊作业危害因素分析及预防措施等七节内容。

（1）主要掌握焊接方式的安全、气焊与气割安全管理、氧气乙炔气集中供气系统安全的要求。

（2）理解焊接场地和设备、焊接的安全管理两节安全管理要求。

（3）了解焊接与气割安全作业的基本规定和电焊作业危害因素分析及预防措施。通过本章学习，提高学生焊接与气割安全作业管理能力。

9.1 基 本 规 定

（1）气焊（割）工必须经过有关部门安全技术培训，取得特种作业操作证后，方可独立上岗操作；明火作业必须履行审批手续。

（2）作业场地周围应清除易燃、易爆物品或进行覆盖、隔离。

（3）氧气瓶、燃气（乙炔、液化石油气等）瓶必须经检验合格并且标志清晰有效，减压器、压力表等安全附件齐全好用。应远离高温、明火和熔融金属飞溅物 10m 以上，氧气瓶避免直接受热。

（4）氧气瓶、氧气表及焊割工具上，严禁沾染油脂。

（5）搬运气瓶时，必须使用专用的抬架或小车，不得直接用肩膀扛运或用手搬运，严禁从高处滑下或在地面滚动，禁止用起重设备直接调运。氧气瓶、燃气瓶应有防震胶圈，旋紧安全帽，避免碰撞和剧烈震动，并防止暴晒。冻结时应用热水加热，不准用火烤。氧气瓶、燃气瓶必须按规定单独摆放，使用时确保两者间的安全距离。

（6）溶解乙炔气瓶使用时只能直立，不能横放，防止丙酮流出引起燃烧爆炸，表面温度不应超过 30～40℃，不能遭受剧烈震动或撞击，避免瓶内多孔性填料下沉形成空洞（据资料介绍，下沉量超过 150mL 便会有爆炸危险）。

（7）使用的气体胶管必须符合国家要求，保存和使用时保证胶管清洁和不受损坏，避免阳光曝晒、雨雪浸淋，防止与酸、碱、油类及其他有机溶剂等影响胶管质量的物质接触，氧气与燃气胶管不能混用和相互替代。

（8）作业人员必须按照要求佩戴劳动保护用品，进行登高作业时应有可靠和安全的工作面，必须佩戴安全帽、安全带，必要时设置安全网。

（9）使用焊（割）炬点火前（我国一般使用射吸式），必须先检查其射吸性能是否正常以及各连接部位及调节手轮的针阀等处是否漏气，点火时焊（割）枪口不准对人，正在燃烧的焊（割）枪不得放在工件或地面上。不得手持连接胶管的焊（割）枪爬梯、登高。

（10）严禁在带压的容器或管道上焊、割，焊（割）接带电设备时必须先切断电源。

（11）进行铅、铜、镁等有色金属作业时，场地应通风良好，皮肤外露部位应涂护肤用品，工作完毕应洗漱。

（12）工作完毕，应将氧气瓶、燃气瓶的气阀关好，氧气瓶应拧上安全罩。检查操作场地，确认无着火危险，方准离开。

（13）凡有液体压力、气体压力及带电的设备和容器、管道，无可靠安全保障措施禁止焊割。

（14）对贮存过易燃、易爆及有毒物品的容器、管道进行焊接与气割时，要将易燃物和有毒气体放尽，用水冲洗干净，打开全部管道窗、孔，保持良好通风，必要时进行强制换气通风，佩戴隔离式呼吸器等安全用具，再可进行焊接和气割，容器外要有专人监护，定时轮换休息。密封的容器、管道不应焊割。

（15）禁止在油漆未干的结构和其他物体上进行焊接和气割。禁止在混凝土地面上直接进行气割。

（16）焊接大件须有人辅助时，动作应协调一致，工件应放平垫稳。

（17）风力超过5级时禁止在露天进行焊接或气割。风力5级以下、3级以上时应搭设挡风屏，以防止火星飞溅引起火灾。

9.2　焊接场地和设备

9.2.1　焊接场地

（1）焊接与气割场地应通风良好（包括自然通风或机械通风），应采取措施避免作业人员直接呼吸到焊接操作所产生的烟气流。

（2）焊接或气割场地应无火灾隐患。若需在禁火区内焊接、气割时，应办理动火审批手续，并落实安全措施后方可进行作业。

（3）在室内或露天场地进行焊接及碳弧气刨工作，必要时应在周围设挡光屏，防止弧光伤眼。

（4）焊接场所应经常清扫，焊条和焊条头不应到处乱扔，应设置焊条保温筒和焊条头回收箱，焊把线应收放整齐。

9.2.2　焊接设备

1. 一般规定

（1）电弧焊电源应有独立且容量足够的安全控制系统，如熔断器或自动断电装置、漏电保护装置等。控制装置应能可靠地切断设备最大额定电流。

（2）电弧焊电源熔断器应单独设置，严禁两台或以上的电焊机共用一组熔断器，熔断丝应根据焊机工作的最大电流来选定，严禁使用其他金属丝代替。

（3）焊接设备应设置在固定或移动式的工作台上，电弧焊机的金属机壳应有可靠的独立的保护接地或保护接零装置。焊机的结构应牢固和便于维修，各个接线点和连接件应连接牢靠且接触良好，不应出现松动或松脱现象。

（4）电弧焊机所有带电的外露部分应有完好的隔离防护装置。焊机的接线桩、极板和接线端应有防护罩。

（5）电焊把线应采用绝缘良好的橡皮软导线，其长度不应超过50m。

（6）焊接设备使用的空气开关、磁力启动器及熔断器等电气元件应装在木制开关板或绝缘性能良好的操作台上，严禁直接装在金属板上。

（7）露天工作的焊机应设置在干燥和通风的场所，其下方应防潮且高于周围地面，上方应设棚遮盖和有防砸措施。

2．交流电焊机的安全管理

（1）应注意初、次级线，不可接错，输入电压必须符合电焊机的铭牌规定。严禁接触初级线路的带电部分。

（2）次级抽头连接铜板必须压紧，接线柱应有垫圈。合闸前详细检查接线螺帽、螺栓及其他部件应无松动或损坏。

（3）移动电焊机时，应切断电源，不得用拖拉电缆的方法移动焊机，如焊接中突然停电，应切断电源。

（4）工作结束后应拉下焊机闸刀，切断电源。

3．直流电焊机的安全管理

（1）旋转式电焊机。

1）新机使用前，应将换向器上的污物擦干净，使换向器与电刷接触良好。

2）启动时，检查转子的旋转方向应符合焊机标志的箭头方向。

3）启动后，应检查电刷和换向器，如有大量火花时，应停机查明原因，经排除后，方可使用。

4）数台焊机在同一场地作业时，应逐台启动，并使三相载荷平衡。

（2）硅整流电焊机。

1）电焊机应在原厂使用说明书要求的条件下工作。

2）使用时，须先开启风扇电机，电压表指示值应正常，仔细察听应无异响。停机后，应清洁硅整流器及其他部件。

3）严禁用摇表测试电焊机主变压器的次级线圈和控制变压器的次级线圈。

4．埋弧自动、半自动焊机的安全管理

（1）焊接过程中应保持焊剂连续覆盖，以免焊剂中断露出电弧。并应采取措施，防止焊工吸入焊剂粉尘。

（2）埋弧焊会产生一定数量的有害气体，在通风不良的场所或构件内工作，应有通风设备。

（3）检查送丝滚轮的沟槽及齿纹应完好。滚轮、导电嘴（块）磨损或接触不良时应更换。

（4）焊接转胎及其他辅助设备或装置的机械传动部分，应加装防护罩。在转胎上施焊的焊件应压紧卡牢，防止松脱掉下砸伤人。

（5）检查减速箱油槽中的润滑油，不足时应添加。

（6）软管式送丝结构的软管槽孔应保持清洁，定期吹洗。

（7）半自动焊的焊接手把安放妥当防止短路。当焊机发生电器故障时，应切断电源由电工修理。

5. 对焊机的安全管理

（1）对焊机应安置室内，并有可靠的接地（接零）。如多台对焊机并列安装时，间距不得少于3m，并应分别在不同相位的电网上，分别有各自的刀型开关。导线的截面应不小于表9.1的规定。

（2）对焊机的压力机构应灵活，夹具应牢固，气、液压系统无泄漏，确认正常后，方可施焊。

表9.1　　　　　　　导 线 截 面 积 表

对焊机的额定功率 /kVA	一次电压为220V时的导线截面 /mm^2	一次电压为380V时的导线截面 /mm^2
25	10	6
50	25	16
75	35	25
100	45	35
150	—	50
200	—	70
500	—	150

（3）断路器的接触点、电极应定期擦磨，二次电路全部连接螺栓应定期紧固。

（4）焊接前，应根据所焊钢筋截面，调整二次电压，不得焊接超过对焊机规定直径的钢筋。

（5）冷却水温度不得超过40℃，排水量应根据温度调节。

（6）焊接较长钢筋时，应设置托架，配合搬运人员操作，在焊接时要注意防止火花烫伤。

（7）闪光区应设挡板，焊接时无关人员不得入内。

（8）冬季施工时，室内温度应不低于8℃。

（9）连续焊接作业时，每3～4h清理焊渣一次。

6. 点焊机的安全管理

（1）作业前，检查电极头的直径大小和清洁程度，必须清除上、下两电极的油污。通电后，机体外壳应不漏电。

（2）启动前，首先应接通控制线路的转向开关，调整好极数，接通水源、气源后再接通电源。

（3）电极触头应保持光洁，如有漏电，应立即更换。

（4）作业时，气路、水冷系统应畅通，流量压力稳定。排水温度不得超过40℃，排水量可根据气温调节。

（5）同一焊接件相邻两焊点间的距离不小于 25mm。

（6）严禁在引燃电路中加大熔断器。当负载过小使引燃管内电弧不能发生时，不得闭合控制箱的引燃电路。

（7）控制箱如长期停用，每月应通电加热 30min。如更换晶闸管亦应预热 30min，正常作业时控制箱的预热不得少于 5min。

（8）作业结束，应关闭电源、气源、水源，清理焊渣，灭绝火种，锁好闸箱。

9.3　焊接的安全管理

9.3.1　焊条电弧焊

（1）从事焊接工作时，应使用镶有滤光镜片的手柄式或头戴式面罩。护目镜和面罩遮光片的选择应符合《职业眼面部防护　焊接防护　第 2 部分：自动变光焊接滤光镜》（GB/T 3609.2—2009）的要求。

（2）清除焊渣、飞溅物时，应戴平光镜，并避免对着有人的方向敲打。

（3）电焊时所使用的凳子应用木板或其他绝缘材料制作。

（4）露天作业遇下雨时，应采取防雨措施，不应冒雨作业。

（5）在推入或拉开电源闸刀时，应戴干燥手套，另一只手不应按在焊机外壳上，推拉闸刀的瞬间面部不应正对闸刀。

（6）在金属容器、管道内焊接时，应采取通风除烟尘措施，其内部温度不应超过 40℃，否则应实行轮换作业，或采取其他对人体的保护措施。

（7）在坑井或深沟内焊接时，应首先检查有无集聚的可燃气体或一氧化碳气体，如有应排除并保持通风良好。必要时应采取通风除尘措施。

（8）电焊钳应完好无损，不应使用有缺陷的焊钳；更换焊条时，应戴干燥的帆布手套。

（9）工作时禁止将焊把线缠在、搭在身上或踏在脚下，当电焊机处于工作状态时，不应触摸导电部分。

（10）身体出汗或其他原因造成衣服潮湿时，不应靠在带电的焊件上施焊。

9.3.2　埋弧焊

（1）凡从事埋弧焊的工作人员应严格遵守本章焊条电弧焊的有关规定。

（2）操作自动焊半自动焊埋弧焊的焊工，应穿绝缘鞋和戴皮手套或线手套。

（3）埋弧焊会产生一定数量的有害气体，在通风不良的场所或构件内工作，应有通风设备。

（4）开机前应检查焊机的各部分导线连接是否良好、绝缘性能是否可靠、焊接设备是否可靠接地、控制箱的外壳和接线板上的外罩是否完好，埋弧焊用电缆是否满足焊机额定焊接电流的要求，发现问题应修理好后方可使用。

（5）在调整送丝结构及焊机工作时，手不应触及送丝结构的滚轮。

（6）焊接过程中应保持焊剂连续覆盖，注意防止焊剂突然供不上而造成焊剂突然中断，露出电弧光辐射损害眼睛。

（7）焊接转胎及其他辅助设备或装置的机械传动部分，应加装防护罩。在转胎上施焊的焊件应压紧卡牢，防止松脱掉下砸伤人。

（8）埋弧焊机发生电气故障时应由电工进行修理，不熟悉焊机性能的人不应随便拆卸。

（9）罐装、清扫、回收焊剂应采取防尘措施，防止吸入粉尘。

9.3.3　气体保护焊

1. 二氧化碳气体保护焊

（1）凡从事二氧化碳气体保护焊的工作人员应严格遵守本章基本规定和本章焊条电弧焊的规定。

（2）焊机不应在漏水、漏气的情况下运行。

（3）二氧化碳在高温电弧作用下，可能分解产生一氧化碳有害气体，工作场所应通风良好。

（4）二氧化碳气体保护焊焊接时飞溅大，弧光辐射强烈，工作人员应穿白色工作服，戴皮手套和防护面罩。

（5）装有二氧化碳的气瓶不应在阳光下暴晒或接近高温物体，以免引起瓶内压力增大而发生爆炸。

（6）气瓶的搬运或储存应按照有关规定执行。

（7）二氧化碳气体预热器的电源应采用 36V 电压，工作结束时应将电源切断。

2. 手工钨极氩弧焊

（1）从事手工钨极氩弧焊的工作人员应严格遵守本章的基本规定和焊条电弧焊的规定。

（2）焊机内的接触器、断电器的工作元件，焊枪夹头的夹紧力以及喷嘴的绝缘性能等，应定期检查。

（3）高频引弧焊机或焊机装有高频引弧装置时，焊炬、焊接电缆都应有铜网编制屏蔽套，并可靠接地。使用高压脉冲引弧稳弧装置，应防止高频电磁场的危害。

（4）焊机不应在漏水、漏气的情况下运行。

（5）磨削钨棒的砂轮机须设有良好的排风装置，操作人员应戴口罩，打磨时产生的粉末应由抽风机抽走。

（6）手工钨极氩弧焊，焊工除戴电焊面罩、手套和穿白色帆布工作服外，还宜戴静电口罩或专用面罩，并有切实可行的预防和保护措施。

9.3.4　碳弧气刨

（1）从事碳弧气刨的工作人员应严格遵守本章的基本规定和焊条电弧焊的规定。

（2）碳弧气刨应使用电流较大的专用电焊机，并应选用相应截面积的焊把线。气刨时电流较大，要防止焊机过载发热。

（3）碳弧气刨应顺风操作，防止吹散的铁水溶渣及火星烧损衣服或伤人，并应注意周围人员和场地的防火安全。

（4）在金属容器或舱内工作，应采用排风机排除烟尘。

（5）碳弧气刨操作者应熟悉其性能，掌握好角度、深浅及速度，避免发生事故。

（6）碳棒应选专用碳棒，不应使用不合格的碳棒。

9.4 气焊与气割安全管理

气焊是利用可燃气体与氧气混合燃烧的火焰所产生的高热熔化焊件和焊丝而进行金属连接的一种焊接方法。所用的可燃气体主要有乙炔气、液化石油气、天然气和氢气等，目前常用的是乙炔气，因为乙炔在纯氧中燃烧时放出的有效热量最多。

氧气气割是利用金属在高温（金属燃点）下与纯氧燃烧的原理而进行气割。气割开始时，用氧-乙炔焰（预热火焰）将金属预热到燃点（在纯氧中燃烧的温度），然后通过气割氧（纯氧），使金属剧烈燃烧生成氧化物（熔渣）。同时放出大量热，熔渣被氧气流吹掉，所产生的热量和预热火焰一起将下层金属加热到燃点，如此继续下去就可将整个厚度切开。

9.4.1 常用的气焊（割）设备及工具

（1）乙炔气瓶。乙炔气瓶是指储运乙炔的装有填料的特制压力容器。外形与氧气瓶相近，表面涂以白色，并用红油漆写上"乙炔"字样。乙炔气瓶内装有浸入丙酮的多孔填料，使乙炔能安全地储存在瓶内。使用时，溶解在丙酮内的乙炔变为气体分离出来，而丙酮仍留在瓶内，以便再次充入乙炔使用。

（2）氧气瓶。储存和运输高压氧气的高压容器，外表面涂天蓝色。常用容积为40L，工作压力为15MPa。

（3）回火防止器。应采用干式回火防止器。一个回火防止器应只供一把割炬或焊炬使用，不应合用。当一个乙炔发生器向多个割炬或焊炬供气时，除应装总的回火防止器外，每个工作岗位都须安装岗位式回火防止器。

（4）氧气减压器。用于显示氧气瓶内氧气及减压后氧气的压力，并将高压氧气降到工作所需要的压力，并且保持压力稳定。

（5）焊炬。是气焊时用来混合气体跟产生火焰的工具。按可燃气体与氧气的混合方式分为射吸式焊炬和等压式焊炬两类。

（6）割炬。是氧-乙炔火焰进行气割的主要工具。火焰中心喷嘴喷射切割氧气流对金属进行切割。也分射吸式和等压式。

气焊所用材料主要是焊丝和电石，其次是气焊粉。焊丝的化学成分直接影响焊缝金属的机械性能，应根据工件成分来选择焊丝。气焊丝的直径为2～4mm，电石可用水解法制取乙炔气；为保护熔池与提高焊缝质量需采用气焊粉，其作用是除去气焊时熔池中形成的高熔点氧化物等杂质，并以熔渣覆盖在焊缝表面，使熔池与空气隔离，防止熔池金属氧化。在焊铸铁、合金钢及各种有色金属时必须采用气焊粉，低碳钢的气焊不用气焊粉。气焊规范只指对焊气直径，火焰能率，操作时的焊嘴倾斜角和焊接速度，根据不同工件正确选用，并严格执行。

9.4.2 气焊（割）设备的安全使用要求

1. 氧气、乙炔气瓶

氧气、乙炔气瓶的使用应遵守下列规定：

（1）气瓶应放置在通风良好的场所，不应靠近热源和电气设备，与其他易燃易爆物品或火源的距离一般不应小于 10m（高处作业时是与垂直地面处的平行距离）。使用过程中，乙炔气瓶应放置在通风良好的场所，与氧气瓶的距离不应少于 5m。

（2）露天使用氧气、乙炔气时，冬季应防止冻结，夏季应防止阳光直接暴晒。氧气、乙炔气瓶阀冬季冻结时，可用热水或水蒸气加热解冻，严禁用火焰烘烤和用钢材一类器具猛击，更不应猛拧减压表的调节螺丝，以防氧气、乙炔气大量冲出而造成事故。

（3）氧气瓶严禁沾染油脂，检查气瓶口是否有漏气时可用肥皂水涂在瓶口上试验，严禁用烟头或明火试验。

（4）氧气、乙炔气瓶如果漏气应立即搬到室外，并远离火源，搬动时手不可接触气瓶嘴。

（5）开氧气、乙炔气阀时，工作人员应站在阀门连接的侧面，并缓慢开放，不应面对减压表，以防发生意外事故。使用完毕后应立即将瓶嘴的保护罩旋紧。

（6）氧气瓶中的氧气不允许全部用完，至少应留有 0.1～0.2MPa 的剩余压力，乙炔瓶内气体也不应用尽，应保持 0.05MPa 的余压。

（7）乙炔瓶在使用、运输和储存时，环境温度不宜超过 40℃；超过时应采取有效的降温措施。

（8）乙炔瓶应保持直立放置，使用时要注意固定，并应有防止倾倒的措施，严禁卧放使用。卧放的气瓶竖起来后须待 20mm 后方可输气。

（9）工作地点不固定且移动较频繁时，应装在专用小车上；同时使用乙炔瓶和氧气瓶时，应保持一定安全距离。

（10）严禁铜、银、汞等及其制品与乙炔产生接触，应使用铜合金器具时含铜量应低于 70%。

（11）氧气、乙炔气瓶在使用过程中应定期检验。过期、未检验的气瓶严禁继续使用。

2. 回火防止器

回火防止器的使用应遵守下列规定：

（1）应采用干式回火防止器。

（2）回火防止器应垂直放置，其工作压力应与使用压力相适应。

（3）干式回火防止器的阻火元件应经常清洗以保持气路畅通；多次回火后，应更换阻火元件。

（4）一个回火防止器应只供一把割炬或焊炬使用，不应合用。当一个乙炔发生器向多个割炬或焊炬供气时，除应装总的回火防止器外，每个工作岗位都须安装岗位式回火防止器。

（5）禁止使用无水封、漏气的、逆止阀失灵的回火防止器。

（6）回火防止器应经常清除污物防止堵塞，以免失去安全作用。

（7）回火防止器上的防爆膜（胶皮或铝合金片）被回火气体冲破后，应按原规格更换，严禁用其他非标准材料代替。

3. 氧气减压器

氧气减压器的使用应遵守下列规定：

（1）严禁使用不完整或损坏的减压器。冬季减压器易冻结，应采用热水或蒸汽解冻，严禁用火烤，每只减压器只准用于一种气体。

（2）减压器内，氧气、乙炔瓶嘴中不应有灰尘、水分或油脂，打开瓶阀时，不应站在减压阀方向，以免被气体或减压器脱扣而冲击伤人。

（3）工作完毕后应先将减压器的调整顶针拧松直至弹簧分开为止，再关氧气、乙炔瓶阀，放尽管中余气后方可取下减压器。

（4）当氧气、乙炔管、减压器自动燃烧或减压器出现故障，应迅速将氧气瓶的气阀关闭。然后再关乙炔气瓶的气阀。

4. 焊炬、割炬

焊炬、割炬的使用应遵守下列规定：

（1）工作前应检查焊、割枪各连接处的严密性及其嘴孔有无堵塞现象，禁止用纯铜丝（紫铜）清理嘴孔。

（2）焊、割枪点火前应检查其喷射能力，是否漏气，同时检查焊嘴和割嘴是否畅通；无喷射能力不应使用，应及时修理。

（3）不应使用小焊枪焊接厚的金属，也不应使用小嘴子割枪切割较厚的金属。

（4）严禁在氧气和乙炔阀门同时开启时用手或其他物体堵住焊、割枪嘴子的出气口，以防止氧气倒流入乙炔管或气瓶而引起爆炸。

（5）焊、割枪的内外部及送气管内均不允许沾染油脂，以防止氧气遇到油类燃烧爆炸。

（6）焊、割枪严禁对人点火，严禁将燃烧着的焊炬随意摆放，用毕及时熄灭火焰。

（7）焊炬熄火时应先关闭乙炔阀，后关氧气阀；割炬则应先关高压氧气阀，后关乙炔阀和氧气阀以免回火。

（8）焊、割炬点火时须先开氧气，再开乙炔，点燃后再调节火焰；遇不能点燃而出现爆炸声时应立即关闭阀门并进行检查和通畅嘴子后再点，严禁强行硬点以防爆炸；焊、割时间过久，枪嘴发烫出现连续爆炸声并有停火现象时，应立即关闭乙炔再关氧气，将枪嘴浸冷水疏通后再点燃工作，作业完毕熄火后应将枪吊挂或侧放，禁止将枪嘴对着地面摆放，以免引起阻塞而再用时发生回火爆炸。

（9）阀门不灵活、关闭不严或手柄破损的一律不应使用。

（10）工作人员应佩戴有色眼镜，以防飞溅火花灼伤眼睛。

5. 橡胶软管

使用橡胶软管应遵守下列规定：

（1）氧气瓶与乙炔胶管不得混用，所用胶管必须符合国家标准要求：氧气胶管为红色，内径为 8mm，长度为 30m，允许工作压力为 1.5MPa；乙炔胶管为黑色，内径为 10mm，长度为 30m，允许工作压力为 0.3MPa。

（2）胶管长度每根不应小于 10m，以 15～20m 左右为宜。

（3）胶管的连接处应用卡子或铁丝扎紧，铁丝的丝头应绑牢在工具嘴头方向，以防止被气体崩脱而伤人。

（4）工作时胶管不应沾染油脂或触及高温金属和导电线。

（5）禁止将重物压在胶管上。不应将胶管横跨铁路或公路，如需跨越应有安全保护措施。胶管内有积水时，在未吹尽之前不应使用。

（6）胶管如有鼓包、裂纹、漏气现象，不应采用贴补或包缠的办法处理，应切除或更新。

（7）若发现胶管接头脱落或着火时，应迅速关闭供气阀，不应用手弯折胶管等待处理。

（8）严禁将使用中的橡胶软管缠在身上，以防发生意外起火引起烧伤。

9.4.3 氧气、乙炔气集中供气系统安全

（1）大中型生产厂区的氧气与乙炔气宜采用集中汇流排供气——设置氧气、乙炔气集中供气系统。主要包括供气间（气体库房）、管路系统等，其设计与安装的防护装置、检修保养、建筑防火均应符合《氧气站设计规范》（GB 50030—2013）、《乙炔站设计规范》（GB 50031—91）、《建筑设计防火规范》（GB 50016—2014）等的有关规定。

（2）氧气供气间与乙炔供气间的布置、设置应符合下列规定：

1）氧气供气间可与乙炔供气间布置在同一座建筑物内，但应以无门、窗、洞的防火墙隔开。且不应设在地下室或半地下室内。

2）氧气、乙炔供气间应设围墙或栅栏并悬挂明显标志。围墙距离有爆炸物的库房的安全距离应符合相关规定。

3）供气间与明火或散发火花地点的距离不应小于 10m，供气间内不应有地沟、暗道。供气间内严禁动用明火、电炉或照明取暖，并应备有足够的消防设备。

4）氧气乙炔汇流排应有导除静电的接地装置。

5）供气间应设置气瓶的装卸平台，平台的高度应视运输工具确定，一般高出室外地坪 0.4～1.1m；平台的宽度不宜小于 2m。室外装卸平台应搭设雨篷。

6）供气间应有良好的自然通风、降温和除尘等设施，并要保证运输通道畅通。

7）供气间内严禁存放有毒物质及易燃易爆物品；空瓶和实瓶应分开放置，并有明显标志，应设有防止气瓶倾倒的设施。

8）氧气与乙炔供气间的气瓶、管道的各种阀门打开和关闭时应缓慢进行。

9）供气间应设专人负责管理，并建立严格的安全运行操作规程、维护保养制度、防火规程和进出登记制度等，无关人员不应随便进入。

（3）管路系统安装应遵守下列规定：

1）管路系统的设计、安装和使用应符合 GB 50030—2013 及 GB 50031—91 的规定。

2）氧气和乙炔管路在室外架设或敷设时，应按规定设置防静电的接地装置，且管路与其他金属物之间绝缘应良好。

3）氧气管道、阀门和附件应进行脱脂处理。

4）乙炔气应装设专用的减压器、回火防止器，开启时，操作者应站在阀口的侧后方，动作要轻缓；乙炔瓶减压器出口与乙炔皮管，应用专用扎头扎紧不应漏气。

5）氧气、乙炔气管路应分别采用蓝、白油漆涂色标识。

6）带压力的设备及管道，禁止紧固修理。设备的安全附件，如压力表、安全阀应符合有关规定。

7) 乙炔汇气总管与接至厂区的各乙炔分管路的出气口均应设有回火防止装置。

（4）氧气、乙炔气集中供气系统运行管理应遵守下列规定：

1) 系统投入正式运行前，应由主管部门组织按照 GB 50030—2013、GB 50031—91、GB 50016—2014 等的有关规定，进行全面检查验收，确认合格后，方可交付使用。

2) 作业人员应熟知有关专业知识及相关安全操作规定，并经培训考核合格方可上岗。

3) 乙炔供气间的设施、消防器材应定期做检查。

4) 供气间严禁氧气、乙炔瓶混放，并严禁存放易燃物品，照明应使用防爆灯。

5) 作业人员应随时检查压力情况，发现漏气立即停止供气。

6) 作业人员工作时不应离开工作岗位，严禁吸烟。

7) 检查乙炔间管道，应在乙炔气瓶与管道连接的阀门关严和管内的乙炔排尽后进行。

8) 禁止在室内用电炉或明火取暖。

9) 作业人员应严禁让粘有油脂的手套、棉丝和工具同氧气瓶、瓶阀、减压器管路等接触。

10) 作业人员应认真做好当班供气运行记录。

9.5 电焊作业危害因素分析及预防措施

电焊又称电弧焊，这是通过焊接设备产生的电弧热效应，促使被焊金属的截面局部加热熔化达到液态，使原来分离的金属结合成牢固的、不可拆卸的接头工艺方法。根据焊接工艺的不同，电弧焊可分为自动焊、半自动焊和手工焊。自动焊和半自动焊主要用于大型机械设备制造，其设备多安装在厂房里，作业场所比较固定；而手工焊由于不受作业地点条件的限制，具有良好灵活性特点，目前用于野外露天施工作业比较多。由于工作场所差别很大，工作中伴随着电、光、热及明火的产生，因而电焊作业中存在着各种各样的危害。

9.5.1 作业危害

1. 易引起触电事故

（1）焊接过程中，因焊工要经常更换焊条和调节焊接电流，操作者要直接接触电极和极板，而焊接电源通常是 220V/380V，当电气安全保护装置存在故障、劳动保护用品不合格、操作者违章作业时，就可能引起触电事故。如果在金属容器内、管道上或潮湿的场所焊接，触电的危险性更大。

（2）焊机空载时，二次绕组电压一般都在 60～90V，由于电压不高，易被电焊工所忽视，但其电压超过规定安全电压 36V，仍有一定危险性。假定焊机空载电压为 70V，人在高温、潮湿环境中作业，此时人体电阻 R 约 1600Ω，若焊工手接触钳口，通过人体电流 I 为：$I=V/R=70/1600=44mA$，在该电流作用下，焊工手会发生痉挛，易造成触电事故。

（3）因焊接作业大多在露天，焊机、焊把线及电源线多处在高温、潮湿（建筑工地）和粉尘环境中，且灶机常常超负荷运行，易使电源线、电器线路绝缘老化，绝缘性能降低，易导致漏电事故。

2. 易引起火灾爆炸事故

由于焊接过程中会产生电弧或明火，在有易燃物品的场所作业时，极易引发火灾。特别是在易燃易爆装置区（包括坑、沟、槽等），贮存过易燃易爆介质的容器、塔、罐和管道上施焊时危险性更大。这个方面的事故案例还是比较多的，如 2000 年洛阳"12·25"特大火灾事故，就是因为商厦违章电焊作业，管理不善引起周围易燃物品着火，共造成309 人死亡的惨剧。2003 年 5 月 26 日，某化工厂安排焊工对储运过对丙烯酸甲酯的火车槽车人孔盖轴销螺母进行施焊时，由于事先没有对槽车进行清洗置换，动火前又没有对槽车里的可燃气体进行分析，在没有任何措施的情况下进行作业，结果造成槽车闪爆，把人孔盖掀开，击中焊工导致死亡。

3. 易致人灼伤

因焊接过程中会产生电弧、金属熔渣，如果焊工焊接时没有穿戴好电焊专用的防护工作服、手套和皮鞋，尤其是在高处进行焊接时，因电焊火花飞溅，若没有采取防护隔离措施，易造成焊工自身或作业面下方施工人员皮肤灼伤。

4. 易引起电光性眼炎

由于焊接时产生强烈火焰的可见光和大量不可见的紫外线，对人的眼睛有很强的刺激伤害作用，长时间直接照射会引起眼睛疼痛、畏光、流泪、怕风等，易导致眼睛结膜和角膜发炎（俗称电光性眼炎）。

5. 具有光辐射作用

焊接中产生的电弧光含有红外线、紫外线和可见光，对人体具有辐射作用。红外线具有热辐射作用，在高温环境中焊接时易导致作业人员中暑；紫外线具有光化学作用，对人的皮肤都有伤害，同时长时间照射外露的皮肤还会使皮肤脱皮，可见光长时间照射会引起眼睛视力下降。

6. 易产生有害的气体和烟尘

由于焊接过程中产生的电弧温度达到 4200℃以上，焊条芯、药皮和金属焊件融熔后要发生气化、蒸发和凝结现象，会产生大量的锰铬氧化物及有害烟尘；同时，电弧光的高温和强烈的辐射作用，还会使周围空气产生臭氧、氮氧化物等有毒气体。长时间在通风条件不良的情况下从事电焊作业，这些有毒的气体和烟尘被人体吸入，对人的身体健康有一定的影响。

7. 易引起高空坠落

因施工需要，电焊工要经常登高焊接作业，如果防高空坠落措施没有做好，脚手架搭设不规范，没有经过验收就使用；上下交叉作业没有采取防物体打击隔离措施；焊工个人安全防护意识不强，登高作业时不戴安全帽、不系安全带，一旦遇到行走不慎、意外物体打击作用等原因，有可能造成高坠事故的发生。

8. 易引起中毒、窒息

电焊工经常要进入金属容器、设备、管道、塔、储罐等封闭或半封闭场所施焊，如果储运或生产过有毒有害介质及惰性气体等，一旦工作管理不善，防护措施不到位，极易造成作业人员中毒或缺氧窒息，这种现象多发生在炼油、化工等企业。

9.5.2 防范措施

1. 防触电措施

总的原则是采取绝缘、屏蔽、隔绝、漏电保护和个人防护等安全措施，避免人体触及带电体。具体方法有：

（1）提高电焊设备及线路的绝缘性能。使用的电焊设备及电源电缆必须是合格品，其电气绝缘性能与所使用的电压等级、周围环境及运行条件要相适应；焊机应安排专人进行日常维护和保养，防止日晒雨淋，以免焊机电气绝缘性能降低。

（2）当焊机发生故障要检修、移动工作地点、改变接头或更换保险装置时，操作前都必须要先切断电源。

（3）在给焊机安装电源时不要忘记同时安装漏电保护器，以确保人一旦触电会自动断电。在潮湿或金属容器、设备、构件上焊接时，必须选用额定动作电流不大于 15mA，额定动作时间小于 0.1s 的漏电保护器。

（4）对焊机壳体和二次绕组引出线的端头应采取良好的保护接地或接零措施。当电源为三相三线制或单相制系统时应安装保护接地线，其电阻值不超过 4Ω；当电源为三相四线制中性点接地系统时，应安装保护零线。

（5）加强作业人员用电安全知识及自我防护意识教育，要求焊工作业时必须穿绝缘鞋、戴专用绝缘手套。禁止雨天露天施焊；在特别潮湿的场所焊接，人必须站在干燥的木板或橡胶绝缘片上。

（6）禁止利用金属结构、管道、轨道和其他金属连接作导线用。在金属容器或特别潮湿的场所焊接，行灯电源必须使用 12V 以下安全电压。

2. 防火灾爆炸措施

（1）在易燃易爆场所焊接，焊接前必须按规定事先办理用火作业许可证，经有关部门审批同意后方可作业，严格做到"三不动火"。

（2）正式焊接前检查作业下方及周围是否有易燃易爆物，作业面是否有诸如油漆类防腐物质，如果有应事先做好妥善处理。对在邻近运行的生产装置区、油罐区内焊接作业，必须砌筑防火墙；如有高空焊接作业，还应使用石棉板或铁板予以隔离，防止火星飞溅。

（3）如在生产、储运过易燃易爆介质的容器、设备或管道上施焊，焊接前必须检查与其连通的设备、管道是否关闭或用盲板封堵隔断；并按规定对其进行吹扫、清洗、置换、取样化验，经分析合格后方可施焊。

3. 防灼伤措施

（1）焊工焊接时必须正确穿戴好焊工专用防护工作服、绝缘手套和绝缘鞋。使用大电流焊接时，焊钳应配有防护罩。

（2）对刚焊接的部位应及时用石棉板等进行覆盖，防止脚、身体直接触及造成烫伤。

（3）高空焊接时更换的焊条头应集中堆放，不要乱扔，以免烫伤下方作业人员。

（4）在清理焊渣时应戴防护镜；高空进行仰焊或横焊时，由于火星飞溅严重，应采取隔离防护措施。

4. 预防电光性眼炎措施

根据焊接电流的大小，应适时选用合适的面罩护目镜滤光片，配合焊工作业的其他人员在焊接时应佩戴有色防护眼镜。

5. 预防辐射措施

焊接时焊工及周围作业人员应穿戴好劳保用品。禁止不戴电焊面罩、不戴有色眼镜直接观察电弧光；尽可能减少皮肤外露，夏天禁止穿短裤和短褂从事电焊作业；有条件的可对外露的皮肤涂抹紫外线防护膏。

6. 防有害气体及烟尘措施

（1）合理设计焊接工艺，尽量采用单面焊双面成型工艺，减少在金属容器里焊接的作业量。

（2）如在空间狭小或密闭的容器里焊接作业，必须采取强制通风措施，降低作业空间有害气体及烟尘的浓度。

（3）尽可能采用自动焊、半自动焊代替手工焊，减少焊接人员接触有害气体及烟尘的机会。

（4）采用低尘、低毒焊条，减少作业空间中有害烟尘含量。

（5）焊接时，焊工及周围其他人员应佩戴防尘毒口罩，减少烟尘吸入体内。

7. 防高坠措施

焊工必须做到定期体检，凡有高血压、心脏病、癫痫病等病史人员，禁止登高焊接。焊工登高作业时必须正确系挂安全带，戴好安全帽。焊接前应对登高作业点及周围环境进行检查，查看立足点是否稳定、牢靠，以及脚手架等安全防护设施是否符合安全要求，必要时应在作业下方及周围拉设安全网。涉及上下交叉作业应采取隔离防护措施。

8. 防中毒、窒息措施

（1）凡在储运或生产过有毒有害介质、惰性气体的容器、设备、管道、塔、罐等封闭或半封闭场所施焊，作业前必须切断与其连通的所有工艺设备，同时要对其进行清洗、吹扫、置换，并按规定办理进设备作业许可证，经取样分析，合格后方可进入作业。

（2）如条件发生变化应随时取样分析；同时，现场还应配备适量的空（氧）气呼吸器，以备紧急情况下使用。

（3）作业过程应有专人安全监护，焊工应定时轮换作业。对密闭性较强且易缺氧的作业设备，采用强制通风的办法予以补氧（禁止直接通氧气），防止缺氧窒息。

9.6 复习思考题

9.6.1 焊接时，焊钳和焊枪有哪些安全要求？

9.6.2 简述电焊机作业时应注意的事项。

9.6.3 简述焊炬和割炬的安全使用要求。

9.6.4 使用乙炔瓶时应注意哪些安全使用要求？

9.6.5 简述氧气瓶的安全使用要求。

9.6.6 简述乙炔发生器使用时的安全要求。

9.6.7 试述电焊作业时有哪些危害，采取哪些预防措施？

第 10 章

锅炉及压力容器安全管理

教学要求：本章主要包括基本规定、锅炉安装管理、锅炉运行、压力容器安全管理四部分内容。

（1）掌握锅炉的安全运行管理、压力容器的安全运行管理。

（2）理解锅炉安装的安全技术要求。

（3）了解锅炉及压力容器安全管理的一些基本规定。

（4）通过学习，提高学生对锅炉及压力容器安全管理的能力。

10.1 基 本 规 定

（1）压力容器的设计、制造、安装、使用、修理、改造等必须符合国家有关规程、条例，经主管部门和国家劳动人事部（或当地劳动部门）批准生产的产品，方准购置、使用。

（2）购置的压力容器及其安全附件，必须有出厂合格证、当地检验部门证明、安装使用说明书和必要的结构图纸等资料；压力容器的设计总图上必须有劳动部门审查批准字样。

（3）压力容器的制造单位，必须具备保证产品质量所必需的加工设备、技术力量和检验手段。

（4）制造压力容器的单位，须经所在省、自治区、直辖市主管部门和锅炉压力容器安全监察处审查同意。对于制造压力为一个表压以上的蒸汽锅炉的单位和制造三类压力容器的单位，还须报国务院主管部门和国家劳动总局锅炉压力容器安全监察局批准，由国家劳动总局发给制造许可证。未履行上述手续的单位，不准制造这种设备。对于产品质量低劣又无改进的制造单位，应取消其制造资格。

（5）压力容器制造单位，必须按照有关规定，严格执行原材料验收制度、工艺管理制度和产品质量检验制度，保证产品的质量。不合格的产品不准出厂。

（6）对压力容器的受压部件进行重大修理和改造，应符合安全监察规程和有关标准的要求，并将修理和改造方案报当地锅炉压力容器安全监察机构审查同意。

10.2 锅 炉 安 装 管 理

10.2.1 锅炉专业安装单位

锅炉安装技术性强、涉及面广，要确保锅炉安装质量，锅炉安装任务必须由具有一定技术水平和安装经验的专业性队伍来承担。

1. 锅炉专业安装单位应具备的条件

锅炉专业安装单位必须具备下列条件：

(1) 具有一定的锅炉安装经验，一般应有 3 年以上的锅炉安装历史，安装质量良好。

(2) 拥有安装需要的各类技术人员（必须是安装单位的正式职工，文化程度一般为中专学历，分别掌握锅炉结构施工工艺、技术检验、土建、电气、机械等有关知识，并能贯彻执行相关规程、规定和标准）。

(3) 具有安装所需要的各类专业工种。焊工应是合格的焊工，其操作技能应与申请的安装设备相适应；胀管工人应具有胀接方面的基本知识和熟练的操作技能。

(4) 具有正式的施工工艺程序、焊接工艺评定试验及胀接工艺。

(5) 具有与所申请的安装设备相适应的安装机具。

(6) 具有完整的质量检验制度及原材料、锅炉元件验收制度。

2. 锅炉专业安装单位的管理

锅炉专业安装单位必须严格加强管理，制止无证锅炉安装、施工和粗制滥造，其具体要求如下：

(1) 锅炉专业安装单位的审批，一般只在现有的安装单位中进行，对新建锅炉安装单位应严加控制。

(2) 专业安装单位经本省（市、区）特种设备监督部门批准后，跨省安装时，不需要再办理审批手续，但应接受当地锅炉压力容器安全监察机构对其安装质量的监督。

(3) 安装单位不能保证安装质量，多次发生安装质量问题，或因安装质量问题发生重大事故或爆炸事故，原审批省（市、区）特种设备监督部门可责令限期整顿，以致撤销其安装资格。

3. 锅炉安装前的准备工作

锅炉安装前的准备工作十分重要，是保证锅炉安装质量的重要一环，与整个工程的顺利进行有非常密切的关系。因此，每个锅炉专业安装单位都必须十分重视锅炉安装前的准备工作。

(1) 熟悉和审查锅炉安装的技术资料。安装单位对技术资料进行自审。锅炉安装前，安装单位要组织工程技术人员和其他施工人员，对甲方提供的技术资料进行阅读、熟悉和审查。需要审查的资料包括：

1) 锅炉出厂时，应附带与安全有关的技术资料，具体有：①锅炉图样（总图、安装图和主要受压部件图）；②受压元件的强度计算书；③安全阀排放量的计算书；④锅炉质量证明（包括出厂合格证、金属材料证明、焊接质量证明和水压试验证明）；⑤锅炉安装说明书和使用说明书；⑥受压元件设计更改通知书；⑦监检证明书。

2) 锅炉房设计有关资料，具体有：①标明与有关建筑物距离的锅炉房建筑红线图；②规划、环保、消防等部门批复的函件；③锅炉房工艺布置及工艺系统图；④锅炉房建筑设计施工图及安装基础图。

(2) 三方对技术资料进行会审。在建设单位和安装单位双方对锅炉安装资料进行自审的基础上，建设单位、安装单位和设计单位三方组织有关工程技术人员及施工人员对锅炉安装资料进行会审。会审要拟定程序，详细记录会审中发现的问题，研究解决这些问题的具体措施。如发现资料不全、设计图纸有错误或锅炉总图审查批准标记及产品合格证上检验检测部门监检签章等有疑问时，应及时设法解决处理。

（3）向当地特种设备监督部门及时报审。如锅炉房设计中有违背相关规程、规范的地方，特种设备监督部门有权监督设计部门按相关规程、规范进行修改、变更；如锅炉出厂资料不全或不符合要求时，有权责令锅炉制造厂按要求补全资料。建设单位和安装单位双方在未得到当地特种设备监督部门获准或明确处理结果以前，不准擅自施工。

4. 勘察锅炉安装施工现场

在进行图纸资料会审和了解锅炉设备的基础上，应对锅炉安装现场进行实地勘察。根据现场实际情况，划分好作业场所。对于零部件的进出通道、吊装和运输的方法，现场材料的堆放，水、电、气的供应，各种机具的布置都应有所考虑，给拟订施工方案创造条件。较大锅炉的安装，最好绘出施工平面布置图。

5. 编制安装施工方案

（1）施工方案编制。较大型锅炉的安装工程是比较复杂的，施工工种多，交叉作业多，高空作业多，技术要求高，工期安排紧，为保证锅炉安装保质保量顺利安全地按期完成，要求结合本单位的人员、机具、设备以及场地、时间和技术关键等具体情况，编制好锅炉安装施工方案。

（2）施工方案的编制原则。

1）要符合国家相关规程、标准的要求。

2）要满足建设单位的合理要求。

3）施工工地布置要紧凑、合理。

4）要尽量提高机械化、自动化程度，节约劳动力，减轻劳动强度。

5）充分发挥机具设备和施工人员的作用，节约开支，以确保安装任务按期或提前完成。

6）优选技术先进、操作安全、经济方便的施工方案。

（3）施工方案的基本内容。施工方案的基本内容应包括如下几个方面：

1）锅炉安装工程概述，包括锅炉和各项技术参数、工种特点、安装工程量等。

2）锅炉的安装工艺程序，包括操作流水程序、交叉作业程序和方法。

3）锅炉安装的主要工艺，包括安装通用工艺、专用工艺和检验工艺等。

4）锅炉安装的质量要求和验收标准。

5）锅炉安装质量保证体系的建立健全和运转要求。

6）锅炉安装网络计划，包括施工进度、机具设备、劳动力的安排、找出工程的主要矛盾和完成任务的关键。绘制网络计划图，确定关键工序。

7）锅炉安装的其他事项。

6. 特种设备监督部门负责办理锅炉安装审批手续

锅炉安装工程正式开工前，必须向当地特种设备监督部门报告并办理施工手续。报送材料有：

（1）甲乙双方签订的锅炉安装合同。

（2）规划、环保、消防等专业部门手续。

（3）锅炉产品出厂时的技术资料。

（4）锅炉房有关锅炉安装的技术资料。

（5）锅炉安装施工方案。

（6）锅炉安装许可证副本，焊工、无损检测工的资格等级证。

（7）已填好的《特种设备安装维修改造告知书》3份。

经特种设备监督部门审查批准后，签发开工申请报告施工准许证明，否则，不准施工。

7.设备与部件的清点和验收

（1）清点验收中的注意事项。

1）建设单位和安装单位都必须有工程技术人员和检验人员参加。

2）开箱时应先将箱体上的积灰、泥土清扫干净，以防开箱后污损涂油的零部件。对怕震动的零件，开箱时不得用大锤敲击箱体，以保证设备完整无损。

3）检查后不能马上使用，应重新除锈，设备本身带防护装置应尽量不拆掉，以避免设备损坏。

4）开箱后要对安装的部件、附件、工具、材料等进行编号、分类，妥善保管，对暂时不能安装的设备，应在验收后重新装好，以防损坏和丢失。

（2）清点验收的基本方法。

1）清点验收技术资料是否齐全完整。

2）按图纸清单对设备名称、型号、规格及箱号、箱数、件数及零件包装情况进行清点和检查。如发现缺少和包装已损坏，应查明情况，分清责任。

3）开箱可以先清点数量，再检查质量，也可以点件和验收同时进行。

4）设备和部件的验收以两个规程、两个规范和专业技术标准为依据，对于制造质量达不到国家有关标准的零部件，应由使用锅炉单位采取补救措施。

10.2.2 锅炉安装的工艺程序

1.基础砌筑和基础画线

（1）基础砌筑方法。可由土建部门建造锅炉房时一并做好锅炉基础，也可由锅炉安装单位核对实物尺寸后自己砌筑锅炉基础。

（2）基础画线方法。基础验收合格后，即可进行安装前的基础画线工作。基础主要线有三条：锅炉纵向中心线、锅炉横向中心线和锅炉标高基准线。以这三条线为基准可以将锅炉及辅助设备的安装位置按设计的要求全部画在基础上。

2.锅炉钢结构的安装

（1）钢结构的组成部分。锅炉钢结构包括钢架的立柱、横梁、汽包座、联箱支座及平台、通道和扶梯等。

（2）钢结构的安装方法。

1）钢结构的组合安装。适合于大型锅炉和起重吊装力量较强的安装单位。其方法是：在地面上将立柱、横梁等按设备要求组合成大片结构，然后起吊就位，再将各片之间的横梁就位焊成一个整体。

这种安装能加快工期，几何尺寸容易控制，减少空中作业，也相对比较安全。有条件的单位应尽量选用此方法。

2）钢结构的单件安装。单件安装的方法是：先立钢柱，后装横梁，将钢柱的底板对准基础上的轮廓线就位，然后用可调钢丝绳拉紧，经粗调后即可上横梁。先用螺栓固定，而后进行调整，合格一件点焊固定一件，同时将其他结构件连好，经全面复检尺寸合格后，可以进行固定焊接。

（3）钢结构的找平找正。可按如下步骤进行：

1）调整钢柱底板在基础上的位置；

2）利用标高基准线校核立柱上的 1m 标高线；

3）调整立柱的垂直度；

4）调整横梁的标高和水平度；

5）调整立柱间的相互位置。

（4）钢结构安装的注意事项。

1）根据钢结构的形式特点确定适当的焊接位置和焊接顺序，以防焊接时温度过于集中造成构件变形。

2）钢结构焊接，焊完一件检查一件，避免变形误差叠加，以致无法校正。变形可采取变换焊接位置或采用假焊法消除变形，但不允许用大锤敲打的方法进行校正。

3）钢结构就位一件找正一件，不允许在未找正的钢架上进行下一个部件的安装。

4）钢柱的垫铁比钢柱底板略长 10mm 左右，一般不超过 3 块，并与底板焊牢。

5）钢结构的二次灌浆，应在钢结构各部位找平找正后进行。灌浆层厚度应为 25~60mm。

6）锅炉平台、通道、托架和扶梯应配合钢架的安装尽早安装，以保证钢结构的稳定和安全施工。

7）各种钢结构件上不应任意开孔，有必要切割时应与建设单位协商并应对切割处进行加固，然后做好记录。

3. 锅筒、集箱的安装

（1）安装前的检查。

1）检查锅筒、集箱外表面有无裂纹、撞伤、龟裂、分层等缺欠，焊接质量有无上述缺欠。

2）检查管孔、管座（管接头）、法兰、入孔门的数量、质量和尺寸是否符合要求。

3）检查锅筒、集箱上的中心标记是否准确，必要时应予以调整。

4）测量锅筒、集箱的弯曲度。

5）按图核对锅筒内部装置内外壁上的铁锈和其他杂物。

（2）锅筒的就位。锅筒支座的安装先根据锅炉基础给定的纵横基准线和图纸尺寸，确定锅筒中心线，再按标高基准线确定锅筒的纵向水平中心线标高。然后由此确定支座的位置和标高，最后按预定的方向安装好固定支座和滑动支座。

支座安装好后即可进行锅筒就位。上锅筒就位需设临时支架。锅筒吊装时，要按要求绑扎好锅筒，防止吊装过程中锅筒滑脱或碰伤管孔、管座，引起锅筒变形等。临时支架要保证锅筒固定，不得发生位移。拆除时不允许用大锤敲打，以防锅筒动摇，松动管口。

上锅筒就位后，则利用上锅筒吊装下锅筒。锅筒与支座接触应良好。支座与锅筒间应垫石棉板、石棉绳，以便消除热膨胀。

（3）锅筒的找正。对于散装锅炉来说，锅筒的位置安装正确与否是极其重要的。如锅筒装得不正，下一步对流管束的安装则不可能安好，因此要非常重视锅筒找正。具体操作方法如下：下锅筒就位以后，应以基础上的纵横中心线、标高基准线和锅筒上的纵横中心线为基准进行找平，找好后加以固定。再以下锅筒为基准找正上锅筒。上、下锅筒可以互相调整找正，如通过上锅筒的纵向中心线可以找正锅筒的中心线和基础的中心线；通过上、下锅筒水平中心线的标高调整纵向水平度；通过下锅筒可找出上、下锅筒的间距等。

（4）锅筒、集箱安装的注意事项。

1）运输和吊装必须注意设备和人身安全。

2）制造临时支架时和互相固定拉撑时，均不得在锅炉本体任何受压部件上试焊、点焊和打火引弧。

3）安装锅筒、集箱、管子及其他附件时，注意按设计要求留出纵向膨胀间隙。

4. 受热面管子的安装

（1）安装前的检查。

1）检查管子的外观，不应有重皮、裂纹、压扁、严重锈蚀等缺陷。

2）检查管子金属质量、管壁厚薄和管径大小。

3）检查直管的弯曲、弯管的变形偏差。

4）检查管子的椭圆度。

（2）胀管法安装。

1）胀管的工作原理。利用管端的塑性变形和管孔的弹性变形使管子与管孔紧密结合，即为胀管的工作原理：

2）胀管前的试胀。在正式胀接前应进行试胀工作，以检查胀管器的质量和管材的胀接性能。根据试胀结果，确定合理的胀管率。

3）管端的退火处理。退火长度不小于100mm，退火方法采用铅浴法，退火温度为600～650℃，退火加热要均匀，加热后冷却时应缓慢。

4）管端的打磨。打磨的长度比管孔壁厚长50mm，打磨的方式为手工打磨或打磨碎磨机打磨，打磨后管端出金属光泽。

5）管孔清理和检查。先用棉纱将孔内的防锈油和污垢擦去，然后用细纱布沿圆筒方向将铁锈打磨干净。

6）管子与管孔的选配。为了提高胀接质量，管子和管孔之间需要认真选配，使全部管子与管孔之间有比较均匀一致的间隙。选配的前提是对管端和管孔进行认真的测量，根据测量结果，对管子和管孔进行选配。

7）检查胀管器质量和性能。胀管操作分固定胀管（或称初胀、紧固胀或挂管）和翻边胀管（或称板边胀、终胀或复胀）两道工序。为保证胀接质量、防止管口松动，一般胀管采用反阶式胀管顺序。

8）做好胀接记录，要对全部胀口计算胀管率。

（3）胀管的注意事项。

1）胀管前必须进行试胀和试胀工艺评定。

2）要严格控制胀管率，设专人测量、专人记录、专人检查、专人计算。

3）初胀的几根管子必须认真检查，并进行单管水压试验。

4）胀管工作环境温度应为0℃以上，防止胀口产生冷脆裂纹。

5）第一次胀管时，胀管率应取小一些，一般在1％～2％范围内。这样留有余地，防水压试验渗漏时，可以进行补胀，但补胀次数一般不应超过3次。

（4）焊接法安装。

1）焊接工艺评定试验和焊接规范的选择。锅炉安装施焊前必须进行焊接工艺评定试验，从中选取合理有效的焊接规范。焊接工艺评定所选用的钢材、焊接材料、接头形式和焊接方法及位置与工程实际相类似。

2）焊条及部分焊接参数的选择。在选用焊条时，通常根据组成焊接结构钢材的化学成分、机械性能、可焊性、工作条件等要求，以及焊接结构形式、刚性大小、受力情况和焊接设备等方面进行综合考虑。焊接电流和电弧电压的选择对保证焊接质量有非常重要的作用，要根据焊接工艺评定的结果来选择确定。

3）认真检查施焊的管束、机具、量具、卡具等，做好焊条的烘干和领用工作。

4）几种主要对接管的焊接。

a. 水平固定管的焊接：这种焊接要求焊工进行仰、立、平所有空间位置的焊接，是手工电弧焊全位置焊接的基本形式，也是焊接难度最大的操作技术之一。

b. 垂直固定管的焊接：在锅炉安装中，这种使焊接缝处于环向水平位置的横向焊接，一般占整个管子焊接的30％～40％。这种焊接方式焊条熔化时容易下淌，呈泪珠状，要控制焊波形成是比较困难的。

c. 倾斜固定管的焊接：锅炉受热面管子与锅筒、集箱的焊口，有相当一部分处于倾斜的位置，习惯上称为斜焊。它的焊接工艺与前两焊相比，既有共同之处，又有特殊的地方，特殊之处在于它既有立焊的特点，又有全位置焊的特点，因此需要更认真地对待这种焊接。

锅炉范围内的管道和辅助管道的焊接。

5. 燃烧设备的安装

燃烧设备是锅炉机组用于燃烧的设施，是锅炉的重要组成部分。它包括手烧炉、抛煤机炉、链条炉排炉、振动炉排炉、往复推饲炉排炉、煤粉炉、沸腾炉、燃油炉和燃气炉等不同的燃烧设备。安装质量的好坏直接影响锅炉的安全运行，也将直接影响锅炉的热效率。因此，必须认真安装，仔细调试。

6. 尾部受热面的安装

（1）省煤器的安装。包括散装钢管式省煤器和铸铁肋片式省煤器的安装。安装时要注意按图纸的技术条件做好基础和托、吊支架，留足膨胀间隙，保证严密不渗漏，不堵塞，安装完毕做好单体水压试验。

（2）空气预热器安装。一般先将管内尘土和铁锈清除干净，检查管箱和管板的焊缝质量。安装时注意起吊安全，索具应作用在框架上，不得使管子受力变形，上下管方向不得装反，防磨套管与管孔配合要适当，膨胀节的连接应良好，不应有泄漏现象。安装完毕与冷、热风道同时进行风压试验。

7. 锅炉的炉墙炉拱的砌筑

在整个锅炉的安装过程中，筑炉是锅炉本体安装的最后一道工序，它包括炉墙、炉拱、炉顶、炉门和隔烟墙等的砌筑，它不同于一般房屋砌筑。一些安装单位往往只注意受压元件的安装，而忽视锅炉的筑炉工作，这是不对的。

锅炉筑炉质量的好坏，直接影响锅炉机组运行的安全经济性，并对保持环境卫生、提高劳动条件、保障运行人员的身心健康有着非常重要的意义。

我们要求一切砌筑设施要紧固可靠，要有一定的承重、承压能力，有足够的抗震、抗湿、抗裂性能。炉墙要有一定的耐火性、较好的绝热性和良好的密封性，保持长时间在高温下工作而不致被损坏。

8. 快装锅炉的安装

炉外部包有密封铁皮的快装锅炉，应采用以水位表的水连管为基准找出端面横向水平度，或将快装锅炉的前烟箱打开，以最上面一排烟火管为端面水平线（也可在烟管上部画一条直线），进行端面水平度的找正。如果法兰表面平洁且为同样高度时，可垫上长平尺，用水平尺测量纵横水平度，进行找正。这样可以杜绝水位表一高一低的现象。较短的锅筒可以直接用水平尺测定纵向水平度。对锅筒的标高，用水准仪测量上部法兰或对锅筒的纵横向水平中心线进行测定。

9. 立式锅炉的安装

（1）要砌筑锅炉的基础，并加装地脚螺栓。

（2）安装前将人孔、头孔、手孔、检查孔等打开检查，对内部的横竖水火管、炉胆、炉顶、下脚圈进行检查，特别检查炉门圈炉膛中的伸出量，伸出量如果过长应割去。

（3）认真检查炉体的铅垂直度，找正时应参照两支水位表的水平度进行找正，应保证两支水位表的高度在同一水平面上。

10.3　锅　炉　运　行

10.3.1　锅炉启动的安全要点

锅炉启动指锅炉由非使用状态进入使用状态，一般包括冷态启动及热态启动两种。冷态启动指新装、改装、修理、停炉等锅炉的生火启动；热态启动指压火备用锅炉的启动。这里介绍的是冷态启动。

由于锅炉是一个复杂的装置，包含着一系列部件、辅机，锅炉的正常运行包含着燃烧、传热、工质流动等过程，因而启动一台锅炉要进行多项操作，要用较长的时间、各个环节协同动作，逐步达到正常工作状态。

锅炉启动过程中，其部件、附件等由冷态（常温或室温）变为受热状态，由不承压转变为承压，其物理形态、受力情况等产生很大变化，最易产生各种事故。据统计，锅炉事故约有半数是在启动过程中发生的。因而对锅炉启动必须进行认真的准备。

1. 全面检查

锅炉启动前一定要进行全面检查，符合启动要求后才能进行下一步的操作。检查的内容有：检查汽水各级系统、燃烧系统、风烟系统、锅炉本体和辅机是否完好；检查人孔、手孔、看火门、防爆门及各类阀门、接板是否正常；检查安全附件是否齐全、完好并使之处于启动要求的位置；检查各种测量仪表是否完好。

2. 上水

为防止产生过大应力，上水水温最高不应超过 90℃；上水速度要缓慢，全部上水时间在夏季不小于 1h，在冬季不小于 2h。冷炉上水至最低安全水位时间应停止上水，以防受热膨胀后水位过高。

3. 烘炉和煮炉

烘炉应根据事先制定的烘炉升温曲线进行，整个烘炉时间根据锅炉大小、型号不同而定，一般为 3~14d。烘炉后期可以同时进行煮炉。

煮炉时在锅水中加入碱性药剂，步骤为：上水至最高水位；加入适量药剂（2~4kg/t）；燃烧加热锅水至沸腾但不升压，维持 10~12h；减弱燃烧，排污之后适当放水；加强燃烧并使锅炉升压到 25%~100% 工作压力，运行 12~24h；停炉冷却，排出锅水并清洗受热面。

4. 点火与升压

一般锅炉上水后即可点火升压；进行烘炉煮炉的锅炉，待煮炉完毕，排水清洗后再重新上水，然后点火升压。

应注意的问题有：

（1）防止炉膛内爆炸。

（2）防止热应力和热膨胀造成破坏。

（3）监视和调整各种变化。

5. 暖管与并汽

暖管就是用蒸汽缓慢加热管道三阀门、法兰等元件，使其温度缓慢上升，避免向冷态或较低温度的管道突然供入蒸汽，以防止热应力过大而损坏管道、阀门等元件。同时将管道中的冷凝水驱出，防止在供汽时发生水击。冷态蒸汽管道的暖管时间一般不少于 2h，热态蒸汽管道的暖管一般为 0.5~1h。

并汽也叫并炉、并列，即投入运行的锅炉向共用的蒸汽供汽。并汽时应燃烧稳定、运行正常、蒸汽品质合格以入蒸汽压力稍低于蒸汽总管内气压。

10.3.2　锅炉运行中的安全要点

（1）锅炉运行中，保护装置与联锁不得停用。需要检验或维修时，应经有关主要领导批准。

（2）锅炉运行中，安全阀每天人为排汽试验一次。电磁安全阀电气回路试验每月应进行一次。安全阀排汽试验后，其起座压力、回座压力、阀瓣开启高度应符合规定，并做记录。

（3）锅炉运行中，应定期进行排污试验。

10.3.3　锅炉停炉时的安全要点

1. 正常停炉（计划内停炉）

停炉中应注意的主要问题是：防止降压降温过快，以避免锅炉部件因降温收缩不均匀而产生过大的热应力。

锅炉正常停炉应是先停燃料供应，随之停止送风，降低引风；同时逐渐降低锅炉负荷，相应地减少锅炉上水，但应维持锅炉水位稍高于正常水位。锅炉停止供汽后，应隔绝与蒸汽母管的连接，排汽降压。同时应继续收视锅炉，待锅内无气压时，开启空气阀，以免锅内因降温形成真空。

2. 紧急停炉

（1）锅炉运行中出现以下情况时应紧急停炉。

1）锅炉水位低于水位表的下部可见边缘。

2）不断加大向锅炉给水及采取其他措施，但水位仍下降。

3）锅炉水位超过最高可见水位（满水），放水仍见不到水位。

4）给水泵全部失效或给水系统故障，不能向锅炉进水。

5）水位表或安全阀全部失效。

6）锅炉部件损坏，危及运行人员安全。

7）燃烧设备损坏，炉墙倒塌或锅炉构架被烧红等严重威胁锅炉安全运行。

8）其他异常情况危及锅炉安全运行。

（2）紧急停炉的操作顺序如下：立即停止添加燃料和送风，减弱引风，同时设法熄灭炉膛内的燃料，对于一般层燃可以用砂土或湿灰灭火，链条炉可以开快挡使炉排快速运转，把红火送入灰坑；灭火后即把炉门、灰门及烟道挡板打开，以加强通风冷却，锅内可以较快降压并更换锅水，锅水冷却至 70℃ 左右允许排水。但因缺水紧急停炉时，严禁给锅炉上水，并不得开启空气阀及安全阀快速降压。

紧急停炉是为防止事故扩大产生更为严重的后果而采取的必要措施，但紧急停炉操作本身势必导致锅炉部件快速降温降压，产生较大的热应力，以致损害锅炉部件。

10.3.4　锅炉停炉时保养

锅炉停炉后，为防止腐蚀必须进行保养。常用的方法有干法、湿法和热法三种。

1. 干法保养

干法保养只用于长期停用的锅炉。正常停炉后，水放净，清除锅炉受热面及锅筒内外的水垢、铁锈和烟灰，用微火将锅炉烘干，放入干燥剂。而后关闭所有的门、孔，保持严密。一月之后打开人孔、手孔检查，若干燥剂成粉状、失去吸潮能力，则更换新干燥剂。视检查情况决定缩短或延长下次检查时间。若停用时间超过三个月，则在内外部清扫后，受热面内部涂以防锈漆，锅炉附件也应维修检查，涂油保护，再按上述方法保养。

2. 湿法保养

湿法保养也适用于长期停用的锅炉。停用后清扫内外表面，然后进水（最好是软水），将适量氢氧化钠或磷酸钠溶于水后加入锅炉，生小火加热使锅炉外壁面干燥，内部由于对流使各部位碱浓度均匀，锅内水温达 80～100℃ 时即可熄火。每隔 5d 对锅内水化验一次，控制其碱度在 5~12mg/L 范围。

3. 热法保养

停用时间在 10d 左右宜用热法保养。停炉后关闭所有风、烟道闸门，使炉温缓慢下降，保持锅炉气压在大气压以上（即水温在 100℃）即可。若气压保持不住，可生小火或用运行锅炉的蒸汽加热。

10.4 压力容器安全管理

10.4.1 压力容器安全管理规定

（1）设计单位应严格执行容器规程和《压力容器安全技术监察规程》（质技监局锅发〔1999〕154 号）的规定，并对所设计的压力容器安全技术性能负责。

（2）制造压力容器，必须经省级主管部门和省劳动局锅炉压力容器安全监察处审查批准，发给许可证。制造三类容器，还必须报劳动部锅炉压力容器安全监察局批准。

（3）压力容器的施工安装，必须经各级安全监察机构批准的安装单位才能进行。安装压力容器时，必须严格按照图纸施工，并应符合国家有关技术规范。

（4）从事压力容器安装的单位必须是已取得相应的制造资格的单位或者是经安装单位所在地的省级安全监察机构批准的安装单位。从事压力容器安装监理工程师应具备压力容器专业知识，并通过国家安全监察机构认可的培训和考核，持证上岗。

（5）压力容器发生下列异常现象之一时，操作人员应立即采取紧急措施，并按规定的报告程序，及时向有关部门报告。

1）压力容器工作压力、介质温度或壁温超过规定值，采取措施仍不能得到有效控制。

2）压力容器的主要受压元件发生裂缝、鼓包、变形、泄漏等危及安全的现象。

3）安全附件失效。

4）接管、紧固件损坏，难以保证安全运行。

5）发生火灾等直接威胁到压力容器安全运行。

6）过量充装。

7）压力容器液位超过规定，采取措施仍不能得到有效控制。

8）压力容器与管道发生严重振动，危及安全运行。

9）其他异常情况。

（6）压力容器检验、修理人员在进入压力容器内部进行工作前，使用单位必须按相关规程要求，做好准备和清理工作。达不到要求时，严禁人员进入。

（7）采用焊接方法对压力容器进行修理或改造时，一般应采用挖补或更换，不应采用贴补或补焊方法，且应符合以下要求：

1）压力容器的挖补、更换筒节及焊后热处理等技术要求，应参照相应制造技术规范，制订施工方案及适合于使用的技术要求。焊接工艺应经焊接技术负责人批准。

2）缺陷清除后，一般均应进行表面无损检测，确认缺陷已完全消除。完成焊接工作后，应再做无损检测，确认修补部位符合质量要求。

3）母材焊补的修补部位，必须磨平。焊接缺陷清除后的修补长度应满足要求。

4）有热处理要求的，应在焊补后重新进行热处理。

5）主要受压元件焊补深度大于 1/2 壁厚的压力容器，还应进行耐压试验。

（8）改变移动式压力容器的使用条件（介质、温度、压力、用途等）时，由使用单位提出申请，经省级或国家安全监察机构同意后，由具有资格的制造单位更换安全附件，重新涂漆和标志；经具有资格的检验单位进行内、外部检验并出具检验报告后，由使用单位重新办理使用证。

（9）容器的定期检验分为外部检验，内外部检验和耐压试验三种。检验间隔为：

1）外部检验：每年至少进行一次。

2）内外部检验：安全状况等级为 1、2 级，每 6 年至少一次，安全状况为 3 级，每 3 年至少一次。

3）耐压试验：对固定式压力容器，每两次内外部检验期间内，至少进行一次耐压试验，移动式压力容器，每 6 年至少进行一次耐压试验。

（10）安全阀爆破片的制造单位必须持有国家劳动部发给的制造许可证，才能进行制造。使用单位不得自行制造。

（11）安全阀的使用管理按本厂安全阀管理安全管理办法执行。

（12）容器上装有爆破片时，爆破压力不得超过容器的设计压力，并能保证使容器内的压力迅速泄放。

（13）有毒、易爆介质容器的爆破片排口应设放空导管，并引至安全地点或妥善处理。

（14）爆破片应每年更换一次，超压未爆破的爆破片，应立即更换。

（15）爆破片的爆破压力复验时（在工作条件下试验）应有设备主管和安全技术人员在场。

（16）压力表的装设、应符合国家计量部门的规定，压力表至少每年校验一次，新购进的压力表应经校验后才能使用。经检验后的压力表应有合格证铅封。

（17）压力表必须经计量部门批准的单位和人员进行检验。

（18）低压容器的压力表精度不低于 2.5 级，中压以上容器应不低于 1.5 级。

（19）压力表盘直径不得小于 100mm，表盘刻度极限值应为容器最高工作压力的 1.5～3 倍，最好取 2 倍。装设压力表的位置，应便于操作人员观察，且避免受高温、冻结及震动的影响。

（20）压力表与容器之间应装三通旋塞式形阀，以便拆下校对或更换压力表，盛装蒸汽的容器压力表与容器之间应有存水弯管。盛装高温及强腐蚀介质的容器与压力表之间，应有隔离缓冲装置。

（21）工作介质为气液两相共存的容器，应装设液面计或液面指示器。

（22）盛装易燃、剧毒、有毒介质的液化气体的容器，必须采用板式玻璃液面计或自动液面指示器。

（23）液面计或液面指示器上应有防止液面计泄漏的装置和保护罩。

（24）液面计的汽、液相连管上应装设有切断阀，还应有排污阀，以便清洗和更换。

10.4.2 正确使用压力容器

正确合理地操作使用压力容器，是保证安全运行的重要措施，因为即使是容器的设计完全符合要求，制造、安装质量优良，如果操作不当，同样会造成压力容器事故。

压力容器作为石油化工生产工艺过程中的主要设备，要保证其安全运行，必须做到：

1. 平稳操作

压力容器在操作过程中，压力的频繁变化和大幅度波动，对容器的抗疲劳破坏是不利的。应尽可能使操作压力保持平稳。同时，容器在运行期间，也应避免壳体温度的突然变化，以免产生过大的温度应力。

压力容器加载（升压、升温）和卸载（降压、降温）时，速度不宜过快，要防止压力或温度在短时间内急剧变化对容器产生不良影响。

2. 防止超载

防止压力容器超载，主要是防止超压。反应容器要严格控制进料量、反应温度，防止反应失控而使容器超压，贮存容器充装进料时，要严格计量，杜绝超装，防止物料受热膨胀使容器超压。

3. 状态监控

压力容器操作人员在容器运行期间要不断监督容器的工作状况，及时发现容器运行中出现的异常情况，并采取相应措施，保证安全运行。容器运行状态的监督控制主要从工艺条件、设备状况、安全装置等方面进行。

（1）工艺条件。主要检查操作压力、温度、液位等是否在操作规程规定的范围之内；容器内工作介质化学成分是否符合要求等。

（2）设备状况。主要检查容器本体及与之直接相连接部位如人孔、阀门、法兰、压力温度液位仪表接管等处有无变形、裂纹、泄漏、腐蚀及其他缺陷或可疑现象；容器及与其连接管道等设备有无震动、磨损；设备保温（保冷）是否完好等情况。

（3）安全装置。主要检查各安全附件、计量仪表的完好状况，如各仪表有无失准、堵塞；联锁、报警是否可靠投用，是否在允许使用期内，室外设备冬季有无冻结等。

4. 紧急停运

压力容器发生下列异常现象之一时，操作人员应立即采取紧急措施，并按规定程序报告本单位有关部门。这些现象主要有：

（1）工作压力、介质急剧变化、介质温度或壁温超过许用值，采取措施仍不能得到有效控制。

（2）主要受压元件发生裂缝、鼓包、变形、泄漏等危及安全的缺陷。

（3）安全附件失效。

（4）接管、紧固件损坏，难以保证安全运行。

（5）发生火灾直接威胁到压力容器安全运行。

（6）过量充装。

（7）液位失去控制。

（8）压力容器与管道严重振动，危及安全运行等。

10.5 复 习 思 考 题

10.5.1　锅炉安装单位应具备哪些条件？
10.5.2　简述锅炉启动时应注意的安全要点。
10.5.3　简述锅炉运行时应注意的安全要点。
10.5.4　简述锅炉停炉时应注意的安全要点。
10.5.5　压力容器发生哪些异常情况时应采取紧急停运？

第 11 章

危险物品安全管理

教学要求：通过本章的教学，使学生了解危险物品及油库安全管理的基本要求，掌握易燃物品、有毒有害物品、放射性物品的储存、装卸与运输、使用和安全防护的特点及内容，懂得放射性物品作业人员安全操作事项与放射性射源的安全管理要求，理解油库、油品、油罐的储存保管规定，以及油库消防器材配置、油品管线和阀门的检查与维修方法。

凡具有易燃、易爆、腐蚀、有毒等性质，在生产、储运、使用中能引起人身伤亡、财产损毁的物品，均属危险物品。本章所述危险物品包括危险化学品和放射性物品。

危险化学品系指《化学品分类和危险性公示通则》（GB 13690—2009）中规定的爆炸品、压缩气体和液化气体、易燃液体、易燃固体、自燃物品和遇湿易燃物品、氧化剂和有机过氧化物、有毒品和腐蚀品等的单质、化合物或混合物，以及有资料表明其危险的化学品。

本章主要介绍易燃物品、有毒有害物品、放射性物品和油库管理的安全要求。

11.1　基　本　规　定

11.1.1　基本安全要求

（1）危险化学品生产、储存、经营、运输和使用危险化学品的单位和个人，应遵守现行《消防法》《危险化学品安全管理条例》《易燃易爆化学物品消防安全监督管理办法》等规定。

（2）储存、运输和使用危险化学品的单位，应建立健全危险化学品安全管理制度，建立事故应急救援预案，配备应急救援人员和必要的应急救援器材、设备、物资，并应定期组织演练。

（3）储存、运输和使用危险化学品的单位，应当根据消防安全要求，配备消防人员，配置消防设施以及通信、报警装置，并经公安消防监督机构审核合格，取得《易燃易爆化学物品消防安全审核意见书》《易燃易爆化学物品消防安全许可证》《易燃易爆化学物品准运证》。

11.1.2　危险化学品储存

（1）危险化学品必须储存在专用仓库、专用场地或专用储存室（柜）内，并设专人管理。危险化学品的生产车间、经销商店，可根据需要设立周转性的危险化学品仓库，其储存限量由当地主管部门与公安部门规定。交通运输部门的车站、码头，应当修建专用仓库储存化学危险物品。修建专用仓库确有困难又必须在一般仓库短期储存危险化学品的，应当保持一定的安全距离，隔离存放。

（2）危险化学品专用仓库，应当符合有关安全、防火规定，并根据物品的种类、性质，设置相应的通风、防爆、泄压、防火、防雷、报警、灭火、防晒、调温、消除静电、防护围堤等安全设施。

（3）储存危险化学品，应当符合下列要求：

1）危险化学品应当分类分项存放，堆垛之间的主要通道应当有安全距离，不得超量储存。

2）遇火、遇潮容易燃烧、爆炸或产生有毒气体的危险化学品，不得在露天、潮湿、漏雨和低洼容易积水的地点存放。

3）受阳光照射容易燃烧、爆炸或产生有毒气体的危险化学品和桶装、罐装等易燃液体、气体应当在阴凉通风地点存放。

4）化学性质或防护、灭火方法相互抵触的危险化学品，不得在同一仓库或同一储存室内存放。

（4）危险化学品入库前，必须进行检查登记，入库后应当定期检查。

（5）储存危险化学品的仓库内严禁吸烟和使用明火。对进入仓库区内的机动车辆必须采取防火措施。

（6）储存危险化学品的仓库，应根据消防条例，配备消防力量和灭火设施以及通信、报警装置。

11.2　易　燃　物　品

11.2.1　储存易燃物品的库房

（1）库房应符合现行《建筑设计防火规范》（GB 50016—2014）有关建筑物的耐火等级和储存物品的火灾危险性分类的相关安全规定。

（2）库房位置宜选择在有天然屏障的地区，或设在地下、半地下，宜选在生活区和生产区年主导风向的下风侧。不应设在人口集中的地方，与周围建筑物间，应留有足够的防火间距。

（3）库房建筑宜采用单层建筑；应采用防火材料建筑；库房应有足够的安全出口，不宜少于两个；所有门窗应向外开。

（4）应设置消防车通道和与储存易燃物品性质相适应的消防设施；库房地面应采用不易打出火花的材料。易燃液体库房，应设置防止液体流散的设施。

（5）库房内不宜安装电器设备，如需安装时，应根据易燃物品性质，安装防爆或密封式的电器及照明设备，并按规定设防护隔墙。

（6）易燃液体的地上或半地下贮罐应按有关规定设置防火堤。

11.2.2　易燃物品的储存

（1）易燃易爆化学物品的储存应当遵守《仓库防火安全管理规则》（公安部令第6号），存放在专用仓库、货场或其他专用储存设施，必须由经过消防安全培训合格的专人管理。应根据《危险货物品名表》（GB 12268—90）分类、分项储存。化学性质相抵触或灭火方法不同的易燃易爆化学物品，不得在同一库房内储存。

（2）堆存时，堆垛不应过高、过密，堆垛之间，以及堆垛与堤墙之间，应留有一定间距，通道和通风口，主要通道的宽度不应小于2m，每个库房应规定储存限额，不得超量储存。

（3）遇水燃烧、爆炸和怕冻、易燃、可燃的物品，不应存放在潮湿、露天、低温和容易积水的地点。库房应有防潮、保温等措施。

（4）受阳光照射容易燃烧、爆炸的易燃、可燃物品，不应在露天或高温的地方存放。应存放在温度较低、通风良好的场所，并应设专人定时测温，必要时采取降温及隔热措施。

（5）包装容器应当牢固、密封，发现破损、残缺、变形、渗漏和物品变质、分解等情况时，应立即进行安全处理。对散落的易燃、可燃物品应及时清除出库。

（6）易燃易爆化学物品的储存单位，必须建立入库验收、发货检查、出入库登记制度。凡包装、标志不符合国家标准，或破损、残缺、渗漏、变形及物品变质、分解的，严禁出入库。

（7）性质不稳定、容易分解和变质以及混有杂质且容易引起燃烧、爆炸的易燃、可燃物品，应经常进行检查、测温、化验，防止燃烧、爆炸。

（8）在储存易燃、可燃物品的库房、露天堆垛、贮罐规定的安全距离内，严禁进行试验、分装、封焊、维修、动用明火等可能引起火灾的作业和活动。

（9）库房内不应设办公室、休息室，不应住人，不应用可燃材料搭建货架；库房区应严禁烟火。

（10）库房不宜采暖，如储存物品需防冻时，可用暖气采暖；散热器与易燃、可燃物品堆垛应保持安全距离。

（11）易燃、可燃液体贮罐的金属外壳应接地，防止静电效应起火，接地电阻应不大于10Ω。

11.2.3　易燃物品装卸与运输

（1）易燃物品装卸，应轻拿轻放，严防振动、撞击、摩擦、重压、倾置、倾覆。严禁使用能产生火花的工具，工作时严禁穿带钉子的鞋；在可能产生静电的容器上，应装设可靠的接地装置。

（2）运输易燃易爆化学物品的车辆必须办理《易燃易爆化学物品准运证》，无《易燃易爆化学物品准运证》的车辆不得从事易燃易爆化学物品的运输业务。

（3）必须对装运物品严格检查，对包装不牢、破损，品名标签、标志不明显的易燃易爆化学物品和不符合安全要求的罐体、没有瓶帽的气体钢瓶不得装运。

（4）运输易燃易爆化学物品的车辆、船舶，须彻底清扫冲洗干净后，才能继续装运其他危险物品。

（5）化学性质、安全防护、灭火方法互相抵触的易燃易爆化学物品，不得混合装运。

（6）遇热容易引起燃烧、爆炸或产生有毒气体的化学物品，按夏季限运物品安排，宜在夜间运输。必要时应采取隔热降温措施。

（7）遇潮容易引起燃烧、爆炸或产生有毒气体的化学物品，不宜在阴雨天运输。若必须运输时，除具有良好的装卸条件外，还应有防潮遮雨措施。

（8）无关人员不得搭乘装有易燃易爆化学物品的运输工具。

（9）运输易燃易爆化学物品的车辆标志，必须符合《道路运输危险货物车辆标志》（GB 13392—2023）。

（10）运输压缩、液化气体和易燃液体的槽、罐车的颜色，必须符合国家色标要求，并安装静电接地装置和阻火设备。

11.2.4　易燃物品的使用

（1）使用易燃物品，应有安全防护措施和安全用具，建立和执行安全技术操作规程和各种安全管理制度，严格用火管理制度。

（2）易燃、易爆物品进库、出库、领用，应有严格的制度。使用易燃物品应指定专人负责管理。

（3）遇水燃烧、爆炸的易燃物品，使用时应防潮、防水。

（4）怕晒的易燃物品，使用时应采取防晒、降温、隔热等措施。怕冻的易燃物品，使用时应保温、防冻。

（5）使用易燃物品时，应加强对电源、火源的管理，作业场所应备足相应的消防器材，严禁烟火。

（6）性质不稳定、容易分解和变质以及性质互相抵触和灭火方法不同的易燃物品应经常检查，分类存放，发现可疑情况时，应及时进行安全处理。

（7）作业结束后，应及时将散落、渗漏的易燃物品清除干净。

11.3　有　毒　有　害　物　品

11.3.1　有毒有害物品储存

（1）有毒有害物品库房管理的安全要求。

1）库房设计应符合现行《建筑设计防火规范》（GB 50016—2014）的相关安全要求。

2）库房墙壁应用防火防腐材料建筑；应有避雷接地设施，应有与有毒有害物品性质相适应的消防设施。

3）库房应保持良好的通风，有足够的安全出口。

4）库房内应备有防毒、消毒、人工呼吸设备和足够的个人防护用具。

5）库房应与车间、办公室、居民住房等保持一定安全防护距离。安全防护距离应同当地公安局、劳动、环保等主管部门根据具体情况决定，但不宜少于100m。

（2）有毒有害物品应储存在专用库房、专用储存室（柜）内，并设专人管理，剧毒化学品应实行双人收发、双人保管制度。

（3）化学毒品（如三氧化二砷、黄磷、汞等）储存管理的安全要求：

1）化学毒品应根据毒品的性质储存于专设的库房内，严禁与其性能有抵触的物品一起存放。各种盛装毒品的容器，一律标记明显的"毒物"字样。

2）储存的金属容器或玻璃容器应密闭，包装应严密，如有破损现象，应进行处理；堆存时，堆垛间应留通道。

3）化学毒品库应备有专用称量工具，该工具不应称量其他物品，对散落的毒品，应及时清除干净。

4）遇水燃烧、爆炸或怕冻、怕晒的毒品，应根据其性质采取相应的防水、防潮，保温，防晒、降温等措施，并经常检查，发现情况及时处理。

5）在电镀、热处理等使用剧毒物品车间附设的仓库内，不应存放剧毒物品，领回后，应立即投入生产使用。

6）化学毒品严禁与粮食、蔬菜、医药、食品等同库存放。

7）无关人员，严禁进入剧毒物品库。

（4）化学毒品库，应建立严格的进、出库手续，详细记录入库、出库情况。记录内容应包括：物品名称，入库时间，数量来源和领用单位、时间、用途，领用人，仓库发放人等。

（5）对性质不稳定，容易分解和变质以及混有杂质可引起燃烧、爆炸的化学毒品，应经常进行检查、测量、化验，防止燃烧爆炸。

11.3.2　有毒有害物品装卸与运输

（1）装卸与运输有毒有害物品，应轻拿轻放，防止撞击、拖拉和倾倒；碰撞、互相接触容易引起燃烧、爆炸或造成其他危险的有毒有害物品，以及化学性质或防护、灭火方法互相抵触的有毒有害物品，不应违反配装限制和混合装运；遇热、遇潮容易引起燃烧、爆炸或产生有毒气体的化学危险物品，运输时要采取防晒、降温、防潮措施。

（2）运输有毒有害物品的车辆（火车除外）通过市区时，应当遵守所在地公安机关规定的行车时间和路线，中途不应随意停车。

（3）装卸有毒有害物品时，应穿戴个人防护用品或防毒用具。

（4）运输有毒有害物品的车船不应同时装载乘客、易燃、易爆物。严禁同时装载蔬菜、粮食、食品，医药等物资。

（5）其他事项应参照"易燃物品装卸与运输"的有关安全规定。

11.3.3　有毒有害物品的使用

（1）使用有毒物品作业的单位应当使用符合国家标准的有毒物品，不应在作业场所使用国家明令禁止使用的有毒物品或者使用不符合国家标准的有毒物品。

（2）使用有毒物品的作业场所，除应当符合现行《职业病防治法》规定的职业卫生要求外，还应符合下列安全要求：

1）使用有毒物品的作业场所应当设置黄色区域警示线、警示标志；高毒作业场所应当设置红色区域警示线、警示标志。

2）在其醒目位置，设置警示标志和中文警示说明；警示说明应当载明产生危害的种类、后果、预防以及应急救治措施等内容。

3）设置有效的通风装置；可能突然泄漏大量有毒物品或者易造成急性中毒的作业场

所，设置自动报警装置和事故通风设施。

4）作业场所与生活场所分开，作业场所不应住人。有害作业场所与无害作业场所分开，高毒作业场所与其他作业场所隔离。高毒作业场所设置应急撤离通道和必要的泄险区。

（3）从事使用高毒物品作业的用人单位，应当配备应急救援人员和必要的应急救援器材、设备、物资，制定事故应急救援预案，并根据实际情况变化对应急救援预案适时进行修订，定期组织演练。

（4）使用单位应当确保职业中毒危害防护设备、应急救援设施、通信报警装置处于正常使用状态，不应擅自拆除或者停止运行。对其进行经常性的维护、检修，定期检测其性能和效果，确保其处于良好运行状态。

（5）有毒物品的包装应当符合国家标准，并以易于劳动者理解的方式加贴或者拴挂有毒物品安全标签。有毒物品的包装应有醒目的警示标志和中文警示说明。

（6）使用危险化学品，应当根据危险化学品的种类、性能，设置相应的通风、防火、防爆、防毒、监测、报警、降温、防潮、避雷、防静电、隔离操作等安全设施。并根据需要，建立消防和急救组织。

（7）盛装有毒有害物品的容器，在使用前后，应进行检查，消除隐患，防止火灾、爆炸、中毒等事故发生。

（8）使用、保管化学毒品的单位，应指定专人负责，专人保管；应经单位主管领导批准，方可领用，如发现丢失或被盗，应立即报告。一次领用量不应超过当天所用数量。

（9）使用化学毒品的工作人员，应穿戴专用工作服、口罩、橡胶手套、围裙、防护眼镜等个人防护用品；工作完毕，应更衣洗手、漱口或洗澡；应定期进行体检。

（10）使用化学毒品场所或车间，应有良好的通风设备，保证空气清洁，各种工艺设备应尽量密闭，并遵守有关的操作工艺规程；工作场所应有消防设施，并注意防火。

（11）使用化学毒品场所、车间还应备有防毒用具、急救设备。操作者应熟悉中毒急救常识和有关安全卫生常识；发生事故应采取紧急措施，保护好现场，并及时报告。

（12）销毁、处理有燃烧、爆炸、中毒和其他危险的废弃有毒有害物品，应当采取安全措施，并征得所在地公安和环境保护等部门同意。

（13）工作完毕，应清洗工作场所和用具；按照规定妥善处理废水、废气、废渣。禁止在使用化学毒品的场所吸烟、就餐、休息等。

11.4　放　射　性　物　品

11.4.1　作业人员的安全管理

（1）从事放射性工作的人员，应按照国家现行《放射性同位素与射线装置放射防护条例》（国务院令第44号），取得从事放射性工作的许可证后，持证上岗。

（2）对于从事放射性工作的人员，应加强放射防护知识的教育，自觉遵守有关放射防护的规定，避免一切不必要的照射。

（3）从事放射性工作的人员，应经过就业前的健康检查，有不适应症者不应参加放射性工作。已经从事放射性工作的人员，应接受定期检查，每年至少进行一次职业性体检，若发现有不适应症时，应酌情予以减少接触、短期脱离、疗养或调离等处理。

（4）从事放射性工作的单位应建立从事放射性工作人员的健康、剂量监督等档案。

（5）从事放射性工作人员，其接受全身照射的日最大允许剂量当量，不应超过0.05rem；每周最大允许剂量当量为 0.3rem，累计终身剂量当量不应超过 250rem，每年最大允许剂量当量按表 11.1 的规定。

表 11.1　　　　　　　　　**放射性工作人员每年最大允许剂量当量**　　　　　　单位：rem

受照射部位		每年最大允许剂量当量
器官分类	名　称	
第一类	全身、性腺、红骨髓、眼晶体	5
第二类	皮肤、骨、甲状腺	30
第三类	手、前臂、足、踝	75
第四类	其他器官	15

注　孕妇、哺乳期妇女（指内照射）、哺乳未满周岁婴儿每年受照当量应低于本表规定的3/10。

（6）从事放射性工作的单位，应设立防护监测组织，或配备专（兼）职防护人员，负责本单位射线防护监测工作。禁止将射源转让或借给无工作许可证的任何单位。

11.4.2　放射性射源的管理

（1）储存放射性射源的库房应干燥、通风、平坦，要画出警戒线，并采取一定的屏蔽防护措施。

（2）放射性射源应指定专人管理，保管员应掌握射源的物理、化学性质和毒性及防护措施等基本知识；应定期检查射源，严格领用制度。

（3）放射性同位素不应与易燃、易爆、腐蚀性物品放在一起，其储存场所应采取有效的防火、防盗、防泄漏的安全防护措施，并指定专人负责保管。储存、领取、使用、归还放射性同位素时应进行登记、检查，做到账物相符。

（4）存放过放射性物品的地方，应在卫生部门指派专业人员监督指导下，进行彻底清洗，否则不应存放其他物品。

（5）施工现场不应存放射源，确需短时间存放时，应经单位主管领导批准，并应采取有效的防护措施，如制作铅储存容器、铅房等，并设围栏和醒目的标志，射源容器应加锁。

（6）射源容器需经计算，并经实测复核，确认符合安全要求后，方可使用。一般距射源容器 0.5m 处剂量率应低于 3mrem/h。

（7）贮藏室应采取有效的防护措施，使相邻的非从事放射性工作人员接受辐射剂量不应超过从事放射性工作人员最大允许剂量的 1/10。

11.4.3　放射性射源的运输

（1）托运、承运和自行运输放射性同位素或者装过放射性同位素的空容器，应按国家有关运输规定进行包装和剂量检测，经县级以上运输和卫生行政部门核查后方可运输。

（2）长途托运或转让运输时，射源应妥善包装好，并有可靠的防护措施。射源运到目的地后，应立即进行交接检查，确认射源是否完好，并办理交接手续。

（3）在现场搬运射源时，搬运人员应距射源容器不小于 0.5m，容器抬起高度不应超过膝部。

（4）其他事项应参照有毒有害物品装卸与运输的有关安全规定。

11.4.4 放射性物品的使用

（1）放射性同位素的使用场所应设置防护设施。其入口处应设置放射性标志和必要的防护安全联锁、报警装置或者工作信号。

（2）对已从事和准备从事放射性工作的人员，应接受体格检查，并接受放射防护知识培训和法规教育，合格者方可从事放射性工作。

（3）放射性工作单位应严格执行国家对放射性工作人员个人剂量监测和健康管理的规定。

（4）从事放射性工作的哺乳期妇女、妊娠初期三个月孕妇应尽量避免接受照射，在妊娠或哺乳期间不应参与造成内照射的工作，并不应接受事先计划的特殊照射。

（5）在现场进行射线探伤时，应根据现场防护要求，规定安全范围，并设置红色安全围栏，悬挂醒目警告牌，严禁非工作人员进入；操作时应由 1 人操作，1 人监护；并经常测量工作场所的射线剂量；射源处于工作状态时，工作人员严禁离开现场，并密切注意工作场所状态。

（6）利用射源进行探伤时，应采取安全可靠的措施，防止射源失落。若发生失落时，现场所有人员应立即全部撤离。设专人守卫，并及时报告领导和保卫部门，在做好安全防护措施后，方可有组织地用仪器寻找。

（7）在进行探伤时，工作人员应极其小心谨慎，严格遵守操作规程，严守安全防护措施，避免发生意外。如工作场所在室内时，应注意经常换气。

11.4.5 放射安全防护

（1）凡从事放射性工作人员均应有防护工作服、工作帽、面罩及橡皮手套等；工作服等防护用品应经常换洗，洗涤被污染的工作服应在专门的洗衣房或洗衣池内进行，不应和普通衣服混在一起洗，以免二次污染。

（2）从事放射性工作人员，进行工作时，对射源要轻装、轻卸，严禁肩扛、背负、摔掷、碰撞等。工作完毕，应脱掉个人防护用品，更衣洗手。

（3）沾染放射性物质的污物，应放在专门的污物室内的污物桶中，不应随意乱放；废水、废气须达到国家允许的排放标准后，才能排放；废渣送到指定地点进行处理。

（4）放射源丢失或被盗时，应保护好现场，立即报请公安保卫部门和卫生部门查处。

（5）发生放射事故的单位，应立即采取防护措施，控制事故影响，保护事故现场，并向县级以上卫生、公安部门报告。对可能造成环境污染事故的，应同时向所在地环境保护部门报告，在做好防护措施后，进行污染处理。

11.5 复习思考题

11.5.1 什么是危险物品？什么是危险化学品？

11.5.2　危险物品安全管理的基本要求是什么？

11.5.3　危险化学品应如何保管？

11.5.4　危险化学品储存应注意什么？

11.5.5　易燃物品应如何安全储存？

11.5.6　易燃物品应如何安全装卸与运输？

11.5.7　使用易燃物品时有哪些安全要求？

11.5.8　有毒有害物品应如何安全储存？

11.5.9　有毒有害物品应如何安全装卸与运输？

11.5.10　使用有毒物品的作业场所应符合哪些安全要求？

11.5.11　对从事放射性作业的人员有哪些安全规定？

11.5.12　运输放射性射源时有哪些安全要求？

11.5.13　避免放射性物品危害的安全防护措施有哪些？

第 12 章

水利工程土建主要施工工艺安全作业

教学要求：通过本章的教学，使学生理解水利工程土建主要施工工艺安全作业的基本要求，掌握土石方工程施工、地基与基础工程施工、砂石料生产工程施工、混凝土工程施工、沥青混凝土施工等的安全操作的内容要点，熟悉砌石工程、堤防工程、渠道工程、水闸与泵站工程，理解材料监测及试验操作的特点与要求。

水利工程中地基与基础工程属于地下隐蔽工程，其施工质量要求高、工程技术复杂、施工难度大、工艺要求严格、施工连续性强、工期紧、干扰大，施工过程中的作业安全极其重要，必须严格执行各施工环节的操作规程和安全要求。根据《水利水电工程土建施工安全技术规程》（SL 399—2007）和《水利工程施工安全防护设施技术规范》（SL 714—2015）等有关法规和标准，规范我国水利水电工程建设的安全施工工作，防止和减少施工过程的人身伤害和财产损失。

本章重点介绍土石方工程、地基与基础工程、砂石料生产工程、混凝土工程、沥青混凝土、砌石工程、堤防工程、渠道、水闸与泵站工程、检测与试验作业等安全要求。

12.1 土石方工程

12.1.1 基本安全要求

（1）土石方开挖施工前，应掌握必要的工程地质、水文地质、气象条件、环境因素等勘测资料，根据现场的实际情况，制定施工方案。施工中应遵循各项安全技术规程和标准，按施工方案组织施工，在施工过程中注重加强对人、机、物、料、环境等因素的安全控制，保证作业人员、设备的安全。

（2）土石方开挖施工前，应根据设计文件复查地下构造物（电缆、管道等）的埋设位置和走向，并采取防护或避让措施。施工中如发现危险物品及其他可疑物品时，应立即停止开挖，报请有关部门处理。

（3）土石方开挖过程中应充分重视地质条件的变化，遇到不良地质构造和存在事故隐患的部位应及时采取防范措施，并设置必要的安全围栏和警示标志；应采取有效的截水、排水措施，防止地表水和地下水影响开挖作业和施工安全。

（4）合理确定土石方开挖边坡坡比，及时制定边坡支护方案。开挖程序应遵循自上而下的原则，并采取有效的安全措施。

12.1.2　土方开挖

1. 有边坡的明挖作业的安全要求

(1) 在不良气象条件下，不得进行边坡开挖作业。当边坡高度大于 5m 时，应在适当高程设置防护栏栅。

(2) 人工挖掘土方时，工具应安装牢固，操作人员之间应保持足够的安全距离，横向间距不小于 2m，纵向间距不小于 3m；开挖应遵循自上而下的原则，不得掏根挖土和反坡挖土。

(3) 高陡边坡处作业时，作业人员应按规定系好安全带；边坡开挖中如遇地下水涌出，应先排水，后开挖；开挖工作应与装运作业面相互错开，应避免上、下交叉作业；边坡开挖影响交通安全时，应设置警示标志，严禁通行，并派专人进行交通疏导；边坡开挖时，应及时清除松动的土体和浮石，必要时应进行安全支护。

(4) 施工作业过程当中应密切关注作业部位和周边边坡、山体的稳定情况，一旦发现裂痕、滑动、流土等现象，应停止作业，撤出现场作业人员。

(5) 滑坡地段的开挖作业，应从滑坡体两侧向中部自上而下进行，不得全面拉槽开挖，弃土不得堆在滑动区域内。开挖时应有专职人员监护，随时注意滑动体的变化情况。

(6) 在靠近建筑物、设备基础、路基、高压铁塔、电杆等构筑物附近挖土时，应制定防坍塌的安全措施。已开挖的地段，不得顺土方坡面流水，必要时坡顶设置截水沟。

(7) 开挖基坑（槽）时，应根据土壤性质、含水量、土的抗剪强度、挖深等要素，设计安全边坡及马道。

2. 有支撑的明挖作业的安全要求

(1) 挖土不能按规定放坡时，应采取固壁支撑的施工方法。

(2) 在土壤正常含水量下所挖掘的基坑（槽），如系垂直边坡，其最大挖深，在松软土质中不得超过 1.2m，在密实土质中不得超过 1.5m，否则应设固壁支撑。

(3) 操作人员上下基坑（槽）时，不得攀登固壁支撑，人员通行应设通行斜道或搭设梯子。

(4) 雨后、春秋冻融以及处于爆破区放炮以后，应对支撑进行认真检查，发现问题，及时处理。

(5) 拆除支撑前应检查基坑（槽）帮情况，并自上而下逐层拆除。

3. 土方挖运作业应遵守下列规定

(1) 人工挖土应遵守下列规定：工具应安装牢固；在挖运时，开挖土方作业人员之间的安全距离，不应小于 2m；在基坑（槽）内向上部运土时，应在边坡上挖台阶，其宽度不宜小于 0.7m，不应利用挡土支撑存放土、石、工具或站在支撑上传运。

(2) 人工挖土、配合机械吊运土方时，机械操作人员应遵守 SL 401—2007 的规定，并配备有施工经验的人员统一指挥。

(3) 采用大型机械挖土时，应对机械停放地点、行走路线、运土方式、挖土分层、电源架设等进行实地勘察，并制定相应的安全措施。

(4) 大型设备通过的道路、桥梁或工作地点的地面基础，应有足够的承载力。否则应采取加固措施。

（5）在对铲斗内积存料物进行清除时，应切断机械动力，清除作业时应有专人监护，机械操作人员不应离开操作岗位。

4. 土方暗挖作业的安全要求

（1）土方暗挖应按施工组织设计和安全技术措施规定的开挖顺序进行施工。

（2）土方暗挖应遵循"管超前、严注浆、短开挖、强支护、快封闭、勤量测、速反馈"的施工原则。

（3）作业人员到达工作地点时，应首先检查工作面是否处于安全状态，并检查支护是否牢固，如有松动的石、土块或裂缝应先予以清除或支护。

（4）土方暗挖的洞口施工，作业面应有良好的排水措施；应及时清理洞脸，及时锁口；在洞脸边坡外侧应设置挡渣墙或积石槽，或在洞口设置钢或木结构防护棚，其顺洞轴方向伸出洞口外长度不得小于5m；洞口以上边坡和两侧应采用锚喷支护或混凝土永久支护措施。

（5）开挖过程中，如出现整体裂缝或滑动迹象时，应立即停止施工，将人员、设备尽快撤离工作面，视开裂或滑动程度采取不同的应急措施。

（6）土方暗挖的循环控制在0.5～0.75m范围内，开挖后及时喷素混凝土加以封闭，尽快形成拱圈，在安全受控的情况下，方可进行下一循环的施工。

（7）土方暗挖作业面应保持地面平整、无积水，洞壁两侧下边缘应设排水沟；如需站在土堆上作业时，应注意土堆的稳定，防止滑坍伤人。

（8）洞内使用内燃机施工设备，应配有废气净化装置，不得使用汽油发动机施工设备。进洞深度大于洞径5倍时，应采取机械通风措施，送风能力应满足施工人员正常呼吸需要（每人每分钟$3m^3$），并能满足冲淡、排除燃油发动机和爆破烟尘的需要。

5. 软土基坑开挖的安全要求

（1）应待围护桩及旋喷桩止水帷幕完成，并达到设计强度后，再进行基坑土方开挖。杜绝超挖，即基坑开挖至钢支撑设计高程后，及时进行钢支撑安装（包括施加预应力）工作，钢支撑安装未经检查验收合格，严禁往下进行土石方开挖，以确保基坑围护结构的稳定和安全。

（2）应优先采用分段阶梯分层开挖形式，这样不但便利施工组织，而且对基坑的稳定十分有利。分段阶梯分层开挖的每个阶梯平台均可作为挖土机械土方转运的工作平台，从而大大地加快开挖进度。每个阶梯的高度应按规范要求控制在1.0m以内；阶梯的边坡坡度要依据软土的稳定性而定，坡度一般应在2.0～3.5之间；每个阶梯的开挖长度要结合结构施工段确定，一般在20～30m之间。

（3）在围护结构前，要根据软土的稳定性，留置适量反压土，以使反压土与基坑的围护结构共同抵抗围护桩外部土压力、水压力等。这样可部分减少基坑围护结构变形累积，且也可作为钢支撑安装的工作平台。待基坑中心部分土方开挖完毕后，再挖除反压土。挖除反压土时，桩体周围约$300m^3$的土方需采用人工挖除，以防止挖掘机碰撞桩体，从而导致支护体系失稳。

（4）明挖深基坑时，一般采用钻（冲）孔桩围护结构，桩间施作高压旋喷桩止水，能基本截断基坑内外的地下水的流通、剩余雨水及地下水的垂直渗透。软土虽基本属于弱透水～不透水地层，但土的含水量较为丰富，尤其是淤泥和淤泥质土层，其含水量一般为34%～72%，而且土体中富含透水性较好的有机质和夹层等，因此，土方开挖过程需采取行之有效的边开挖边降（排）水的降水措施：即在每个阶梯四周施作简易的排水沟，转角处设置集水坑以便集中抽排雨水或地下水。

（5）监测是软土基坑开挖工作中的一项重要工作。在基坑开挖前，要依据《建筑基坑支护技术规程》（JGJ 120—2012），对各项监测项目的监测点（桩顶位移、桩体测斜、土体测斜、土体沉降及地下水位等）进行布设，并测出其初始值。监测频率一般为每日两次，并及时分析监测数据。如果监测值是一种渐变的递增过程，则说明基坑处于合理的稳定状态；如果某一个监测值发生了突变，则说明基坑的支护体系的平衡状态有可能遭受破坏，发现险情预兆后，一定要在加大基坑的监测频率的同时，放慢土方开挖速度或立即停止土方开挖，待基坑突变监测值停止增长或增长十分缓慢，才可继续进行土方开挖。

（6）在软土地基基坑开挖过程中，要科学地利用土体自身控制位移的潜力；尽量减少每步开挖无支撑的暴露时间；减少开挖过程中的土体扰动范围；防止水土离析，从而最大限度减少基坑的位移和变形。必要时应改变挖土速度、挖土方式，确保基坑稳定。

（7）在基坑边不许堆积弃土，不许堆放建筑材料、存放机械。基坑边外部荷载不得大于20kPa。基坑四周应采用Φ48钢管（高1.2m）连接设置封闭护栏，钢管涂刷红黄油漆，并用密目安全网封闭。

12.1.3　石方开挖

1. 石方明挖作业的安全要求

（1）机械凿岩时，应采用湿式凿岩，或装有捕尘效果能够达到国家工业卫生标准要求的干式捕尘装置，否则不得开钻。

（2）开钻前，应检查工作面附近岩石是否稳定、有无瞎炮，发现问题应立即处理，否则不得作业。不得在残眼中继续钻孔。

（3）供钻孔用的脚手架，应搭设牢固的栏杆。开钻部位的脚手板应铺满绑牢，板厚不小于50mm，架子本身结构要求应符合"施工脚手架"的有关安全要求。

（4）开挖作业开工前应将设计边线外至少10m范围内的浮石、杂物清除干净，必要时坡顶设截水沟，并设置安全防护栏。

（5）对开挖部位设计开口线以外的坡面、岸坡和坑槽开挖，应进行安全处理后再作业。

（6）对开挖深度较大的坡（壁）面，每下降5m，应进行一次清坡、测量、检查。对断层、裂隙、破碎带等不良地质构造，应按设计要求及时进行加固或防护，避免在形成高边坡后进行处理。

（7）进行撬挖作业时，严禁站在石块滑落的方向撬挖或上下层同时撬挖；在撬挖作业的下方严禁通行，并应有专人监护。

（8）撬挖人员应保持适当间距。在悬崖、35°以上陡坡上作业，应系好安全绳、佩戴安全带，严禁多人共用一根安全绳。撬挖作业宜白天进行。

（9）露天爆破作业，应参照本章"石方爆破作业"的有关安全要求。

（10）高边坡石方开挖作业，应符合以下安全要求：

1）高边坡施工搭设的脚手架、排架平台等应符合设计要求，满足施工载荷，操作平台满铺、牢固，临空边缘应设置挡脚板，并经验收合格后，方可投入使用。

2）上下层垂直交叉作业，中间应设有隔离防护棚，或者将作业时间错开，并有专人监护。

3）高边坡开挖每梯段开挖完成后，应进行一次安全处理。在高边坡底部、基坑施工作业上方边坡上应设置安全防护设施。

4）对断层、裂隙、破碎带等不良地质构造的高边坡，应按设计要求及时采取锚喷或加固等支护措施。

5）高边坡施工时应有专人定期检查，并对边坡稳定进行监测。高边坡开挖应边开挖边支护，确保边坡稳定性和施工安全。

（11）石方明挖的挖运作业，应符合下列安全要求：

1）挖装设备的运行回转半径范围以内严禁人员进入。

2）电动挖掘机的电缆应有防护措施，人工移动电缆时，应戴绝缘手套和穿绝缘靴。

3）爆破前，挖掘机应退出危险区避炮，并做好必要的防护。

4）弃渣地点靠边沿处应有挡轮木或渣坝和明显标志，并设专人指挥。

2. 石方暗挖作业的安全要求

（1）洞室开挖作业，应符合以下安全要求：

1）洞室开挖的洞口边坡上不应存在浮石、危石及倒悬石。

2）作业施工环境和条件相对较差时，施工前应制定全方位的安全技术措施，并对作业人员进行交底。

3）洞口削坡，应按照明挖要求进行。不得上下同时作业，并做好坡面、马道加固及排水等工作。

4）进洞前，应对洞脸岩体进行察看，确认稳定或采取可靠措施后方可开挖洞口。

5）洞口应设置防护棚。其顺洞轴方向的长度，可依据实际地形、地质和洞形断面选定，一般不宜小于5m。

6）自洞口计起，当洞挖长度不超过15～20m时，应依据地质条件、断面尺寸，及时做好洞口永久性或临时性支护。支护长度一般不得小于10m。当地质条件不良、全部洞身应进行支护时，洞口段则应进行永久性支护。

7）暗挖作业中，在遇到不良地质构造或易发生塌方地段、有害气体逸出及地下涌水等突发事件，应立即停工，作业人员撤至安全地点。

8）暗挖作业设置的风、水、电等管线路应符合相关安全规定。

9）每次放炮后，应立即进行全方位的安全检查，并清除危石、浮石，若发现非撬挖所能排除的险情时，应采取其他措施进行处理。洞内进行安全处理时，应有专人监护。

（2）处理洞室冒顶或边墙滑脱等现象时，应符合下列安全要求：

1）应查清原因，制定具体施工方案及安全防范措施，迅速处理。

2）地下水十分活跃的地段，应先治水后治塌。

3）准备好畅通的撤离通道，备足施工器材。

4）处理工作开始前，应先加固好塌方段两端未被破坏的支护或岩体。

5) 处理坍塌，一般宜先处理两侧边墙，然后再逐步处理顶拱。

6) 施工人员应位于有可靠的掩护体下进行工作，作业的整个过程应有专人现场监护。

7) 随时观察险情变化，及时修改或补充原定措施计划。

8) 开挖与衬砌平行作业时的距离，应按设计要求控制，但一般不应小于 30m。

（3）斜、竖井开挖作业，应符合下列安全要求：

1) 斜、竖井的井口附近，应在施工前做好修整，并在周围修好排水沟、截水沟，防止地面水侵入井中。竖井井口平台应比地面至少高出 0.5m。在井口边应设置不低于 1.4m 高度的防护栏和不小于 0.35m 高的挡脚板。

2) 在井口及井底部位应设置醒目的安全标志。

3) 当工作面附近或井筒未衬砌部分发现有落石、支撑发生响动或大量涌水等其他失稳异常表象时，工作面施工人员应立即从安全梯或使用提升设备撤出井外，并报告处理。

4) 斜、竖井采用自上而下全断面开挖方法作业时，应锁好井口，确保井口稳定；设置防护设施，防止井台上弃物坠入井内；漏水和淋水地段，应有防水、排水措施。

5) 竖井采用自上而下先打导洞再进行扩挖时，井口周边至导洞口应有适当坡度，便于扒渣；爆破后必须认真处理浮石和井壁，并采取有效措施，防止石渣砸坏井底棚架。

6) 扒渣人员应系好安全带，自井壁边缘石渣顶部逐步下降扒渣；导井被堵塞时，严禁到导井口位置或井内进行处理。

（4）不良地质地段开挖作业，应符合下列安全要求：

1) 根据设计工程地质资料制定施工技术措施和安全技术措施，并向作业人员进行交底。作业现场应有专职安全人员进行监护作业。

2) 不良地质地段的支护要严格按施工方案进行，待支护稳定并验收合格后方可进行下一工序的施工。

3) 当出现围岩不稳定、涌水及发生塌方情况时，所有作业人员应立即撤至安全地带。

4) 施工作业时，岩石既是开挖的对象，又是成洞的介质，为此施工人员需要充分了解围岩性质和合理运用洞室体形特征，以确保施工安全。

5) 施工时采取浅钻孔、弱爆破、多循环，尽量减少对围岩的扰动。采取分部开挖，及时进行支护。每一循环掘进控制在 0.5～1.0m 左右。

6) 在完成一开挖作业循环时，应全面清除危石，及时支护，防止落石。

7) 在不良地质地段施工，应做好工程地质、地下水类型和涌水量的预报工作，并设置排水沟、积水坑和充分的抽排水设备。

8) 在软弱、松散破碎带施工，应待支护稳定后方可进行下一段施工作业。

9) 在不良地质地段施工应按所制定的临时安全用电方案实施，设置漏电保护器，并有断、停电应急措施。

（5）通风及排水，应符合下列安全要求：

1) 洞井施工时，应及时向工作面供应每人每分钟 $3m^3$ 的新鲜空气。

2) 洞深长度大于洞径 3～5 倍时，应采取强制通风措施，否则不得继续施工。

3) 采用自然通风，须尽快打通导洞。导洞未打通前应有临时通风措施；工作面风速不得小于 0.15m/s，最大风速：洞井斜井为 4m/s，运输洞通风处为 6m/s，升降人员与器材的井筒为 8m/s。

4）通风机吸风口，应设铅丝护网。

5）采用压风通风时，风管端头距开挖工作面在 10～15m 为宜；若采取吸风时，风管端距开挖工作面以 20m 为宜。

6）管路宜靠岩壁吊起，不得阻碍人行车辆通道，架空安装时，支点或吊挂应牢固可靠。

7）严禁在通风管上放置或悬挂任何物体。

8）施工前应充分考虑施工用水和外部影响的渗水量，妥善安排排水设施，以利施工机械设备、工作人员在正常条件下进行施工。

9）暗挖排水应符合"施工排水"的有关安全要求。

12.1.4 石方爆破作业

1. 露天爆破的安全要求

（1）在爆破危险区内有两个以上的单位（作业组）进行露天爆破作业时，应由监理、建设单位或发包方组织各施工单位成立统一的爆破指挥部，指挥爆破作业。各施工单位应建立起爆掩体，并采用远距离起爆。

（2）同一区段的二次爆破，应采用一次点火或远距离起爆。

（3）松软岩土或砂床爆破后，应在爆区设置明显标志，并对空穴、陷坑进行安全检查，确认无塌陷危险后，方准恢复作业。

（4）露天爆破需设避炮掩体时，掩体应设在冲击波危险范围之外并构筑坚固紧密，位置和方向应能防止飞石和炮烟的危害；通达避炮掩体的道路不应有任何障碍。

（5）露天爆破方法选用应得当、设计方案应合理、施工应符合规范，确保爆破作业安全可靠。

（6）现场运送运输爆破器材应符合有关安全要求。

2. 洞室爆破的安全要求

（1）洞室爆破的设计，应按设计委托书的要求，并按规定的设计程序、设计深度分阶段进行。

（2）洞室爆破设计应以地形测量和地质勘探文件为依据。

（3）洞室爆破设计文件由设计说明书和图纸组成。

（4）洞室爆破工程开工之前，应由施工单位根据设计文件和施工合同编制施工组织设计。

（5）参加爆破工程施工的临时作业人员，应经过爆破安全教育培训，经口试或笔试合格后，方准许参加装药填塞作业。但装起爆体及敷设爆破网路的作业，应由持证爆破员操作。

（6）A级、B级、C级洞室爆破和爆破环境复杂的D级洞室爆破，洞室开挖施工期间应成立工程指挥部，负责开挖工程和爆破准备工作；爆破之前应成立爆破指挥部。

（7）洞室爆破使用的炸药、雷管、导爆索、导爆管、连接头、电线、起爆器、量测仪表，均应经现场检验合格方可使用。

（8）不应在洞室内和施工现场加工或改装起爆体和起爆器材。

（9）在爆破作业场地附近，应符合"爆破器材与爆破安全作业"的有关安全要求设置爆破器材临时存放场地，场内应清除一切妨碍运药和作业人员通行的障碍物。

（10）爆破指挥部应了解当地气象情况，使装药、填塞、起爆的时间避开雷电、狂风、暴雨、大雪等恶劣天气。

（11）洞室爆破平洞设计开挖断面不宜小于 $1.5m \times 0.8m$，小井设计断面不宜小于 $1m^2$。

（12）平洞设计应考虑自流排水，井下药室中的地下水应沿横巷自流到井底的积水坑内。

（13）装药之前应由指挥长或爆破工作领导人组织对掘进工程进行检查、检测和验收。

（14）验收前应把平洞（小井）口 $0.7m$ 范围内的碎石、杂物清除干净，并检查支护情况；应清除导洞和药室中一切残存的爆破器材、积渣和导电金属。

（15）验收时应检查井、巷、药室的顶板和边壁，发现药室顶板、边壁不稳固时，应采取支护措施。

（16）当药室有渗水和漏水时，应将药室顶板和边壁用防水材料搭成防水棚，导水至底板，由排水沟或排水管排出。如果药室底板积水不多，可设积水坑积水，并在其上铺盖木板。

（17）如采用电爆网路起爆，应在洞内检测杂散电流且其值不应大于 $30mA$，否则应采取相应措施。

（18）各药室之间的施工道路应清除浮石，斜坡的通道宽度应不小于 $1.2m$；当坡度大于 $30°$ 时，应设置梯子或栏杆。

（19）应通过测量和地质测绘提交准确的药室竣工资料。资料中应详细注明药室的几何尺寸、容积、中心坐标，影响药室爆破效果的地质构造及其与药室中心、药包最小抵抗线的关系等数据。经测量药室中心坐标的误差不应超过 $\pm 0.3m$，药室容积不应小于设计要求。

（20）洞室爆破现场混制炸药应符合有关安全规定。

3. 洞室掘进施工的安全要求

（1）为防止落石及塌方，小井开挖前，应将井口周围 $1m$ 以内的碎石、杂物清除干净；在土质或比较破碎的地表掘进小井，应支护井口，支护圈应高出地表 $0.2m$；平洞开挖前，应将洞口周围的碎石清理干净，并清理洞口上部山坡的石块和浮石；在破碎岩层处开洞口，洞口支护的顶板至少应伸出洞口 $0.5m$。

（2）导洞及小井掘进每循环进深在 $5m$ 以内，爆破时人员撤离的安全允许距离，应由设计确定。

（3）小井掘进超过 $3m$ 后，应采用电力起爆或导爆管起爆，爆破前井口应设专人看守。

（4）每次爆破后再进入工作面的等待时间不应少于 $15min$；小井深度大于 $7m$，平洞掘进超过 $20m$ 时，应采用机械通风；爆破后无论时隔多久，在工作人员下井之前，均应用仪表检测井底有毒气体的浓度，浓度不超过地下爆破作业点有害气体允许浓度规定值，才准许工作人员下井。

（5）掘进时若采用电灯照明，其电压应符合有关的安全规定。

（6）掘进工程通过岩石破碎带时，应加强支护；每次爆破后均应检查支护是否完好，清除井口或井壁的浮石，对平洞则应检查清除平洞顶板、边壁及工作面的浮石。

（7）掘进工程中地下水量过大时，应设临时排水设备。

（8）小井深度大于5m时，工作人员不准许使用绳梯上下。

4. 洞室爆破作业的安全要求

（1）药室的装药作业，应由爆破员或由爆破员带领经过培训的人员进行。安装、连接起爆体的作业，应由爆破员进行，安装前应再次确认起爆体的雷管段别是否正确。

（2）洞室装药，应使用36V以下的低压电源照明，照明线路应绝缘良好，照明灯应设保护罩，灯泡与炸药堆之间的水平距离不应小于2m。装药人员离开洞室时，应将照明电源切断。装有电雷管的起爆药包或起爆体运入前，应切断一切电源，拆除一切金属导体，并应采用蓄电池灯、安全灯或绝缘手电筒照明。装药和填塞过程中不得使用明火照明。

（3）夜间装药，洞外可采用普通电源照明。照明灯应设保护罩，线路应采用绝缘胶线，灯具和线路与炸药堆和洞口之间的水平距离应大于20m。

（4）洞室内有水时，应进行排水或对非防水炸药采取防水措施。潮湿的洞室，不应散装非防水炸药。

（5）洞室装药应将炸药成袋（包）码放整齐，相互密贴，威力较低的炸药放在药室周边，威力较高的炸药放置在正、副起爆体和导爆索的周围，起爆体应按设计要求安放。

（6）用人力往导洞或小井口搬运炸药时，每人每次搬运量不应超过两箱（袋），搬运工人行进中，应保持1m以上的间距，上下坡时应保持5m的间距。往洞室运送炸药时，不应与雷管混合运送；起爆体、起爆药包或已经接好的起爆雷管，应由爆破员携带运送。

（7）填塞工作开始前，应在导洞或小井口附近备足填塞材料。

（8）平洞填塞，应在导洞内壁上标明按设计规定的填塞位置和长度。

（9）填塞时，药室口和填塞段各端面应采用装有砂、碎石的编织袋堆砌，其顶部用袋料码砌填实，不应留空隙。

（10）在有水的导洞和药室中填塞时，应在填塞段底部留一排水沟，并随时注意填塞过程中的流水情况，防止排水沟堵塞。

（11）填塞时，应保护好从药室引出的起爆网路，保证起爆网路不受损坏。填塞完毕，应有专人进行验收。

（12）洞室爆破应采用复式起爆网路，装药连线时操作人员应佩戴标志，未经爆破工作领导人批准，一切人员不得进入爆破现场。

（13）电力起爆网路的所有导线接头，均应按电工接线法连接，并确保其对外绝缘。在潮湿有水的地区，应避免导线接头接触地面或浸泡在水中。

（14）电力起爆网路导线应用绝缘性能良好的铜芯线；不宜使用裸露导线和铝芯线。

（15）洞室爆破时，所有穿过填塞段的导线、导爆索和导爆管，均应采取保护措施，以防填塞时损坏。非填塞段如有塌方或洞顶掉块的情况，还应对起爆网路采取保护措施。

（16）装入起爆体前后，以及填塞过程中每填塞一段，均应进行电阻值检测；当发现电阻值有较大的变化时，应立即清查，排除故障后才准许进行下一施工工序。

（17）敷设导爆索起爆网路时，不应使导爆索互相交叉或接近；否则，应用缓冲材料将其隔离，且相互间的距离不得少于 0.1m。

（18）每个起爆体的雷管数不应少于 4 发，起爆网路连接时应复核雷管段别。

（19）连接网路人员应持起爆网路图，按从后爆到先爆、先里后外的顺序连接；所有导爆管雷管与接力雷管，在接点部位应有明显段别标志；接头用胶布包紧，并不少于三层，然后再用绳扎紧。

（20）采用导爆管和导爆索混合起爆网路时，宜用双股导爆索连成环形起爆网路，导爆管与导爆索宜采用单股垂直连接。

（21）起爆网路应用电雷管或导爆管雷管引爆，不应用火雷管引爆；只有在爆破工作领导人下达准备起爆命令后，方准许向主起爆线上连接起爆雷管。

（22）电爆网路的连接，应符合下列安全要求：

1）起爆网路连接应有专人负责；网路连接人应持有网路示意图和历次检查各药室及支路电阻值的记录表，以便随时供爆破工程技术人员、爆破工作领导人查阅。

2）网路连接，应按从里到外（工作面到电源）的顺序进行。

3）电力起爆网路连接前，应检查各洞口引出线的电阻值，经检查确认合格后，方可与区域线连接；只有当各支路电阻均检查无误时，方准许与主线相连接。

4）电爆网路的主线应设中间开关。

5）指挥长（或爆破工作领导人）下达准备起爆命令前，电爆网路的主线不得与起爆器、电源开关和电源线连接；电源的开关应设保护装置并直接由起爆站站长（或负责起爆的人员）监管。

6）只有在无关人员已全部撤离，爆破工作领导人下达准备起爆命令后，方准许打开开关箱，并将主线接入电源线的开关上或起爆器的接线柱上。

（23）起爆网路检查与防护，应符合下列安全要求：

1）网路连好后，由联网技术负责人进行检查，鉴别联网方式与段别等是否有误；确认无误后再进行防护。

2）起爆网路可用线槽或对开竹竿合扎进行防护，接头及交叉点用编织袋包裹好，悬挂在导洞上角；也可将起爆网路束紧后用编织袋做整体外包扎，安置在导洞下角的沙包上，上部再用沙包压实。

5. 洞室爆破后检查的安全要求

（1）是否完全起爆，洞室爆破发生盲炮的表征是：爆破效果与设计有较大差异；爆堆形态和设计有较大的差别；现场发现残药和导爆索残段；爆堆中留有岩坎陡壁。

（2）有无危险边坡、不稳定爆堆、滚石和超范围塌陷。

（3）最敏感、最重要的保护对象是否安全。

（4）爆区附近有隧道、涵洞和地下采矿场时，应对这些部位进行毒气检查，在检查结果明确之前，应进行局域封锁。

（5）如果发现或怀疑有拒爆药包，应向指挥长汇报，由其组织有关人员做进一步检查；如果发现有其他不安全因素，应尽快采取措施进行处理；在上述情况下，不应发出解除警戒信号。

6. 水下岩塞爆破的安全要求

(1) 应根据岩塞爆破产生的冲击波、涌水等对周围需保护的建（构）筑物的影响进行分析论证。

(2) 岩塞厚度小于 10m 时，不宜采用洞室爆破法。

(3) 导洞开挖应符合下列安全要求：

1）每次循环进尺不应超过 0.5m，每孔装药量不应大于 150g，每段起爆药量不应超过 1.5kg；导洞的掘进方向朝向水体时，超前孔的深度不应小于炮孔深度的 3 倍。

2）应用电雷管或非电导爆管雷管远距离起爆。

3）起爆前所有人员均应撤出隧洞。

4）离水最近的药室不准超挖，其余部位应严格控制超挖、欠挖。

5）每次爆破后应及时进行安全检查和测量，对不稳围岩进行锚固处理，只有确认安全无误，方可继续开挖。

(4) 装药工作开始之前，应将距岩塞工作面 50m 范围内的所有电气设备和导电器材全部撤离。

(5) 装药堵塞时，照明应符合下列安全要求：

1）药室洞内只准用绝缘手电照明，应由专人管理。

2）距岩塞工作面 50m 范围内，应用探照灯远距离照明。

3）距岩塞工作面 50m 以外的隧洞内，宜用常规照明。

(6) 装药堵塞时应进行通风。

(7) 电爆网络的主线，应采用防水性能好的胶套电缆，电缆通过堵塞段时，应采用可靠的保护措施。

7. 水下开挖爆破的安全要求

水下开挖爆破作业，应符合"水下爆破"的有关安全要求。

12.1.5 施工支护

(1) 施工支护前，应根据地质条件、结构断面尺寸、开挖工艺、围岩暴露时间等因素进行支护设计，制定详细的施工作业指导书，并向施工作业人员进行安全技术交底。

(2) 施工人员作业前，应认真检查施工区的围岩稳定情况，需要时应进行安全处理。

(3) 作业人员应根据施工作业指导书的要求，及时进行支护。

(4) 开挖期间和每茬炮后，都应对支护进行检查，必要时进行维护。

(5) 对不良地质地段的临时支护，应结合永久支护进行，即在不拆除或部分拆除临时支护的条件下，进行永久性支护。

(6) 施工人员作业时，应佩戴防尘口罩、防护眼镜、防尘帽、安全帽、雨衣、雨裤、长筒胶靴和乳胶手套等劳保用品。

(7) 锚喷支护的安全要求。

1）施工前，应通过现场试验或依工程类比法，确定合理的锚喷支护参数。

2）锚喷作业的机械设备，应布置在围岩稳定或已经支护的安全地段。

3）喷射机、注浆器等设备，应在使用前进行安全检查，必要时在洞外进行密封性能和耐压试验，满足安全要求后方可使用。

4）喷射作业面，应采取综合防尘措施降低粉尘浓度，采用湿喷混凝土。有条件时，可设置防尘水幕。

5）岩石渗水较强的地段，喷射混凝土之前应设法把渗水集中排出。喷后钻排水孔，防止喷层脱落伤人。

6）凡锚杆孔的直径大于设计规定的数值时，不得安装锚杆。

7）锚喷工作结束后，应指定专人检查锚喷质量，若喷层厚度有脱落、变形等情况，应及时处理。

8）砂浆锚杆灌注浆液时，应遵守下列规定：

a. 作业前应检查注浆罐、输料管、注浆管是否完好。

b. 注浆罐有效容积应不小于 0.02m³，其耐压力不应小于 0.8MPa（8kg/cm²），使用前应进行耐压试验。

c. 作业开始（或中途停止时间超过 30min）时，应用水或 0.5～0.6 水灰比的纯水泥浆润滑注浆罐及其管路。

d. 注浆工作风压应逐渐升高。

e. 输料管应连接紧密、直放或大弧度拐弯，不得有回折。

f. 注浆罐与注浆管的操作人员应相互配合，连续进行注浆作业，罐内储料应保持在罐体容积的三分之一左右。

9）喷射机、注浆器、水箱、油泵等设备，应安装压力表和安全阀，使用过程中如发现破损或失灵时，应立即更换。

10）施工期间应经常检查输料管、出料弯头、注浆管以及各种管路的连接部位，如发现磨薄、击穿或连接不牢等现象，应立即处理。

11）带式上料机及其他设备外露的转动和传动部分，应设置保护罩。

12）施工过程中进行机械故障处理时，应停机、断电、停风；在开机、送电、送风之前应预先通知有关的作业人员。

13）作业区内不得在喷头和注浆管前方站人；喷射作业的堵管处理，宜采用敲击法疏通，若采用高压风疏通时，风压不得大于 0.4MPa（4kg/cm²），并将输料管放直，握紧喷头，喷头不得正对有人的方向。

14）当喷头（或注浆管）操作手与喷射机（或注浆器）操作人员不能直接联系时，应有可靠的联系手段。

15）预应力锚索和锚杆的张拉设备应安装牢固，操作方法应符合有关规程的规定。正对锚杆或锚索孔的方向不得站人。

16）作业台架安装应牢固可靠，2m 以上的应设置栏杆；作业人员应系安全带。

17）竖井中的锚喷支护施工应遵守下列规定：

a. 采用溜筒运送喷混凝土的干混合料时，井口溜筒喇叭口周围应封闭严密。

b. 喷射机置于地面时，竖井内输料钢管宜用法兰连接，悬吊应垂直固定。

c. 采取措施防止机具、配件和锚杆等物件掉落伤人。

18）喷射机应密封良好，从喷射机排出的废气应进行妥善处理。

19）适当减少锚喷操作人员连续作业时间，定期进行健康体检。

（8）构架支撑的安全要求如下：

1）构架支撑包括木支撑、钢支撑、钢筋混凝土支撑及混合支撑，其架设应符合下列安全要求：

a. 采用木支撑的应严格检查木材质量。

b. 支撑立柱应放在平整岩石面上，必要时应挖柱窝。

c. 支撑和围岩之间，应用木板、楔块或小型混凝土预制块塞紧。

d. 危险地段，支撑应跟进开挖作业面；必要时，可采取超前固结的施工方法。

e. 预计难以拆除的支撑应采用钢支撑。

f. 支撑拆除时应有可靠的安全措施。

2）支撑应经常检查，发现杆件破裂、倾斜、扭曲、变形及其他异常征兆时，应仔细分析原因，采取可靠措施进行处理。

12.1.6　土石方填筑

（1）土石方填筑应按施工组织设计进行施工，不得危及周围建筑物的结构或施工安全，不得危及相邻设备、设施的安全运行。

（2）填筑作业时，应注意保护相邻的平面、高程控制点，防止碰撞造成移位及下沉。

（3）夜间作业时，现场应有足够照明，在危险地段设置明显的警示标志和护栏。

（4）陆上填筑的安全要求如下：

1）用于填筑的碾压、打夯设备，应按照厂家说明书规定操作和保养，操作者应持有效的上岗证件。进行碾压、打夯时应有专人负责指挥。

2）装载机、自卸车等机械作业现场应设专人指挥，作业范围内不得进行其他作业。

3）电动机械运行，应严格执行"三级配电两级保护"和"一机、一闸、一漏、一箱"要求。

4）人力打夯注意力要集中，动作应一致。

5）基坑（槽）土方回填时，应先检查坑、槽壁的稳定情况，用小车卸土不得撒把，坑、槽边应设横木车挡。卸土时，坑槽内不得有人。

6）基坑（槽）的支撑，应根据已回填的高度，按施工组织设计要求依次拆除，不得提前拆除坑、槽内的支撑。

7）基础或管沟的混凝土、砂浆应达到一定的强度，当其不致受损坏时方可进行回填作业。

8）已完成的填土应将表面压实，且宜做成一定的坡度以利排水。

9）雨天不应进行填土作业。如需施工，应分段尽快完成，且宜采用碎石类土和砂土、石屑等填料。

10）基坑回填应分层对称，防止压力失衡，破坏基础或构筑物。

11）管沟回填，应从管道两边同时进行填筑并夯实。填料超过管顶 0.5m 厚时，方准用动力打夯，不宜用振动碾压实。

（5）水下填筑的安全要求如下：

1）所有船舶航行、运输、驻位、停靠等参照交通部颁发的《中华人民共和国内河避碰规则》(简称《内河避碰规则》) 及水下开挖中船舶相关操作规程的内容执行。

2) 水下填筑应按设计要求和施工组织设计确定程序施工。

3) 船上作业人员应穿救生衣、戴安全帽,并经过水上作业安全技术培训。

4) 为了保证抛填作业安全及抛填位置的准确率,宜选择在风力小于 3 级、浪高小于 0.5m 的气象条件下进行作业。

5) 水下基床填筑,应符合下列安全要求:

a. 定位船及抛石船的驻位方式,应根据基床宽度、抛石船尺度、风浪和水流确定。定位船参照所设岸标或浮标,通过锚泊系统预先泊位,并由专职安全管理人员及时检查锚泊系统的完好情况。

b. 采用装载机、挖掘机等机械在船上抛填时,宜采用 400t 以上的平板驳,抛填时为避免船舶倾斜过大,船上块石在测量人员的指挥下,对称抛入水中。

c. 人工抛填时,应遵循由上至下、两侧块石对称抛投的原则;严禁站在石堆下方掏取石块。

d. 抛填时宜顺流抛填块石,且抛石和移船方向应与水流方向一致,避免块石抛在已抛部位而超高,增加水下整理工作量。

e. 有夯实要求的基床,其顶面应由潜水员作适当平整,为确保潜水员水下整平作业的安全,船上作业人员应服从潜水员和副手的统一指挥,补抛块石时,需通过透水的串筒抛投至潜水员指定的区域,严禁不通过串筒直接将块石抛入水中。

f. 潜水员在水下作业时,应处在已抛块石的顶部,面向水流方向按序进行水下基床整平作业。

g. 基床重锤夯实作业过程中,周围 100m 范围之内不得进行潜水作业。

h. 夯锤宜设计成低重心的扁式截头圆锥体,中间设置排水孔,选择铸钢链、卡环、连接环和转动环的能力时,安全系数宜取 5~6,且 4 根铸钢链按 3 根进行受力计算;此外,吊钩应设有封钩装置,以防止脱钩。

i. 打夯操作手作业时,注意力要高度集中,严禁重锤在自由落下的过程中紧急刹车。

j. 经常检查钢丝绳、吊臂等有无断丝、裂缝等异常情况,若有异常应按起重设备有关安全管理规定的要求及时采取措施进行处理。

6) 重力式码头沉箱内填料,应符合下列安全要求:

a. 沉箱内填料,一般采用砂、卵石、渣石或块石。填料时应均匀抛填,各格舱壁两侧的高差宜控制在 1m 以内,以免造成沉箱倾斜、格舱壁开裂。

b. 为防止填料砸坏沉箱壁的顶部,在其顶部要覆盖型钢、木板或橡胶保护。

c. 沉箱码头的减压棱体(或后方回填土)应在箱内填料完成后进行。扶壁码头的扶壁若设有尾板,在填棱体时应防止石料进入尾板下而失去减小前趾压力的作用。抛填减压棱体应防止其向坡脚滑移。

d. 为保证箱体回填时不受回填时产生的挤压力而导致结构位移及失稳,减压棱体和倒滤层宜采用民船或方驳于水上进行抛填。对于沉箱码头,为提高抛填速度,可考虑从陆上运料于沉箱上抛填一部分。抛填前发现基床和岸坡上有回淤和塌坡,应按设计要求进行清理。

7）水下埋坡时，船上测量人员和吊机应配合潜水员，按由高至低的顺序进行理坡作业。

12.2　地 基 与 基 础 工 程

12.2.1　基本安全要求

（1）凡从事地基与基础工程的施工人员，应经过安全生产教育，熟悉水利工程专业和相关专业安全技术操作规程，并严格遵守。

（2）钻场、机房不得单人开机操作，每班工作，必须有明确分工。

（3）经常检查机械及防护设施，确保安全运行。

（4）在得到6级以上大风或台风的报告后，应迅速卸下钻架布并妥善放置，检查钻架，做好加固；在不能进行工作时，应切断电源，盖好设备，工具应装箱保管，封盖孔口。

（5）受洪水威胁的施工场地，应加强警戒，并随时掌握水文及气象资料，做好应急措施。

（6）对特殊处理的工程施工（软土地基、冻土），应根据实际情况制定相应的单项安全措施和补充安全规定。

12.2.2　混凝土防渗墙工程

钻机施工平台应平整、坚实。枕木放在坚实的地基上。轨道间距应与平台车轮距相符。钻机就位后，应用水平尺找平后方可安装。

钻机的吊装、桅杆的升降及开机，应严格符合有关安全操作规程。

1. 冲击钻进的安全要求

（1）开机前应拉开所有离合器，严禁带负荷启动。

（2）开孔应采用间断冲击，直至钻具全部进入孔内且冲击平稳后，方可连续冲击。

（3）钻进中应经常注意和检查机器运行情况，如发现轴瓦、钢丝绳、皮带等有损坏或机件操作不灵等情况，应及时停机检查修理。

（4）钻头距离钻机中心线2m以上时，钻头埋紧在相邻的槽孔内或深孔内提起有障碍时，钻机未挂好、收紧绑绳时，孔口有塌陷痕迹时，严禁开车。

（5）遇到暴风、暴雨和雷电时，严禁开车，并应切断电源。

（6）钻机移动前，应将车架轮的三角木取掉，松开绷绳，摘掉挂钩，钻头、抽筒应提出孔口，经检查确认无障碍后，方可移车。

（7）电动机运转时，不得加注黄油，严禁在桅杆上工作。

（8）除钻头部位槽板盖因工作打开外，其余槽板盖不得敞开，以防止人或物件掉入槽内。

（9）钻机后面的电线宜架空，以免妨碍工作及造成触电事故。

（10）钻机桅杆宜设避雷针。

（11）孔内发生卡钻、掉钻、埋钻等事故，应摸清情况，分析原因，然后采取有效措施进行处理，不得盲目行事。

2. 制浆及其输送的安全要求

（1）搅拌机进料口及皮带、暴露的齿轮传动部位应设有安全防护装置。否则，不得开机运行。

（2）当人进入搅拌槽内之前，应切断电源，开关箱应加锁，并挂上"有人操作，严禁合闸"的警示标志。

3. 浇注导管安装及拆卸的安全要求

（1）安装前认真检查导管是否完好、牢固。吊装的绳索挂钩应牢固、可靠。

（2）导管安装应垂直于槽孔中心线，不得与槽壁相接触。

（3）起吊导管时，应注意天轮不能出槽，由专人拉绳；人的身体不能与导管靠得太近。

12.2.3 基础灌浆工程

钻机平台应平整、坚实、牢固，满足最大负荷 1.3～1.5 倍的承载安全系数，钻架脚周边宜保证有 0.5～1m 的安全距离，临空面应设置安全防护栏杆。钻机的安装、拆卸、使用应严格符合有关安全操作规程。

1. 水泥灌浆的安全要求

（1）灌浆前，应对机械、管路系统进行认真检查，并进行 10～20min 该灌注段最大灌浆压力的耐压试验。高压调节阀应设置防护设施。

（2）搅浆人员应正确穿戴防尘保护用品。

（3）压力表应经常校对，超出误差允许范围不得使用。

（4）处理搅浆机故障时，传动皮带应卸下。

（5）灌浆中应有专人控制高压阀门并监视压力指针摆动，避免压力突升或突降。

（6）灌浆栓塞下孔途中遇有阻滞时，应起出后扫孔处理，不得强下。

（7）在运转中，安全阀应确保在规定压力时动作；经校正后不得随意调节。

（8）对曲轴箱和缸体进行检修时，不得一手伸进试探、另一手同时转动工作轴，更不应两人同时进行此动作。

2. 灌浆孔内事故处理的安全要求

（1）事故发生后，应将孔深、钻具位置、钻具规格、种类和数量、所用打捞工具及处理情况等详细填入当班报表。

（2）发现钻具（塞）被卡时，应立即活动钻具（塞），严禁无故停泵。

（3）钻具（塞）在提起中途被卡时，应用管钳搬扭或设法将钻具（塞）下放一段，同时开泵送水冲洗，上下活动、慢速提升，不得使用卷扬机和立轴同时起拔事故钻具。

（4）使用打吊锤处理事故时，应由专人统一指挥，检查钻架的缆绳是否安全牢固；吊锤处于悬挂状态打吊锤时，周围不得有人；不应在钻机立轴上打吊锤；必要时，应对立轴做好防护措施。

（5）用千斤顶处理事故时，场地应平整坚实，千斤顶应安放平稳，并将卡瓦及千斤顶绑在机架上，以免顶断钻具时卡瓦飞出伤人；不得使用有裂纹的丝杆、螺母；使用油压千斤顶时，不得站在保险塞对面；装紧卡瓦时，不得用铁锤直接打击，卡瓦塞应缠绑牢固，受力情况下不得面对顶部进行检查；扳动螺杆时，用力应一致，手握杆棒末端；使用管钳或链钳扳动事故钻具时，严禁在钳把回转范围内站人，也不得用两把钳子进行前后反转。掌握限制钳者，应站在安全位置。

12.2.4　化学灌浆

1．施工准备的安全要求

（1）查看工程现场，搜集全部有关设计和地质资料，搞好现场施工布置与检修钻灌设备等准备工作。

（2）材料仓库应布置在干燥、凉爽和通风条件良好的地方；配浆房的位置宜设置在阴凉通风处，距灌浆地点不宜过远，以便运送浆液。

（3）做好培训技工的工作。培训内容包括化学灌浆的基本知识、作业方法、安全防护和施工注意事项等。

（4）根据施工地点和所用的化学灌浆材料，应设置有效的通风设施。尤其是在大坝廊道、隧洞及井下作业时，应保证能够将有毒气体彻底排出现场，引进新鲜空气。

（5）施工现场的作业环境应符合有关安全要求，应配备足够的劳保用品及消防设施。

2．灌浆作业的安全要求

（1）灌浆前应先行试压，以便检查各种设备仪表及其安装是否符合要求，止浆塞隔离效果是否良好，管路是否通畅，有无渗漏现象等。只有在整个灌浆系统畅通无泄漏的情况下，方可开始灌浆。

（2）灌浆时严禁浆管对准工作人员，注意观测灌浆孔口附近有无返浆、跑浆、串漏等异常现象，发现异常应立即处理。

（3）灌浆结束后，止浆塞应保持封闭不动，或用乳胶管封口，以免浆液流失和挥发。施工现场应及时清理，用过的灌浆设备和器皿应用清水或丙酮及时清洗。灌浆管路拆卸时，应同时检查其腐蚀堵塞情况并处理。

（4）清理灌浆时落弃的浆液，可使用专用小提桶盛装，妥善处理。严禁废液流入水源，污染水质。

3．事故处理的安全要求

（1）运输中若出现盛器破损，应立即更换包装、封好，液体药品用塑料盛器为宜，粉状药物和易溶药品应分开包装。

（2）出现溶液药品黏度增大，应首先使用，不宜再继续存放。

（3）玻璃仪器破损，致人体受伤，应立即进行消毒包扎。

（4）试验设备仪器发生故障，应立即停止运转，关掉电源，进行修复处理。

（5）发生材料燃烧或爆炸时，应立即拉掉电源，熄灭火源，抢救受伤人员，搬走余下药品。

12.2.5　灌注桩基施工

（1）吊装钻机的吊车，应选用大于钻机自重1.5倍以上起重量的型号，严禁超负荷吊装；起重用的钢丝绳应满足起重要求规定的要求；吊装时先进行试吊，距地面高度一般100～200mm，检查确定牢固平稳后方可正式吊装；钻机就位后，应用水平尺找平。

（2）开钻前，塔架式钻机，各部位的连接应牢固、可靠；有液压支腿的钻机，其支腿应用方木垫平、垫稳；钻机的安全防护装置，应齐全、灵敏、可靠。

（3）供水、供浆管路安装时，接头应密封、牢固，各部分连接应符合压力和流量的要求。

（4）钻进操作的安全要求如下：

1）钻孔过程中，应严格按工艺要求进行操作。

2）对于有离合器的钻机，开机前拉开所有离合器，不得带负荷启动。

3）开始钻进时，钻进速度不宜过快。

4）在正常钻进过程中，应保持钻机不产生跳动，振动过大时应控制钻进速度。

5）用人工起下钻杆的钻机，应先用吊环吊稳钻杆，垫好垫叉后，方可正常起下钻杆。

6）钻进过程中，若发现孔内异常，应停止钻进，分析原因；或起出钻具，处理后再行钻进。

7）孔内发生卡钻、掉钻、埋钻等事故，应分析原因，采取有效措施后方可进行处理，不得随意行事。

8）突然停电或其他原因停机且短时间内不能送电时，应采取措施将钻具提离孔底 5m 以上。

9）遇到暴风、雷电时，应暂停施工。

（5）搬运和吊装钢筋笼应防止其发生变形；吊装钢筋笼的机械应满足起吊的高度和重量要求；下设钢筋笼时，应对准孔位，避免碰撞孔壁，就位后应立即固定；钢筋笼安放就位后，应用钢筋固定在孔口的牢固处。

（6）钢筋笼加工、焊接参照焊接中有关规定执行。钢筋笼首节的吊点强度应满足全部钢筋笼的重量的吊装要求。

（7）下设钢筋笼、浇注导管采用吊车时，参照起重设备和机具有关规定执行。

12.2.6　振冲法施工

（1）组装振冲器的安全要求如下：

1）组装振冲器应有专业人员负责指挥，振冲器各连接螺丝应拧紧，不得松动。

2）射水管插入胶管中的接头不得小于 100mm，并应卡牢，不得漏水，达到与胶管同等的承拉力。

3）在组装好的振冲器顶端，应绑上一根长 1.2m、直径 100mm 的圆木，将电缆和水管固定在圆木上，以防电缆和水管与吊管顶口摩擦漏电漏水而引发事故。

4）起吊振冲器时，振冲器各节点应设保护设施，以防节点折弯损坏。

5）振冲器潜水电动机尾线与橡皮电缆接头处应用防水胶带包扎，包扎好后用胶管加以保护，以防漏电。

（2）开机前，应检查各绳索连接处是否牢固，各部分连接是否紧固，振冲器外部螺丝应加有弹簧垫圈；配电箱及电器操作箱的各种仪表应灵敏、可靠；吊车运行期间，行人不得在桅杆下通行、停留。

（3）在电动机启动开始造孔前，应有专人将振冲器防扭绳索拉紧并固定；造孔过程中不得停水停电，水压应保持稳定；振冲器进行工作时，操作人员应密切注视电气操作箱仪表情况，如发生异常情况立即停止贯入，并应采取有效措施进行处理。

（4）振冲器施工中应注意以下事项：

1）振冲器严禁倒放启动。振冲器在无冷却水情况下，运转时间不得超过1～2min。

2）振冲器工作时工作人员应密切观察返水情况，发现返水中有蓝色油花、黑油块或黑油条，可能是振冲器内部发生故障，应立即提出振冲器进行检修。

3）在造孔或加密过程中，导管上部拉绳应拉紧，防止振冲器转动；若发生突然停电应尽快恢复或使用备用电源，不得强行提拔振冲器。

4）振冲加密过程中电动机提出孔口后，应使电动机冷却至正常温度。

5）遇有6级以上大风或暴雨、雷电、大雾时，应停止作业。

12.2.7　高喷灌浆工程

（1）施工平台应平整坚实，其承载安全系数应达到最大移动设备荷载1.5倍以上。

（2）施工平台、制浆站和泵房、空气压缩机房等工作区域的临空面应设置防护栏杆。

（3）风、水、电应设置专用管路和线路；不得使输电线路与高压管或风管等缠绕在一起。专用管路接头应连接可靠牢固、密封良好，且耐压能力满足要求。

（4）施工现场应设置废水、废浆处理回收系统。此系统应设置在钻喷工作面附近，并避免干扰喷射灌浆作业的正常操作场面和影响交通。

（5）高喷台车桅杆升降作业的安全要求如下：

1）底盘为轮胎式平台的高喷台车，在桅杆升降前，应将轮胎前后固定以防止其移动或用方木、千斤顶将台车顶起固定。

2）检查液压阀操作手柄或离合器与闸带是否灵活可靠；检查卷筒、钢丝绳、蜗轮、销轴是否完好。

3）在桅杆升起或落放的同时，应用基本等同的人数拉住桅杆两侧的两根斜拉杆，以保证桅杆顺利达到或尽快偏离竖直状态；立好桅杆后，应立即用销轴将斜拉杆下端固定在台车上的固定销孔内。

4）除操作人员外，其他人员均应离开台车及其前方，严禁有人在桅杆下面停留和走动。

（6）开钻、开喷准备的安全要求如下：

1）在砂卵石、砂砾石地层中以及孔较深时，开始前应采取必要的措施以稳固、找平钻机或高喷台车。可采用的措施有：增加配重、镶铸地锚、建造稳固的钻机平台等；对于有液压支腿的钻机，将平台支平后，宜再用方木垫平、垫稳支腿。

2）检查并调试各操作手把、离合器、卷扬、安全阀，确保灵活可靠。

3）皮带轮和皮带上的安全防护装置、高空作业用安全带、漏电保护装置、避雷装置等，应齐备、适用、可靠。

（7）喷射灌浆的安全要求如下：

1）喷射灌浆前应对高压泵、空气压缩机、高喷台车等机械和供水、供风、供浆管路系统进行检查。下喷射管前，宜进行试喷和3～5min管路耐压试验。对高压控制阀门宜安设防护罩。

2）下喷射管时，应采用胶带缠绕或注入水、浆等措施防止喷嘴堵塞；若遇有严重阻滞现象，应起出喷射管进行扫孔，不能强下。

3）在喷射灌浆过程中应有专人负责监视高压压力表，防止压力突升或突降；若出现压力突降或骤增，孔口回浆变稀或变浓，回浆量过大、过小或不返浆等异常情况时，应查明原因并及时处理。

4）高压泵、空气压缩机气罐上的安全阀应确保在额定压力下立即动作，并应定期校验，校验后不得随意调整。

5）单孔高喷灌浆结束后，应尽快用水泥浆液回灌孔口部位，防止地下孔洞给人身安全和交通造成威胁。

12.2.8　预应力锚固工程

（1）预锚施工场地应平整，道路应通畅。在边坡施工时，脚手架应满足钻孔、锚索施工对承重和稳定的要求，脚手架上应铺设马道板和设置防护栏杆。施工人员在脚手架上施工时宜系上安全带。

（2）边坡多层施工作业时，应在施工面适当位置加设防护网。架子平台上施工设备应固定可靠，工具等零散件应集中放在工具箱内。

（3）设备安装及拆除、升降钻具、锚孔灌浆、孔内事故处理应参照 12.2.3 的有关安全要求。

（4）下索、张拉、索定的安全要求如下：

1）钢绞线下料，应在切口两端事先用火烧丝绑扎牢固后再切割。

2）在下索过程中应统一指挥，步调一致。

3）锚束吊放的作业区，严禁其他工种立体交叉作业。

4）张拉操作人员未经培训考核不得上岗；拉张时严禁超过规定张拉值。

5）张拉时，在千斤顶出力方向的作业区，应设置明显警示标志，严禁人员进入。

6）不得敲击或振动孔口锚具及其他附件。

7）索头应做好防护。

12.2.9　沉井法施工

（1）沉井施工场地应进行充分碾压，对形成的边坡应做相应的保护。

（2）施工机械尤其是大型吊运设备应在坚实的基础上进行作业。

（3）沉井施工、土石方开挖应符合第 12.1 节的有关安全要求。混凝土工程应符合第 12.4 节的有关安全要求。

（4）沉井下沉作业时，在底部垫木抽除过程中，每次抽去垫木后加强仪器观测，发现沉井倾斜时应及时采取措施调整；根据渗水情况，应配备足够的排水设备，挖渣和抽水应紧密配合；为解决沉井内上下交通，每节沉井选一隔仓设斜梯一处，以满足安全疏散及填心需要，其余隔仓内应各设垂直爬梯一道。

（5）沉井下沉到一定深度后，井外邻近的地面可能出现下陷、开裂，应经常检查基础变形情况，及时调整加固起重机的道床。

（6）井顶四周应设防护栏杆和挡板，以防坠物伤人。

（7）起重机械进行吊运作业时，指挥人员与司机应密切联系，井内井外指挥和联系信号要明确。起重机吊运土方和材料靠近沉井边坡行驶时，应对地基稳定性进行检查，防止发生塌陷倾翻事故。

（8）井内石方爆破时，起爆前应切断照明及动力电源，并妥善保护机械设备。爆破后加强通风，排除粉尘和有害气体，清点炮数无误后方准下井清渣。

（9）施工电源（包括备用电源）应能保证沉井连续施工。

（10）井内吊出的石渣应及时运到渣场，以免对沉井产生偏压，造成沉井下沉过程中的倾斜。

（11）对装运石渣的容器及其吊具要经常检查其安全性，渣斗升降时井下人员严禁在其下方。

（12）沉井挖土应分层分段对称、均匀进行，达到破土下沉时，操作人员要离开刃脚一定距离，防止突然性下沉造成事故。

12.2.10 深层搅拌法施工

（1）施工场地应平整。当场地表层较硬需注水预搅施工时，应在四周开挖排水沟，并设集水井。排水沟和集水井应经常清除沉淀杂物，保持水流畅通。

（2）当场地过软不利于深层搅拌桩机行走或移动时，应铺设粗砂或碎石垫层。灰浆制备工作棚位置宜使灰浆的水平输送距离在 50m 以内。

（3）机械吊装搅拌桩机、搅拌桩机的桅杆升降安装应参照 12.2.2 的有关安全要求。

（4）深层搅拌时搅拌机的入土切削和提升搅拌，负载荷太大及电动机工作电流超过预定值时，应减慢升降速度或补给清水。

12.3 砂石料生产工程

12.3.1 基本安全要求

（1）施工生产区域宜实行封闭管理。主要进出口处应设有明显警示标志和安全文明生产规定，与施工无关的人员不得进入施工区域。在危险作业场所应设有事故报警及紧急疏散通道。

（2）应根据施工组织设计和施工总平面布置图，做好生产区、办公生活区、交通、供用电、供排水等整体布置。生产、生活设施严禁布置在受洪水、山洪、滑坡体及泥石流威胁的区域。

（3）生产施工应执行国家有关环境保护和职业卫生"三同时"制度，即治理污染和治理职业危害的设施应与项目同时设计、同时施工、同时投入生产和使用。

（4）当砂石料料堆起拱堵塞时，严禁人员直接站在料堆上进行处理。应根据料物粒径、堆料体积、堵塞原因采取相应措施进行处理。

（5）生产施工应保持施工现场整洁、道路畅通，及时排查整改事故隐患，定期维护保养施工机械设备，定期维护各种临时设施，做到安全文明组织施工生产。

12.3.2 天然砂石料开采

（1）采砂船、砂驳、趸船码头等设备及设施应按规定进行检查、维护和保养；设备操作应严格符合安全操作规程。

（2）在河道内从事天然砂石料开采，应按照国家和所属水域管理部门有关规定，办理采砂许可证。未取得采砂许可证，不得进行河道砂石料开采作业。

（3）河滩或水下开采，应做好水情预报工作，作业区的布置应考虑洪水影响。道路布置及标准，应符合相关规定并满足设备安全转移要求。

（4）陆上砂石料开采的安全要求如下：

1）应按照批准的范围、期限，限量及技术规范和环保要求组织开采。

2）不得影响通航和航道建设。

3）不得向河道内倾倒或弃置垃圾、废料、污水和其他废弃物。

4）不得破坏防洪堤等设施。

5）不得占用河道做加工、堆料场地。

6）开采废料应及时运往指定地点，不得占用河道堆放。

7）开采边坡角和堆料坡面角不得大于天然砂石料的自然安息角。

8）危险地段、区域应设安全警示标志和防护措施。

9）采砂作业结束后，应按照河道管理的相关规定和技术标准规范执行，及时清理作业现场。

（5）水下砂石料开采的安全要求如下：

1）从事水下开采及水上运输作业，应按照作业人员数量配备相应的防护、救生设备。作业人员应熟知水上作业救护知识，具备自救互救技能。

2）卸料区应设置能适应水位变化的码头、泊位缆桩以及锚锭等。

3）汛前应做好船只检查，选定避洪停靠地点，以及相应的锚桩、绳索、防汛器材等。

4）不得使用污染环境、落后和已淘汰的船舶、设备和技术。

5）开采作业不得影响堤防、护岸、桥梁等建筑安全和行洪、航运的畅通。

6）应遵守国家、地方有关航运管理规定，服从当地航运及海事部门的管理。

12.3.3　人工砂石料开采

（1）料场布置应按照建设、设计单位确定的范围、设计方案，进行开采施工组织设计，确定开采方案和场地布置方案；现场运输道路、设施、回车场地等应符合"水利工程施工现场安全管理"的有关安全要求，并满足施工生产要求；离料场开采边线 400m 范围内为危险区，该区域严禁布置办公、生活、炸药库等设施。

（2）开工前，应编制施工组织设计，制定安全技术措施，并经监理审核同意后，向施工人员交底实施。

（3）在料场开采过程中，应定期对揭露的地质情况进行检查，发现与原勘探资料不符而危及施工人员、设备安全时，应立即停止作业，并向建设单位报告。开挖过程中，应采取相应的排水、支护和安全监测措施。

（4）采用竖井输送毛料时，应遵循井巷作业的有关规定。

（5）有关毛料开挖的边坡支护安全技术应按第 12.1 节的有关安全要求执行，有关毛料开挖爆破、运输安全应按有关安全要求执行。

12.3.4　石料破碎

（1）破碎机应安装在坚固的基础上，基础各部连接螺栓应拧紧，并应定期检查。

（2）严禁破碎机带负荷启动。每次开机前应检查破碎腔，清除残存的块石，确认无误方可开机。破碎机运行区内，严禁非生产人员入内。

（3）破碎机应投料均匀，投料时应清除其他金属物件。工作时，若发现异常情况，应立即停机检查。

（4）破碎机的润滑站、液压站、操作室应配备灭火器。作业人员应熟悉其性能和使用方法。

（5）严禁在破碎机运行时修理设备；严禁打开机器上的观察孔入孔门观察下料情况。

（6）设备检修时应切断电源，在电源启动柜或设备配电室悬挂"有人检修，不许合闸"的警示标志。

（7）在破碎机腔内检查时，应有人在机外监护，并且保证设备的安全锁机构处于锁定位置。

（8）破碎机拆卸前，应将所有液压管道压力释放为零。设备用温差法安装时，应戴保温手套。

（9）机动车辆喂料的破碎机，进料口部位应设置进料平台，进料平台应平整，进料平台与集料斗间应设不低于 0.3m 的挡车装置。

（10）破碎机进料口边缘除机动车辆进料侧外，应设置高度不低于 1.2m 的防护栏杆。

（11）回旋式破碎机、圆锥式破碎机、锤式破碎机、颚式破碎机、立轴式破碎机、棒磨机等设备的工作环境应符合有关安全要求，作业时应严格符合安全技术操作规程。

12.3.5　筛分作业

（1）操作人员应掌握筛分机工作原理和主要技术性能，熟悉筛分机安全技术操作规程。

（2）在筛分楼、给料仓下料口、主机室应设置信号装置，信号包括开机信号、停机信号和紧急停机信号。

（3）筛分车间，每层应设置隔音操作值班室。

（4）筛分机湿式生产时，楼面应设置防漏和排水设施。

（5）筛分机干式生产时，应设置密闭的防尘或吸尘装置。

（6）作业人员应佩戴降噪防尘的防护用品。

（7）开机前应全面检查，确认正常后方可开机。

（8）筛分机与固定设施（入料、排料溜槽及筛下漏斗）的安全距离不得小于 0.08m。人员巡视设备时应至少保持 1m 的距离。人员巡视通道宽度应不小于 1.2m。

（9）严禁在运行时人工清理筛孔。

（10）开机后，发现异常情况应立即停机。

（11）轴承温升不得超过说明书要求值。

（12）机器停用 6 个月及以上时，再使用前应对电气设备进行绝缘试验，对机械部分进行检查保养。所有电动机座、电动机金属外壳应接地或接零。

（13）振动筛的安全要求如下：

1）启动前应全面检查设备，手转动振动筛偏心轴 3 转，偏心轴、筛子弹簧应灵敏可靠；检查两侧油面高度保持在规定间隙内；检查三角胶带的张紧力和工作装置。

2）启动后，发现运转不平稳、振动频率下降、振幅减小等异常现象应停机处理。

3）筛子应在无负荷下启动，待筛子运行平稳后，方可开始给料，停机前应先停止给料，待筛面上的物料排净后再停机。

（14）共振筛的安全要求如下：

1）开机前应做好检查保养工作，确认各部件完好后方可开机。

2）启动后应观测上下筛箱振动是否平稳，各点振幅相差不得超过 2mm，发现异常应停机处理。

3）共振筛运行正常后方可给料，给料应均匀，不得偏载或冲击给料。

4）电动机不得超载运行，发现超过额定电流值时，应停机对振动系统进行检查及调整。

5）运行中发现螺丝松动，螺旋弹簧和板弹簧断裂，橡胶弹簧和缓冲器老化、发热，三角皮带打滑、振动频率下降等现象时，应停机处理。

6）不得重载启动和重载停机。

7）停机后应清除筛网上的余料，清理设备及周围杂物。

12.3.6　连续运输作业

1. 堆取料机械的安全要求

（1）启动前应检查轨道、堆料臂空间，确认正常后方可向主机室发出开机信号。

（2）应确认各部位正常后方可开机。启动后各机构应分别用"手动"试车，待运行正常后，方可投料生产。

（3）摇臂回转角度和变幅升降高度不得超过规定要求，回转、变幅不得同时进行。

（4）行走时应先发出信号，并设专人进行监护。靠近轨道两端应减速行驶，不得驶出限制桩范围，未停稳前不得突然变换行驶方向。

（5）行走轨道应平直，路基应坚实，两轨顶水平误差不得大于 3mm，坡度应小于 3%。轨道两侧不得堆放杂物，轨道中间应定期清理。

（6）一周时间不生产或遇暴风雨（6 级以上大风）时，应将堆料机开到安全地点停放，并固定好夹轨器。

（7）不得重载启动，应待皮带机上石料全部卸完后方可停机。

2. 槽式给料机的安全要求

（1）开机前应做好检查保养工作；用手扳动联轴器或皮带轮，使连杆往复两个循环，无卡死现象方可开机。

（2）装于破碎机的调节料仓排料口的槽式给料机发生故障时，应立即通知破碎机停止进料。

（3）裸露的传动、转动部位应设有防护罩，检修时应停机。

（4）给料机一侧为固定设施或墙壁时，宜留有不小于 1m 的安全检修距离，两台设备共用一个料仓时，设备间距不宜小于 1.5m。

3. 板式给料机的安全要求

（1）开机前应做好检查保养工作，确认机械各部件正常后方可启动。

（2）应在皮带机和其他机械正常运转后启动。

（3）采用自卸汽车入料时，给料机出口端应设置防护链条。

（4）发现堵、卡料时，应停机处理。

4. 圆盘给料机的安全要求

（1）开机前应检查三角皮带的松紧度；检查油箱及轴承润滑油；检查调节手柄是否灵

活；清除机内杂物。

（2）开机后应检查各部位轴承、电动机温度；发现不下料和异常情况时，应停机处理；与固定物之间的距离应不小于1m，与受料机的间距应不小于0.3m。

5．电磁振动给料机的安全要求

（1）开机前，应检查电磁铁线圈有无松动，引出线是否破裂，接地是否完好；悬挂弹簧拉杆或钢丝绳有无断裂，受力是否均匀；电磁铁间隙调整后螺钉是否紧固；经检查确认正常后，方可开机。

（2）开机后，应检查卸料是否均匀，有无堵、卡料现象；振幅是否符合要求，发现异常应停机检查；检查给料量，多台机同时卸料时不应超过皮带机（或其他运输设备）的运输能力。

（3）给料机四周应有不小于1m的安全检修距离，不得接触料仓，漏斗和受料溜槽不得相接触。

（4）给料机电动机与受料部位之间的距离不得小于0.5m。

（5）因石料起拱不能卸料，应停机处理。

（6）处理堵、卡料时，严禁站在卸料口的正前方。

6．偏心振动给料机的安全要求

（1）开机前应做好检查保养工作，确认电动机接线头牢固，吊架无断裂，各部螺栓无松动时方可开机。

（2）卸料槽坡度调节应适当，确保下料均匀。

（3）受料仓（斗）放空后应停机，不得空振。

7．皮带机的安全要求

（1）皮带机运输应按有关安全要求执行。

（2）设计中，应设置统一的开机、停机、紧急停机信号；多条胶带串联时，其停机顺序设置应是从进料至卸料依次停机，开机则相反；夜间作业时，工作场所应有充足的照明；皮带机沿线每100m应至少设置一处横跨天桥，皮带机跨越道路时，应在道路上方设置防护棚。

（3）操作皮带机的人员应熟悉机械的构造和性能，经专业技术、设备安全操作技能培训，持证上岗。

（4）开机前，应检查皮带机上是否有人；检查皮带机上是否有其他杂物；检查各传动部位是否完好；检查各连接部是否牢固，是否有裂纹、变形；检查移动式皮带机的行走轮是否用三角木将前后轮固定。

（5）开机后，应符合下列安全要求：

1）定期观察电动机、变速箱、传动齿轮、轴承轴瓦、联轴器、传动皮带、滚筒、托辊是否有异常声响。发现异常，应及时发出停止送料信号，停机处理。

2）检查皮带松紧度。检查是否有胶带跑偏、打滑、跳动等异常现象，出现异常应及时进行调整处理。处理皮带打滑，严禁往转轮和皮带间塞充填物。

3）严禁跨越或从底部穿越皮带机；严禁在运行时进行修理或清扫作业；严禁运输其他物体。

4）运转中不得进行转动齿轮、联轴器等传动部位清理和检修。

5）检查加料情况，是否出现加料过多及超径石料压死或卡死皮带现象。

6）运行中不得重载停车（紧急事故除外），遇突然停电，应立即切断电源。

7）停机前应首先停止给料，待皮带上的物料全部卸完后，方可停机。

（6）巡视中，若遇到发生安全事故、胶带撕开或断裂或拉断、皮带被卡死、机架倾斜或倒塌或严重变形、电动机温度过高及冒烟、胶带起火、转动齿轮打坏或转轴折断、机械轴承或轴瓦烧毁、串联运行中的任一皮带机发生故障停机及其他意外事故等情况时应紧急停机。

12.3.7　脱水作业

1. 洗砂机的安全要求

（1）设计时，洗砂机头部及两侧宜设置不小于 0.8m 宽的人行巡视通道；洗砂机垂直空间的安全检修距离宜不小于 2.5m，与左右固定物的间距不小于 2m；裸露的传动、转动部位应设置防护罩。

（2）开机前，应检查洗砂槽内有无砂石和其他物质，不得重载启动；检查各紧固件是否紧固，三角胶带张紧度是否适宜；检查进料口与出料口、排水沟渠是否通畅；检查确认设备、相关设施完好后方可启动。

（3）开机后，应待洗砂机运转正常后方可投料生产；发现异常情况应及时停机；运行时应避免石料以外的物质接触螺旋轴；待洗砂槽内的砂子输送完毕后方可停机，非紧急情况不得重载停机；不得在运行时进行修理或清扫作业。

2. 沉砂箱的安全要求

（1）配重杠杆摆动应灵敏，各支点刀口无脱出或卡死现象。

（2）沉砂箱内应无杂物，排放阀门启闭应灵活可靠。

（3）配重块应用螺栓固定，不得随意移动。

（4）停机后应将沉砂箱内砂、水放净。

12.4　混凝土工程

12.4.1　基本安全要求

（1）施工前，施工单位应根据相关安全生产规定，按照施工组织设计确定的施工方案、方法和总平面布置，制定行之有效的安全技术措施，报合同指定单位审批并向施工人员交底后，方可施工。

（2）施工中，应加强生产调度和技术管理，合理组织施工程序，尽量避免多层次、多单位交叉作业。

（3）施工现场电气设备和线路（包括照明和手持电动工具等）应绝缘良好，并配备防漏电保护装置；高处作业应严格按"安全防护设施"的有关安全要求执行。

12.4.2　模板作业

1. 木模板施工的安全要求

（1）高处、复杂结构模板的安装与拆除，应按施工组织设计要求进行，应有安全措施。

（2）支、拆模板时，不应在同一垂直面内立体作业、无法避免立体作业时，应设置专项安全防护设施。

（3）上下传送模板，应采用运输工具或用绳子系牢后升降，不得随意抛掷。模板不得支撑在脚手架上。

（4）支模过程中，如需中途停歇，应将支撑、搭头、柱头板等连接牢固。拆模间歇时，应将已活动的模板、支撑等拆除运走并妥善放置。

（5）模板上如有预留孔（洞），安装完毕后应将孔（洞）口盖好。混凝土构筑物上的预留孔（洞），应在拆模后盖好孔（洞）口。

（6）模板拉条不应弯曲，拉条直径不小于14mm，拉条与锚环应焊接牢固。割除外露螺杆、钢筋头时，不得任其自由下落，应采取安全措施。

（7）混凝土浇筑过程中，应设专人负责检查、维护模板，发现变形走样，应立即调整、加固。

（8）拆模时的混凝土强度，应达到现行《水工混凝土施工规范》（SL 677—2014）所规定的强度。

（9）拆除模板时，应有专人指挥，并标出危险区；应实行安全警戒，暂停交通。严禁操作人员站在正拆除的模板上。

2. 钢模板施工的安全要求

(1) 安装和拆除钢模板，应参照木模板施工的有关要求。

（2）对拉螺栓拧入螺帽的丝扣应有足够长度，两侧墙面模板上的对拉螺栓孔应平直相对，穿插螺栓时，不得斜拉硬顶。

（3）钢模板应边安装边找正，找正时不得用铁锤猛敲或撬棍硬撬。

（4）高处作业时，连接件应放在箱盒或工具袋中，严禁散放；扳手等工具应用绳索系挂在身上，以免掉落伤人。

（5）组合钢模板装拆时，上下应有人接应，钢模板及配件应随装拆随转运，严禁从高处扔下。中途停歇时，应把活动件放置稳妥，防止坠落。

（6）散放的钢模板，应用箱架集装吊运，不得任意堆捆起吊。

（7）用铰链组装的定型钢模板，定位后应安装全部插销、顶撑等连接件。

（8）架设在钢模板、钢排架上的电线和使用的电动工具，应使用安全电压电源。

3. 大模板施工的安全要求

（1）各种类型的大模板，应按设计制作，每块大模板上应设有操作平台、上下梯道、防护栏杆以及存放小型工具和螺栓的工具箱。

（2）大模板安装就位后，应焊牢拉杆、固定支撑。未就位固定前，不得摘钩，摘钩后不得再行撬动；如需调正撬动时，应重新固定。

（3）在大模板吊运过程中，起重设备操作人员不得离岗。模板吊运过程应平稳流畅，不得将模板长时间悬置空中。

（4）安装和拆除大模板时，吊车司机、指挥、挂钩和装拆人员应在每次作业前检查索具、吊环。吊运过程中，严禁操作人员随大模板起落。

（5）放置大模板前，应进行场内清理。长期存放应用绳索或拉杆连接牢固。

（6）未加支撑或自稳角不足的大模板，不得倚靠在其他模板或构件上，应卧倒平放。

（7）拆除大模板，应先挂好吊钩，然后拆除拉条和连接件。拆模时，不得在大模板或平台上存放其他物件。

4．滑动模板施工的安全要求

（1）滑升机具和操作平台，应按照施工设计的要求进行安装。操作平台四周应有防护栏杆和安全网。平台上所设的洞孔，应有标志明显的活动盖板。

（2）操作平台上的施工荷载应均匀对称，严禁超载。操作平台应设置消防、通信和供人上下的设施，雷雨季节应设置避雷装置。

（3）施工电梯，应安装柔性安全卡、限位开关等安全装置，并规定上下联络信号。施工电梯与操作平台衔接处，应设安全跳板，跳板应设扶手或栏杆。

（4）滑升过程中，应每班检查并调整水平、垂直偏差，防止平台扭转和水平位移。应遵守设计规定的滑升速度与脱模时间。

（5）模板拆除应均匀对称，拆下的模板、设备应用绳索吊运至指定地点。平台拆除工作，可参照本节有关规定。

（6）电源配电箱，应设在操纵控制台附近，所有电气装置均应接地。液压系统如出现泄漏时，应停车检修。

（7）冬季施工采用蒸汽养护时，蒸汽管路应有安全隔离设施。暖棚内严禁明火取暖。

5．钢模台车施工的安全要求

（1）钢模台车的各层工作平台，应设防护栏杆，平台四周应设挡脚板，上下爬梯应有扶手，垂直爬梯应加护圈。

（2）在有坡度的轨道上使用时，台车应配置灵敏、可靠的制动（刹车）装置。

（3）台车行走前，应清除轨道上及其周围的障碍物，台车行走时应有人监护。

6．混凝土预制模板施工的安全要求

（1）预制场地的选择，场区的平面布置，场内的道路、运输和水电设施，应符合现行《水利水电工程施工组织设计规范》（SL 303—2017）的有关安全规定。

（2）预制混凝土的生产与浇筑，参照本节"12.4.5 混凝土生产与浇筑作业"的有关安全要求。

（3）预制模板存放时应用撑木、垫木将构件安放平稳。

（4）吊运和安装，参照"大模板施工的安全要求"的有关安全要求。

（5）混凝土预制模板之间的砂浆勾缝，作业人员宜在模板内侧进行。如确需在模板外侧进行时，应遵守高处作业的规定。

12.4.3　钢筋加工作业

1．钢筋加工的安全要求

（1）钢筋加工场地应平整，操作平台应稳固，照明灯具应加盖网罩。

（2）使用机械调直、切断、弯曲钢筋时，应遵守机械设备的安全技术操作规程。人工绞磨拉直，不得用胸部或腹部去推动绞架杆。

（3）切断铁筋，不得超过机械的额定能力。切断低合金钢等特种钢筋，应用高硬度刀具。机械弯筋时，应根据钢筋规格选择合适的扳柱和挡板。

（4）操作台上的铁屑应在停车后用专用刷子清除，不得用手抹或口吹。调换刀具、扳柱、挡板或检查机器时，应关闭电源。

（5）冷拉钢筋的卷扬机前，应设置防护挡板，没有挡板时，卷扬机与冷拉方向应布置成90°，并采用封闭式导向滑轮。操作者应站在防护挡板后面。

（6）冷拉钢筋前，应检查卷扬机的机械状况、电气绝缘情况、各固定部位的可靠性和夹钳及钢丝绳的磨损情况，如不符合要求，应及时处理或更换。

（7）冷拉钢筋时，夹具应夹牢并露出足够长度，以防钢筋脱出或崩断伤人。冷拉直径20mm以上的钢筋应在专设的地槽内进行，不得在地面进行。机械转动的部分应设防护罩。非作业人员不得进入工作场地。

（8）在冷拉过程中，如出现钢筋脱出夹钳、产生裂纹或发生断裂情况时，应立即停车。冷拉时，沿线两侧各2m范围为特别危险区，人员和车辆不得进入。

（9）钢筋除锈时，宜采取新工艺、新技术，并应采取防尘措施或佩戴个人防护用品（防尘面具或口罩）。

2. 钢筋连接的安全要求

（1）采用电焊焊接时，对焊机应指定专人负责，非操作人员严禁操作；电焊焊接人员在操作时，应站在所焊接头的两侧，以防焊花伤人；电焊焊接现场应注意防火，并应配备足够的消防器材。特别是高仓位及栈桥上进行焊接或气割，应有防止火花下落的安全措施；配合电焊作业的人员应戴有色眼镜和防护手套。焊接时不得用手直接接触钢筋。

（2）采用气压焊焊接时，气压焊的火焰工具、设施，使用和操作应参照气焊的有关规定执行；气压焊作业现场宜设置操作平台，脚手架应牢固，并设有防护栏杆，上下层交叉作业时，应有防护措施；气压焊油泵、油压表、油管和顶压油缸等整个液压系统各连接处不得漏油，应采取措施防止因油管爆裂而喷出油雾，引起燃烧成爆炸；气压焊操作人员应佩戴防护眼镜，高空作业时，应系安全带；工作完毕，应把全部气压焊设备、设施妥善安置，防止留下安全隐患。

（3）采用机械连接时，在操作镦头机时严禁戴长巾、留长发；开机前应对滚压头的滑块、滚轮卡座、导轨、减速机构及滑动部位进行检查并加注润滑油；镦头机应接地，线路的绝缘应良好，且接地电阻不得大于4Ω。

（4）使用热镦头机连接时，压头、压模不得松动，油池中的润滑油面应保持规定高度，确保凸轮充分润滑。压丝扣不得调解过量，调解后应用短钢筋头试镦。操作时，与压模之间应保持100mm以上的安全距离。工作中螺栓松动需停机紧固。

（5）使用冷镦头机连接时，应保持冷水畅通，水温不得超过40℃；发现电极不平，卡具不紧，应及时调整更换；搬运钢筋时应防止受伤；作业后应关闭水源阀门；冬季宜将冷却水放出，并且吹净冷却水以防阀门冻裂。

3. 钢筋运输的安全要求

（1）搬运钢筋时，应注意周围环境，以免碰伤其他作业人员。多人抬运时，应用同一侧肩膀，步调一致，上、下肩应轻起轻放，不得投扔。

（2）由低处向高处（2m以上）人力传送钢筋时，一般每次传送一根。多根一起传送时，应捆扎结实，并用绳子扣牢提吊。传送人员不得站在所送钢筋的垂直下方。

（3）吊运钢筋应绑扎牢固，并设稳绳。钢筋不得与其他物件混吊。吊运中不得在施工人员上方回转和通过，应防止钢筋弯钩钩人、钩物或掉落。吊运钢筋网或钢筋构件前，应检查焊接或绑扎的各个节点，如有松动或漏焊，应经处理合格后方能吊运。起吊时，施工人员应与所吊钢筋保持足够的安全距离。

（4）吊运钢筋，应防止碰撞电线，两者之间应有一定的安全距离。施工过程中，应避免钢筋与电线或焊接导线相碰。

（5）用车辆运输钢筋时，钢筋应与车身绑扎牢固，防止运输时钢筋滑落。

（6）施工现场的交通要道，不得堆放钢筋。需在脚手架或平台上存放钢筋时，不得超载。

4. 钢筋绑扎的安全要求

（1）钢筋绑扎前，应检查附近是否有照明、动力线路和电气设备。如有带电物体触及钢筋，应通知电工拆迁或设法隔离；对变形较大的钢筋在调直时，高仓位、边缘处作业应系安全带。

（2）在高处、深坑绑扎钢筋和安装骨架，应搭设脚手架和马道。在陡坡及临空面绑扎钢筋，应待模板立好，并与埋筋拉牢后进行，且应设置牢固的支架。

（3）绑扎钢筋和安装骨架，遇有模板支撑、拉杆及预埋件等障碍物时，不得擅自拆除、割断。需要拆除时，应取得施工负责人的同意。绑扎钢筋的铅丝头，应弯向模板面。

（4）起吊钢筋骨架，下方严禁站人，应待骨架降落到离就位点 1m 以内，方可靠近。就位并加固后方可摘钩。

（5）严禁在未焊牢的钢筋上行走。在已绑好的钢筋架上行走时，宜铺设脚手板。

12.4.4　预埋件、打毛和冲洗作业

（1）吊运各种预埋件及止水、止浆片时，应绑扎牢靠，防止在吊运过程中滑落。

（2）一切预埋件的安装应牢固、稳定，以防脱落。

（3）焊接止水、止浆片时，应遵守焊接作业的有关安全技术操作规程。

（4）多人在同一工作面打毛时，应避免面对面近距离操作，以防飞石、工具伤人。不得在同一工作面上下层同时打毛。

（5）使用风钻、风镐打毛时，应遵守风钻、风镐安全技术操作规程。

（6）高处使用风钻、风镐打毛时，应用绳子将风钻、风镐拴住，并挂在牢固的地方。

（7）用高压水冲毛，应在混凝土终凝后进行。风、水管应安装控制阀，接头应用铅丝扎牢。

（8）使用冲毛机前，应对操作人员进行技术培训，合格后方可进行操作；操作时，应穿戴防护面罩、绝缘手套和长筒胶靴。冲毛时，应防止泥水溅到电气设备或电力线路上。工作面的电线灯头应悬挂在不妨碍冲毛的安全高度。

（9）使用刷毛机刷毛，操作人员应遵守刷毛机的安全操作规程。手推电动刷毛机的电线接头、电源插座、开关或应有防水措施。自行式刷毛机仓内行驶速度应控制在 8.2km/h 以内。

（10）操作人员应在每班作业前检查刷盘与钢丝束连接的牢固性。一旦发现松动，应及时紧固，以防止钢丝断丝、飞出伤人。

12.4.5 混凝土生产与浇筑作业

螺旋输送机、水泥提升机、制冷机、片冰机、混凝土拌和机等机械设备的使用应严格符合其安全操作规程。

1. 混凝土拌和楼（站）的安全要求

（1）混凝土拌和楼（站）机械转动部位的防护设施，应在每班前进行检查。

（2）电气设备和线路应绝缘良好，电动机应接地。临时停电或停工时，应拉闸、上锁。

（3）压力容器应定期进行压力试验，不得有漏风、漏水、漏气等现象。

（4）楼梯和挑出的平台，应设安全护栏；马道板应加强维护，不得出现腐烂、缺损；冬季施工期间，应设置防滑措施以防止结冰溜滑。

（5）楼内粉尘浓度和噪声不得超过国家规定的标准。楼内各层照明设备应充足，各层之间的操作联系信号应准确、可靠。

（6）设备运转时，不得擦洗和清理。严禁头、手伸入机械行程范围以内。

（7）机械、电气设备不得带病和超负荷运行，维修应在停止运转后进行。

（8）检修时，应切断相应的电源、气路，并挂上"有人工作，不准合闸"的警示标志。

（9）进入料仓（斗）、拌和筒内工作，外面应设专人监护。检修时应挂"正在修理，严禁开动"的警示标志。非检修人员不得乱动气、电控制元件。

（10）在料仓或外部高处检修时，应搭脚手架，并应遵守高处作业的有关规定。

（11）消防器材应齐全、良好，楼内不得存放易燃易爆物品，不得明火取暖。

2. 混凝土水平运输的安全要求

（1）用汽车运送混凝土，应符合下列安全要求：

1）运输道路应满足施工组织设计要求。

2）驾驶员应熟悉运行区域内的工作环境，应遵守《道路交通安全法》和有关规定，应谨慎驾驶，车辆不得超载、超速，不得酒后及疲劳驾车。

3）驾驶室内不得乘坐无关的人员。车辆不得在陡坡上停放，需要临时停车时，应打好车塞，驾驶员不得远离车辆。

4）搅拌车装完料后严禁料斗反转，斜坡路面满足不了车辆平衡时，不得卸料。

5）车辆直接入仓卸料时，卸料点应有挡坎，应有安全距离，应防止在卸料过程中溜车。装卸混凝土的地点，应有统一的联系和指挥信号。

6）自卸车应保证车辆平稳，观察有无障碍后，方可卸车；卸料后大箱落回原位后，方可起驾行驶。自卸车卸料卸不净时，作业人员不得爬上未落回原位的车厢上进行处理。

7）夜间行车，应适当减速，并应打开灯光信号。

（2）采用轨道运输方式、使用机车牵引装运混凝土的车辆，应符合下列安全要求：

1）机车司机应经过专门技术培训，并经过考试合格后方可上岗。

2）装卸混凝土应听从信号员的指挥，运行中应按沿途标志操作运行。信号不清、路况不明时，应停止行驶。

3）通过桥梁、道岔、弯道、交叉路口、复线段会车和进站时应加强瞭望，不得超速行驶。机车通过隧洞前，应鸣笛警示。

4）在栈桥上限速行驶，栈桥的轨道端部应设信号标志和车挡等拦车装置。

5）两辆机车在同一轨道上同向行驶时，均应加强瞭望，特别是位于后面的机车应随时准备采取制动措施，行驶时两车相距不得小于 60m；两车同用一个道岔时，应等对方车辆驶出并解除警示后或驶离道岔 15m 以外双方不致碰撞时，方可驶进道岔。

6）交通频繁的道口，应设专人看守道口两侧，应设移动式落地栏杆等装置防护，危险地段应悬挂"危险"或"禁止通行"警示标志，夜间应设红灯示警。

7）机车和调度之间应有可靠的通信联络，轨道应定期进行检查。

（3）溜槽（桶）入仓，应符合下列安全要求：

1）溜槽搭设应稳固可靠，架子应满足安全要求，使用前应经技术与安全部门验收。溜槽旁应搭设巡查、清理人员的行走马道与护栏。

2）溜槽坡度最大不宜超过 60°。超过 60°时，应在溜槽上加设防护罩（盖），以防止骨料飞溅。

3）溜筒使用前，应逐一检查溜筒、挂钩的状况。磨损严重时，应及时更换，溜筒宜采用钢丝绳、铅丝或麻绳连接牢固。

4）用溜槽浇筑混凝土，下料前，在得到下方作业人员同意下料信号后方可下料。溜槽下部人员应与下料点有一定的安全距离，以避免骨料滚落伤人。溜槽使用过程中，溜槽底部不得站人。

5）下料溜筒被混凝土堵塞时，应停止下料，及时处理。处理时应在专设爬梯上进行，不得在溜筒上攀爬。

6）搅拌车下料应均匀，自卸车下料应有受料斗，卸料口应有控制设施。垂直运输设备下料时不得使用蓄能罐，应采用人工控制罐供料，卸料处宜有卸料平台。

7）北方地区冬季，不宜使用溜槽（筒）方式入仓。

（4）混凝土泵输送入仓，应符合下列安全要求：

1）混凝土泵应设置在平整、坚实、具有重型车辆行走条件的地方，应有足够的场地保证混凝土供料车的卸料与回车。混凝土泵的作业范围内，不得有障碍物、高压电线。

2）安置混凝土泵车时，应将其支腿完全伸出，并插好安全销。在软弱场地应在支腿下垫枕木，以防止混凝土泵的移动或倾翻。

3）混凝土输送泵管架设应稳固，泵管出料口不应直接正对模板，泵头直接软管或弯头。应按照混凝土泵使用安全规定进行全面检查，符合要求后方可运转。

4）溜槽、溜管给泵卸料时应有信号联系，垂直运输设备给泵卸料时宜设卸料平台，不得采用混凝土蓄能罐直接给料。卸料应均匀，卸料速度应与泵输出速度相匹配。

5）设备运行人员应遵守混凝土泵安全操作规程，供料过程中泵不得回转，进料网不得拆卸，不得将棉纱、塑料等杂物混入进料口，不得用手清理混凝土或堵塞物。混凝土输送管道应定期检查（特别是弯管和锥形管等部位的磨损情况），以防爆管。

6）当混凝土泵出现压力升高且不稳定、油温升高、输送管有明显振动等现象，致使泵送困难时，应立即停止运行，并采取措施排除。检修混凝土泵时，应切断电源并有人监护。

7) 混凝土泵运行结束后，应将混凝土泵和输送管清洗干净。在排除堵塞物、重新泵送或清洗混凝土泵前，混凝土泵的出口应朝安全方向，以防堵塞物或废浆高速飞出伤人。

(5) 塔（顶）带机入仓，应符合以下安全要求：

1) 塔带机和皮带机输送系统基础应做专门的设计。应依照塔带机和皮带机维护保养周期表，做好定期润滑、清理、检查及调试工作。

2) 塔带机的运行与维护人员，须经专门技术培训，了解本机构造性能，熟悉操作方法、保养规程和起重作业信号规则，具有相当熟练的操作技能，经考试合格后，方可独立上岗。

3) 报话指挥人员，应熟悉起重安全知识和混凝土浇筑、布料的基本知识，做到指挥果断、吐词清晰、语言规范。

4) 机上应配备相应的灭火器材，工作人员应会正确地检查和使用。机上严禁使用明火，检修须焊、割时，周围应无可燃物，并有专人监护。当发现火情时，应立即切断电源，用适当的灭火器材灭火。

5) 塔带机运行时，与相邻机械设备、建筑物及其他设施之间应有足够的安全距离，无法保证时应采取安全措施。司机应谨慎操作，接近障碍物前减速运行，指挥人员应严密监视。

6) 当作业区的风速有可能连续 10min 达 14m/s 左右或大雾、大雪、雷雨时，应暂停布料作业，将皮带机上混凝土卸空，并转至顺风方向。当风速大于 20m/s 时，暂停进行布料和起重作业，并应将大臂和皮带机转至顺风方向，把外布料机置于支架上。

7) 塔带机和皮带机输送系统各主要部位作业人员，不得缺岗。塔带机在塔机工况下进行起重作业时，应遵守起重作业的安全操作规程。严禁在运转过程中，对各转动部位进行检修或清理工作。

8) 开机前，应检查设备的状况及人员的到岗等情况。如果正常，应按铃 5s 以上警示后，方可开机。停机前，应把受料斗、皮带上混凝土卸完，并清洗干净。

(6) 胎带机入仓，应符合以下安全要求：

1) 设备放置位置应稳定、安全，支撑应牢固、可靠。设备从一个地点转移到另一个地点，折叠部分和滑动部分应放回原位，并定位锁紧。不得超速行驶。

2) 驾驶、运行、操作与维修人员，须经技术培训，了解本机构造性能，熟悉驾驶规定、操作方法、保养规程和作业信号规则，具有相当熟练的操作技能，经考核合格后，方可操作，严禁无证上岗。

3) 在伸展配重臂和伸缩臂之前，应撑开承力支腿。在胎带机支腿撑开之前，服带机应处于"行走状态"（伸缩臂和配重臂都缩回）。

4) 伸缩式皮带机和给料皮带机不得同时启动，辅助动力电动机和盘发动机不得同时启动，以免发电机过载。

5) 胎带机各部位回转或运行时，各部位应有人监护、指挥。胎带机输送机的各部分应与电源保持一定的距离。

6) 应避免皮带重载启动。皮带启动前应按铃 5s 以上示警。

7) 一旦有危险征兆（包括雷、电、暴雨等）出现，应即刻中断胎带机的运行。正常停机前，应把受料斗内、皮带上混凝土卸完，并清洗干净。

（7）布料机入仓，应符合以下安全要求：

1）布料机应布置在平整，基础牢固的场地上，安装、运行时应遵守该设备的安全操作技术规程。

2）布料机覆盖范围内应无障碍物、高压线等危险因素的影响。

3）布料机的操作控制柜（台）应布置在布料机附近的安全位置，电缆布置应规范、整齐。

4）布料机下料时，振捣人员应与下料处保持一定距离。待布料机旋转离开后，方可振捣混凝土。

5）布料机在伸缩或在旋转过程中，应有专人负责指挥。布料机正下方不得有人活动，以免掉下骨料伤人。

3. 混凝土垂直运输的安全要求

（1）无轨移动式起重机（轮胎式、履带式）垂直运输，应符合下列安全要求：

1）操作人员应身体健康，无精神病、高血压、心脏病等疾病。

2）操作人员应经过专业技术培训，经考试合格后持证上岗，并熟悉所操作设备的机械性能及相关要求，遵守无轨移动式起重机的安全操作规程。

3）轮胎式起重机应配备上盘、下盘司机各 1 名。作业中，司机不得从事与操作无关的事情或闲谈。

4）应保证起重机内部各零件、总成的完整。起重机上配备的变幅指示器、重量限制器和各种行程限位开关等安全保护装置不得随意拆封，不得以安全装置代替操作机构进行停车。

5）夜间浇筑时，机上及工作地点应有充足的照明。

6）轮胎式起重机在公路上行驶时，应执行汽车的行驶规定。

7）轮胎式起重机进入作业现场，应检查作业区域和周围的环境。应放置在作业点附近平坦、坚实的地面上，支腿应用垫木垫实。作业过程中不得调整支腿。

8）变幅应平稳，不得猛起臂杆。臂杆可变倾角不得超过制造厂家的安全规定值；如无规定时，最大倾角不得超过 78°。

9）应定期检查起吊钢丝绳及吊钩的状况，如果达到报废标准，应及时更换。

10）遇上 6 级及以上大风或雷雨、大雾天气，应停止作业。

（2）轨道式（固定式）起重机（门座式、门架式、塔式、桥式）垂直运输，应符合下列安全要求：

1）轨道式（固定式）起重机的轨道基础应做专门的设计，并应满足相应型号设备的安全技术要求。轨道两端应设置限位装置，距轨道两端 3m 外应设置碰撞装置。轨道坡度不得超过 1/1500，轨距偏差和同一断面的轨面高差均不得大于轨距的 1/1500，每个季度应采用仪器检查一次。轨道应有良好的接地，接地电阻不得大于 4Ω。

2）司机应身体健康，经体检合格，证明无心脏病、高血压、精神不正常等疾病，并具备高空作业的身体条件。须经专门技术训练，了解机械设备的构造性能，熟悉操作方法、保养规程和起重工作的信号规则，具有相当熟练的操作技能，并经考试合格后持证上岗。

3）新机安装或搬迁、修复后投入运转时，应按规定进行试运转，经检查合格后方可正式使用。变幅指示器应灵活、准确。

4）起吊物件的重量不得超过本机的额定起重量，严禁斜吊、拉吊和起吊埋在地下或与地面冻结以及被其他重物卡压的物件。

5）设备安装各个结构部分的螺栓扭紧力段应达到设备规定的要求。焊缝外观及无损检测应满足规范要求。搭机的连接销轴应安装到位并装上开口销。

6）各电气安全保护装置应处于完好状态。高压开关柜前应铺设橡胶绝缘板。电气部分发生故障，应由专职电工进行检修，维修使用的工作灯电压应在 36V 以下。各保险丝（片）的额定容量不得超过规定值，不得任意加大，不得用其他金属丝（片）代替。

7）当气温低于零下 15℃ 或遇雷雨、大雾和 6 级以上大风时，不得作业。大风前，吊钩应升至最高位置，臂杆落至最大幅度并转至顺风方向，锁住回转制动踏板，台车行走轮应采用防爬器卡紧。

8）起重机不得吊运人员和易燃、易爆等危险物品。机上严禁用明火取暖，用油料清洗零件时不得吸烟。废油及擦拭材料不得随意泼洒。机上应配置合格的灭火装置。电气失火时，应立即切断有关电源，应用绝缘灭火器进行灭火。

9）司机应听从指挥人员（信号员）指挥，得到信号后方可操作。操作前应鸣号，发现停车信号（包括非指挥人后发出的停车信号）应立即停车。司机饮酒后和非本机司机均不得登机操作。

10）两台臂架式起重机同时运行时，应有专门人员负责协调，以免臂杆相碰。夜间工作，机上及作业区域应有足够的照明，臂杆及竖塔顶部应有警戒信号灯。

11）设备应配置备用电源或其他的应急供电方式，以防起重机在浇筑过程中突然断电而导致吊罐停留在空中。

12）设备安装完毕后应每隔 2～3 年重新刷漆保护一次，以防金属结构锈蚀破坏。

13）各设备的运行区域应遵守所在施工现场的安全管理规定及其他安全要求。

（3）缆机（平移式、辐射式、摆塔式）垂直运输，应符合下列安全要求：

1）缆机轨道基础应做专门的设计，并应满足相应型号设备的安全技术要求。轨道两端应设置限位器。

2）司机应经过专门技术培训，熟练掌握操作技能，熟悉本机性能、构造和机械、电气、液压的基本原理及维修要求，经考试合格，取得起重机械操作证，持证上岗。严禁酒后或精神、情绪不正常的人员上机工作。

3）工作时应精力集中，听从指挥，不得擅离岗位，不得从事与工作无关的事情，不得用机上通信设备进行与施工无关的通话。

4）机上的各种安全保护装置，应配置齐全并保持完好，如有缺损，应及时补齐、修复。否则，不得投入运行。应定期做好缆机的润滑、检查及调试、保养工作。

5）严禁从高处向下丢抛工具或其他物品，不得将油料泼洒在塔架、平台及机房地面上。高空作业时，应将工具系牢，以免坠落。

6）司机应与地面指挥人员协同配合，听从指挥人员信号。但对于指挥人员违反安全操作规程和可能引起危险、事故的信号及多人指挥，司机应拒绝执行。

7）起吊重物时，应垂直提升，严禁倾斜拖拉。不得在被吊重物的下部或侧面另外吊挂物件。严禁超载起吊和起吊埋在地下的重物，不得采用安全保护装置来达到停车的目的。

8）夜间照明不足或看不清吊物或指挥信号不清的情况下，不得起吊重物。

（4）吊罐入仓，应符合下列安全要求：

1）使用吊罐前，应对钢丝绳、平衡梁（横担）、吊锤（立罐）、吊耳（卧罐）、吊环等起重部件进行检查，如有破损，严禁使用。

2）吊罐的起吊、提升、转向、下降和就位，应听从指挥。指挥人员应由受过训练的熟练工人担任，指挥人员应持证上岗。指挥信号应明确、准确、清晰。

3）起吊前，指挥人员应得到两侧挂罐人员的明确信号，才能指挥起吊；起吊时应慢速，并应吊离地面 300～500mm 时进行检查，在确认稳妥可靠后，方可继续提升或转向。

4）吊罐吊至仓面，下落到一定高度时，应减慢下降、转向，并避免紧急刹车，以免晃荡撞击人体。应防止吊罐撞击模板、支撑、拉条和预埋件等。吊罐停稳后，人员方可上罐卸料，卸料人员卸料前应先挂好安全带。

5）吊罐卸完混凝土，应随即关好斗门，并将吊罐外部附着的骨料、砂浆等清除后，方可吊离。摘钩吊罐放回平板车时，应缓慢下降，对准并旋转平衡后方可摘钩；对于不摘钩吊罐放回时，挡壁上应设置防撞弹性装置，并应及时清除搁罐平台上的积渣，以确保罐的平稳。

6）吊罐正下方严禁站人。吊罐在空中摇晃时，不得扶拉。吊罐在仓内就位时，不得斜拉硬推。

7）应定期检查、维修吊罐，立罐门的托辊轴承、卧罐的齿轮，应定期加油润滑。罐门把手、振动器固定螺栓应定期检查紧固，防止松脱坠落伤人。

8）当混凝土在吊罐内初凝，不能用于浇筑时，可采用翻罐方式处理废料，但应采取可靠的安全措施，并有带班人在场监护，以防发生意外。

9）吊罐装运混凝土，严禁混凝土超出罐顶，以防坍落伤人。严禁罐下串吊其他物件。

10）气动罐、蓄能罐卸料弧门拉绳不宜过长，并应在每次装完料、起吊前整理整齐，以免吊运途中挂上其他物件而导致弧门打开，引起事故。

4. 混凝土浇筑的安全要求

（1）浇筑混凝土前，应全面检查仓内排架、支撑、拉条、模板及平台、漏斗、溜筒等是否安全可靠。

（2）仓内人员上下应设爬梯，不得从模板或钢筋网上攀登。仓内脚手架、支撑、钢筋、拉条、埋设件等不得随意拆除、撬动，如果需要拆除、撬动时，应经施工负责人同意。

（3）平台上所预留的下料孔，不用时应封盖。平台除出入口外，四周均应设置栏杆和挡脚板。

（4）吊罐卸料时，仓内人员应注意避开，不得在吊罐正下方停留或工作。接近下料位置时，应减慢下降速度。

（5）下料溜筒被混凝土堵塞时，应停止下料，立即处理。处理时不得直接在溜筒上攀登。

（6）平仓振捣时，仓内作业人员应思想集中，互相关照。浇筑高仓位时，应防止工具和混凝土骨料掉落仓外，不得将大石块抛向仓外，以免伤人。

（7）在平仓振捣过程中，应观察模板、支撑、拉筋是否变形。如发现变形有倒塌危险时，应立即停止工作，并及时报告有关指挥人员。

（8）使用大型振捣器和平仓机时，不得碰撞模板、拉条、钢筋和预埋件，以防变形、倒塌。不得将运转中的振捣器，放在模板或脚手架上。

（9）使用电动振捣器，应有触电保护器或接地装置。搬移振捣器或中断工作时，应切断电源。湿手不得接触振捣器电源开关，振捣器的电缆不得破皮漏电。

（10）吊运平仓机、振捣臂、仓面吊等大型机械设备时，应检查吊索、吊具、吊耳是否完好，吊索角度是否适当。

（11）电气设备的安装、拆除或在运转过程中的故障处理，均应由电工进行。

（12）冬季仓内用明火保温时，应明确专人管理，谨防失火。

5. 混凝土保护与养护的安全要求

（1）混凝土表面保护应符合下列安全要求：

1）在混凝土表面保护工作的部位，作业人员应精力集中，佩戴安全防护用品。

2）混凝土立面保护材料应与混凝土表面贴紧，并用压条压接牢靠，以防风吹掉落伤人。采用脚手架安装、拆除时，应符合脚手架安全技术规程的规定；采用吊篮安装、拆除时，应符合吊篮安全技术规程的规定。

3）混凝土水平面的保护材料应采用重物压牢，防止风吹散落。

4）竖向井（洞）孔口应先安装盖板，然后方可覆盖柔性保护材料，并应设置醒目的警示标志。

5）水平洞室等孔洞进出口悬挂柔性保护材料应牢靠，并应方便人员和车辆的出入。

6）混凝土保护材料不宜采用易燃品，在气候干燥的地区和季节，应做好防火工作。

（2）混凝土养护应符合下列安全要求：

1）养护用水不得喷射到电线和各种带电设备上。移动电线等带电体时，应戴绝缘手套，穿绝缘鞋。养护水管应随用随关，不得使交通道转梯、仓面出入口、脚手架平台等处有长流水。

2）在养护仓面上遇有沟、坑、洞时，应设明显的安全标志，必要时铺设安全网或设置安全栏杆，严禁在施工作业人员不易站稳的位置进行洒水养护作业。

3）采用化学养护剂、塑料薄膜养护时，接触易燃有毒材料的人员，应佩戴相关防护用品并做好防护工作。

12.4.6 水下混凝土作业

（1）设计工作平台时，除考虑工作荷重外，还应考虑溜管、管内混凝土以及水流和风压影响的附加荷重。工作平台应牢固、可靠。

（2）上下层同时作业时，层间应设防护挡板或其他隔离设施，以确保下层工作人员的安全。各层的工作平台应设防护栏杆。各层之间的上下交通梯子应搭设牢固，并应设有扶手。

（3）溜管节与节之间，应连接牢固，其顶部漏斗及提升钢丝绳的连接处应用卡子加固。钢丝绳应有足够的安全系数。

（4）混凝土溜管底的活门或铁盘，应防止突然脱落而失控开放，以免溜管内的混凝土骤然下降，引起溜管突然上浮。向漏斗卸混凝土时，应缓慢开启弧门，适当控制下料速度。

12.4.7 碾压混凝土作业

（1）碾压混凝土铺筑前，应全面检查仓内排架、支撑、拉条、模板等是否安全可靠。

（2）自卸汽车入仓时，入仓口道路宽度、纵坡、横坡及转弯半径应符合所选车型的性能要求。洗车平台应做专门的设计，应满足有关的安全规定。自卸汽车在仓内行驶时，车速应控制在 5.0km/h 以内。

（3）采用真空溜管入仓时，真空溜管应做专门的设计，包括受料斗、下料口、溜管管身、出料口及各部分的支撑结构，并应满足有关的安全规定；溜管的支撑结构应与边坡锚杆焊接牢靠，不得采用铅丝绑扎；出料口应设置垂直向下的弯头，以防碾压混凝土料飞溅伤人；真空溜管盖带破损修补或者更换时，应遵守高处作业的安全规定。

（4）采用皮带机入仓时应按照混凝土水平运输的有关要求。

（5）卸料与摊铺的安全要求如下：

1）仓号内应派专人指挥、协调各类施工设备。指挥人员应采用红、白旗和口哨发出指令。应由施工经验丰富、熟悉各类机械性能的人员担任指挥人员。

2）采用自卸卡车直接进仓卸料时，宜采用退铺法依次卸料；应防止在卸料过程中溜车，应使车辆保证一定的安全距离。自卸车在起大箱时，应保证车辆平稳并观察有无障碍后，方可卸车。卸完料，大箱落回原位后，方可起步行驶。

3）采用吊罐入仓时，卸料高度不宜大于 1.5m，并应遵守吊罐入仓的安全规定。

4）搅拌车运送入仓时，仓内车速应控制在 5.0km/h 以内，距离临空面应有一定的安全距离，卸料时不得用手触摸旋转中的搅拌筒和随动轮。

5）多台平仓机在同一作业面作业时，前后两机相距不应小于 8m，左右相距应大于 1.5m。两台平仓机并排平仓时，两平仓机刀片之间应保持 200～300mm 间距。平仓前进应以相同速度直线行驶；后退时，应分先后，防止互相碰撞。

6）平仓机上下坡时，其爬行坡度不得大于 20°；在横坡上作业，横坡坡度不得大于 10°；下坡时，宜采用后退下行，严禁空挡滑行，必要时可放下刀片做辅助制动。

（6）碾压作业的安全要求如下：

1）振动碾机型的选择，应考虑碾压效率、起振力、滚筒尺寸、振动频率、振幅、行走速度、维护要求和运行的可靠性和安全性。振动碾的行走速度应控制在 1.0～1.5km/h 以内。建筑物的周边部位，应采用小型振动碾压实。

2）振动碾前后左右无障碍物和人员时方可启动。变换振动碾前进或者后退方向应待滚轮停止后进行。不得利用换向离合器作制动用。

3）起振和停振应在振动碾行走时进行；在已凝混凝土面上行走，不得振动；换向离合器、起振离合器和制动器的调整，应在主离合器脱开后进行，不得在急转弯时用快速挡；不得在尚未起振情况下调节振动频率。

4）两台以上振动碾同时作业，其前后间距不得小于3m；在坡道上纵队行驶时，其间距不得小于20m。上坡时变速，应在制动后进行，下坡时不得空挡滑行。

（7）碾压混凝土在养护过程中，当仓面采用柱塞泵喷雾器等设备保持湿润时，应遵守相关安全技术规定；应对电线和各种带电设备采用防水措施进行保护；其他养护应参照"混凝土保护与养护的安全要求"。

12.4.8　季节施工作业

（1）冬季施工应做好防冻、保暖和防火工作；遇有霜雪，施工现场的脚手板、斜坡道和交通要道应及时清扫，并应有防滑措施。

（2）夏季施工作业可适当调整作息时间，不宜加班加点，防止职工疲劳过度和中暑；在施工现场和露天作业场所，应搭设简易休息凉棚。生产车间应加强通风，并配备必要的降温设施。

12.5　沥　青　混　凝　土

12.5.1　沥青混凝土制备

（1）沥青运输的安全要求如下：

1）液态沥青宜采用液态沥青车运送，用泵抽送热沥青进出油罐时，工作人员应避让；向储油罐注入沥青时，当浮标指标达到允许最大容量时，应立即停止注入；满载运行时，遇有弯道、下坡时应提前减速，避免紧急制动；油罐装载不满时，应始终保持中速行驶。

2）采用吊耳吊装桶装沥青时，吊装作业应有专人指挥，沥青桶的吊索应绑扎牢固；吊起的沥青桶不得从运输车辆的驾驶室上空越过，并应稍高于车厢板，以防碰撞；吊臂旋转半径范围内不得站人；沥青桶未稳妥落地前，不得卸、取吊绳。

3）人工装卸桶装沥青时，运输车辆应停放在平坡地段，并拉上手闸；跳板应有足够的强度，坡度不应过陡；放倒的沥青桶经跳板向上（下）滚动装（卸）车时，应在露出跳板两侧的铁桶上各套一根绳索，收放绳索时要缓慢，并应两端同步上下；人工运送液态沥青，盛装量不得超过容器的2/3，不得采用锡焊桶装运沥青，并不得两人抬运热沥青。

（2）沥青储存的安全要求如下：

1）沥青应储存于库房或者料棚内，露天堆放时应放在阴凉、干净、干燥处，并应搭设席棚或者用帆布遮盖，以免雨水、阳光直接淋晒而影响环保，并应防止砂、石、土等杂物混入。桶装沥青应立放稳妥，以免流失破坏环境。

2）储存沥青的仓库或者料棚以及露天存放处，应远离火源，应与其他易燃物、可燃物、强氧化剂隔离保管，应有防火设施。防火设备应采用性能相宜的灭火器或砂土等，不得用水喷洒，以免热液流散而扩大火灾范围。储存处严禁吸烟。

（3）沥青、骨（填）料加热及拌制系统布置，应布置在人员较少、场地空旷的地方；产量较大的拌和设备，应设置除尘设施；宜布置在工程爆破危险区之外，远离易燃品仓库，不受洪水威胁，排水条件良好；应尽可能设在坝区的下风处，以利于坝区的环境；应远离生活区，以利于防火及环境。

（4）沥青预热的安全要求如下：

1）蒸汽加温沥青时，蒸汽管道应连接牢固，妥善保护，在人员易触及的部位，应用保温材料包扎。锅炉运行应遵守锅炉的相关安全规定。

2）太阳能油池上面的工作梯应具有防滑措施，非作业人员不得攀爬。

3）使用远红外加热沥青时，使用前应检查机电设备和短路过载保护装置是否良好，电气设备有无接地，确认符合要求后方可合闸作业；沥青油泵应进行预热，当用手能转动联轴器时，方可启动油泵送油。输油完毕后应将电动机反转，使管道中余油流回锅内，并应立即用柴油清洗沥青泵及管道。清洗前应关闭有关阀门，防止柴油流入油锅。

4）导热油加热沥青，应符合下列安全要求：

a. 加热炉使用前应进行耐压试验，试验压力应不低于额定工作压力的 2 倍。导热油的管道应有防护设施。

b. 对加热炉及设备应做全面检查，各种仪表应齐全完好。泵、阀门、循环系统和安全附件应符合技术要求，超压、超温报警系统应灵敏可靠。

c. 应经常检查循环系统有无渗漏、振动和异声，定期检查膨胀箱的液面是否超过规定，自控系统的灵敏性和可靠性是否符合要求，并应定期清除炉管及除尘器内的积灰。

（5）明火熬制沥青的安全要求如下：

1）锅灶设置：支搭的沥青锅灶，应距建筑物至少 30m，距电线垂直下方 10m 以上。周围不得有易燃易爆物品，并应备用锅盖、灭火器等防火用具；沥青锅上方搭设的防雨棚，不得使用易燃材料；沥青锅的前沿（有人操作的一面）应高出后沿 0.1m 以上，并高出地面 0.8～1.0m；舀、盛热沥青的勺、桶、壶等不得锡焊。

2）沥青预热：打开沥青桶上大小盖。当只有一个桶盖时，应在其相对方向另开一孔，以便沥青顺畅流出。桶内如有积水应先予排除；操作人员应注意沥青突然喷出，如发现沥青从桶的砂眼中喷出，应在桶外的侧面铲以湿泥涂封，不得用手直接涂封；加热中如发现沥青桶口堵塞时，操作人员应站在侧面用热铁棍疏通；加热时应用微火，不得用大火猛烤；卧桶加热的油槽应搭设牢固。流向储油锅的通道要畅通。

3）沥青熬制：油锅内不得有水和杂物，沥青投入量不得超过锅容积的 2/3，大块沥青应改小，并装在铁丝瓢内下锅。不得直接向锅内抛掷；预热后的沥青宜用溜槽流下沥青锅；如用油桶直接倒入沥青锅时，桶口应尽量放低，防止被热沥青溅伤；在熬制沥青时，如发现锅泄漏，应立即熄灭炉火；舀沥青时应用长柄勺，并要经常检查其连接是否牢固；沥青脱水应缓慢加热，经常搅动，不得猛火导致沥青溢锅；如发现有漫出迹象时，应立即熄灭炉火；作业人员应随时掌握油温变化情况，当白色烟转为红、黄色烟时，应立即熄灭炉火；作业现场临时堆放的沥青及燃料不应过多，堆放位置距沥青锅炉应在 5m 以外。

（6）骨（填）料加热、筛分及储存的安全要求如下：

1）骨料的烘干、加热应采用内热式加热滚筒进行，不得用手触摸运行中的加热滚筒及其驱动导轮。

2）加热后的骨料温度高约 200℃，进行二次筛分时，作业人员应采取防高温、防烫伤的安全措施；卸料口处应加装挡板，以免骨料溅出。

3）填料采用红外线加热器进行加热时，使用前应检查机电设备和短路过载保安装置是否良好，电气设备有无接地，确认符合要求后方可合闸作业。

4）骨（填）料储存仓周围应安装保温隔热材料，仓顶应安装防护栏杆、警示标志等安全设施。

（7）沥青混合料拌和设备操作的安全要求如下：

1）作业前，热料提升斗、搅拌器及各种称斗内不得有存料。

2）配有湿式除尘系统的拌和设备，其除尘系统的水泵应完好，并保证喷水量稳定且不中断。

3）卸料斗处于地下底坑时，应防止坑内积水淹没电器元件。

4）拌和机启动、停机，应按规定程序进行；点火失效时，应及时关闭喷燃器油门，待充分通风后再行点火。需要调整点火时，应先切断高压电源。

5）采用液化气加热时，系统应有减压阀及压力表。燃烧器点燃后，应关闭总阀门。

6）连续式拌和设备的燃烧器熄火时应立即停止喷射沥青；当烘干拌和筒着火时，应立即关闭燃烧器鼓风机及排风机，停止供给沥青，再用含水量高的细骨料投入烘干拌和筒，并应在外部卸料口用干粉或泡沫灭火器进行灭火。

7）关机后应清除皮带上、各供料斗及除尘装置内外的残余积物，并清洗沥青管道。

（8）运转过程中，如发现有异常情况，应报告机长并及时排除故障。停机前应先停止进料，等各部位（搅拌鼓、烘干筒等）卸完料后，方可停机。再次启动时，不得带负荷启动。

（9）搅拌机运行中，人员不得靠近各种运转机构，不得使用工具伸入滚筒内掏挖或清理。如需要清理时应停机。如需人员进入搅拌鼓内工作时，鼓外应有人监护。

（10）料斗升起时，不得有人在斗下工作或通过。检查料斗时应将保险链挂好。

（11）拌和站机械设备经常检查的部位应设置爬梯。采用皮带机上料时储料仓应加防护设施。

12.5.2 面板、心墙施工

（1）乳化（稀释）沥青加工采用易挥发性溶剂时，宜将熔化的沥青以细流状缓缓加入溶剂中，沥青温度控制在100℃左右，防止溅出伤人，并应特别注意防火。

（2）沥青洒布机作业的安全要求如下：

1）工作前应将洒布机车轮固定，检查高压胶管与喷油管连接是否牢固，油嘴和节门是否畅通，机件有无损坏。检查确认完好后，再将喷油管预热，安装喷头，经过在油箱内试喷后，方可正式喷洒。

2）装载热沥青的油桶应坚固不得漏油，其装油量应低于桶口100mm；向洒布机油箱注油时，油桶应靠稳，在箱口缓慢向下倒，不得猛倒。喷洒时，如发现喷头堵塞或其他故障，应立即关闭阀门，修理完好后再行作业。

3）喷洒沥青时，手握的喷油管部分应加缠旧麻袋或石棉绳等隔热材料。操作时，喷头严禁向上。喷头附近不得站人，不得逆风操作。

4）移动洒布机，油箱中的沥青不得过满。压油时，速度应均匀，不得突然加快。喷油中断时，应将喷头放在洒布机油箱内，固定好喷管，不得滑动。

（3）人工拌和作业应使用铁壶或长柄勺倒油，壶嘴或勺口不应提得过高，防止热油溅起伤人。

（4）沥青混凝土运输作业的安全要求如下：

1）采用自卸汽车运输时，大箱卸料口应加挡板（运输时挡板应拴牢），顶部应盖防雨布；运输道路应满足施工组织设计的要求；在社会公共道路上行驶时，驾驶员应严格遵守《道路交通安全法》和有关规定，驾驶员应熟悉运行区域内的工作环境，不得酒后、超速、超载及疲劳驾驶车辆。

2）在斜坡上的运输，宜采用专用斜坡喂料车；当斜坡长度较短或者工程规模较小时，可由摊铺机直接运料，或者用缆索等机械运输，但均应遵守相应机械设备的安全技术规定。

3）少量部位采用人工运料时，应穿防滑鞋，坡面应设防滑梯。

4）斜坡上沥青混凝土面板施工应设置安全绳或其他防滑措施。施工机械由坝顶下放至斜坡时，应有安全措施，并建立安全制度。对牵引机械（可移式卷扬台车、卷扬机等）和钢丝绳、刹车等，应经常检查、维修。卷扬机应锚定牢固，防止倾覆。

（5）沥青混合料摊铺作业的安全要求如下：

1）驾驶台及作业现场应视野开阔，清除一切有碍工作的障碍物。作业时无关人员不得在驾驶台上逗留。驾驶员不得擅离岗位。

2）沥青混合料应自下至上进行摊铺。

3）运料车向摊铺机卸料时，应协调动作，同步行进，防止互撞。

4）换挡应在摊铺机完全停止时进行，不得强行挂挡和在坡道上换挡或空挡滑行。

5）熨平板预热时，应控制热量，防止因局部过热而变形。加热过程中，应有专人看管。

6）驾驶力求平稳，熨平装置的端头与障碍物边缘的间距不得小于 100mm，以免发生碰撞。

7）用柴油清洗摊铺机时，不得接近明火。

8）沥青混合料宜采用汽车配保温料罐运输，由起重机吊运卸入模板内或者由摊铺机自身的起重机吊运卸入摊铺机内。应严格遵守起重机的安全技术规定。

9）由起重机吊运卸入模板内的沥青混凝土，应由人工摊铺整平，应有防高温、防烫伤措施。

10）在已压实的心墙上继续铺筑前，应采用压缩空气喷吹清除（风压 0.3～0.4MPa）。清理干净结合面时，应严格遵守空气压缩机的安全技术规定。如喷吹不能完全清除，可用红外线加热器烘烤黏污面，使其软化后铲除，应遵守红外线加热器的安全技术规定。

11）采用红外线加热器加热，沥青混凝土表面温度低于 70℃ 时，应遵守红外线加热器的安全技术规定。采用火滚或烙铁加热时，应使用绝热或隔热手把操作，并应戴手套以防烫伤，不得在火滚滚筒上面踩踏。滚筒内的炉灰不得外泄，工作完毕炉灰应用水浇灭后运往弃渣场。

（6）沥青混凝土碾压作业的安全要求如下：

1）振动碾碾压时，应上行时振动，下行时不得振动。

2）多台振动碾同时在一个工作面作业时，前后左右应保持一定的安全距离，以免发生碰撞。

3）振动碾前后轮的刮板，应保持平整良好。碾轮刷油或洒水的人员应与司机密切配合，应跟在辗轮行走的后方。

4）振动碾应停放在平坦、坚实并对交通及施工作业无妨碍的地方。停放在坡道上时，前后轮应支垫三角木。不得在振动碾没有熄火、下无支垫三角木的情况下，进行机下检修。

5）机械由坝顶下放至斜坡时，应有安全措施，并建立安全制度。对牵引机械和钢丝绳刹车等，应经常检查、维修。

6）各种施工机械和电气设备，均应按有关安全操作规程操作和保养维修。

（7）心墙钢模宜采用机械拆模，采用人工拆除时，作业人员应有防高温、防烫伤、防毒气的安全防护装置。钢模拆除后应将表面黏附物清除干净，用柴油清洗时，不得接近明火。

（8）沥青混凝土夏季施工应采取防暑降温措施，合理安排作业时间。

12.5.3 其他施工

1. 现浇沥青混凝土施工的安全要求

（1）现浇式沥青混凝土的浇筑宜采用钢模板施工，模板的制作与架设应牢固、可靠。

（2）应采用汽车配保温料罐运输沥青混凝土，由起重机吊运卸入模板内。应严格按照保温料罐入仓和起重机吊运的安全技术规定进行操作。

（3）现浇式沥青混凝土的浇筑温度应控制在 $140\sim160℃$。应由低到高依次浇筑，边浇筑边采用插针式捣固器捣实。仓内作业人员应有"三防"措施。

2. 沥青混凝土路面施工的安全要求

（1）沥青洒布车作业：检查机械、洒油装置及防护、防火设备是否齐全有效；采用固定式喷灯向沥青箱的火管加热时，应先打开沥青箱上的烟囱口，并在液态沥青淹没火管后，方可点燃喷灯。加热喷灯的火焰过大或扩散蔓延时应立即关闭喷灯，待多余的燃油烧尽后再行使用。喷灯使用前，应先封闭吸油管及进料口，手提喷灯点燃后不得接近易燃品；满载沥青的洒布车应中速行驶。遇有弯道、下坡时应提前减速，避免紧急制动。行驶时不得使用加热系统；驾驶员与机上操作人员应密切配合，操作人员应注意自身的安全。作业时在喷洒沥青方向 10m 以内不得有人停留。

（2）沥青洒布机作业、摊铺机作业、振动碾压作业应符合本节前述的有关要求。

3. 房屋建筑沥青施工的安全要求

（1）房屋建筑屋面板的沥青混凝土施工，属于高处作业，应按照高处作业的要求。

（2）屋面板沥青混凝土采用人工摊铺、刮平，用火滚滚压时，作业人员应使用绝热或隔热把进行操作，并戴好手套、口罩，穿好防护衣、防护鞋。屋面的边沿和预留孔洞，应设置安全防护装置。

（3）在坡度较大的屋面运油，应穿防滑鞋，设置防滑梯，清扫屋面上的砂粒。油桶下设桶垫，应放置平稳。

（4）运输设备及工具应牢固，竖直提升时平台的周边应有防护栏杆。提升时应拉牵引绳，防止油桶晃动，吊运时油桶下方 10m 半径范围内严禁站人。

（5）配置、储存和涂刷冷底子油的地点严禁烟火，周围 30m 以内严禁进行电焊、气焊等明火作业。

12.6　砌　石　工　程

12.6.1　基本安全要求

（1）施工人员进入施工现场前应经过三级安全教育，熟悉安全生产的有关规定。

（2）施工人员在进行高空作业之前，应进行身体健康检查，查明是否患有高血压、心脏病等其他不宜进行高空作业的疾病，经医院证明合格者，方可进行作业。

（3）进入施工现场应戴安全帽，操作人员应正确佩戴劳保用品，严禁砌筑施工人员徒手进行施工。

（4）非机械设备操作人员，不应使用机械设备。所使用的机械设备应安全可靠、性能良好，同时设有限位保险装置。

（5）脚手架应按《建筑结构荷载规范》（GB 50009—2012）、《建筑施工扣件式钢管脚手架安全技术规范》（JGJ 130 —2011）进行设计，未经检查验收不应使用。验收后不应随意拆改或自搭飞跳，如必须拆改时，应制定技术措施，经审批后实施。

（6）砌筑施工时，脚手架上堆放的材料不应超过设计荷载，应做到随砌随运。

（7）运输石料、混凝土预制块、砂浆及其他材料至工作面时，脚手架应安装牢固，马道应设防滑条及扶手栏杆。采用两人抬运的方式运输材料时，使用的马道坡度角不宜大于 30°、宽度不宜小于 80cm；采用四人联合抬运的方式时宽度不宜小于 120cm。采用单人以背、扛的方式运输材料时，使用的马道坡度角不宜大于 45°、宽度不宜小于 60cm。

（8）堆放材料应离开坑、槽、沟边沿 1m 以上，堆放高度不应大于 1.5m；往坑、槽、沟内运送石料及其他材料时，应采用溜槽或吊运的方法，其卸料点周围严禁站人。

（9）进行高空作业时，作业层（面）的周围应进行安全防护，设置防护栏杆及张挂安全网。

（10）吊运砌块前应检查专用吊具的安全可靠程度，性能不符合要求的严禁使用。

（11）吊装砌块时应注意重心位置，严禁用起重扒杆拖运砌块，不应起吊有破裂、脱落、危险的砌块。严禁起重扒杆从砌筑施工人员的上空回转；若必须从砌筑区或施工人员的上空回转时，应暂停砌筑施工，施工人员应暂时离开起重扒杆回转的危险区域。

（12）当现场风力达到 6 级及以上，或因刮风使砌块和混凝土预制构件不能安全就位时，机械设备应停止吊装作业，施工人员应停止施工并撤离现场。

（13）砌体中的落地灰及碎砌块应及时清理，装车或装袋进行运输，严禁采用抛掷的方法进行清理。

（14）在坑、槽、沟、洞口等处，应设置防护盖板或防护围栏，并设置警示标志，夜间应设红灯示警。

（15）严禁作业人员乘运输材料的吊运机械进出工作面，不应向正在施工的作业人员或作业区域投掷物体。

（16）搬运石料时应检查搬运工具及绳索是否牢固，抬运石料时应采用双绳系牢。

（17）用铁锤修整石料时，应先检查铁锤有无破裂，锤柄是否牢固。击锤时要按石纹走向落锤，锤口要平，落锤要准，同时要查看附近有无危及他人安全的隐患，然后落锤。

（18）不宜在干砌、浆砌石墙身顶面或脚手架上整修石材，应防止振动墙体而影响安全或石片掉下伤人。制作镶面石、规格料石和解小料石等石材应在宽敞的平地上进行。

（19）应经常清理道路上的零星材料和杂物，使运输道路畅通无阻。

（20）遇恶劣天气时，应停止施工。在台风、暴风雨之后应检查各种设施和周围环境，确认安全后方可继续施工。

12.6.2　干砌石施工

（1）干砌石施工应进行封边处理，防止砌体发生局部变形或砌体坍塌而危及施工人员安全。

（2）干砌石护坡工程应从坡脚自下而上施工，应采用竖砌法（石块的长边与水平面或斜面呈垂直方向）砌筑，缝口要砌紧使空隙达到最小。空隙应用小石填塞紧密，防止砌体受到水流冲刷或外力撞击时滑脱沉陷，以保持砌体的坚固性。

（3）干砌石墙体外露面应设丁石（拉结石），并均匀分布，以增强整体稳定性。

（4）干砌石墙体施工时，不应站在砌体上操作和在墙上设置拉力设施、缆绳等。对于稳定性较差的干砌石墙体、独立柱等设施，施工过程中应加设稳定支撑。

（5）卵石砌筑应采用三角缝砌筑工艺，按整齐的梅花形砌法，六角紧靠，不应有"四角眼"或"鸡抱蛋"（即中间一块大石，四周一圈小石）。石块不应前俯后仰、左右歪斜或砌成台阶状。

（6）砌筑时严禁将卵石平铺散放，而应由下游向上游一排紧挨一排地铺砌，同一排卵石的厚度应尽量一致，每块卵石应略向下游倾斜，严禁砌成逆水缝。

（7）铺砌卵石时应将较大的砌缝用小石塞紧，在进行灌缝和卡缝工作时，灌缝用的石子应尽量大一些，使水流不易淘走；卡缝用小石片，用木榔头或石块轻轻砸入缝隙中，用力不宜过猛，以防砌体松动。

12.6.3　浆砌石施工

（1）砂浆搅拌机械应符合《建筑机械使用安全技术规程》（JGJ 33—2012）及《施工现场临时用电安全技术规范》（JGJ 46—2005）的有关规定，施工中应定期进行检查、维修，保证机械使用安全。

（2）砌筑基础时，应检查基坑的土质变化情况，查明有无崩裂、渗水现象。发现基坑土壁裂缝、化冻、水浸或变形并有坍塌危险时，应及时撤退；对基坑边可能坠落的危险物要进行清理，确认安全后方可继续作业。

（3）当沟、槽宽度小于1m时，在砌筑站人的一侧，应预留不小于40cm的操作宽度；施工人员进入深基础沟、槽施工时应从设置的阶梯或坡道上出入，不应从砌体或土壁支撑面上出入。

（4）施工中不应向刚砌好的砌体上抛掷和溜运石料，应防止砂浆散落和砌体破坏而致使坠落物伤人。

（5）砌筑浆砌石护坡、护面墙、挡土墙时，若石料存在尖角，应使用铁锤敲掉，以防止外露墙面尖角伤人。

（6）当浆砌体墙身设计高度不超过 4m，且砌体施工高度已超过地面 1.2m 时，宜搭设简易脚手架进行安全防护，简易脚手架上不应堆放石料和其他材料。当浆砌体墙身设计高度超过 4m，且砌体施工高度已超过地面 1.2m 时，应安装脚手架。当砌体施工高度超过 4m 时，应在脚手架和墙体之间加挂安全网，安全网应随墙体的升高而相应升高，且应在外脚手架上增设防护栏杆和踢脚板。当浆砌体墙身设计高度超过 12m，且边坡坡率小于 1∶0.3 时，其脚手架应根据施工荷载、用途进行设计和安装。凡承重脚手架均应进行设计或验算，未经设计或验算的脚手架施工人员不应在上面进行操作施工和承担施工荷载。

（7）防护栏杆上不应坐人，不应站在墙顶上勾缝、清扫墙面和检查大角垂直，脚手板高度应低于砌体高度。

（8）挂线用的线坠、垂体应用线绳绑扎牢固。

（9）施工人员出入施工面时应走扶梯或马道，严禁攀爬架子。在遇霜、雪的冬季施工时，应先清扫干净后再行施工。

（10）采用双胶轮车运输材料跨越宽度超过 1.5m 的沟、槽时，应铺设宽度不小于 1.5m 的马道。平道运输时两车相距不宜小于 2m，坡道运输时两车相距不宜小于 10m。

12.6.4　坝体砌筑施工

（1）应在坝体上下游侧结合坝面施工安装脚手架。脚手架应根据用途、施工荷载、工程安全度汛、施工人员进出场要求进行设计和施工。脚手架和坝体之间应加挂安全网，安全网应随坝体的升高而相应升高，安全网与坝体施工面的高差不应大于 1.2m，同时应在外脚手架上加设防护栏杆和踢脚板。

（2）结合永久工程需要应在坝体左右两侧坝肩处的不同高程上设置不少于两层的多层上坝公路。当条件受限制时，应在坝体的一侧坝肩处的不同高程上设置不少于两层的多层上坝公路，以保证坝体安全施工的基本要求和保证施工人员、机械设备、施工材料进出坝体应具备的基本条件。

（3）垂直运输宜采用缆式起重机、塔吊、门机等设备，当条件受限制时，应由施工组织设计确定垂直运输方式。垂直运输中使用的吊笼、绳索、刹车及滚杠等，应满足负荷要求，吊运时不应超载，发现问题应及时检修。垂直运输物料时应有联络信号，并有专人指挥和进行安全警戒。

（4）吊运石料、混凝土预制块时应使用专用吊笼，吊运砂浆时应使用专用料斗，吊运混凝土构件、钢筋、预埋件、其他材料及工器具时应采用专用吊具。吊运中严禁碰撞脚手架。

（5）坝面上作业宜采用四轮翻斗车、胶轮车进行水平运输，短距离运输时宜采用两抬运的组合方式进行。

（6）运送人员、小型工器具至大坝施工面上的施工专用电梯，应设置限速和停电（即报警）装置。

（7）进行立体交叉作业时，严禁施工人员在起重设备吊钩运行所覆盖的范围内进行施工作业；若必须在起重设备吊钩运行所覆盖的范围内作业，当起重设备运行时应暂停施工，施工人员应暂时离开由于立体交叉作业而产生的危险区域。

（8）砌筑倒悬坡时，宜先浇筑面石背后的混凝土或砌筑腹石，且下一层面石的胶结材料强度未达到 2.0MPa 以上时，施工人员不应站在倒悬的面石上作业。当倒悬坡率大于 0.3 时，应安装临时支撑。

12.7 堤 防 工 程

12.7.1 基本安全要求

（1）堤防工程度汛、导流施工，施工单位应根据设计要求和工程需要编制方案报合同指定单位审批，并由建设单位报防汛主管部门批准。

（2）堤防施工操作人员应戴保护手套和其他必要的劳保用品。

（3）度汛时如遇超标准洪水，应启动应急预案并及时采取紧急处理措施。

（4）施工船舶上的作业人员应严格遵守国家有关水上作业的法律、法规和标准。

（5）土料开采应保证坑壁稳定，立面开挖时严禁掏底施工。

12.7.2 堤防施工

1. 堤防基础施工的安全要求

（1）堤防地基开挖较深时，应制定防止边坡坍塌和滑坡的安全技术措施。对深基坑支护应进行专项设计，作业前应检查安全支撑和挡护设施是否良好，确认符合要求后，方可施工。

（2）当地下水位较高或在黏性土、湿陷性黄土上进行强夯作业时，应在表面铺设一层厚 500～2000mm 的砂、砂砾或碎石垫层，以保证强夯作业安全。

（3）强夯夯击时应做好安全防范措施，现场施工人员应戴好安全防护用品。夯击时所有人员应退到安全线以外。应对强夯周围建筑物进行观测，以指导调整强夯参数。

（4）地基处理采用砂井排水固结法施工时，为加快堤基的排水固结，应在堤基上分级进行压载，压载时应加强现场监测，防止出现滑动破坏等失稳事故的发生。

（5）软弱地基处理采用抛石挤淤法施工时，应经常对机械作业部位进行检查。

2. 吹填筑堤施工的安全要求

吹填筑堤施工，应参照 12.9.5 的有关安全要求执行。

3. 抛石筑堤施工的安全要求

（1）在深水域施工抛石棱体，应通过岸边架设的定位仪指挥船舶抛石。

（2）陆域软基段或浅水域抛石，可采用自卸汽车以端进法向前延伸立抛，重载与空载汽车应按照各自预定路线慢速行驶，不得超载与抢道。

（3）深水域宜用驳船水上定位分层平抛，抛石区域高程应按规定检查，以防驳船移位时出现危险。

4. 砌石筑堤施工的安全要求

砌石筑堤施工应参照第 12.6 节"砌石工程"的有关安全要求执行。

5. 防护工程施工的安全要求

（1）人工抛石作业时应按照计划制定的程序进行，严禁随意抛掷，以防意外事故发生。

（2）抛石所使用的设备应安全可靠、性能良好，严禁使用没有安全保险装置的机具进行作业。

（3）抛石护脚时应注意石块体重心位置，禁止起吊有破裂、脱落、危险的石块体，施工时除操作人员外，严禁有人停留。起重设备回转时，严禁起重设备工作范围或抛石工作范围内进行其他作业和人员停留。

6. 堤防加固施工的安全要求

（1）砌石护坡加固，应在汛期前完成；当加固规模、范围较大时，可拆一段砌一段，但分段宜大于50m；垫层的接头处应确保施工质量，新、老砌体应结合牢固，连接平顺。确需汛期施工时，分段长度可根据水情预报情况及施工能力而定，防止意外事故发生。

（2）护坡石沿坡面运输时，使用的绳索、刹车等设施应满足负荷要求，牢固可靠，在吊运时不得超载，发现问题及时检修。垂直运送料具时应有联系信号，专人指挥。

（3）堤防灌浆机械设备作业前应检查是否完好，安全设施及防护用品是否齐全，警示标志设置是否标准，经检查确认符合要求后，方可施工。

（4）当堤防加固采用混凝土防渗墙、高压喷射、土工膜截渗或砂石导渗等施工技术时，均应符合相应安全技术标准的规定。

12.7.3　防汛抢险施工

（1）防汛抢险施工前，应对作业人员进行安全教育并按防汛预案进行施工。

（2）堤防防汛抢险施工的抢护原则为：前堵后导、强身固脚、减载平压、缓流消浪。施工中应遵守各项安全技术要求，不得违反程序作业。

（3）堤身漏洞险情抢护的安全要求

1）堤身漏洞险情的抢护以"前截后导，临重于背"为原则。在抢护时，应在临水侧截断漏水来源，在背水侧漏洞出水口处采用反滤围井的方法，防止险情扩大。

2）堤身漏洞险情在临水侧抢护以人力施工为主时，应配备足够的安全设施，确认安全可靠且有专人指挥和专人监护后，方可施工。

3）堤身漏洞险情在临水侧抢护以机械设备为主时，机械设备应停站或行驶在安全或经加固可以确认较为安全的堤身上，防止因漏洞险情导致设备下陷、倾斜或失稳等其他安全事故。

（4）管涌险情的抢护宜在背水面，采取反滤导渗控制涌水，留有渗水出路。以人力施工为主进行抢护时，应注意检查附近堤段水浸后变形情况，如有坍塌危险应及时加固或采取其他安全有效的方法。

（5）当遭遇超标准洪水或有可能超过堤坝顶时，应迅速进行加高抢护，同时做好人员撤离安排，及时将人员、设备转移到安全地带。

（6）为削减波浪的冲击力，应在靠近边坡的水面设置芦柴、柳枝、湖草和木料等材料的捆扎体，并设法锚定，防止其被风浪水流冲走。

（7）当发生崩岸险情时，应抛投物料如石块、石笼、混凝土多面体、土袋和柳石枕等，以稳定基础，防止崩岸进一步发展；应密切关注险情发展的动向，时刻检查附近堤身的变形情况，及时采取正确的处理措施，并向附近居民示警。

（8）堤防决口抢险的安全要求如下：

1）当堤防决口时，除快速通知危险区域内人员安全转移外，抢险施工人员应配备足够的安全救生设备。

2）堤防决口施工应在水面以上进行，并逐步创造静水闭气条件，确保人身安全。

3）当在决口抢筑裹头时，应先在水浅流缓、土质较好的地带采取打桩、抛填大体积物料等安全裹护措施，防止裹头处突然坍塌将人员与设备冲走。

4）决口较大采用沉船截流时，应采取有效的安全防护措施，防止沉船底部不平整发生移动而给作业人员造成安全隐患。

12.8　渠道、水闸与泵站工程

12.8.1　渠道施工安全作业

（1）渠道边坡开挖施工除应符合第 12.1 节"土石方工程"的有关安全要求外，还应按先坡面后坡脚、自上而下的原则进行施工，不得倒坡开挖；应做好截、排水措施，防止地表水和地下水对边坡的影响；对永久工程应经设计计算确定削坡坡比，制定边坡防护方案；对削坡范围内和周围有影响区域内的建筑物及障碍物等，应有妥善的处置或采取必要的防护措施。

（2）渠道施工中多级边坡之间应设置马道，以利于边坡稳定、施工安全。如遇到不稳定边坡，视地形和地质条件采取适当支护措施，以保证施工安全。

（3）深度较浅的渠道最好一次开挖成型，如采用反铲开挖，应在底部预留不小于 300mm 的保护层，采用人工清理。深度较深的渠道一次开挖不能到位时，应自上而下分层开挖。如施工期较长，遇膨胀土或易风化的岩层，或土质较差的渠道边坡，应采取护面或支挡措施。

（4）在地下水较为丰富的地质条件下进行渠道开挖，应在渠道外围设置临时排水沟和集水井，并采取有效的降水措施，如深井降水或轻型井点降水，将基坑水位降低至底板以下再进行开挖。在软土基坑进行开挖宜采用钢走道箱铺路，利于开挖及运输设备行走。

（5）冻土开挖时，如采用重锤击碎冻土的施工方案，应防止重锤在坑边滑脱，击锤点距坑边应保持 1m 以上的距离。用爆破法开挖冻土时，爆破器材的选用及操作应严格遵守现行《爆破安全规程》（GB 6722—2014）的有关安全规定。

（6）边坡喷混凝土施工安全要求如下：

1）当坡面需要挂钢筋网喷混凝土支护时，在挂网之前，应清除边坡松动岩块、浮渣、岩粉及其他疏松状堆积物，用水或风将受喷面冲洗（吹）干净。

2）脚手架及操作平台的搭设应符合第 5.4 节"施工脚手架"的有关安全要求。

3）喷射操作手应佩戴好防护用具，作业前检查供风、供水、输料管及阀门的完好性，对存在的缺陷应及时修理或更换；作业中，喷射操作手应精力集中，喷嘴严禁朝向作业人员。

4）喷射作业操作顺序：对喷射机先送风、送水，待风压、水压稳定后再送混合料。结束时与上述程序相反，即先停供料，再停风和水，最后关闭电源。

5）喷射口要求垂直于受喷面，喷射头距喷射面距离 500～600mm 为宜。

6）喷混凝土应采用水泥裹砂"潮喷法"，以减少粉尘污染与喷射回弹量，不宜使用干喷法。

（7）渠道衬砌应按设计进行，混凝土预制块、干砌石和浆砌石自下而上分层进行施工，渠顶堆载预制块或石块高度宜控制在 1.5m 以内，且距坡面边缘 1.0m 以上，防止石料滚落伤人，对软土堤顶应减少堆载。混凝土衬砌宜采用治模或多功能渠道衬砌机进行施工。

（8）对软土堤基的渠堤填筑前，应按设计对基础进行加固处理，并对加固后的堤基土体力学指标进行检测，满足设计要求后方可填筑。

（9）为保证渠堤填筑断面的压实度，采用超宽 300～500mm 的方法。大型碾压设备在碾压作业时，通过试验在满足渠堤压实度的前提下，确定碾压设备距离填筑断面边缘的宽度，保证碾压设备的安全。

（10）不同的边坡监测仪器，除满足埋设规定之外，应将裸露地表的电缆加以防护，终端设观测房集中于保护箱，加以标示并上锁锁闭保护。

12.8.2　水闸施工安全作业

（1）水闸土方开挖除应符合 12.1 节"土石方工程"的有关安全要求外，还应满足下列安全要求：

1）水闸基坑土方开挖应本着先降水、后开挖的施工原则，并结合基坑的中部开挖明沟加以明排。降水措施视工程地质条件而定，在条件许可时，先前进行降水试验，以验证降水方案的合理性。

2）降水期间必须对基坑边坡及周围建筑物进行安全监测，发现异常情况及时采取处理措施，保证基坑边坡和周围建筑物的安全。在雨季，尤其是汛期必须做好基坑的排水工作，安装足够的排水设备，不得淹没基坑，以利于基坑的安全。

3）基坑降水时基坑底、排水沟底、集水坑底应保持一定深差；集水坑和排水沟应设置在建筑物底部轮廓线以外一定距离；基坑开挖深度较大时，应分级设置马道和排水设施；流沙、管涌部位应采取反滤导渗措施。

4）若原有建筑物距基坑较近，视工程的重要性和影响程度，可以采用拆迁或适当的支护处理。基坑边坡视地质条件，可以采用适当的防护措施。

5）基坑开挖时，在负温下，挖除保护层后应采取可靠的防冻措施。基坑土方开挖完成或基础处理完成，应及时组织基础隐蔽工程验收，及时浇筑垫层混凝土对基础进行封闭。

（2）土方填筑除应符合 12.1 节"土石方工程"的有关安全要求外，还应满足下列安全要求：

1）填筑前，必须排除基坑底部的积水、清除杂物等，应采用降水措施将基底水位降至 0.5m 以下。填筑土料，应符合设计要求。

2）岸墙、翼墙后的填土应分层回填、均衡上升。靠近岸墙、翼墙、岸坡的回填土宜用人工或小型机具夯压密实，铺土厚度宜适当减薄。

3）高岸、翼墙后的回填土应按通水前后分期进行回填，以减小通水前墙体后的填土压力。高岸、翼墙后应设计布置排水系统，以减少填土中的水压力。

（3）水闸地基处理的安全要求如下：

1）原状土地基开挖到基底前预留 300～500mm 保护层，在建筑施工前，宜采用人工挖出，并使得基底平整，对局部超挖或低洼区域宜采用碎石回填。基底开挖之前宜做好降排水，保证开挖在干燥状态下施工。

2）对加固地基，基坑降水应降至基底面以下 500mm，保证基底干燥平整，以利地基处理设备施工安全。施工作业和移机过程中，应将设备支架的倾斜度控制在其规定值之内，严防设备倾覆。

3）在正式施工前，应先进行基础加固的工艺试验，工艺及参数批准后展开施工。成桩后应按照相关规范的规定抽样，进行单桩承载力和复合地基承载力试验，以验证加固地基的可靠性。

4）钻孔灌注桩基础施工、振冲地基加固、高压灌浆工程、深层水泥搅拌桩施工应符合 12.2 节"地基与基础工程"的有关安全要求。

5）桩基施工设备操作人员，应进行操作培训，取得合格证书后方可上岗。

（4）预制构件采用蒸汽养护时的安全要求如下：

1）每天应对锅炉系统进行检查，在每次蒸汽养护构件之前，应对通汽管路、阀门进行检查，一旦损坏及时更换。

2）定期对蒸养池顶盖的提升桥机或吊车进行检查和维护。

3）在蒸养过程中，锅炉或管路发生异常情况，应及时停止蒸汽的供应。同时无关人员不得站在蒸养池附近。

4）升温速率：当构件表面系数度大于或等于 6 时，不宜超过 15℃/h；表面系数小于 6 时，不宜超过 10℃/h。

5）降温速度：当表面系数大于或等于 6 时，不应超过 10℃/h；表面系数小于 6 时，不应超过 5℃/h；出地后构件表面与外界温差不得大于 20℃。

6）恒温时的混凝土温度，一般不超过 80℃，相对湿度应为 90%～100%。

7）浇筑后，构件应停放 2～6h，停放温度一般为 10～20℃。

（5）构件起吊前的安全要求如下：

1）大件起吊运输应有单项安全技术措施。起吊设备操作人员必须具有特种作业人员资格证书。

2）起吊前应认真检查，所用一切工具设备均应良好。同时应先清理起吊地点及运行通道上的障碍物，通知无关人员避让，并应选择恰当的位置及随物护送的路线。

3）起吊设备起吊能力应有一定的安全储备。必须对起吊构件的吊点和内力进行详细的内力复核验算。非定型的吊具和索具均应验算，符合有关规定后方可使用。

4）应指定专人负责指挥操作人员进行协同的吊装作业。各种设备的操作信号必须事先统一规定。各种物件正式起吊前，应先试吊，确认可靠后方可正式起吊。

（6）构件起吊与安放的安全要求如下：

1）构件应按标明的吊点位置或吊环起吊；预埋吊环必须为Ⅰ级钢筋（即 A3 钢），吊环的直径应通过计算确定。

2）不规则大件吊运时，应计算出其重心位置，在部件端部系绳索拉紧，以确保上升或平移时的平稳。

3）吊运时必须保持物件重心平稳。如发现捆绑松动或吊装工具发生异样、怪声，应立即停车进行检查。

4）翻转大件应先放好旧轮胎或木板等垫物，工作人员应站在重物倾斜方向的对面，翻转时应采取措施防止冲击。

5）安装梁板，必须保证其在墙上的搁置长度，两端必须垫实。

6）用兜索吊装梁板时，兜索应对称设置。吊索与梁板的夹角应大于 60°，起吊后应保持水平，稳起稳落。

7）用杠杆车或其他土法安装梁板时，应按规定设置吊点和支垫点，以防梁板断裂，发生事故。

8）预制梁板就位固定后，应及时将吊环割除或打弯，以防绊脚伤人。

9）吊装工作区应禁止非工作人员入内。大件吊运过程中，重物上不应站人，重物下面严禁有人停留或穿行。若起重指挥人员必须在重物上指挥时，应在重物停稳后站上去，并应选择在安全部位和采取必要的安全措施。

10）气候恶劣及风力过大时，应停止吊装工作。

此外，构件起吊与安放还应符合第 7 章"起重与运输安全管理"的有关安全要求。

（7）在闸室进出水混凝土防渗铺盖上行驶重型机械或堆放重物时，必须经过承重荷载验算。

（8）永久缝施工时一切预埋件应安装牢固，严禁脱落伤人；采用紫铜止水片时，接缝必须焊接牢固，焊接后应采用柴油渗透法检验是否渗漏。采用塑料和橡胶止水片时，应避免油污和长期暴晒并有保护措施；结构缝使用柔性材料嵌缝处理时，宜搭设稳定牢固的脚手架，系好安全带逐层作业。

（9）水闸混凝土结构施工应符合 12.4 节"混凝土工程"的有关安全要求。

12.8.3　泵站施工安全作业

1. 水泵基础施工的安全要求

（1）水泵基础施工有度汛要求时，应按设计及施工需要，汛前完成度汛工程。

（2）水泵基础应优先选用天然地基。承载力不足时，宜采取加固措施进行基础处理。

（3）水泵基础允许沉降量和沉降差，应根据工程具体情况分析确定，满足基础结构安全和不影响机组的正常运行。

（4）水泵基础地基如为膨胀土地基，在满足水泵布置和稳定安全要求的前提下，应减小水泵基础底面积，增大基础埋置深度，也可将膨胀土挖除，换填无膨胀性土料垫层，或采用桩基础。

（5）膨胀土地基处理的安全要求如下：

1）膨胀土地基上泵站基础的施工，应安排在干旱季节进行，力求避开雨季，否则应采取可靠的防雨水措施。

2）基坑开挖前应布置好施工场地的排水设施，天然地表水不得流入基坑。

3）应防止雨水浸入坡面和坡面土中水分蒸发，避免干湿交替，保护边坡稳定。可在坡面喷水泥砂浆保护层或用土工膜覆盖。

4）基坑开挖至接近基底设计标高时，应留 0.3m 左右的保护层，待下道工序开始前再挖除保护层。基坑挖至设计标高后，应及时浇筑素混凝土垫层保护地基，待混凝土达到 50％以上强度后，及时进行基础施工。

5）泵站四周回填应及时分层进行。填料应选用非膨胀土、弱膨胀土或掺有石灰的膨胀土；选用弱膨胀土时，其含水量宜为 1.1～1.2 倍塑限含水量。

6）固定式泵站的水泵地基应坚实，基础应按图施工，水泵机组必须牢固地安装在基础上。

2. 固定式泵站的安全要求

（1）泵站基坑开挖、降水及基础处理的施工应符合本节前述的有关安全要求。

（2）泵房水下混凝土宜整体浇筑。对于安装大、中型立式机组或斜轴泵的泵房工程，可按泵房结构并兼顾进、出水流道的整体性设计分层，由下至上分层施工。

（3）泵房浇筑，在平面上一般不再分块。如泵房底板尺寸较大，可以采用分期分段浇筑。

（4）泵房钢筋混凝土施工应符合 12.4 节"混凝土工程"的有关安全要求。

3. 金属输水管道制作与安装的安全要求

（1）钢管焊缝应合格且通过超声波或射线检验，不得有任何渗漏现象。

（2）钢管各支墩应有足够的稳定性，保证钢管在安装阶段不发生倾斜和沉陷变形。

（3）钢管壁在对接接头的任何位置表面的最大错位：纵缝不应大于 2mm，环缝不应大于 3mm。

（4）直管外表直线平直度可用任意平行轴线的钢管外表一条线与钢管直轴线间的偏差确定：长度为 4m 的管段，其偏差不应大于 3.5mm。

（5）钢管的安装偏差值：对于鞍式支座的顶面弧度，间隙不应大于 2mm；滚轮式和摇摆式支座垫板高程与纵横向中心的偏差不应超过±5mm。

4. 缆车式泵房的安全要求

（1）缆车式泵房的岸坡地基必须稳定、坚实。岸坡开挖后应验收合格，方可进行上部结构物的施工。

（2）缆车式泵房的压力输水管道的施工，可根据输水管道的类别，按"金属输水管道制作与安装"的安全要求执行。

（3）缆车式泵房的施工应符合下列安全要求：

1）应根据设计施工图标定各台车的轨道、输水管道的轴线位置。

2）应按设计进行各项坡道工程的施工。对坡道附近上、下游天然河岸应进行平整，满足坡道面高出上、下游岸坡 300～400mm 的要求。开挖坡面的松动石块，在下层开始施工前，应撬挖清理干净。

3）斜坡道的开挖应自上而下分层开挖，在开挖过程中，密切注意坡道岩体结构的稳定性，加强爆破开挖岩体的监测。坡道斜面应优先采用光面爆破或预裂爆破，同时对分段爆破药量进行适当控制，以保证坡道的稳定。

4）斜坡道的施工中应搭设完善的供人员上下的梯子，工具及材料运输可采用小型矿斗车运料。在斜坡道上打设插筋、浇筑混凝土、安装轨道和泵车等，均应有完善的安全保障措施。

5）坡轨工程如果要求延伸到最低水位以下，则应修筑围堰、抽水、清淤，保证能在干燥情况下施工。

5. 浮船式泵站的安全要求

（1）浮船船体的建造应按内河航运船舶建造的有关规定执行。

（2）浮船式泵站的位置，应选择在水位平稳、河面宽阔，且枯水期水深不小于1.0m；应避开顶冲、急流、大回流和大风浪区以及与支流交汇处，且与主航道保持一定距离；河岸稳定，岸坡坡度应在1∶1.5～1∶4之间；漂浮物少，且不易受漂木、浮筏或船只撞击的地方。

（3）浮船布置应包括机组设备间、船首和船尾等部分。当机组容量较大、台数较多时，宜采用下承式机组设备间。浮船首尾甲板长度应根据安全操作管理的需要确定，且不应小于2.0m。首尾舱应封闭，封闭容积应根据船体安全要求确定。

（4）浮船的型线和主尺度（吃水深、型宽、船长、型深）应按最大排水量及设备布置的要求选定，其设计应符合内河航运船舶设计规定。在任何情况下，浮船的稳性衡准系数不应小于1.0。

（5）浮船的设备布置应紧凑合理，在不增加外荷载的情况下，应满足船体平衡与稳定的要求。不能满足要求时，应采取平衡措施。

（6）输水管道沿岸坡敷设，接头要密封、牢固；如设置支墩固定，支墩应坐落在坚硬的地基上。

（7）浮船的锚固设施应牢固，承受荷载时不应产生变形和位移。浮船的锚固方式及锚固设备应根据停泊处的地形、水流状况、航运要求及气象条件等因素确定。当流速较大时，浮船上游方向固定索不应少于3根。

（8）浮船作业时应遵守交通部颁发的《内河避碰规则》。

（9）船员必须经过专业培训，持证上岗。船员应有较好的水性，掌握水上自救技能。

12.9 疏浚与吹填工程

12.9.1 基本规定

（1）在通航航道内从事疏浚、吹填作业，应在开工前与航政管理（海事）部门取得联系，及时申请并发布航道施工公告。

（2）施工船舶应取得合法的船舶证书和适航证书，并获得安全签证。

（3）所有船员必须经过严格培训和学习，熟悉安全操作规程、船舶设备操作与维护规程；熟悉船舶各类信号的意义并能正确发布各类信号；熟悉并掌握应急部署和应急工器具的使用。

（4）船员应按规定取得相应的船员服务簿和任职资格证书。

（5）施工前应对作业区内水上、水下地形及障碍物进行全面调查，包括电力线路、通信电缆、光缆、各类管道、构筑物、污染物、爆炸物、沉船等，查明位置和主管单位，并联系处理解决。

（6）施工时按规定设置警示标志：白天作业，在通航一侧悬挂黑色锚球一个，在不通航一侧悬挂黑色十字架一个；夜间作业，在通航一侧悬挂白光环照灯一盏，在不通航一侧悬挂红光环照灯一盏。

（7）陆地排泥场围堰与退水口修筑必须稳固、不透水，并在整个施工期间设专人进行巡视、维护。水上抛泥区水深应满足船舶航行、卸泥、调头需要，防止船舶搁浅。

（8）绞吸式挖泥船伸出的排泥管线（含潜管）的头、尾及每间隔 50m 位置应显示白色环照灯一盏。

（9）自航式挖泥船作业时，除显示机动船在航号灯外，还应：白天悬挂圆球、菱形、圆球号型各一个，夜间设置红、白、红光环照灯各一盏。

（10）拖轮拖带泥驳作业时，应分别在拖轮、泥驳规定位置显示号灯和在航标志。

（11）施工船舶应配置消防、救生、防撞、堵漏等应急抢险器材和设施，应定期进行检查和保养，使之处于适用状态；船队应编制消防、救生、防撞、堵漏等应急部署表，应定期组织应急抢险演练；并按不同区域、不同用途在船体适合部位明示张贴警示标志和放置位置分布图。

（12）跨航道进行施工作业应得到航政管理部门同意，并采用水下潜管方式敷设排泥管线；施工中随时注意过往船只航行安全，需要时应请航政部门进行水上交通管制。

（13）同一施工区内有两艘以上挖泥船同时作业时，船体、管线彼此应保持足够的安全距离。

（14）沿海或近海施工作业，应联系当地气象部门的气象服务；随时掌握风浪、潮涌、暴雨、浓雾的动向，提前采取防范措施；风力大于 6 级或浪高大于 1.0m 时，非自航船应停止作业，就地避风；暴雨、浓雾天气应停止机动船作业。

（15）施工船舶在施工期间还应遵守下列规定：

1）船上配置功率足够的无线电通信设备，并保持其技术状态良好。

2）船舱内严禁带入火种，排气管等高温区域严禁放置易燃易爆物品。在无安全监护条件下，不应在船上进行任何形式的明火作业。

3）施工船舶的工作平台、行走平台及台阶周围的护栏应完整；行走跳板要搭设牢固，并设有防滑条；各类缆绳应保持完好、清洁。

4）备用发电机组、应急空压机、应急水泵、应急出口、应急电瓶等应处于完好状态，每周至少检查一次，并将检查结果记入船舶轮机日志；一旦发现问题应及时报告、处理。

5）冬季施工应注意设备保温，需要时柴油机应加注防冻液，或打开蒸汽管进出阀对循环油柜的润滑油进行加温；各工作平台、行走平台及台阶要增加防滑设施，及时清除表面霜、雪、冰凌；在水上进行作业时必须穿戴救生衣、防滑鞋，并配有辅助船舶协同作业。

6）夏季施工应注意防暑降温，保持机舱通风设施良好；高温天气在甲板作业时应穿厚底鞋，以防烫伤；应检查船上避雷装置使其保持有效状态，预防雷电突然袭击。

7）台风季节应提前了解、察看、落实避风港或避风锚地，并保持机动船舶及锚具处于完好状态；所有水上管线必须用不小于 22mm 的钢丝绳串联固定。

8）严禁船员作业时间喝酒，同时禁止船员酒后水上作业。

9）废弃物品（污油、棉纱、生活垃圾等）不应随意抛弃，应放入指定的容器内，定期处置。

12.9.2　排泥管线架设

（1）陆地排泥管线架设管基应稳固、平顺，管件连接应紧固、密闭，保证施工时不漏泥浆。

（2）坡面架设排泥管线应做好管道固定墩，并不应在坡面自由滚动运输管线。

（3）排泥管线跨（穿）越公路、铁路、桥梁等交通要道时，应事先与有关管理部门联系，取得施工许可证以后，才能进行管线架设；管线架设不应损坏原有设施的功能和耐久性。

（4）水上管线宜采用陆上组装、分段下水连接或直接在船舷侧组装下水的连接方式。

（5）水上管线与挖泥船连接时，机动船应根据流速、流向谨慎操作，避免紧急停车造成物体碰撞、人员落水等不良事故发生。

（6）水陆接头连接应搭设固定排架或抛设固定锚缆或构筑固定地垅，固定排架坡度不宜大于 30°，水上管与陆地管之间用大于 22mm 的钢丝绳连接锁定，以防风浪袭击或船舶碰撞时脱开。

（7）船体与浮管、浮管与水陆接头及岸管的连接安装应牢固无泄漏，以免造成管线脱开、浮筒（体）窜位、翻转造成事故。

12.9.3　施工设备调遣

1. 船舶封舱及甲板以上设备固定应遵守的规定

（1）全船各舱室门窗应不变形、水密胶条完好，门窗把手、锁具灵活而不松动，舱内所有可移动物品应集中摆放并加以固定。

（2）甲板与舱室相通的孔眼、管道口应全部封堵，需要时用玻璃胶加固；外露的玻璃应用木板封固，舱室的通气孔、排气孔用防水布包裹并扎紧。

（3）所有通向船外的管系如海底阀、排水阀、各舱室贯通阀、吸泥管截止阀等应全部关闭。

（4）绞刀（链斗）桥架应用专用保险缆固定，桥架前端用工字钢横担并与船体焊接固定，抓（铲）斗船的抓（铲）斗应落架固定。

（5）甲板上所有可活动的机械、工器具、材料应按要求进行锁定和固定。

（6）船上带有自动抛锚扒杆时，应将两抛锚扒杆收回用抱箍和钢丝绳固定在专用立柱上，并在两抛锚扒杆间用钢丝绳横向拉紧。

（7）需要放倒定位桩时，放桩后应将两定位桩用抱箍固定在桩架上；如不需放倒定位桩，应将定位桩提升至规定高度后，穿好定位销，固定定位桩和提升油缸，如定位桩与其抱箍间隙较大，应用斜木塞牢。

（8）甲板吊吊钩应微力收紧，并用钢丝绳与甲板连接固定。

（9）两横移锚应收至桥架横移滑轮下方备用，其中一只应做好途中抛锚准备。

2. 船舶管线编队应满足的要求

（1）拖航时的阻力最小。

（2）船队编组长度和宽度，应小于航道允许的最大长度与宽度；高度不应超过跨河建筑物的净空高度。

（3）吊拖航行应将最大、最坚固的船舶放在前面，并使船舶之间具有一定距离；绑拖航行时，船舶之间应绑系牢固。

（4）单列浮筒（体）管线，应用大于 22mm 钢丝绳穿连系牢加固；两列或三列（最多三列）管线同时被拖时，应在单列纵向系牢加固的基础上，进行横向收拢联结，以增强被拖管线的整体性。

（5）被拖带的浮筒（体）管线应完好、无破损，迎水侧管口应用盲板封堵，以减少阻力。

（6）被拖浮筒（体）管线的首尾两端应各设一盏环照白炽灯，在末端设一组菱形号型，号灯、号型的高度应高出管线 1.5m。

3. 施工船舶拖航调遣时应符合的规定

（1）船舶完成封舱后，应经过船舶检验部门的航行安全检验和取得港航监督部门的适航签证。

（2）启航前，要全面查验船舶悬挂的在航号型、号灯、通信设施和备用电源；熟悉沿途航道、码头、船闸、桥梁、过江电缆等调查资料，确认准备工作完成和航行线路选择无误时才能准予启航。

（3）启航后，应随时掌握沿途水文、气象、风力、风向、流速、潮汐等变化情况，及时调整航速、航向或采取停靠避险措施，航行期间应遵守《内河避碰规则》或《海上交通安全法》等法规的有关规定。

（4）自航船舶应在规定的适航区域和气象条件下进行航行；条件不具备时，应采用拖轮拖航或半潜驳、货轮运送方式实施水上调遣。

（5）拖航期间，内河被拖船只上除必需的值班人员外不应有其他船员；海上被拖船只上不应留有任何船员。

（6）航行期间，船队应定时与陆地指挥部保持密切联系，通报途中情况，以便随时取得指令与援助。

4. 施工船舶使用半潜驳运输时应遵守的规定

（1）待装驳船舶应按照近海航行要求，分别进行放桩、封舱、加固等作业准备。

（2）随船管线应按照潜驳货物平面布置图进行拆分、编组、绑扎排放。

（3）装驳时，应按照装驳计划确定的进驳顺序，依次将设备拖带进驳，并将每次进驳的设备进行临时性固定。

（4）各设备进驳后，由半潜驳专业人员对所有船舶、管线进行支撑、绑扎、焊接等稳固工作。

（5）半潜驳卸驳时，应按照船舶、管线进驳顺序的反向进行。船舶出驳后，应组织拖轮将水上设备直接拖带到目的地或停靠码头泊系待命。

5. 设备陆上转移时应满足的要求

（1）挖泥船或挖泥船的部件和重量应符合公路或铁路运输的规定，并考虑运输和起重设备的能力。

（2）陆上转移应考虑挖泥船到达现场后的组装和下水方法，并选择适当的场地。

（3）挖泥船的拆卸和组装工作应按相应拆装规范进行，工作前应进行安全技术交底；吊装和吊卸工作应由专业人员进行。

12.9.4　疏浚施工

1. 挖泥船进场就位应符合的要求

（1）挖泥船进场前，应了解沿途航道及水面、水下碍航物的分布情况，必要时安排熟悉水域情况的机动船引航。

（2）自航式挖泥船或由拖轮拖带挖泥船进场时，应缓慢行驶进入施工区域，拖轮的连接缆绳应牢固可靠；行进中做好船舶避让和采取防碰撞措施；就位时，应在船舶完全停稳后再抛定位锚或下定位桩。

（3）挖泥船在流速较大的水域就位时，宜采用逆水缓慢上行方式就位；下桩前应测量水深，若水深接近定位桩最大允许深度时，应采取分段缓降方式进行落桩定位。

2. 挖泥船开工前应做的安全检查

（1）检查全船各部件的紧固情况，对机械运转部位进行全面润滑，保持各机械和部件运转灵活；锚缆、横移缆、提升缆、拖带缆应完好、无破损。

（2）检查各操纵杆是否都处在"空挡"位置，按钮是否处于停止工作位置，仪表显示是否处于起始位置。

（3）检查各柴油机及连接件紧固、转动情况，开车前盘车 1～2 圈无特别重感，才可启动操作。

（4）检查冷却系统、柴油机机油和日用油箱油位、齿轮箱与液压油箱油位、蓄电池电位、报警系统中位等是否处于正确和正常状态。

（5）检查水、陆排泥管线及接头部位的连接是否可靠、牢固，排泥场运行情况是否正常。

（6）从开挖区到卸泥区之间自航或拖航船舶应上、下水各试航一次，同时应测量水深，了解水情和过往船只情况及避让方式。

（7）检查抓（铲）斗船左右舷压载水舱是否按规定注入足够的压载水，以防止吊机（斗臂）旋转时造成船体过度倾斜。

（8）修船或停工时间较长，恢复生产时应安排整船及各机（含甲板机械）的空车试运行，试运行时间不应少于 2h，保证整船各机械、各部件施工时运转正常。

3. 绞吸式挖泥船常规作业应遵守规定

（1）开机时，当主机达到合泵转速要求时，方可按下合泵按钮进行合泵操作，合泵后应缓慢提高主机转速，直至达到泥泵正常工作压力；主机转速超过 800r/min 以上时，不应实施合（脱）泵操作。

（2）施工中如遇泥泵、绞刀等工作压力仪表显示不正常时，应立即降低主机转速至脱泵，检查分析原因并处置后，再重新进行合泵操作。

（3）横移锚缆位于通航航道内时，应加强对过往船只的观察，需要时应放松缆绳让航，防止缆绳对过往船只造成兜底或挂住推进器。

（4）挖泥船在窄河道采用岸边地垄固定左右横移锚缆作业时，应设置醒目的警示标志，并有专人巡视。

（5）沿海地区需候潮作业时，施工间隙宜下单桩并收紧锚缆等候，禁止下双桩或绞刀头着地。

4. 耙吸式挖泥船常规作业应遵守规定

（1）开机前，检查并清除耙吸管、绞车、吊架、波浪补偿器等活动部位的障碍物；开机后，听从操纵台驾驶员的指挥，准确无误地将耙头下到泥面，直至正常生产。

（2）施工中注意流速、流向，当挖槽与流向有交角时应尽量使用上游一舷的泥耙，下耙前应慢车下放，调正船位。

（3）发现船体失控有压耙危险时，应立即提升耙头钢缆，使之垂直水面或定耙平水，并注意与船舷的距离；待船体平稳后再下耙进行挖泥施工。

（4）卸泥时，在开启泥门前应测试水深，水深值应大于挖泥船卸泥后泥门能正常关闭时的水深值，否则应另选深槽卸泥。

5. 抓斗（铲斗）式挖泥船常规作业应遵守规定

（1）必须在泥驳停稳、缆绳泊系完成后才能进行抓（铲）斗作业。

（2）抓（铲）斗作业回转区下禁止行人走动；船机收紧或放松各种缆绳要由专人指挥，任何人不应站立于钢缆或锚链之上或紧靠滚筒或缆桩；操作人员要集中注意力，松缆时不宜突然刹车，严防钢缆、链条崩断伤人。

（3）施工中因等驳、移锚等暂停作业时，抓（铲）斗不应长时间悬在半空，应将抓（铲）斗落地并锁住开合、升降、旋转等机构，需要时通知主机人员停车。

（4）空驳装载时，抓（铲）斗不宜过高，开斗不宜过大，防止因泥团石块下坠力过大损坏泥门、泥门链条或泥浆石块飞溅伤人。

（5）作业人员系缆、解缆时，严禁脚踏两船作业，防止突然失足落水。

（6）船、驳甲板上的泥浆应随时冲洗，以防人员滑倒。

6. 链斗式挖泥船常规作业应遵守规定

（1）每天交接班时，应对斗链、斗销、桥机、锚机、钢缆及各种仪表进行全面检查，确认安全后才可开机启动。

（2）链斗运转中，应时刻注意斗桥运行状况，合理控制横移速度，以防止斗链出轨；听到异常声响时应立即放慢转速后停车、提起斗桥，待查明原因并处置后，再重新启动。

（3）松放卸泥槽要待泥驳停靠泊系完成后进行；收拢卸泥槽则应在泥驳解缆之前完成，以防卸泥槽触碰驳船或伤人。

（4）横移锚缆位于通航航道内时，应对过往船只加强观察，需要时应放松缆绳让航。

（5）前移或左右横移锚缆时，若发现绞锚机受力过大，应查看仪表所示负荷量，若拉力超过最大允许负荷量时，应停止继续绞锚，待查明原因并处置后，再继续运转；严禁超负荷运转。

（6）挖泥过程中如锚机发生故障，应立即停止挖泥，防止锚机倒运转引发事故。

7. 机动作业船作业应遵守规定

（1）作业人员应穿戴救生衣、工作鞋。

（2）起吊或拖带用的钢丝绳必须完好，不应使用按规定应报废的钢丝绳。

（3）作业过程中应防止钢丝绳断丝头扎手、身体各部位被卷入起锚绞盘等事故发生。

（4）工作人员应与承重钢丝绳保持一定距离，防止钢丝绳崩断而导致人员受伤。

8. 高岸土方疏浚时应遵守规定

（1）水面以上土层高度超过 3m 时，不应直接用挖泥船进行开挖；应在上层土体剥离或松动爆破坍塌成一定坡度后，才可用挖泥船垂直岸坡进行开挖；开挖时宜实现边挖边塌，防止大块土方突然坍塌对挖泥船造成冲击或损坏。

（2）分层开挖时，在保证挖泥船施工水深的情况下，尽量减少上层的开挖厚度；同时尽可能增加分条的开挖宽度，以减少高岸土体坍塌对挖泥船造成冲击。

（3）施工中当发现大块土体将要坍塌时，应立即松缆退船，待坍塌完成后再进船施工。

9. 硬质土方疏浚时应遵守规定

（1）采用绞吸式挖泥船开挖硬质土时，应随时观察绞刀或斗轮的切削压力和横移绞车的拉力，当实际压力、拉力超过设备最大允许值时，应及时调整（减小）开挖厚度和放慢横移速度。

（2）采用耙吸式挖泥船开挖硬质土时，应根据耙头（高压水枪）实际切削能力控制船舶航行速度。

（3）采取抓斗或铲斗式挖泥船开挖硬质土时，应根据设备挖掘力大小，控制抓斗或铲斗的挖掘速度和提升速度。

（4）采取链斗式挖泥船开挖硬质土时，应根据设备挖掘力大小，控制链斗的转动速度和船舶前（横）移速度。

10. 采用潜管输泥施工时应遵守规定

（1）潜管安装完成后应进行压水试验，确保管线无泄漏现象。

（2）潜管在航道内敷设或拆除前应提前联系航政部门，及时发布禁航或通航公告；敷设或拆除时应由适航的拖轮与锚艇进行作业，并申请航政部门在航道上、下游进行水上交通管制。

（3）潜管端点站及管线固定锚应悬吊红、白色醒目锚飘，并加强对锚位的瞭望观察，发现锚位移动较大时，应及时采取有效措施恢复锚位。

（4）施工中应加强对潜管段水域过往船只的瞭望，发现险情时，应及时发出警报信号，同时提升绞刀开始吹清水准备停机，以防不测。

（5）潜管在易淤区域作业时，应定期实施起浮作业，以避免潜管被淤埋无法起浮而造成财产损失。

11. 长距离接力输泥施工时应遵守规定

（1）长距离接力输泥管线安装必须牢固、密封，穿行线路不影响水陆交通。

（2）接力输泥施工应建立可靠的通信联络系统，前后泵之间应设专人随时监控泵前、泵后的真空度和压力值，防止设备超负荷运行造成重大事故。

（3）接力泵进、出口排泥管位置高于接力泵时，应在泵前、泵后适当位置安装止回阀，防止突然停机泥浆回流对泵造成冲击，引发事故。

12.9.5　吹填施工

建筑物周围采用吹填方式回填土方，应制定相应的施工安全技术措施。施工中发现有危及建筑物和人员安全迹象时，应立即停止吹填，并及时采取有效改进措施妥善处理。

1. 吹填造地施工应遵守规定

（1）初始吹填，排泥管口离围堰内坡脚不应小于 10m，并尽可能远离退水口。

（2）吹填区内排泥管线延伸高程应高于设计吹填高程，延伸的排泥管线离原始地面大于 2m 时应筑土堤管基或搭设管架，管架应稳定、牢固。

（3）吹填区围堰应设专人昼夜巡视、维护，发现渗漏、溃塌等现象及时报告和处理；在人畜经常通行的区域，围堰的临水侧应设置安全防护栏。

（4）退水口外水域应设置拦污屏，减少和防治退水对下游关联水体的污染。

2. 围堰内吹填筑堤（淤背）应遵守规定

（1）新堤吹填应确保围堰安全，一次吹填厚度根据不同土质控制在 0.5～1.5m，并采用间隙吹填方式，间隙时间根据土质排水性能和固结情况确定。

（2）吹填时管线应顺堤布置，需要时可敷设吹填支管；对有防渗要求的围堰，应在堰体内侧铺设防渗土工膜，并在围堰外围开挖截渗沟，以防渗水外溢危及周围农田与房屋。

（3）排泥管口或喷口位置离围堰应有一定安全距离，以免危及围堰安全。

12.9.6　水下爆破作业

（1）水下爆破作业应由具备相应资质的专业队伍承担。

（2）在通航水域进行水下爆破作业时，应向当地港航监督部门和公安部门申报，并按时发布水下爆破施工通告。

（3）爆破工作船及其辅助船舶，应按规定悬挂特殊信号（灯号）。

（4）在黄昏和夜间等能见度差的条件下，不宜进行水下爆破的装药工作；如确需进行水下爆破作业时，应有足够的照明设施，确保作业安全。

（5）进行水下爆破作业前，除按《爆破安全规程》（GB 6722—2014）中的施工准备要求作相应准备工作外，还应做好下列各项工作：

1）准备救生设备。

2）检查爆破工作船技术性能。

3）爆破器材的水上运输和贮存。

4）危险区的船舶、设备、管线及临水建筑物的安全防护措施。

5）水域危险边界上警示标志、禁航信号、警戒船舶和岗哨等的设置。

6）检查水域中遗留的爆炸物和水体带电情况。

（6）爆破作业船上的工作人员，作业时应穿好救生衣，无关人员不应登上爆破作业船。

（7）爆破工作负责人应根据爆破区的地质、地形、水位、流速、流态、风浪和环境安全等情况布置爆破作业。

（8）水下爆破应使用防水的或经防水处理的爆破器材；用于深水区的爆破器材，应具有足够的抗压性能，或采取有效的抗压措施；用于流速较大区的起爆器材还应有足够的抗拉性能，或采用有效的抗拉措施；水下爆破使用的爆破器材应进行抗水和抗压试验，起爆器材还应进行抗拉试验。

（9）水下爆破器材加工和运输应遵守下列规定：

1）水下爆破的药包和起爆药包，应在专用的加工房内或加工船上制作。

2）起爆药包，只可由爆破员搬运；搬运起爆药包上下船或跨船舷时，应有必要的防滑措施；用船只运送起爆药包时，航行中应避免剧烈的颠簸和碰撞。

3）现场运输爆破器材和起爆药包，应专船装运；用机动船装运时，应采取严格的防电、防震、防火、防水、隔潮及隔热等措施。

（10）水下爆破作业时应遵守以下基本规定：

1）水下爆破严禁采用火花起爆。

2）装药及爆破时，潜水员及爆破工不应携带对讲电话机和手电筒上船，施工现场亦应切断一切电源。

3）用电力和导爆管起爆网路时，每个起爆药包内安放的雷管数不宜少于 2 发，并宜连成两套网路或复式网路同时起爆。

4）水下电爆网路的导线（含主线连接线）应采用有足够强度且防水性和柔韧性良好的绝缘胶质线，爆破主线路呈松弛状态扎系在伸缩性小的主绳上，水中不应有接头。

5）在水流较大、较深的爆破区放电炮连线时，应将连线接头架离水面，以免漏电造成电流不足而导致瞎炮。

6）不宜用铝（或铁）芯线作水下起爆网路的导线。

7）起爆药包使用非电导爆管雷管及导爆索起爆时，应做好端头防水工作，导爆索搭接长度应大于 0.3m。

8）导爆索起爆网路应在主爆线上加系浮标，使其悬吊；应避免导爆索网路沉入水底造成网路交叉，破坏起爆网路。

9）起爆前，应将爆破施工船舶撤离至安全地点。

10）应按设计要求进行爆破安全警戒。

11）盲炮应及时处理，遇有难以处理而又危及航行船舶安全的盲炮，应延长警戒时间，继续处理，直至完毕。

（11）水下钻孔爆破时，除遵守《爆破安全规程》（GB 6722—2014）的规定外，还应遵守下列规定：

1）水下钻孔位置应准确测定，经常校核；孔口应有可靠的保护措施。

2）用金属或塑料筒加工成防水药筒盛装非抗水的散装炸药时，应在药面采取隔热措施，才可用沥青和石蜡封口。

3）水下钻孔爆破，应采取隔绝电源和防止错位等安全措施，才可边钻孔边装药。

4）钻孔装药时应拉稳药包提绳，配合送药杆进行，不应从管口或孔口直接向孔内投掷药包，不应强行冲压卡塞的钻孔药包；用护孔管装药时，每装入一节药包，应提升一次护孔管，待该孔装药完毕，护孔管提离药包顶面后，才准填入填塞物。

5）水下深孔采取分段装药时，各段均应装有起爆药包。各起爆药包的导线应标记清楚，防止错接。

6）提升套管（含护孔管）应注意保护药包引出线，移船时应注意保护起爆网路，在急流区，对孔口段的导线应加以保护。

（12）水下裸露药包爆破，除遵守《爆破安全规程》（GB 6722—2014）的规定外，还应遵守下列规定：

1）水下裸露药包（含加重物）应有足够的重量能顺利自沉，药包表面应包裹良好，防止与礁石（或被爆破物）碰撞、摩擦。

2）捆扎药包和连接加重物，应在平整的地面或木质的船舱板上进行，并应捆扎牢实。

3）在施工现场，已加工好的裸露药包，可临时存放在爆破危险区外的专用船上或陆地上，并派专人看守，但不应过夜存放。

4）投药船应用稳定性和质量好的船只，工作舱内和船壳外表不应有尖锐的突出物。

5）在投药船的作业舱内，不应存放任何带电物品。

6）药包投放应使用绳、缆、杆牵引，不应直接牵引起爆网路。

7）在急流河段爆破时，投药船应由定位船或有固定端的缆绳牵引，定位船的位置应设标控制，防止走锚移位。

8）投药船离开投放药包的地点后，应反复检查船底和船舵、推进器、装药设备等是否挂有药包或缠有网路线。

9）已投入水底的裸露药包，严禁拖曳和撞击，并采取防止漂移措施，若有药包漂出水面不应起爆。

12.10 拆 除 工 程

12.10.1 基本规定

（1）拆除工程在施工前，施工单位应对拆除对象的现状进行详细调查，编制施工组织设计，经合同指定单位批准后，方可施工。

（2）拆除工程在施工前，应对施工作业人员进行安全技术交底。

（3）拆除工程的施工应根据现场情况，设置围栏和安全警示标志，并设专人监护，防止非施工人员进入拆除现场。

（4）拆除工程在施工前，应将电线、瓦斯管道、水道、供热设备等干线通向该建筑物的支线切断或者迁移。

（5）工人从事拆除工作的时候，应站在脚手架或者其他稳固的结构部分上操作。

（6）拆除时应严格遵守自上至下的作业程序，高空作业应严格遵守登高作业的安全技术规程。

（7）在高处进行拆除作业，应遵守《水利水电工程施工通用安全技术规程》（SL 398—2007）有关高处作业的相关规定。应设置流放槽（溜槽），以便散碎废料顺槽流下。拆下较大的或者过重的材料，要用吊绳或者起重机械稳妥吊下或及时运走，严禁向下抛掷。拆卸下来的各种材料要及时清理。

（8）拆除旧桥（涵）时，应先建好通车便桥（涵）或渡口。在旧桥的两端应设置路栏，在路栏上悬挂警示灯，并在路肩上竖立通向便桥或渡口的指示标志。

（9）拆除吊装作业的起重机司机，应严格执行操作规程。信号指挥人员应按照《起重机 手势信号》（GB/T 5082—2019）的有关规定作业。

（10）应按照《安全标志及其使用导则》（GB 2894—2008）的规定，设置相关的安全标志。

12.10.2　临建设施拆除

（1）对有倒塌危险的大型设施拆除，应先采用支柱、支撑、绳索等临时加固措施；用气焊切割钢结构时，作业人员应选好安全位置，被切割物必须用绳索和吊钩等予以紧固。

（2）施工栈桥拆除，应遵守《水利水电工程施工通用安全技术规程》（SL 398—2007）有关高处作业的有关规定。

（3）施工脚手架拆除，应遵守《水利水电工程施工通用安全技术规程》（SL 398—2007）和《水利水电工程机电设备安装安全技术规程》（SL 400—2016）有关施工脚手架拆除的规定。

（4）大型施工机械设备拆除应遵守下列规定：

1）大型施工机械设备拆除，应制定切实可行的技术方案和安全技术措施。

2）大型施工机械设备拆除现场，应具有足够的拆除空间，拆除空间与输电线路的最小距离，应符合《水电水利工程施工安全防护设施技术规程》（DL 5162—2013）第4.2.15 条有关规定。

3）拆除现场的周围应设有安全围栏或色带隔离，并设警告标志。

4）在拆除现场的工作设备及通道上方应设置防护棚。

5）对被拆除的机械设备的行走机构，应有防止滑移的锁定装置。

6）待拆的大型构件，应设有缆风绳加固，缆风绳的安全系数不应小于 3.5，与地面夹角应在 30°～40°。

7）在高处拆除构件时，应架设操作平台，并配有足够的安全绳、安全网等防护用品。

8）采用起重机械拆除时，应根据机械设备被拆构件的几何尺寸与重量，选用符合安全条件的起重设备。

9）施工机械设备的拆除程序是该设备安装的逆程序，应遵守《水利水电工程施工通用安全技术规程》（SL 398—2007）第 7 章的相关安全技术规定。

10）施工机械设备的拆除应遵守该设备维修、保养的有关规定，边拆除、边保养，连接件及组合面应及时编号。

（5）特种设备和设施的拆除，如门塔机、缆机等，应遵守特种设备管理和特殊作业的有关规定。

（6）特种设备和设施的拆除应由有相应资质的单位和持特种作业操作证的专业人员来执行。

12.10.3　围堰拆除

（1）围堰拆除一般应选择在枯水季节或枯水时段进行。特殊情况下，需在洪水季节或洪水时段进行时，应进行充分的论证。只有论证可行，并经合同指定单位批准后方可进行拆除。

（2）在设计阶段，应对必须拆除或破除的围堰进行专项规划和设计。

（3）围堰拆除前，施工单位应向有关部门获取待拆除围堰的有关图纸和资料；待拆除围堰涉及区域的地上、地下建筑及设施分布情况资料；当拆除围堰建筑附近有架空线路或电缆线路时，应与有关部门取得联系，采取防护措施，确认安全后方可施工。

（4）施工单位应依据拆除围堰的图纸和资料，进行实地勘察，并应编制施工组织设计或方案和安全技术措施。

（5）围堰拆除应制定应急预案，成立组织机构，并应配备抢险救援器材。

（6）当围堰拆除对周围相邻建筑构成威胁时，应采取相应保护措施，并应对建筑内的人员进行撤离安置。

（7）在拆除围堰的作业中，应密切注意雨情、水情，如发现情况异常，应停止施工，并应采取相应的应急措施。

（8）机械拆除围堰的安全要求如下：

1）拆除土石围堰时，应从上至下、逐层、逐段进行。

2）施工中应由专人负责监测被拆除围堰的状态，并应做好记录。当发现有不稳定状态的趋势时，应立即停止作业，并采取有效措施，消除隐患。

3）机械拆除时，严禁超载作业或任意扩大使用范围作业。

4）拆除混凝土围堰、岩坎围堰、混凝土心墙围堰时，应先按爆破法破碎混凝土（或岩坎、混凝土心墙）后，再采用机械拆除的顺序进行施工。

5）拆除混凝土过水围堰时，宜先按爆破法破碎混凝土护面后，再采用机械进行拆除。

6）拆除钢板（管）桩围堰时，宜先采用振动拔桩机拔出钢板（管）桩后，再采用机械进行拆除。振动拔桩机作业时，应垂直向上，边振边拔；拔出的钢板（管）桩应摆放整齐、稳固；应严格遵守起重机和振动拔桩机的安全技术规程。

（9）爆破法拆除围堰的安全要求如下：

1）一、二、三级水利水电枢纽工程的围堰、堤坝和挡水岩坎的拆除爆破，设计文件除按正常设计之外还应进行爆破区域与周围建（构）筑物的详细平面图、爆破对周围被保护建（构）筑物和岩基影响的详细论证；爆破后需要过流的工程，应有确保过流的技术措施，以及流速与爆渣关系的论证。

2）一、二、三级水利水电枢纽工程的围堰、堤坝和挡水岩坎需要爆破拆除时，宜在修建时就提出爆破拆除的方案或设想，收集必要的基础资料和采取必要的措施。

3）从事围堰爆破拆除工程时，爆破拆除设计人员应具有承担爆破拆除作业范围和相应级别的爆破工程技术人员作业证，从事爆破拆除施工的作业人员应持证上岗。

4）围堰爆破拆除工程应根据周围环境条件、拆除对象类别、爆破规模，并应按照现行《爆破安全规程》（GB 6722—2014）分级。围堰爆破拆除工程施工组织设计应由施工单位编制并上报合同指定单位和有关部门审核，做出安全评估，批准后方可实施。

5）一、二级水利水电枢纽工程的围堰、堤坝和挡水岩坎的爆破拆除工程，应进行爆破振动与水中冲击波效应观测和重点被保护建（构）筑物的监测。

6）采用水下钻孔爆破方案时，侧面应采用预裂爆破，并严格控制单响药量以保护附近建（构）筑物的安全。

7）用水平钻孔爆破时，装药前应认真清孔并进行模拟装药试验，填塞物应用木楔楔紧。

8）围堰爆破拆除工程起爆，宜采用导爆管起爆法或导爆管与导爆索混合起爆法，严禁采用火花起爆方法，应采用复式网路起爆。

9）为保护邻近建筑和设施的安全，应限制单段起爆的用药量。

10）装药前，应对爆破器材进行性能检测。爆破参数试验和起爆网路模拟试验应选择安全地点进行。

11）在水深流急的环境应有防止起爆网路被水流破坏的安全措施。

12）围堰爆破拆除的预拆除施工应确保围堰的安全和稳定。

13）在紧急状态下，需要尽快炸开围堰、堤坝分洪时，可以由防汛指挥部直接指挥爆破工程的设计和施工，不必履行正常情况下的报批手续。

14）爆破器材的购买、运输、使用和保管应按照第 8 章"爆破器材及爆破安全作业"的有关安全要求执行。

15）围堰爆破拆除工程的实施应成立爆破指挥机构，并应按设计确定的安全距离设置警戒。

16）围堰爆破拆除工程的实施除应符合本节的要求外，还应按照现行《爆破安全规程》（GB 6722—2014）的有关规定执行。

（10）围堰拆除施工采用的安全防护设施，应由专业人员搭设。应由施工单位安全主管部门按类别逐项查验，并应有验收记录。验收合格后，方可使用。

12.11　监 测 及 试 验

12.11.1　测量作业的安全要求

（1）测量人员应遵守《水电水利工程施工作业人员安全操作规程》（DL/T 5373—2017）的相关安全规定。

（2）应根据测量部位和项目，按规定劳保着装，落实各项安全防护措施。

（3）进入施工现场前，应检查测量仪器灵敏可靠，测量工具齐全适用。

（4）测量仪器应支放平稳可靠，并设围栏和警示标志。

（5）进入危险部位，如边坡、孔洞旁测量时，应设专人监护。

（6）底孔或廊道内进行测量时，应采取设备的防护措施，并设专人监护。

（7）进行野外测量作业时，应采取防止摔伤、落石和动植物伤害的保护措施。

（8）测量工作完毕，应检查测量仪器，并按规定装箱、装包。

12.11.2　金属材料试验的安全要求

（1）试验人员应经专业培训，考试合格后方可上机操作。

（2）试验机应定期经国家计量部门鉴定合格，方可使用。

（3）试验前应对试验机进行全面检查。

（4）试验人员应站在正确位置上进行操作。

（5）试验机应在 10～30℃ 的温度下进行工作。

（6）根据季节变化更换润滑油，并按规定定期进行润滑保养工作。

（7）现场试验前，应设定试验警戒区域并悬挂警示标志。

（8）试验机应标出摆锤冲击范围。

（9）试样夹牢后，不应启动下钳口电动机。

（10）试验时，操作手柄的控制应平稳、迅速、准确，应按规定的加荷速度加荷。

（11）测力计所有阀门不应随意打开。

（12）试验机测力计摆杆扬到最大规定限度时，指针必须旋转一周。

（13）进行脆性材料试验时，应安装防护罩。

（14）试验机用油应符合规定的标准，注入前应过滤。

（15）送油阀手轮不应拧得过紧。

（16）当试样加荷时，油阀必须关紧，不应漏油。

（17）油管接头不应有渗油现象。

（18）试验过程中，如油泵突然停止工作，不应在高压下检查、启动。

（19）试验暂停时，应关闭电机。

（20）试验完毕，应断开电源，进行清洁工作。

（21）非试验人员禁止操作试验机。

（22）其他事项按材料试验机说明书规定执行。

12.11.3　混凝土材料试验的安全要求

混凝土材料试验应符合《水电水利工程施工作业人员安全操作规程》（DL/T 5373—2017）相关的安全要求。

1. 操作 100t 万能材料试验机安全要求

（1）估计试件破碎所需能量，选择适当测力载荷范围，换上指示板，并调整摆的位置和相应的摆锤。

（2）开动电动机，将活塞浮起数厘米，开启调节阀，然后根据试件需要，调节工作位置。

（3）活塞浮起时，调节平衡锤的位置，平衡活塞及工作台的净重，使摆处于垂直位置，再转动推杆末端的压花柄，调节指针零点位置。

（4）开启调节阀，调节加荷速度。试验时的加荷速度，根据试件要求而定，一般以保持指针每转动全载荷范围在 2～5min 以内为宜，尤其在接近极限强度时宜缓慢。

（5）绘制试件受力后的形变关系，曲线可先根据需要的形变比例，将弦线绕在相应的线槽内，将记录纸卷上记录筒，使纸的末端恰好被弹簧片压住，将铅笔插入笔夹内，将笔尖的起点放在弹簧片附近。

（6）试件被压碎或达到规定载荷时，打开回油阀，油即卸回油箱，红色随动针指示的读数，即为试件所受载荷。试验结束后，将红色针拨回零点。

（7）如试验不是连续进行或两次试验的间隔时间较长时，应将油泵停止。

2. 操作油压式 200t 压力试验机的安全要求

（1）将试验机的总电钮打开。

（2）试验前应根据试验的最大负荷选用相应的测量范围。

（3）根据测量范围的不同，悬挂不同重量的摆锤，调正摆杆的位置。

（4）开始试验前，应将指针对准零点，调正时，先开动油泵，打开送油阀，使活塞自缸体升起 5～10mm，消除活塞及其带起的试台附件、试料等重量。

（5）升降横梁至适当高度，使上承压板下降至试件顶面 50mm 处停止，然后用手工或摇把使其与试件恰好接触。调整完毕后，应将摇把取下来。

（6）打开送油阀开始试验，试件应放在下压板中心线上，当试件加荷时，应注意操纵，应根据试件规定的加荷速度进行调节。

（7）试验完毕后，应打开回油阀，使下承压板下降，然后再将横梁升起。在未打开回油阀时或在试验中间禁止触动横梁升降电钮。

（8）送油阀手轮不得拧得过紧，回油阀手轮应拧紧，将活塞复原位。

（9）试验完毕取下摆锤，拉开电源。

12.11.4　电气试验的安全要求

（1）电气试验工应熟悉和掌握有关的安全要求，并遵守各电气试验的安全操作规程。

（2）进行高压试验不应少于两人，应按规定填写第一种工作票。

（3）作业前，应按规定穿戴好安全防护用品，熟悉工作部位及周围设备带电情况。高压试验装置的金属外壳应可靠接地。试验现场应设遮栏或围栏，悬挂警示标志，派人看守。

（4）试验前应检查试验接线、调压器零位及仪表的初始状态，确保无误后方可通电。

（5）试验结束或变更接线时，应首先断开电源，进行放电，并将试验设备的高压部分短路接地。

（6）进行继电保护和仪表试验时，应办理第二种工作票，并制定防范措施。在运行的电流互感器二次回路上作业时，严禁将电流互感器二次侧开路，不应将回路的永久接地断开；在运行的电流互感器二次回路上作业时，应防止短路。

（7）油品化验人员进入变电所取油样，如安全距离不够，应办理停电工作票，并做好高处取油样的安全措施。

（8）试验完毕后，试验人员应拆除自装的接地短路线，清扫、整理作业场所，工作负责人向值班人员交代试验结果、存在的问题等，并注销工作票。

12.11.5　化验作业的安全要求

（1）化验人员应经专业培训，考试合格后方可上岗工作。

（2）化验室应配备各种消防器材，如沙袋、砂箱、灭火器等，化验员应熟悉各种消防器材的使用方法及灭火对象。

（3）易燃、易爆、有毒物品应专门保管。

（4）剧毒药品（氰化钾、氧化钠、三氧化二砷、二氧化汞、二甲酯等）应由专人负责在专柜内保管，且应由两人共同保管（实行双人双锁制），并存放在阴凉干燥处，每次使用均应登记。

（5）对人体的皮肤、黏膜、眼睛、呼吸道以及对一些金属有强烈腐蚀作用的药品，如发烟硫酸、浓硫酸、浓硝酸、浓盐酸、氢氟酸、冰醋酸、浓溴、氢氧化钾、氢氧化钠等，应放置在由耐腐蚀性材料制成料架上。存放处应阴凉通风，并与其他药品隔离。

（6）化验室分装的固体、液体试剂和配制的溶液，其管理原则与原装药品相同，剧毒的也应由专人负责保管。

（7）所有盛放药品的试剂瓶，应贴有标签，吸取腐蚀性液体应使用特制的虹吸管，严禁用嘴吸取。

（8）各种仪表应经常保持清洁、干燥，室内通风良好。

（9）化验室宜配置眼睛冲洗器和通风换气设备。

（10）化验室内的所有电气设备均应绝缘良好，仪器应妥善接地，并由专人负责保管维护。

（11）化验过程中产生的废物应集中处理。

（12）使用有毒和强烈刺激性气体时，应在通风橱里操作，严禁将头部伸进通风橱，应配备防护用具。

（13）进行加热操作或易爆物品操作时应由专人看管，操作人员不应离开岗位。

（14）严禁将食品带入化验室。

（15）化验结束，作业人员离开前，应进行安全检查，重点是电、火、水。

12.11.6 无损探伤作业的安全要求

（1）无损探伤工应符合本节安全要求。

（2）凡从事无损探伤人员，应先进行身体检查，确定无职业禁忌病后，经主管部门专业培训，考核合格后持证上岗。

（3）操作场所的安全防护措施，应符合《电离辐射防护与辐射源安全基本标准》（GB 18871—2002）的要求。

（4）操作区域应规定安全范围，并设置警示标志。

（5）从事射线探伤人员，应经常测量作业场所的射线剂量。

（6）作业场所的照明应达到《电离辐射防护与辐射源安全基本标准》（GB 18871—2002）规定的照度，射线机配电盘应装有指示灯。

（7）作业场所地面，应光滑无缝隙凹陷，铺设易于清除污染的材料。

（8）作业场所内外应保持清洁整齐。

（9）必须严格执行操作规程，严守安全防护措施。

（10）射线探伤人员应根据工作情况，佩戴防护用品。防护用品操作前应进行检查，操作后进行清洗。

（11）操作中不应饮食、吸烟。如发现头昏等现象，应及时通风、治疗。工作完毕后，应及时清洗手、脸，或淋浴。

（12）凡从事射线作业人员，应按国家规定每 3 个月进行一次血液分析，每年进行一次健康检查。

（13）一人不应单独作业，至少应有两人以上，一人操作一人负责监护。

（14）射线对人体照射的最高允许剂量是：每天不应超过 0.5mSv，每周不应超过 3mSv。

（15）在一周内总的积累剂量不超过 3mSv 的前提下，个别情况每天剂量可高于 0.5mSv，但不应成倍增加。

（16）全年的总积累剂量平均不应超过 150mSv，无损探伤工作开始年龄在 25 岁以下者，每年积累总量不应超过 100mSv。

（17）进行探伤作业时，应计算安全距离，设置警示标志，并有人警戒，严禁外人进入非安全区。

（18）γ 射线透照时，在无防护情况下的安全距离可按式（12-1）确定：

$$R = (mt/60)^{1/2} \qquad (12-1)$$

式中　R——离放射源的距离，m；

　　　m——放射性的活度，10^{-5}Sv；

　　　t——照射时间，h。

（19）X 射线透照时，在无防护的情况下，最高允许剂量率可用下面近似的比例关系计算：

$$P \cdot t \approx 15 \mu R \qquad (12-2)$$

式中　P——该点的剂量率，μR/s；

　　　t——时间，h。

若将式（12-2）改写成 $t \approx 15/P$，可以近似计算在照射场内允许停留时间。

（20）探伤用的放射源应加装保险套，探伤室的防护须经技术监督、环境保护部门批准后方可启用。

（21）射线探伤室应按防护要求进行设计，设置良好的通风设备。每天开始作业前和作业进行中都应注意换气，并保持清洁。

（22）射线试验室内，严禁贮藏食品。

（23）每次操作放射性同位素后，都应仔细洗手。探伤工的指甲应经常修剪，不应留长指甲。

（24）探伤人员的皮肤裸露部分若有伤口，在未愈合前，不应从事放射性同位素的操作。

（25）裸源操作应在有人监护下进行，使用的夹具长度不应小于 1m。每次操作时间不宜超过 8s，对于 5×10^{-6}Sv 以下的裸源，每一工作日的操作次数限制在 15 次以下。

（26）操作时，在提取射源过程中，不可直视射源。

（27）放射源存放地点的选择应考虑到周围居民的安全。存放建筑物的防护层厚度应经过计算，要求室外放射性强度不大于自然本底。室内须有防潮措施，并应装置有良好的通风设备。

（28）放射源存放处，应由专人负责看管。并建立启用和储存、领用登记制度。

（29）放射源应减少频繁运输，控制运输次数。运输设备的防护性能应加强，押运护送者，应懂得安全防护知识及处理原则。

（30）长途运输，应事先与有关交通部门做好联系工作，凡放射源所到地方和运输线路，应事先报告有关公安部门备案。

（31）X 射线机透视操作前，应将外壳安全接地。

（32）X 射线试验室的门上，应装置闭门接触器、关门供电，开门断电，同时门面上应装置红色警示标志。

（33）放射源失落时，应立即报告公安机关和防疫机构，并应立即采取措施，划出非安全区，做好可疑地区的安全保护工作。

（34）若发生放射性污染时，在被污染的范围内绝对严禁作业。凡参加清理污染的作业人员，应通晓防护原则。

（35）采用超声波、磁力、荧光、着色、涡流探伤的安全要求如下：

1）仪器接通电源前，应检查电源电压，该电压应与仪器使用电压相一致。

2）利用超声波检验焊缝时，焊缝两侧须打磨至呈金属光泽。如使用电动砂轮机打磨时，应戴绝缘手套、穿绝缘鞋、戴平光眼镜和口罩。

3）超声波探伤仪接通电源后，应检验外壳是否漏电。如有漏电，则应倒换电源线接线，并将外壳接地。

4）超声波探伤仪在使用过程中，严禁打开保护罩。

5）超声波仪器在搬运过程中，应特别注意防震。仪器使用场所应注意防磁。

6）荧光探伤时，应戴防护眼镜。工作物上的荧光粉，严禁用手直接触摸。作业完毕后，应将手仔细搓洗干净。

7）配制着色剂、筛取荧光粉、磁粉时，应戴防护口罩，并应在通风良好的上风处进行。

8）仪器检修时，应切断电源，不应带电检修。

9）现场探伤时，应执行高处作业规定，夜间应有充足照明。

10）作业完毕后，应将耦合剂、着色剂、磁粉、荧光粉清扫干净。

11）凡从事超声波、磁力、荧光、着色、涡流探伤作业人员，应定期进行专业安全防护知识的考核。经考核不合格者，不应从事探伤工作。

12.12　复习思考题

12.12.1　土石方工程施工时有哪些基本要求？

12.12.2　有支撑的土方明挖作业有哪些安全防护措施？

12.12.3　高陡边坡土方明挖作业时，应注意哪些安全要求？

12.12.4　高边坡石方开挖作业，应符合哪些安全要求？

12.12.5　石方暗挖作业时，处理洞室冒顶或边墙滑脱等现象的安全防护要求有哪些？

12.12.6　试述石方洞室爆破作业有哪些安全要点。

12.12.7　石方洞室爆破后应进行哪些安全检查？

12.12.8　锚喷支护时，进行砂浆锚杆灌注浆液有何安全规定？

12.12.9　土石方工程施工作业时，构架支护的安全要求有哪些？

12.12.10　进行基础灌浆时，灌浆孔内事故处理有哪些安全要求？

12.12.11　地基与基础进行喷射灌浆时有哪些安全作业要求？

12.12.12　水下砂石料开采应注意哪些安全要求？

12.12.13　钢模板施工的安全要求有哪些？

12.12.14　滑动模板施工有哪些安全防护措施？

12.12.15　在混凝土工程施工中，钢筋绑扎的安全要求是什么？

12.12.16　混凝土水平运输时，采用溜槽（桶）入仓应符合哪些安全规定？

12.12.17　混凝土养护应符合哪些安全要求？

12.12.18　水下混凝土作业有哪些安全防护措施？

12.12.19　碾压混凝土作业时，卸料与摊铺有哪些具体要求？

12.12.20　堤身漏洞险情抢护有哪些安全措施？

12.12.21　水下爆破作业时的安全要求有哪些？

12.12.22　水闸地基处理有哪些安全要求？

12.12.23　试述爆破法拆除围堰的安全要求有哪些？

12.12.24　在 γ 射线透照时，无防护情况下的安全距离如何计算？

第13章

应急管理与防灾减灾知识

教学要求： 通过本章的教学，使学生理解重大事故应急救援的原则和任务、应急救援处理预案的编制及实施，掌握地震灾害、地质灾害、气象灾害知识及其防御措施，懂得各类灾区高温天气对食品安全、饮用水安全的影响及注意事项，以及地震灾区降水对地质灾害、水库、大坝、堰塞湖、道路交通等的不利影响及注意事项。

13.1 应 急 管 理

13.1.1 应急救援体系结构

完整的应急救援体系包括组织机制、运作机制、法律基础、保障系统，总体要求为"横向到边、纵向到底"，是全覆盖、无缝隙的组织结构和系统。

1. 组织机制

应急救援体系组织机制建设中的管理机构是指维持应急日常管理的负责部门；功能部门包括与应急活动有关的各类组织机构，如消防、医疗机构等；指挥中心是在应急预案启动后，负责应急救援活动场外与场内指挥系统；而救援队伍则由专业和志愿人员组成。

2. 运作机制

应急救援活动一般分为应急准备、初级反应、扩大应急和应急恢复四个阶段。应急机制与这四个阶段的应急活动密切相关。应急运作机制主要由统一指挥、分级响应、属地为主和公众动员这四个基本机制组成。

统一指挥是应急活动的基本原则。应急指挥一般可分为集中指挥与现场指挥，或场外指挥与场内指挥等。无论采用哪一种指挥系统，都必须实行统一指挥的模式，应急救援活动涉及单位的行政级别的高低和隶属关系不同，但都必须在应急指挥部的统一组织协调下，有令则行，有禁则止，统一号令，步调一致。

分级响应是指在初级响应到扩大应急的过程中实行的分级响应的机制，扩大或提高应急级别的主要依据是事故灾难的危害程度，影响范围和控制事态能力。影响范围和控制事态能力是升级的最基本条件。扩大应急救援主要是提高指挥级别，扩大应急范围等。属地为主强调"第一反应"的思想和以现场应急、现场指挥为主的原则。公众动员机制是应急机制的基础，也是整个应急体系的基础。

3. 法律基础

法治建设是应急体系的基础和保障，也是开展各项应急活动的依据，与应急有关的法规可分为法律、行政法规、部门规章与地方行政法规、标准规范几个层次。

4. 保障系统

列于应急保障系统第一位的是信息与通信系统，构筑集中管理的信息通信平台是应急体系最重要的基础建设。应急信息与通信系统要保证所有预警、报警、警报、报告、指挥等活动的信息交流快速、顺畅、准确，以及信息资源共享；物资与装备不但要保证有足够的资源，而且还要实现快速、及时供应到位；人力资源保障包括专业队伍的加强，志愿人员与其他有关的培训教育；应急财务保障应建立专项应急科目，如应急基金等，以保障应急管理运行和应急反应中各项活动的开支。

13.1.2　应急预案管理

生产经营单位主要负责人负责组织编制和实施本单位的应急预案，并对应急预案的真实性和实用性负责；各分管负责人应当按照职责分工落实应急预案规定的职责。生产经营单位应急预案根据《生产经营单位生产安全事故应急预案编制导则》（GB/T 29639—2020）、《生产安全事故应急预案管理办法》（国家安全生产监督管理总局令第 88 号）分为综合应急预案、专项应急预案和现场处置方案。

13.1.2.1　应急预案编制程序

生产经营单位应急预案编制程序包括成立应急预案编制工作组、资料收集、风险评估、应急资源调查、应急预案编制、桌面推演、应急预案评审、批准实施和应急预案备案 9 个步骤。

1. 成立应急预案编制工作组

结合本单位部门职能和分工，成立以单位有关负责人为组长，单位相关部门人员（如生产、技术、设备、安全、行政、人事、财务人员）参加的应急预案编制工作组，明确工作职责和任务分工，制定工作计划，组织开展应急预案编制工作，预案编制工作组中应邀请相关救援队伍以及周边相关企业、单位或社区代表参加。

开展本单位应急预案编制工作前，应当组织对应急预案编制工作组成员进行培训，明确应急预案编制步骤、编制要素及编制注意事项等内容。

2. 资料收集

应急预案编制工作组应收集下列相关资料：

（1）适用的法律法规、部门规章、地方性法规和政府规章、技术标准及规范性文件。

（2）企业周边地质、地形、环境情况及气象、水文、交通资料。

（3）企业现场功能区划分、建（构）筑物平面布置及安全距离资料。

（4）企业工艺流程、工艺参数、作业条件、设备装置及风险评估资料。

（5）本企业历史事故与隐患、国内外同行业事故资料。

（6）属地政府及周边企业、单位应急预案。

3. 风险评估

开展生产安全事故风险评估，撰写评估报告，其内容包括但不限于：

（1）辨识生产经营单位存在的危险有害因素，确定可能发生的生产安全事故类别。

（2）分析各种事故类别发生的可能性、危害后果和影响范围。

（3）评估确定相应事故类别的风险等级。

4. 应急资源调查

全面调查和客观分析本单位及周边单位和政府部门可请求援助的应急资源状况，撰写应急资源调查报告，其内容包括但不限于：

（1）本单位可调用的应急队伍、装备、物资、场所。

（2）针对生产过程及存在的风险可采取的监测、监控、报警手段。

（3）上级单位、当地政府及周边企业可提供的应急资源。

（4）可协调使用的医疗、消防、专业抢险救援机构及其他社会化应急救援力量。

5. 应急预案编制

应急预案编制应当遵循以人为本、依法依规、符合实际、注重实效的原则，以应急处置为核心，体现自救互救和先期处置的特点，做到职责明确、程序规范、措施科学，尽可能简明化、图表化、流程化。

应急预案编制工作包括但不限：

（1）依据事故风险评估及应急资源调查结果，结合本单位组织管理体系、生产规模及处置特点，合理确立本单位应急预案体系。

（2）结合组织管理体系及部门业务职能划分，科学设定本单位应急组织机构及职责分工。

（3）依据事故可能的危害程度和区域范围，结合应急处置权限及能力，清晰界定本单位的响应分级标准，制定相应层级的应急处置措施。

（4）按照有关规定和要求，确定事故信息报告、响应分级与启动、指挥权移交、警戒疏散方面的内容，落实与相关部门和单位应急预案的衔接。

6. 桌面推演

按照应急预案明确的职责分工和应急响应程序，结合有关经验教训，相关部门及其人员可采取桌面推演的形式，模拟生产安全事故应对过程，逐步分析讨论并形成记录，检验应急预案的可行性，并进一步完善应急预案。桌面推演的相关要求参见 AQ/T9007。

7. 应急预案评审

（1）评审形式。应急预案编制完成后，生产经营单位应按法律有关规定组织评审或论证。参加应急预案评审的人员可包括有关安全生产及应急管理方面的、有现场处置经验的专家。应急预案论证可通过推演的方式开展。

（2）评审内容。应急预案评审内容包括：风险评估和应急资源调查的全面性、应急预案体系设计的针对性、应急组织体系的合理性、应急响应程序和措施的科学性、应急保障措施的可行性、应急预案的衔接性。

（3）评审程序。应急预案评审程序包括以下步骤：

1）评审准备。成立应急预案评审工作组，落实参加评审的专家，将应急预案、编制说明、风险评估、应急资源调查报告及其他有关资料在评审前送达参加评审的单位或人员。

2）组织评审。评审采取会议审查形式，企业主要负责人参加会议，会议由参加评审的专家共同推选出的组长主持，按照议程组织评审；表决时，应有不少于出席会议专家人数的三分之二同意方为通过；评审会议应形成评审意见（经评审组组长签字），附参加评审会议的专家签字表。表决的投票情况应当以书面材料记录在案，并作为评审意见的附件。

3）修改完善。生产经营单位应认真分析研究，按照评审意见对应急预案进行修订和完善。评审表决不通过的，生产经营单位应修改完善后按评审程序重新组织专家评审，生产经营单位应写出根据专家评审意见的修改情况说明，并经专家组组长签字确认。

8. 应急预案批准实施

通过评审的应急预案，由生产经营单位主要负责人签发实施。

9. 应急预案备案

（1）生产经营单位应当在应急预案公布之日起 20 个工作日内，按照分级属地原则，向安全生产监督管理部门和有关部门进行告知性备案。

（2）中央企业总部（上市公司）的应急预案，报国务院主管的负有安全生产监督管理职责的部门备案，并抄送国家安全生产监督管理总局；其所属单位的应急预案报所在地的省、自治区、直辖市或者设区的市级人民政府主管的负有安全生产监督管理职责的部门备案，并抄送同级安全生产监督管理部门。

（3）生产经营单位申报应急预案备案，应当提交下列材料：

1）应急预案备案申报表。

2）应急预案评审或者论证意见。

3）应急预案文本及电子文档。

4）事故风险评估报告和应急资源调查报告。

13.1.2.2　应急预案体系的基本构成

生产经营单位的应急预案体系主要由综合应急预案、专项应急预案、现场处置方案和应急处置卡构成。

1. 综合应急预案

综合应急预案，是指生产经营单位为应对各种生产安全事故而制定的综合性工作方案，是本单位应对生产安全事故的总体工作程序、措施和应急预案体系的总纲。综合应急预案内容如下：

（1）总则。

1）适用范围。说明应急预案适用的范围。

2）响应分级。依据事故危害程度、影响范围和生产经营单位控制事态的能力，对事故应急响应进行分级，明确分级响应的基本原则。响应分级不可照搬事故分级。

（2）应急组织机构及职责。明确应急组织形式（可用图示）及构成单位（部门）的应急处置职责。应急组织机构可设置相应的工作小组，各小组具体构成、职责分工及行动任务以工作方案的形式作为附件。

（3）应急响应。

1）信息报告。

a. 信息接报。明确应急值守电话、事故信息接收、内部通报程序、方式和责任人，向上级主管部门、上级单位报告事故信息的流程、内容、时限和责任人，以及向本单位以外的有关部门或单位通报事故信息的方法、程序和责任人。

b. 信息处置与研判。明确响应启动的程序和方式。根据事故性质、严重程度、影响范围和可控性，结合响应分级明确的条件，可由应急领导小组做出响应启动的决策并宣布，或者依据事故信息是否达到响应启动的条件自动启动。

若未达到响应启动条件，应急领导小组可做出预警启动的决策，做好响应准备，实时跟踪事态发展。

响应启动后，应注意跟踪事态发展，科学分析处置需求，及时调整响应级别，避免响应不足或过度响应。

2）预警。

a. 预警启动。明确预警信息发布渠道、方式和内容。

b. 响应准备。明确做出预警启动后应开展的响应准备工作，包括队伍、物资、装备、后勤及通信。

c. 预警解除。明确预警解除的基本条件、要求及责任人。

d. 响应启动。确定响应级别，明确响应启动后的程序性工作，包括应急会议召开、信息上报、资源协调、信息公开、后勤及财力保障工作。

e. 应急处置。明确事故现场的警戒疏散、人员搜救、医疗救治、现场监测、技术支持、工程抢险及环境保护方面的应急处置措施，并明确人员防护的要求。

f. 应急支援。明确当事态无法控制情况下，向外部（救援）力量请求支援的程序及要求、联动程序及要求，以及外部（救援）力量到达后的指挥关系。

g. 响应终止。明确响应终止的基本条件、要求和责任人。

（4）后期处置。明确污染物处理、生产秩序恢复、人员安置方面的内容。

（5）应急保障。

1）通信与信息保障。明确应急保障的相关单位及人员通信联系方式和方法，以及备用方案和保障责任人。

2）应急队伍保障。明确相关的应急人力资源，包括专家、专兼职应急救援队伍及协议应急救援队伍。

3）物资装备保障。明确本单位的应急物资和装备的类型、数量、性能、存放位置、运输及使用条件、更新及补充时限、管理责任人及其联系方式，并建立台账。

4）其他保障。根据应急工作需求而确定的其他相关保障措施（如能源保障、经费保障、交通运输保障、治安保障、技术保障、医疗保障及后勤保障）。

注：应急保障相关内容，尽可能在应急预案的附件中体现。

2. 专项应急预案

专项应急预案，是指生产经营单位为应对某一种或者多种类型生产安全事故，或者针对重要生产设施、重大危险源、重大活动防止生产安全事故而制定的专项性工作方案。专项应急预案与综合应急预案中的应急组织机构、应急响应程序相近时，可不编写专项应急预案，相应的应急处置措施并入综合应急预案。专项应急预案内容如下：

（1）适用范围。说明专项应急预案适用的范围，以及与综合应急预案的关系。

（2）应急组织机构及职责。明确应急组织形式（可用图示）及构成单位（部门）的应急处置职责。应急组织机构以及各成员单位或人员的具体职责。应急组织机构可以设置相应的应急工作小组，各小组具体构成、职责分工及行动任务，建议以工作方案的形式作为附件。

（3）响应启动。明确响应启动后的程序性工作，包括应急会议召开、信息上报、资源协调、信息公开、后勤及财力保障工作。

（4）处置措施。针对可能发生的事故风险、危害程度和影响范围，明确应急处置指导原则，制定相应的应急处置措施。

（5）应急保障。根据应急工作需求明确保障的内容。

注：专项应急预案包括但不限于上述内容。

3. 现场处置方案

现场处置方案，是指生产经营单位根据不同生产安全事故类型，针对具体场所、装置或者设施所制定的应急处置措施。现场处置方案重点规范事故风险描述、应急工作职责、应急处置措施和注意事项，应体现自救互救、信息报告和先期处置的特点。

事故风险单一、危险性小的生产经营单位，可只编制现场处置方案。现场处置方案主要内容如下：

（1）事故风险描述。简述事故风险评估的结果（可用列表的形式附在附件中）。

（2）应急工作职责。明确应急组织分工和职责（根据现场工作岗位、组织形式及人员构成，明确各岗位人员的应急工作分工和职责）。

（3）应急处置。主要包括以下内容：

1）应急处置程序。根据可能发生的事故及现场情况，明确事故报警、各项应急措施启动、应急救护人员的引导、事故扩大及同生产经营单位应急预案的衔接程序。

2）现场应急处置措施。针对可能发生的事故从人员救护、工艺操作、事故控制、消防、现场恢复等方面制定明确的应急处置措施。

3）明确报警负责人、报警电话及上级管理部门、相关应急救援单位联络方式和联系人员，事故报告基本要求和内容。

（4）注意事项。包括人员防护和自救互救、装备使用、现场安全方面的内容。

1）佩戴个人防护器具方面的注意事项。

2）使用抢险救援器材方面的注意事项。

3）采取救援对策或措施方面的注意事项。

4）现场自救和互救注意事项。

5）现场应急处置能力确认和人员安全防护等事项。

6）应急救援结束后的注意事项。

7）其他需要特别警示的事项。

4. 应急处置卡

在编制应急预案的基础上，针对工作场所、岗位的特点，编制简明、实用、针对性强、有效的应急处置卡，并张贴在关键、重点岗位工作现场。

应急处置卡应当规定重点岗位、人员的应急处置程序和措施，以及相关联络人员和联系方式，便于从业人员携带。

5. 附件

（1）生产经营单位概况。简要描述本单位地址、从业人数、隶属关系、主要原材料、主要产品、产量，以及重点岗位、区域、周边重大危险源、重要设施、目标、场所和周边布局情况。

（2）风险评估的结果。简述本单位风险评估的结果。

（3）预案体系与衔接。简述本单位应急预案体系构成和分级情况，明确与地方政府及其有关部门其他相关单位应急预案的衔接关系（可用图示）。

（4）应急物资装备的名录或清单。列出应急预案涉及的主要物资和装备名称、型号、性能、数量、存放地点、运输和使用条件、责任人和联系电话等。

（5）有关应急部门、机构或人员的联系方式。列出应急工作中需要联系的部门、机构或人员及其多种联系方式。

（6）格式化文本。列出信息接报、预案启动、信息发布等格式化文本。

（7）关键的路线、标识和图纸，包括但不限于：

1）警报系统分布及覆盖范围。

2）重要防护目标、风险清单及分布图。

3）应急指挥部（现场指挥部）位置及救援队伍行动路线。

4）疏散路线、集结点、警戒范围、重要地点的标识。

5）相关平面布置、应急资源分布的图纸。

6）生产经营单位的地理位置图、周边关系图、附近交通图。

7）事故风险可能导致的影响范围图。

8）附近医院地理位置图及路线图。

（8）有关协议或者备忘录。列出与相关应急救援部门签订的应急救援协议或备忘录。

6. 生产安全事故风险评估报告编制大纲

（1）危险有害因素辨识。描述生产经营单位危险有害因素辨识的情况（可用列表形式表述）。

（2）事故风险分析。描述生产经营单位事故风险的类型、事故发生的可能性、危害后果和影响范围（可用列表形式表述）。事故风险分析主要包括以下内容：

1）事故类型。

2）事故发生的区域、地点或装置的名称。

3）事故发生的可能时间、事故的危害严重程度及其影响范围。

4）事故前可能出现的征兆。

5）事故可能引发的次生、衍生事故。

6）事故风险评价。

（3）描述生产经营单位事故风险的类别及风险等级（可用列表形式表述）。

（4）结论建议。得出生产经营单位应急预案体系建设的计划建议。

7. 生产安全事故应急资源调查报告编制大纲

（1）单位内部应急资源。按照应急资源的分类，分别描述相关应急资源的基本现状、功能完善程度、受可能发生的事故的影响程度（可用列表形式表述）。

（2）单位外部应急资源。描述本单位能够调查或掌握可用于参与事故处置的外部应急资源情况（可用列表形式表述）。

（3）应急资源差距分析。依据风险评估结果得出本单位的应急资源需求，与本单位现有内外部应急资源对比，提出本单位外部应急资源补充建议。

8. 应急预案编制格式和要求

（1）封面。应急预案封面主要包括应急预案编号、应急预案版本号、生产经营单位名称、应急预案名称及颁布日期。

（2）批准页。应急预案应经生产经营单位主要负责人批准方可发布。

（3）目次。应急预案应设置目次，目次中所列的内容及次序如下：

1）批准页。

2）应急预案执行部门签署页。

3）章的编号、标题。

4）带有标题的条的编号、标题（需要时列出）。

5）附件，用序号表明其顺序。

13.1.2.3　应急培训

应当组织开展应急预案培训工作，确保所有从业人员熟悉本单位应急预案、具备基本的应急技能、掌握本岗位事故防范措施和应急处置程序。应急预案教育培训情况应当记录在案。

应当将应急预案的培训纳入本单位安全生产培训工作计划，每年至少组织一次预案培训，并进行考核。培训的主要内容应当包括：本单位的应急预案体系构成、应急组织机构及职责、应急资源保障情况以及针对不同类型突发事件的预防和处置措施等。

1. 应急管理人员培训

应参加应急管理、应急指挥理论、应急救援、抢险技能的业务教育培训，熟悉应急预案应急处置程序、职责和相关知识，具备与本单位所从事的生产经营活动相适应的安全生产知识和管理能力，掌握必要的应急救护常识。

2. 应急队伍培训

应每年对应急救援队人员（含兼职）进行专业应急技能教育培训；应当具备所属领域事件救援所需的专业技能，了解应急预案内容，熟悉现场应急处置程序，并能熟练操作或使用相关抢险救援设备设施和装备，掌握触电、心肺复苏、伤口处理等必要的应急救护常识。

3. 从业人员培训

应对相关方从业人员进行报警、疏散、避险、自救和互救、逃生、现场应急处置等有关应急知识的教育培训，使从业人员熟练操作和使用相关应急设备设施和装备，掌握必要的应急救护知识。

13.1.2.4　应急演练

《生产安全事故应急条例》《生产安全事故应急演练指南》规定了生产安全事故应急演练（以下简称应急演练）的目的、原则、类型、内容和综合应急演练的组织与实施，其他类型演练的组织与实施可参照进行。应急演练的目的主要是检验预案、锻炼队伍、磨合机制、宣传教育、完善准备等。

1. 应急演练类型

应急演练按照演练内容分为综合演练和单项演练，按照演练形式分为现场演练和桌面演练，不同类型的演练可相互组合。

2. 应急演练内容

（1）预警与报告：根据事故情景，向相关部门或人员发出预警信息，并向有关部门和人员报告事故情况。

（2）指挥与协调：根据事故情景，成立应急指挥部，调集应急救援队伍和相关资源，开展应急救援行动。

（3）应急通信：根据事故情景，在应急救援相关部门或人员之间进行音频、视频信号或数据信息互通。

（4）事故监测：根据事故情景，对事故现场进行观察、分析或测定，确定事故严重程度、影响范围和变化趋势等。

（5）警戒与管制：根据事故情景，建立应急处置现场警戒区域，实行交通管制，维护现场秩序。

（6）疏散与安置：根据事故情景，对事故可能波及范围内的相关人员进行疏散、转移和安置。

（7）医疗卫生：根据事故情景，调集医疗卫生专家和卫生应急队伍开展紧急医学救援，并开展卫生监测和防疫工作。

（8）现场处置：根据事故情景，按照相关应急预案和现场指挥部要求对事故现场进行控制和处理。

（9）社会沟通：根据事故情景，召开新闻发布会或事故情况通报会，通报事故有关情况。

（10）后期处置：根据事故情景，应急处置结束后，所开展的事故损失评估、事故原因调查、事故现场清理和相关善后工作。

（11）其他：根据相关行业（领域）安全生产特点所包含的其他应急功能。

3. 综合演练组织与实施

（1）演练计划。编制年度演练计划，明确演练目的、类型（形式）、规模、范围、频次、主要内容、参演单位与人数、计划完成时间、物资准备、演练经费预算等内容，演练计划应按工程的进展可能导致发生的风险进行计划。

（2）演练准备。

1）成立演练组织机构。综合演练通常成立演练领导小组，下设策划组、执行组、保障组、评估组等专业工作组。（根据演练规模大小，其组织机构可进行调整）。

2）编制演练文件。

a. 演练工作方案：目的及要求、事故情景设计、规模及时间、参演单位和人员主要任务及职责、筹备工作、主要步骤、技术支撑及保障条件、评估与总结等。演练方案应审批。

b. 演练脚本：演练模拟事故情景、处置行动与执行人员、指令与对白、步骤及时间安排、视频背景与字幕、演练解说词等（一般采用表格形式）。

c. 演练评估方案：演练信息（应急演练目的和目标、情景描述，应急行动与应对措施简介等）、评估内容（应急演练准备、应急演练组织与实施、应急演练效果等）、评估标准（应急演练各环节应达到的目标评判标准）、评估程序（演练评估工作主要步骤及任务分工）、附件（演练评估所需要用到的相关表格等）。

d. 演练保障方案：演练可能发生的意外情况、应急处置措施及责任部门，应急演练意外情况中止条件与程序等。

e. 演练观摩手册：演练时间、地点、情景描述、主要环节及演练内容、安全注意事项等。

（3）应急演练的实施。

a. 熟悉演练任务和角色。组织各参演单位和参演人员熟悉各自参演任务和角色，并按照演练方案要求组织开展相应的演练准备工作。

b. 组织预演。在综合应急演练前，演练组织单位或策划人员可按照演练方案或脚本组织桌面演练或合成预演，熟悉演练实施过程的各个环节。

c. 安全检查。确认演练所需的工具、设备、设施、技术资料及参演人员到位。对应急演练安全保障方案及设备、设施进行检查确认，确保安全保障方案可行，所有设备、设施完好。

d. 应急演练。应急演练总指挥下达演练开始指令后，参演单位和人员按照设定的事故情景，实施相应的应急响应行动，直至完成全部演练工作。演练实施过程中出现特殊或意外情况，演练总指挥可决定中止演练。

e. 演练记录。演练实施过程中，安排专门人员采用文字、照片和音像等手段记录演练过程。

f. 评估准备。演练评估人员根据演练事故情景设计及具体分工，在演练现场实施过程中展开演练评估工作，记录演练中发现的问题或不足，收集演练评估需要的各种信息和资料。

g. 演练结束。演练总指挥宣布演练结束，参演人员按预定方案集中进行现场点评或者有序疏散。

4. 应急演练评估与总结

（1）应急演练评估。

1）现场点评：应急演练结束后，在演练现场，评估人员或评估组负责人对演练中发现的问题、不足及取得的成效进行口头点评。

2）书面评估：评估人员针对演练中观察、记录及收集的各种信息资料，依据评估标准对应急演练活动全过程进行科学分析和客观评价，并撰写书面评估报告。

评估报告重点对演练活动的组织和实施、演练目标的实现、参演人员的表现及演练中暴露的问题进行评估。

（2）应急演练总结。演练结束后，由演练组织单位根据演练记录、演练评估报告、应急预案、现场总结等材料，对演练进行全面总结，并形成演练书面总结报告。报告可对应急演练准备、策划等工作进行简要总结分析。参与单位也可对本单位的演练情况进行总结。演练总结报告的内容主要包括：演练基本概要、演练发现的问题，取得的经验和教训、应急管理工作建议。

（3）演练资料归档与备案。

1）应急演练活动结束后，将应急演练工作方案及应急演练评估、总结报告等文字资料，以及记录演练实施过程的相关图片、视频、音频等资料归档保存。

2）对主管部门要求备案的应急演练资料，演练组织部门（单位）应将相关资料报主管部门备案。

5. 持续改进

（1）应急预案修订完善。根据演练评估报告中对应急预案的改进建议，由应急预案编制部门按程序对预案进行修订完善。

（2）有下列情形之一的，应急预案应当及时修订并归档：

1）制定预案所依据的法律、法规、规章、标准发生重大变化。

2）应急指挥机构及其职责发生调整。

3）安全生产面临的风险发生重大变化。

4）重要应急资源发生重大变化。

5）在预案演练或者应急救援中发现需要修订预案的重大问题。

6）其他应当修订的情形。

（3）应急管理工作改进。

1）应急演练结束后，组织应急演练的部门（单位）根据应急演练评估报告、总结报告提出的问题和建议对应急管理工作（包括应急演练工作）进行持续改进。

2）组织应急演练的部门（单位）督促相关部门和人员，制订整改计划，明确整改目标，制定整改措施，落实整改资金，并跟踪督查整改情况。

13.2　重大事故应急救援

发生生产安全事故后，生产经营单位应当立即启动生产安全事故应急救援预案，采取下列一项或者多项应急救援措施，并按照国家有关规定报告事故情况：

（1）迅速控制危险源，组织抢救遇险人员。

（2）根据事故危害程度，组织现场人员撤离或者采取可能的应急措施后撤离。

（3）及时通知可能受到事故影响的单位和人员。

（4）采取必要措施，防止事故危害扩大和次生、衍生灾害发生。

（5）根据需要请求邻近的应急救援队伍参加救援，并向参加救援的应急救援队伍提供相关技术资料、信息和处置方法。

（6）维护事故现场秩序，保护事故现场和相关证据。

（7）法律、法规规定的其他应急救援措施。

13.2.1　应急救援的原则和任务

事故应急救援工作是在预防为主的情况下，贯彻统一指挥、分级负责、区域为主、单位自救和社会救援相结合的原则。除了平时做好事故的预防工作，避免和减少事故的发生，还要落实好救援工作的各项准备措施，一旦发生事故就能及时救援。由于重大事故发生的突然性，发生后的迅速扩散性以及波及范围广的特点，决定了应急救援行动必须迅速、准确、有序和有效。因此，救援工作只能实行统一指挥下的分级负责制，以区域为主，根据事故的发展情况，采取单位自救与社会救援相结合的方式，能够充分发挥事故单位及所在地区的优势和作用。在指挥部统一指挥下，救灾、公安、消防、环保、卫生、劳动等部门密切配合，协同作战，有效地组织和实施应急救援工作，尽可能地避免和减少损失。

事故应急救援的基本任务包含以下内容：

1. 控制危险源

及时有效地控制造成事故的危险源是事故应急救援的首要任务，只有控制了危险源，防止事故的进一步扩大和发展，才能及时有效的实施救援行动。特别是发生在城市中或人口稠密的地区的化学事故，应尽快组织工程抢险队与事故单位技术人员一起及时控制事故的继续扩展。

2. 抢救受害人员

抢救受害人员事故应急救援的重要任务。在救援行动中，及时、有序、科学地实施现场抢救和安全转送伤员对挽救受害人的生命、稳定病情、减少伤残率及减轻受害人的痛苦等具有重要的意义。

3. 指导群众防护，组织群众撤离

由于重大事故发生的突然性，发生后的迅速扩散性以及波及范围广、危害性大的特点，应及时指导和组织群众采取各种措施进行自身防护，并迅速撤离危险区域或可能发生危险的区域。在撤离过程中积极开展群众自救与互救工作。

4. 清理现场，消除危害后果

对事故造成的对人体、土壤、水源、空气的现实的危害和可能的危害，迅速采取封闭、隔离、洗消等措施；对事故外溢的有毒有害物质和可能对人和环境继续造成危害的物质，应及时组织人员进行清除；对危险化学品造成的危害进行监测与监控，并采取适当的措施，直至符合国家环境保护标准。

5. 查清事故原因，评估危害程度

事故发生后应及时调查事故的发生原因和事故性质，估算出事故的危害波及范围和危险程度，查明人员伤亡情况，做好事故调查。

13.2.2　应急救援系统的组织结构

应急救援工作涉及众多的部门和多种救援力量的协调配合，除了应急救援系统本身的组织外，还应当与当地的公安、消防、环保、卫生、交通等部门建立协调关系，协同作战。应急救援系统的组织结构可分为五个方面：

1. 应急指挥机构

应急指挥机构是整个系统的核心，负责协调事故应急期间各个应急组织与机构间的动作和关系。统筹安排整个应急行动，避免因行动紊乱而造成不必要的损失。平时组织编制事故应急救援预案；做好应急救援专家队伍和救援专业队伍的组织、训练和演习；开展对群众自救和互救知识的宣传教育；会同有关部门做好应急救援的装备、器材物品、经费的管理和使用，多由各级政府领导人或政府的职能机关主要负责。

2. 事故应急现场指挥机构

事故应急现场指挥机构负责事故现场的应急指挥工作，合理进行应急任务分配和人员调度，有效利用一切可能的应急资源，保证在最短的时间内完成现场的应急行动。指挥工作多由各级政府领导人、政府的职能机关或企业的主要领导来承担。

3. 支持保障机构

支持保障机构是应急救援组织中人员最多的机构。主要为应急救援提供物质资源和人员支持、技术支持和医疗支持，全方位保证应急行动的顺利完成。具体来说，它又可以分为以下专业队（组）。

(1) 应急救援专家组：在事故应急救援行动中，利用专家的专业知识和经验，对事故的危害和事故的发展情况等进行分析预测，为应急救援提供及时的和科学合理的救援决策依据和救援方案。专家委员会成员由主管当局提名，经评议产生。专家委员会平时做好调查研究，参与应急系统人员的培训和咨询工作，对重大危险源进行评价，并协助事故的调查工作，当好领导参谋。

(2) 应急救援专业队：在应急救援行动中，各救援专业队伍应该在做好自身防护的基础上，快速实施救援。由于事故类型的不同，救援专业队的构成和救援任务也会有所不同。如化学事故应急救援专业队主要任务是快速测定出事故的危害区域，检测化学品的性质及危害程度；堵住泄漏源；清理现场和组织人员撤离、疏散等。而火灾应急救援专业队主要任务是破拆救人、灭火和组织人员撤离、疏散等。

(3) 应急医疗救护队：在事故发生后，尽快赶赴事故现场，设立现场医疗急救站，对伤员进行现场分类和急救处理，及时向医院转送。对救援人员进行医学监护，处理死亡者尸体及为现场救援指挥部提供医学咨询等。

(4) 应急后勤队：负责应急救援的后勤工作，保证医疗急救用品和灾民的必需用品的供应，负责联系安排交通工具；运送伤员、药品、器械或其他的必需品。

4. 媒体机构

负责与新闻媒体接触的机构，处理一切与媒体报道、采访、新闻发布会等相关事务，保持对外的一致口径，保证事故报道的客观性和可信性，对事故单位、政府部门和公众负责，为应急救援工作营造一个良好的社会环境。

5. 信息管理机构

负责为应急救援提供一切必需的信息，在现代计算机技术、网络技术和卫星通信技术的支持下，实现资源共享，为应急救援工作提供方便快捷的信息。

13.2.3　应急救援装备与资源

应急救援装备与资源是开展应急救援工作必不可少的条件。为保证应急救援工作的有效实施，各应急部门都应制定应急救援装备的配备标准。我国的救援装备的研究与开发工作起步较晚，尚未形成完整的研发体系，产品的数量和质量都有待于提高。另外，由于各地的经济技术的发展水平和重视程度不同，在装备的配备上有较大的差异。总的来说大都存在装备不足和装备落后的情况。平时做好装备的保管工作，保证装备处于良好的使用状态，一旦发生事故就能立即投入使用。

应急救援装备的配备应根据各自承担的应急救援任务和要求选配。救援装备要根据实用性、功能性、耐用性和安全性，以及客观条件配置。

事故应急救援的装备可分为两大类：基本装备和专用装备。

1. 基本装备

（1）通信装备。目前，我国应急救援所用的通信装备一般分为有线和无线两类，在救援工作中，常采用无线和有线两套装置配合使用。移动电话（手机）和固定电话是通信中常用的工具，由于使用方便，拨打迅速，在社会救援中已成为常用的工具。在近距离的通信联系中，也可使用对讲机。另外，传真机的应用缩短了空间的距离，使救援工作所需要的有关资料及时传送到事故现场。

（2）交通工具。良好的交通工具是实施快速救援的可靠保证，在应急救援行动中常用汽车和飞机作为主要的运输工具。

在国外，直升机和救援专用飞机已成为应急救援中心的常规运输工具，在救援行动中配合使用，提高了救援行动的快速机动能力。目前，我国的救援队伍主要以汽车为交通工具，在远距离的救援行动中，借助民航和铁路运输，在海面、江河水网，救护汽艇也是常用的交通工具。另外，任何交通工具，只要对救援工作有利，都能运用，如各种汽车、畜力车，甚至人力车等。

（3）照明装置。重大事故现场情况较为复杂，在实施救援时需要良好的照明。因此，需对救援队伍配备必要的照明工具，有利救援工作的顺利进行。

照明装置的种类较多，在配备照明工具时除了应考虑照明的亮度外，还应根据事故现场情况，注意其安全性能和可靠性。如工程救援所用的电筒应选择防爆型电筒。

（4）防护装备。有效地保护自己，才能取得救援工作的成效。在事故应急救援行动中，对各类救援人员均需配备个人防护装备。个人防护装备可分为防毒面罩、防护服、耳塞和保险带等。在有毒救援的场所，救援指挥人员、医务人员和其他不进入污染区域的救援人员多配备过滤式防毒面具。对于工程、消防和侦检等进入污染区域的救援人员应配备密闭型防毒面罩。目前，常用正压式空气呼吸器。

2. 专用装备

专用装备，主要指各专业救援队伍所用的专用工具（物品）。在现场紧急情况下，需要使用大量的应急设备与资源。如果没有足够的设备与物质保障，例如没有消防设备、个人防护设备、清扫泄漏物的设备或是设备选择不当，即使受过很好的训练的应急队员面对灾害也无能为力。随着科技的进步，现在有不少新型的专用装备出现，如消防机器人、电子听漏仪等。

各专业救援队在救援装备的配备上，除了本着实用、耐用和安全的原则外，还应及时总结经验自己动手研制一些简易可行的救援工具。在工程救援方面，一些简易可行的救援工具，往往会产生意想不到的效果。

侦检装备，应具有快速准确的特点，现代电子和计算机技术的发展产生了不少新型的侦检装备，侦检装备应根据所救援事故的特点来配备。在化工救援中，多采用检测管和专用气体检测仪，优点是快速、安全、操作容易、携带方便，缺点是具有一定的局限性。国外采用专用监测车，除配有取样器、监测仪器外，还装备了计算机处理系统，能及时对水源、空气、土壤等样品就地实行分析处理，及时检测出毒物和毒物的浓度，并计算出扩散范围等救援所需的各种数据。在煤矿救援中，多采用瓦斯检测仪等。

医疗急救器械和急救药品的选配应根据需要，有针对性地加以配置。急救药品，特别是特殊、解毒药品的配备，应根据化学毒物的种类备好一定数量的解毒药品。世界卫生组织为对付灾害的卫生需要，编制了紧急卫生材料包标准，由两种药物清单和一种临床设备清单组成，还有一本使用说明书，现已被各国当局和救援组织采用。

事故现场必需的常用应急设备与工具有：

(1) 消防设备：输水装置、软管、喷头、自用呼吸器、便携式灭火器等。

(2) 危险物质泄漏控制设备：泄漏控制工具、探测设备、封堵设备、解除封堵设备等。

(3) 个人防护设备：防护服、手套、靴子、呼吸保护装置等。

(4) 通信联络设备：对讲机、移动电话、电话、传真机、电报等。

(5) 医疗支持设备：救护车、担架、夹板、氧气、急救箱等。

(6) 应急电力设备：主要是备用的发电机。

(7) 资料：计算机及有关数据库和软件包、参考书、工艺文件、行动计划、材料清单等。

3. 现场地图和有关图表

地图和图表是最简洁的语言，是应急救援的重要工具，使应急救援人员能够在较短的时间内掌握所必需的大量信息。

地图最好能由计算机快速方便地变换产生，应该是计算机辅助系统的一部分，现在已有不少电子地图和应急救援计算机辅助决策系统成功开发并得以实施。所使用的地图不应该过于复杂，它的详细程度最好由使用者来决定，使用的符号要符合预先的规定或是国家或政府部门的相关标准。地图应及时更新，确保能够反映最新的变化。

图表包括厂区规划图、工艺管线图、公用工程图（消防设施、水管网、电力网、下水道管线等）和能反映场外的与应急救援有关的特征图（如学校、医院、居民区、隧道、桥梁和高速公路等）。

13.2.4 应急救援的实施

1. 事故报警

事故报警的及时与准确是能否及时实施应急救援的关键。发生事故的单位，除了积极组织自救外，必须及时将事故向有关部门报告。对于重大或灾害性的事故，以及不能及时控制的事故，应尽早争取社会救援，以便尽快控制事态的发展。报警的内容应包括：事故单位，事故发生的时间、地点、事故原因，事故性质（毒物外溢、爆炸、燃烧等）、危害程度和对救援的要求，以及报警人的联系电话等。

2. 救援行动的过程

救援行动一般按以下的基本步骤进行：

(1) 接报。指接到执行救援的指示或要求救援的请求报告。接报是救援工作的第一步，对成功实施救援起到重要的作用。

接报人一般应由总值班担任，接报人应做好以下几项工作：①问清报告人姓名、单位部门和联系电话；②问明事故发生的时间、地点、事故单位、事故原因、主要毒物、事故性质（毒物外溢、爆炸、燃烧等）、危害波及范围和程度、对救援的要求，同时做好电话记录；③按救援程序，派出救援队伍；④向上级有关部门报告；⑤保持与急救队伍的联系，并视事故发展状况，必要时派出后继梯队予以增援。

（2）设点。指各救援队伍进入事故现场，选择有利地形（地点）设置现场救援指挥部或救援、医疗急救点。

各救援点的位置选择关系到能否有序地开展救援和保护自身的安全。救援指挥部、救援和医疗急救点的设置应考虑以下几项因素：

1）地点：应选在上风向的非污染区域，需注意不要远离事故现场，便于指挥和救援工作的实施。

2）位置：各救援队伍应尽可能在靠近现场救援指挥部的地方设点并随时保持与指挥部的联系。

3）路段：应选择交通路口，利于救援人员或转送伤员的车辆通行。

4）条件：指挥部、救援或医疗急救点，可设在室内或室外，应便于人员行动或群众伤员的抢救，同时要尽可能利用原有通讯、水和电等资源，有利救援工作的实施。

5）标志：指挥部、救援或医疗急救点，均应设置醒目的标志，方便救援人员和伤员识别。悬挂的旗帜应用轻质面料制作，以便救援人员随时掌握现场风向。

（3）报到。指挥各救援队伍进入救援现场后，向现场指挥部报到。其目的是接受任务，了解现场情况，便于统一实施救援工作。

（4）救援。进入现场的救援队伍要尽快按照各自的职责和任务开展工作。

1）现场救援指挥部：应尽快地开通通信网络；迅速查明事故原因和危害程度；制定救援方案；组织指挥救援行动。

2）侦检队：应快速检测出危险源的性质及危害程度，测定出事故的危害区域，提供有关数据。

3）工程救援队：应尽快控制危险；将伤员救离危险区域；协助做好群众的组织撤离和疏散；做好毒物的清消工作。

4）现场医疗急救队：应尽快将伤员就地简易分类，按类急救和做好安全转送。同时应对救援人员进行医学监护，并为现场救援指挥部提供医学咨询。

（5）撤点。指应急救援工作结束后，离开现场或救援后的临时性转移。在救援行动中应随时注意气象和事故发展的变化，一旦发现所处的区域有危险时，应立即向安全区转移。在转移过程中应注意安全，保持与救援指挥部和各救援队的联系。救援工作结束后，各救援队撤离现场以前应取得现场救援指挥部的同意。撤离前要做好现场的清理工作，并注意安全。

（6）总结。每一次执行救援任务后都应做好救援小结，总结经验与教训，积累资料，以利再战。

3. 应急救援工作中需注意的有关事项

（1）救援人员的安全防护。救援人员在救援行动中，应佩戴好防护装置，并随时注意事故的发展变化，做好自身防护。在救援过程中要注意安全，做好防范，避免发生伤亡。

（2）救援人员进入事故区注意事项。进入事故区前，必须戴好防护用具并穿好防护服；执行救援任务时，应以 2～3 人为一组，集体行动，互相照应；带好通信联系工具，随时保持通信联系。

（3）工程救援中注意事项。

1）工程救援队在抢险过程中，尽可能地和单位的自救队或技术人员协同作战，以便熟悉现场情况和生产工艺，有利工作的实施。

2）在营救伤员、转移危险物品和化学泄漏物的清消处理中，与公安、消防和医疗急救等专业队伍协调行动，互相配合，提高救援的效果。

3）救援所用的工具具备防爆功能。

13.3　防 灾 减 灾 知 识

13.3.1　地震灾害及其防御措施

由于地球及其内部物质的不断运动，产生巨大的力，导致地下岩层断裂或错动，就形成了地震。地震灾害是群灾之首，它具有瞬间发生、破坏剧烈、监测预报困难、次生灾害严重、社会影响深远等特点。

2008 年 5 月 12 日四川汶川发生 8 级强烈地震，造成了极其巨大的人员伤亡和经济损失。据介绍，中国地震台网测定"5·12"汶川大地震的震级为 8 级，震源深度约为 14km，地震主要能量的释放是在一分多钟内完成的。至 6 月 27 日为止，已发生余震 1.3 万余次，其中最强余震震级达 6.4 级，形成长达 300km 的余震带。这次地震释放出巨大的能量以地震弹性波的形式传遍中国大陆乃至整个地球，地震波引起强烈地面震动造成大量房屋倒塌和近 7 万人的死亡。

影响地震灾害大小的因素包括自然因素和社会因素。其中有震级、震中距、震源深度、发震时间、发震地点、地震类型、地质条件、建筑物抗震性能、地区人口密度、经济发展程度和社会文明程度等。地震灾害是可以预防的，综合防御工作做好了可以最大限度地减轻自然灾害。

地震直接灾害有：造成建筑物破坏以及山崩、滑坡、泥石流、地裂、地陷、喷砂、冒水等地表的破坏和海啸。

地震次生灾害是指因地震的破坏而引起的一系列其他灾害，包括火灾、水灾和煤气、有毒气体泄漏，细菌、放射物扩散、瘟疫等对生命财产造成的灾害。次生灾害源是指因地震而可能引发水灾、火灾、爆炸等灾害的易燃、易爆，有毒物质的贮存设施，以及水坝、堤岸等。

地震造成的最普遍的灾害是各类建（构）筑物的破坏和倒塌，以及由此造成的人员伤亡和直接经济财产损失。常见的由地震引发的次生灾害是火灾。

地震的紧急防护措施主要有：

1. 前期准备

得到政府部门的相关地震预警，要积极进行震前准备，将损害降到最低。

（1）有关安全准备和检测工作。

1）防止房屋的倾倒：请专业人员评估房屋的防震能力，必要时，垒梯形砖垛加固房屋。

2）防止家具、用具倾倒：用 L 形工具、支撑棒加固家具和床体。物体摆放"重在下，轻在上"。取下悬挂的镜子、带框壁画，加固空调、天线、砖瓦等室外设施。

3）防止玻璃的飞散：在玻璃上贴透明胶纸，防止震时玻璃破碎飞散伤人。

4）防止杂物的堵塞：清理杂物，让门口、通道畅通无阻。把牢固的家具下清空，以便地震时藏身。

5）防止火灾发生：准备必需的灭火器材，用火场所附近不放置易燃易爆物品，确认电器的断电位置。

（2）必需物品准备。准备一个防震包，内装必需品，包扎结实，放于易取处。包内应携带以下物品：

1）食品：便于保存的速食或蒸煮过的食物。

2）水：充足的清洁水。

3）药品：绷带、胶带、消毒水、创可贴、消炎药、解热镇痛药、止泻药等。

4）必需物品：食盐、手电、电池、应急灯（充好电）、小刀、卫生纸、袖珍收音机、手机、塑料布、塑料袋、优质工作手套、哨子、小铁铲、钳子、锥子、绳子。

5）贵重物品：便于携带的储蓄卡、存折、现金、首饰。

6）证件卡片：身份证、记载个人血型等基本情况的卡片。

（3）必要信息准备。

1）急救电话。

2）医生、医院、药店的位置。

3）社区备用灭火器、公用电话的位置。

4）通往附近开阔地的最好路线。

5）社区管理部门电话。

6）必要的互助工作。

2. 地震中的自救与互救

（1）当地震发生时，若在工地或工作间，应迅速关掉电源、气源，就近"蹲下、掩护、抓牢"，注意避开空调、电扇、吊灯。如在高层注意不要下楼。

若在家中，要选择易形成三角空间的地方躲避，如是平房，可逃出房外，外逃时注意用被子、枕头、安全帽护住头部。室内安全地点有卫生间、厨房、储藏室等狭小空间，承重墙（注意避开外墙）。

若在学校，要告知学生听从老师安排，高层室内学生不撤出，室外学生不要回教室，就近"蹲下、掩护、抓牢"。注意避开高大建筑物、危险物。

若在电影院、体育馆和商场，不要拥向出口，注意避开吊灯、电扇、空调等悬挂物，以及商店中的玻璃门窗、橱窗、高大的摆放重物的货架。就近"蹲下、掩护、抓牢"。地震后听从指挥，有秩序撤离。

若在车内，驾车远离立交桥、高楼，到开阔地，停车注意保持车距。

乘客应抓牢扶手避免摔倒，降低重心，躲在座位附近，不要跳车，地震过后再下车。若在开阔地，尽量避开拥挤的人流。避免家人走失。照顾好老人、儿童和弱者。

（2）注意地震中的标准求生姿势。身体尽量蜷曲缩小，卧倒或蹲下；用手或其他物件护住头部，一手捂口鼻，另一手抓住一个固定的物品。如果没有任何可抓的固定物或保护头部的物件，则应采取自我保护姿势：头尽量向胸靠拢，闭口，双手交叉放在脖后，保护头部和颈部。

（3）地震中应做到以下几点：

1）不要惊慌，伏而待定。

2）不要站在窗户边或阳台上。

3）不要跳楼、跳车或破窗而出。如果在平房，地震时，门变形打不开，"破窗而出"则是可以的。

4）不要乘坐电梯。

5）不要因寻找衣服、财物耽误逃生时间。

6）不要躲避在电线杆、路灯、烟囱、高大建筑物、立交桥、玻璃建筑物、大型广告牌、悬挂物、高压电设施、变压器附近。

7）不要在石化、煤气等易爆、化学有毒的工厂或设施附近。不要位于明火的下风。

（4）地震中还可能遭遇以下危险：

1）火灾：趴在地上，用湿毛巾捂住口鼻，地震停止后向安全地方转移，匍匐，逆风。

2）燃气：用湿毛巾捂住口鼻，杜绝使用明火，震后设法转移。

3）毒气：用湿毛巾捂住口鼻，不要顺风跑，尽量绕到上风向去。

3. 地震后的自救与互救

（1）被掩埋自救。

1）坚定求生意志。

2）挣脱手脚，清除压在身上，尤其是腹部的重物，就地取材加固周围的支撑。

3）设法用手和其他工具开辟通道逃出，但如果费时、费力过多则应停止，保存体力。

4）尽量向有光、通风的地方移动。

5）用毛巾、衣服掩住口鼻。

6）在可以活动的空间中寻找食物和水，尽量节省食物，以备长时间使用。

7）注意保存体力，不大声喊叫呼救，可用敲击铁管、墙壁，吹哨子等方式与外界沟通，听到救援者靠近时再呼救。

8）在封闭室内不可使用明火。

（2）积极参与互救。

1）先救多，后救少；先救近，后救远；先救易，后救难。

2）要留心各种呼救声音。

3）了解坍塌处的房屋构造，判断哪里可能有人。

4）挖掘时，不破坏支撑物。使用小型轻便工具，接近伤员时，要手工谨慎挖掘。

5）尽早使封闭空间与外界沟通，以便新鲜空气注入。如灰尘太大，要喷水降尘。

6）一时无法救出，可先将水、食品、药品递给被埋压人员使用。

7）施救时，要先将头部暴露出来，清除口、鼻尘土，再将胸腹部和身体其他部位露出。切不可强行拖拽。

8）对在黑暗、饥渴、窒息环境下埋压过久的人员，救出后应蒙上眼睛，不可一下进食太多。伤者要及时处理，尽快转移到附近医院。

9）救人过程中要注意安全，小心余震。

13.3.2　地质灾害及其防御措施

地质灾害是气象灾害（包括地震）的衍生灾害，它包括泥石流、山体滑坡等。一些地区发生强烈地震后，受其影响一些山体发生了松动，甚至移位，这使得震区的地质灾害较震前有增多的趋势。

1. 泥石流的特点、危害及防御措施

（1）特点。泥石流是由于长时间降水或由于短时局地强降水、冰雪融水等水源激发的含有大量泥沙石块的特殊洪流。泥石流的发生有一定的时间规律。第一：泥石流的发生具有一定的季节性，因为泥石流的爆发主要是受连续降雨、暴雨，尤其是特大暴雨集中降雨的诱发，因此，泥石流发生的时间规律是与集中降雨时间规律相一致，具有明显的季节性，一般发生在多雨的夏秋季节。第二：具有周期性，因为泥石流的发生受暴雨、洪水、地震的影响，而暴雨、洪水、地震总是周期性地出现，因此，泥石流的发生和发展也具有一定的周期性，且其活动周期与暴雨、洪水、地震的活动周期大体相一致。第三：泥石流一般发生在一次降雨的高峰期，或者是在连续降雨发生之后。

（2）危害。泥石流同时具有崩塌、滑坡和洪水破坏的双重作用，其危害程度比单一的崩塌、滑坡和洪水的危害更为广泛和严重。泥石流危害之一就是对居民点的危害，它来势汹汹，冲进乡村、城镇，摧毁房屋、工厂、企事业单位及其他场所设施。淹没人畜、毁坏土地，甚至造成村毁人亡的灾难。危害之二就是对公路、铁路的危害，泥石流可直接埋没车站、铁路、公路，摧毁路基、桥涵等设施，致使交通中断，还可引起正在运行的火车、汽车颠覆，造成重大的人身伤亡事故。有时泥石流汇入河道，引起河道大幅度变迁，间接毁坏公路、铁路及其他构筑物，甚至迫使道路改线，造成巨大的经济损失。另外泥石流对水利、水电工程，以及矿山都具有很大的危害，主要表现在摧毁矿山及其设施、淤埋矿山坑道、伤害矿山人员、造成停工停产，甚至使矿山报废。

（3）防御措施。首先判断泥石流的发生：第一：看，指观察到河（沟）床中正常流水突然断流或洪水突然增大，可确认河（沟）上游已形成泥石流。第二：听，指深谷或沟内传来类似火车轰鸣声或闷雷声，哪怕极其弱也可认定泥石流正在形成。另外，沟谷深处变得昏暗并伴有轰鸣声或轻微的振动声，也说明沟谷上游已发生泥石流。

躲避泥石流的做法：在泥石流多发季节（夏季）尽量不要到泥石流多发山区旅游；野外扎营时，不要在山坡下或山谷、沟底扎营；一旦遭遇大雨、暴雨，要迅速转移到高处，不要顺沟方向往上游或下游跑，要向两边的山坡上面爬；千万不可在泥石流中横渡；已经撤出危险区的人，暴雨停止后不要急于返回沟内住地收拾物品，应等待一段时间；尽快与当地有关部门取得联系，报告方位和险情，寻求救援。

2. 山体滑坡特点、危害及防御措施

（1）特点。山体滑坡是由于斜坡上的岩体由于种种原因在重力作用下沿一定的软弱面

（或软弱带）整体地向下滑动的现象。滑坡也叫地滑，群众中还有"走山""垮山"或"山剥皮"等俗称。山体滑坡的特点是顺坡"滑动"，在重力作用下，物质由高处向低处的一种运动形式，"滑动"的速度都受地形坡度的制约，即地形坡度较缓时，滑坡的运动速度较慢；地形坡度较陡时，滑坡的运动速度较快。

（2）危害。山体滑坡给道路、设施及人们的生产、生活和生命安全等均能造成较大的损失，与泥石流所造成的危害相当。

（3）防御措施。山体滑坡的前兆特征主要有如下几个方面：

1）崩塌的前缘掉块、坠落，小崩小塌不断发生。

2）崩塌的脚部出现新的破裂形迹，能嗅到异常气味。

3）不时能听到岩石撕裂、摩擦、碎裂的声音。

4）热、氡气、地下水质、水量等出现异常，以及动植物出现异常现象。

如果发现这样的征兆，居住在滑坡附近或行走在易滑坡地带的人们就要及早转移撤离。要是发现山坡前缘土体隆起，山体裂缝急剧加长加宽等异常现象，也要及早采取转移等避险措施。

13.3.3 气象灾害及其防御措施

大气对人类的生命财产和经济建设等造成的直接或间接的损害，称为气象灾害。主要的气象灾害有台风、暴雨、洪涝、干旱、寒潮等。此外，干热风主要表现为一种农业气象灾害。

气象部门依据气象灾害可能造成的危害程度、紧急程度和发展态势发布不同级别的预警信号。预警信号一般划分为 4 级：Ⅳ级（一般）、Ⅲ级（较重）、Ⅱ级（严重）、Ⅰ级（特别严重），依次用蓝色、黄色、橙色和红色表示，同时以中英文标识。根据相关规定，我国各类气象灾害预警信号具体分为台风、暴雨、暴雪、寒潮、大风、沙尘暴、高温、干旱、雷电、冰雹、霜冻、大雾、霾、道路结冰等。统计资料表明，我国主要气象及其衍生灾害为：暴雨、高温、强对流（雷电、冰雹等）、泥石流、山体滑坡、雾、寒潮、道路结冰、雪灾等。

1. 暴雨

（1）特点及危害。暴雨是指在 24h 内降水量超过 50mm 的降水。暴雨易造成暴雨洪涝灾害。暴雨洪涝是指长时间降水过多或区域性持续的降水以及局地性短时降水引起江河洪水泛滥、冲毁堤坝、房屋、道路、桥梁、淹没农田、城镇等，引发地质灾害，造成农业或其他财产损失和人员伤亡的一种灾害。暴雨的发生和大气环流的季节性变化有密切的关系。

（2）暴雨预警信号及防御指南。暴雨预警信号分三级，分别以黄色、橙色、红色表示（表 13.1）。

2. 台风

（1）特点及危害。沿海地区台风暴雨多发于每年 6—9 月，由台风带来的暴雨，过程总雨量可达数百毫米，造成严重洪涝灾害，主要发生在沿海诸河流。在台风移向陆地时，由于台风的强风和低气压的作用，使海水向海岸方向强力堆积，潮位猛涨，水浪排山倒海般向海岸压去，形成风暴潮。如果风暴潮与天文大潮高潮位相遇，产生高频率的潮位，导致潮水漫溢，海堤溃决，则会冲毁房屋和各类建筑设施，淹没城镇和农田，造成大量人员伤亡和财产损失。

表 13.1　　　　　　　　　　　暴雨预警信号及防御指南

图标	名称	标准	防御指南
	暴雨黄色预警信号	6h 降雨量将达 50mm 以上，或者已达 50mm 以上且降雨可能持续	①政府及相关部门按照职责做好防暴雨工作；②交通管理部门应当根据路况在强降雨路段采取交通管制措施，在积水路段实行交通引导；③切断低洼地带有危险的室外电源，暂停在空旷地方的户外作业，转移危险地带人员和危房居民到安全场所避雨；④检查城市、农田、鱼塘排水系统，采取必要的排涝措施
	暴雨橙色预警信号	3h 降雨量将达 50mm 以上，或者已达 50mm 以上且降雨可能持续	①政府及相关部门按照职责做好防暴雨应急工作；②切断有危险的室外电源，暂停户外作业；③处于危险地带的单位应当停课、停业，采取专门措施保护已到校学生、幼儿和其他上班人员的安全；④做好城市、农田的排涝，注意防范可能引发的山洪、滑坡、泥石流等灾害
	暴雨红色预警信号	3h 降雨量将达 100mm 以上，或者已达 100mm 以上且降雨可能持续	①政府及相关部门按照职责做好防暴雨应急抢险工作；②停止集会、停课、停业（除特殊行业外）；③做好山洪、滑坡、泥石流等灾害的防御和抢险工作

台风天往往风雨大作，可能造成停水和停电，有时风雨忽大忽小。台风信号解除后，要在撤离地区被宣布为安全以后才可以返回，并要遵守规定，不要涉足危险和未知的区域。在尚未得知是否安全时，不要随意使用煤气、自来水等，并随时准备在危险发生时向有关部门求救。

（2）台风预警信号及防御指南。台风预警信号分四级，分别以蓝色、黄色、橙色和红色表示（表 13.2）。

表 13.2　　　　　　　　　　　台风预警信号及防御指南

图标	名称	标准	防御指南
	台风蓝色预警信号	24h 内可能或者已经受热带气旋影响，沿海或者陆地平均风力达 6 级以上，或者阵风 8 级以上并可能持续	①政府及相关部门按照职责做好防台风准备工作；②停止露天集体活动和高空等户外危险作业；③相关水域水上作业和过往船舶采取积极的应对措施，如回港避风或者绕道航行等；④加固门窗、围板、棚架、广告牌等易被风吹动的搭建物，切断危险的室外电源

续表

图标	名　称	标　准	防　御　指　南
	台风黄色预警信号	24h内可能或者已经受热带气旋影响，沿海或者陆地平均风力达8级以上，或者阵风10级以上并可能持续	①政府及相关部门按照职责做好防台风应急准备工作；②停止室内外大型集会和高空等户外危险作业；③相关水域水上作业和过往船舶采取积极的应对措施，加固港口设施，防止船舶走锚、搁浅和碰撞；④加固或者拆除易被风吹动的搭建物，人员切勿随意外出，确保老人小孩留在家中最安全的地方，危房人员及时转移
	台风橙色预警信号	12h内可能或者已经受热带气旋影响，沿海或者陆地平均风力达10级以上，或者阵风12级以上并可能持续	①政府及相关部门按照职责做好防台风抢险应急工作；②停止室内外大型集会、停课、停业（除特殊行业外）；③相关应急处置部门和抢险单位加强值班，密切监视灾情，落实应对措施；④相关水域水上作业和过往船舶应当回港避风，加固港口设施，防止船舶走锚、搁浅和碰撞；⑤加固或者拆除易被风吹动的搭建物，人员应当尽可能待在防风安全的地方，当台风中心经过时风力会减小或者静止一段时间，切记强风将会突然吹袭，应当继续留在安全处避风，危房人员及时转移；⑥相关地区应当注意防范强降水可能引发的山洪、地质灾害
	台风红色预警信号	6h内可能或者已经受热带气旋影响，沿海或者陆地平均风力达12级以上，或者阵风达14级以上并可能持续	①政府及相关部门按照职责做好防台风应急和抢险工作；②停止集会、停课、停业（除特殊行业外）；③回港避风的船舶要视情况采取积极措施，妥善安排人员留守或者转移到安全地带；④加固或者拆除易被风吹动的搭建物，人员应当待在防风安全的地方，当台风中心经过时风力会减小或者静止一段时间，切记强风将会突然吹袭，应当继续留在安全处避风，危房人员及时转移；⑤相关地区应当注意防范强降水可能引发的山洪、地质灾害

3. 高温

（1）特点及危害。高温是指日最高气温大于或等于35℃；连续5d以上的高温过程称为持续高温或"热浪"天气。高温热浪对人们日常生活和健康影响极大，使与热有关的疾病发病率和死亡率增加；加剧土壤水分蒸发和作物蒸腾作用，加速旱情发展；导致水电需求猛增，造成能源供应紧张。

（2）高温预警信号及防御指南。高温预警信号分三级，分别以黄色、橙色、红色表示（表13.3）。

表 13.3　　　　　　　　　　　高温预警信号及防御指南

图标	名称	标准	防御指南
高温黄预警	高温黄色预警信号	连续 3d 日最高气温将在 35℃ 以上	①有关部门和单位按照职责做好防暑降温准备工作；②尽量避免在高温时段进行户外活动，高温条件下作业的人员应当缩短连续工作时间；③对老、弱、病、幼人群提供防暑降温指导，并采取必要的防护措施；④午后尽量减少户外活动
高温橙预警	高温橙色预警信号	24h 内最高气温将要升至 37℃ 以上	①有关部门和单位按照职责落实防暑降温保障措施；②尽量避免在高温时段进行户外活动，高温条件下作业的人员应当缩短连续工作时间；③对老、弱、病、幼人群提供防暑降温指导，并采取必要的防护措施；④有关部门和单位应当注意防范用电量过高，以及电线、变压器等电力负载过大而引发的火灾
高温红预警	高温红色预警信号	24h 内最高气温将要升至 40℃ 以上	①有关部门和单位按照职责采取防暑降温应急措施；②停止户外露天作业（除特殊行业外）；③对老、弱、病、幼人群采取保护措施；④有关部门和单位要特别注意防火

4. 干旱

（1）特点及危害。干旱是指水分的收支或供求不平衡而形成的水分短缺现象。干旱的发生与许多因素有关，如降水、蒸发、气温、土壤底墒、灌溉条件、种植结构、作物生育期的抗旱能力以及工业和城乡用水等。我国干旱缺水危机日益突出，旱灾影响范围已由传统的农业扩展到工业、城市、生态等领域，许多地区工农业争水、城乡争水、超采地下水和挤占生态用水现象越来越突出，旱灾损失和影响越来越严重，已经成为经济社会发展的严重制约因素。

（2）干旱预警信号及防御指南。干旱预警信号分二级，分别以橙色、红色表示（表13.4）。

表 13.4　　　　　　　　　　　干旱预警信号及防御指南

图标	名称	标准	防御指南
干旱橙预警	干旱橙色预警信号	预计未来一周综合气象干旱指数达到重旱（气象干旱为 25～50 年一遇），或者某一县（区）有 40% 以上的农作物受旱	①有关部门和单位按照职责做好防御干旱的应急工作；②有关部门启用应急备用水源，调度辖区内一切可用水源，优先保障城乡居民生活用水和牲畜饮水；③压减城镇供水指标，优先经济作物灌溉用水，限制大量农业灌溉用水；④限制非生产性高耗水及服务业用水，限制排放工业污水；⑤气象部门适时进行人工增雨作业

图标	名　称	标　准	防　御　指　南
	干旱红色预警信号	预计未来一周综合气象干旱指数达到特旱（气象干旱为50年以上一遇），或者某一县（区）有60%以上的农作物受旱	①有关部门和单位按照职责做好防御干旱的应急和救灾工作；②各级政府和有关部门启动远距离调水等应急供水方案，采取提外水、打深井、车载送水等多种手段，确保城乡居民生活和牲畜饮水；③限时或者限量供应城镇居民生活用水，缩小或者阶段性停止农业灌溉供水；④严禁非生产性高耗水及服务业用水，暂停排放工业污水；⑤气象部门适时加大人工增雨作业力度

5. 沙尘暴

(1) 特点及危害。沙尘暴是沙暴和尘暴两者的总称，是指强风把地面大量沙尘卷入空中，使空气特别浑浊，水平能见度低于 1km 的天气现象（当局部区域能见度小于 200m，不小于 50m 时称强沙尘暴；当能见度小于 50m 时称特强沙尘暴），其中沙暴系指大风把大量沙粒吹入近地层所形成的挟沙风暴；尘暴则是大风把大量尘埃及其他细粒物质卷入高空所形成的风暴。

沙尘暴形成之后，会以排山倒海之势滚滚向前移动，携带沙砾的强劲气流所经之处，通过沙埋、狂风袭击、降温霜冻和污染大气等方式，使大片农田受到沙埋或被刮走活沃土，或者农作物受霜冻之害；致使有的农作物绝收，有的大幅度减产；它能加剧土地沙漠化，对大气环境造成严重污染，对生态环境造成巨大破坏，对交通和供电线路等基础设施产生重要影响，给人民生命财产造成严重损失。我国受到沙尘暴的危害严重，特别是西北地区的工矿、交通、新兴城镇及其他水利、电力、煤田和油气井等设施，均受风沙危害或威胁，一旦出现沙尘暴或黑风暴，受害尤为严重。此外，沙尘暴对西北地区的生态环境的破坏，大大加快了该地区的土地荒漠化的进程，其间接损失是无法估算的。另外降尘会对城市的大气造成污染，直接影响人们的健康。

(2) 沙尘暴预警信号及防御指南。沙尘暴预警信号分三级，分别以黄色、橙色、红色表示（表 13.5）。

表 13.5　　　　　　　　　　　**沙尘暴预警信号及防御指南**

图标	名　称	标　准	防　御　指　南
	沙尘暴黄色预警信号	12h 内可能出现沙尘暴天气（能见度小于 1000m）；或者已经出现沙尘暴天气，并可能持续	①有关部门根据情况启动防御工作预案；②做好防风防沙准备，及时关闭门窗；③注意携带口罩、纱巾等防尘用品，以免沙尘对眼睛和呼吸道造成损伤；④做好精密仪器的密封工作；⑤固紧门窗、围板、棚架、户外广告牌、临时搭建物等易被风吹动的搭建物，妥善安置易受沙尘暴影响的室外物品

续表

图标	名 称	标 准	防 御 指 南
	沙尘暴橙色预警信号	6h内可能出现强沙尘天气（能见度小于500m）；或者已经出现强沙尘天气，并可能持续。	①有关部门根据情况启动防御工作预案；②用纱巾蒙住头防御风沙的行人要保证有良好的视线，注意交通安全；③注意尽量少骑自行车，刮风时不要在广告牌、临时搭建物和老树下逗留，驾驶人员注意沙尘变化，小心驾驶；④机场、高速公路、轮渡码头等应注意交通安全；⑤各类机动交通工具应采取有效措施保障安全。其他同沙尘暴黄色预警信号
	沙尘暴红色预警信号	6h内可能出现特强沙尘暴天气（能见度小于50m）；或者已经出现特强沙尘暴天气，并可能持续	①有关部门根据情况启动防御工作预案，应急处置与抢险单位随时准备启动抢险应急方案；②人员应待在防风安全的地方，不要在户外活动；③受特强沙尘暴影响地区的机场暂停飞机起降，高速公路和轮渡码头等暂时封闭或者停航。其他同沙尘暴橙色预警信号

6．雷电

（1）特点及危害。雷电是发生于大气中的一种瞬态大电流、高电压、强电磁辐射的天气现象，在局地突发性灾害事件中，雷电是强对流性天气所造成的主要灾害之一。雷电可使供配电系统、通信设备、计算机信息系统中断，引起森林火灾，击毁建筑物、火车停运，造成仓储、炼油厂、油田等燃烧甚至爆炸，危害人身安全和财产安全。这种天气一般在春季、夏季、秋季宜出现，多出现在午后时分，山区多于平原。

（2）雷电预警信号及防御指南。雷电预警信号分三级，分别以黄色、橙色、红色表示（表13.6）。

表 13.6　　　　　　　　　　　雷电预警信号及防御指南

图标	名 称	标 准	防 御 指 南
	雷电黄色预警信号	6h内可能发生雷电活动，可能会造成雷电灾害事故	①政府及相关部门按照职责做好防雷工作；②密切关注天气，尽量避免户外活动
	雷电橙色预警信号	2h内发生雷电活动的可能性很大，或者已经受雷电活动影响，且可能持续，出现雷电灾害事故的可能性比较大	①政府及相关部门按照职责落实防雷应急措施；②人员应当留在室内，并关好门窗；③户外人员应当躲入有防雷设施的建筑物或者汽车内；④切断危险电源，不要在树下、电杆下、塔吊下避雨；⑤在空旷场地不要打伞，不要把农具、羽毛球拍、高尔夫球杆等扛在肩上

图标	名　称	标　准	防　御　指　南
雷电红 LIGHTNING	雷电红色 预警信号	2h内发生雷电活动的可能性非常大，或者已经有强烈的雷电活动发生，且可能持续，出现雷电灾害事故的可能性非常大	①政府及相关部门按照职责做好防雷应急抢险工作；②人员应当尽量躲入有防雷设施的建筑物或者汽车内，并关好门窗；③切勿接触天线、水管、铁丝网、金属门窗、建筑物外墙，远离电线等带电设备和其他类似金属装置；④尽量不要使用无防雷装置或者防雷装置不完备的电视、电话等电器；⑤密切注意雷电预警信息的发布

7. 冰雹

（1）特点及危害。冰雹是一种从强烈发展的积雨云中降落下来的冰块或冰疙瘩，人们通常称它为"雹子"。其下降时巨大的动量常给农作物和人身安全带来严重危害。冰雹虽然出现的范围较小，时间短，但来势猛，强度大，常伴有狂风骤雨，猛烈的冰雹会打毁庄稼，损坏房屋，人被砸伤、牲畜被打死的情况也常常发生。因此往往给局部地区的农牧业、工矿企业、电信、交通运输以及人民生命财产造成较大危害。夏季或春夏之交最为常见。

（2）冰雹预警信号及防御指南。冰雹预警信号分二级，分别以橙色、红色表示（表13.7）。

表 13.7　　　　　　　　　　　冰雹预警信号及防御指南

图标	名　称	标　准	防　御　指　南
橙 ORANGE	冰雹橙色 预警信号	6h内可能出现冰雹伴随雷电天气，并可能造成雹灾	①政府及相关部门按照职责做好防冰雹的应急工作；②户外行人立即到安全的地方暂避；③驱赶家禽、牲畜进入有顶棚的场所；④妥善保护易受冰雹袭击的汽车等室外物品或者设备；⑤注意防御冰雹天气伴随的雷电灾害
红 RED	冰雹红色 预警信号	2h内出现冰雹可能性极大，并可能造成重雹灾	①政府及相关部门按照职责做好防冰雹的应急和抢险工作；②户外行人立即到安全的地方暂避；③注意防御冰雹天气伴随的雷电灾害；④其他同冰雹橙色预警信号

8. 雾

（1）特点及危害。我们通常所说的"大雾"就是气象术语中的"雾"。实际上，气象术语中并没有"大雾"，只有"雾"和"轻雾"。雾是指贴地层空气中悬浮的大量水滴或冰晶微粒的集合体。这种集合体使水平能见距离降到1km以下的称为"雾"；能见距离在1～10km之间的称为"轻雾"。雾使能见度降低造成水、陆、空交通灾难，也会对输电、人们日常生活等造成影响。

（2）大雾预警信号及防御指南。大雾预警信号分三级，分别以黄色、橙色、红色表示（表 13.8）。

表 13.8　　大雾预警信号及防御指南

图标	名称	标准	防御指南
黄 YELLOW	大雾黄色预警信号	12h 内可能出现能见度小于 500m 的雾，或者已经出现能见度小于 500m、大于等于 200m 的雾且可能持续	①有关部门和单位按照职责做好防雾准备工作；②驾驶人员注意雾变化，小心驾驶；③机场、高速公路、轮渡码头加强交通管理，保障安全；④户外活动注意安全
橙 ORANGE	大雾橙色预警信号	6h 内可能出现能见度小于 200m 的雾，或者已经出现能见度小于 200m、大于等于 50m 的雾并将持续	①有关部门和单位按照职责做好防雾工作；②由于能见度较低，驾驶人员应控制速度，确保安全；③机场、高速公路、轮渡码头加强调度指挥；④减少户外活动
红 RED	大雾红色预警信号	2h 内可能出现能见度小于 50m 的雾，或者已经出现能见度低于 50m 的雾并将持续	①有关部门和单位按照职责做好防雾应急工作；②受强浓雾影响地区的机场暂停飞机起降，高速公路和轮渡暂时封闭或者停航；③各类机动交通工具采取有效措施保障安全；④不要进行户外活动

9. 寒潮

（1）特点及危害。寒潮是指大规模冷空气由亚洲大陆西部或西北部侵袭中国时的强降温天气过程。在天气预报中规定，因北方冷空气入侵造成 24h 内降温 10℃，并且过程最低气温达 5℃ 以下时定义为寒潮天气过程。有时北方冷空气的入侵虽达不到这个标准，但降温也很显著，则一般称为强冷空气。对人民的生活、农业生产等产生较大不利影响。

在寒潮或冷空气前锋经过的地区常不仅有强烈的降温，还时常伴有大风和降水（雨、雪）天气现象。寒潮天气一般多出现在冬季（12 月至次年 2 月）。

（2）寒潮预警信号及防御指南。寒潮预警信号分四级，分别以蓝色、黄色、橙色、红色表示（表 13.9）。

表 13.9　　寒潮预警信号及防御指南

图标	名称	标准	防御指南
℃ 寒潮 蓝 COLD WAVE	寒潮蓝色预警信号	48h 内最低气温将要下降 8℃ 以上，最低气温小于等于 4℃，陆地平均风力可达 5 级以上；或已经下降 8℃ 以上，最低气温小于等于 4℃，平均风力达 5 级以上，并可能持续	①政府及有关部门按照职责做好防寒潮准备工作；②人员要注意添衣保暖；③把门窗、围板、棚架、临时搭建物等易被大风吹动的搭建物固紧，妥善安置易受寒潮大风影响的室外物品；④要留意有关媒体报道大风降温的最新信息，以便采取进一步措施；⑤做好防风准备

续表

图标	名　称	标　准	防御指南
	寒潮黄色预警信号	24h 内最低气温将要下降 10℃以上，最低气温小于等于 4℃，陆地平均风力可达 6 级以上；或已经下降 10℃以上，最低气温小于等于 4℃，平均风力达 6 级以上，并可能持续	①政府及有关部门按照职责做好防寒潮工作；②做好人员（尤其是老弱病幼）的防寒保暖和防风工作；③做好牲畜、家禽等的防寒防风
	寒潮橙色预警信号	24h 内最低气温将要下降 12℃以上，最低气温小于等于 0℃，平均风力可达 6 级以上；或已经下降 12℃以上，最低气温小于等于 0℃，平均风力达 6 级以上，并可能持续	①政府及有关部门按照职责做好防寒潮应急工作；②加强人员（尤其是老弱病幼）的防寒保暖和防风工作；③进一步做好牲畜、家禽的防寒保暖和防风工作；④农业、水产业、畜牧业等要积极采取防霜冻、冰冻和大风措施，尽量减少损失
	寒潮红色预警信号	24h 内最低气温将要下降 16℃以上，最低气温小于等于 0℃，平均风力可达 6 级以上；或已经下降 16℃以上，最低气温小于等于 0℃，平均风力达 6 级以上，并可能持续	①政府及有关部门按照职责做好防寒潮应急和抢险工作；②进一步加强人员（尤其是老弱病幼）的防寒保暖和防风工作；③农业、水产业、畜牧业等要积极采取防霜冻、冰冻和大风措施，尽量减少损失

10. 道路结冰

（1）特点及危害。当冬季雨雪天气多时，极易造成地面积雪和道路结冰。在这样的路况下，最容易发生汽车追尾事故，对道路交通影响较大。

（2）道路结冰预警信号及防御指南。道路结冰预警信号分三级，分别以黄色、橙色、红色表示（表 13.10）。

表 13.10　　　　　　　　　　道路结冰预警信号及防御指南

图标	名　称	标　准	防御指南
	道路结冰黄色预警信号	当路表温度低于 0℃，出现降水，12h 内可能出现对交通有影响的道路结冰	①交通、公安等部门要按照职责做好道路结冰应对准备工作；②驾驶人员应注意路况，安全行驶；③行人外出尽量少骑自行车，注意防滑
	道路结冰橙色预警信号	当路表温度低于 0℃，出现降水，6h 内可能出现对交通有较大影响的道路结冰	①交通、公安等部门要按照职责做好道路结冰应急工作；②驾驶人员必须采取防滑措施，听从指挥，慢速行驶；③行人出门注意防滑
	道路结冰红色预警信号	当路表温度低于 0℃，出现降水，2h 内可能出现或者已经出现对交通有影响的道路结冰	①交通、公安等部门做好道路结冰应急和抢险工作；②交通、公安等部门注意指挥和疏导行驶车辆；③人员尽量减少外出

　11. 暴雪

（1）特点及危害。暴雪是指在短时间内产生的大量降雪，它会给交通或者农牧业带来一定的影响；长时间大量降雪造成大范围积雪将会形成雪灾。雪灾的主要危害有：严重影响甚至破坏交通、通讯、输电线路等生命线工程，对牧民的生命安全和生活造成威胁，引起牲畜死亡，导致畜牧业减产。雪灾主要发生在稳定积雪地区和不稳定积雪山区，偶尔出现在瞬时积雪地区。我国的雪灾可分为雪崩、风吹雪灾害和牧区雪灾三种类型。

（2）暴雪预警信号及防御指南。暴雪预警信号分四级，分别以蓝色、黄色、橙色、红色表示（表 13.11）。

表 13.11　　　　　　　　　　　　　　　暴雪预警信号及防御指南

图标	名　称	标　准	防御指南
暴雪蓝 SNOW STORM	暴雪蓝色预警信号	12h 内降雪量将达 4mm 以上，或者已达 4mm 以上且降雪持续，可能对交通或农牧业有影响	①政府及有关部门按照职责做好防雪灾和防冻害的准备工作；②交通、铁路、电力、通信等部门应当进行道路、铁路、线路巡查维护，做好道路清扫和积雪融化工作；③行人注意防寒防滑，驾驶人员小心驾驶，车辆应当采取防滑措施；④农牧业等要储备饲料，做好防雪灾和防冻害准备；⑤加固棚架等易被雪压的临时搭建物
暴雪黄 SNOW STORM	暴雪黄色预警信号	12h 内降雪量将达 6mm 以上，或者已达 6mm 以上且降雪持续，可能对交通或农牧业有影响	①政府及有关部门按照职责做好防雪灾和防冻害措施；②其他同暴雪蓝色预警信号
暴雪橙 SNOW STORM	暴雪橙色预警信号	6h 内降雪量将达 10mm 以上，或者已达 10mm 以上且降雪持续，可能或者已经对交通或农牧业有较大影响	①政府及有关部门按照职责做好防雪灾和防冻害应急工作；②减少不必要的户外活动；③其他同暴雪黄色预警信号
暴雪红 SNOW STORM	暴雪红色预警信号	6h 内降雪量将达 15mm 以上，或者已达 15mm 以上且降雪持续，可能或者已经对交通或农牧业有较大影响	①政府及有关部门按照职责做好防雪灾和防冻害应急和抢险工作；②必要时停课、停业（除特殊行业外）；③必要时关闭道路交通；④做好对牧区的救灾救济工作；⑤其他同暴雪橙色预警信号

13.3.4　各类灾区高温天气的不利影响及注意事项

　1. 高温天气对食品安全的影响及注意事项

　　温度是影响微生物存活的重要因素之一。夏季气温升高，湿度大，适合各种致病微生物繁殖，食物易腐败变质，造成人员食物中毒。夏季一直是食品卫生容易发生问题的季节，也是细菌性食物中毒事故的一个高发期。我国每年发生的细菌性食物中毒事件占食物中毒事件总数的 30%～90%，中毒人数占食物中毒总人数的 60%～90%。

　　另外，温度过高也可加速冷饮食品的变质，如：果汁长期在 20℃ 以上的环境条件下贮存，其中的氨基酸就会被破坏而产生抑制性物质，使果汁变为褐色。冷食在温度高时可溶化，需低温冷藏。保存冷饮食品的环境如温度过高，一些固体饮料就会吸潮结块、成团或潮解，亦可使细菌生长繁殖。

注意事项：

（1）将食物放入冷藏室，保持食品新鲜，使细菌不易繁殖。

（2）食用前经加热彻底后再食用。

（3）贮藏时做到生、熟食品分开保存。

（4）吃剩的饭菜一定要及时放入冰箱冷藏。

（5）对于荤菜和荤汤，食用后要加热烧开，待冷却后放入冰箱。

我国南方一些地震灾区在 6—9 月是一年内的高温高湿季节，易造成食物的变质，因此需要特别注意在此季节中的食品安全问题，谨防食物中毒的发生。

2. 高温天气对饮用水安全的影响及注意事项

发生地震灾害后，饮用水源的水一般含有大量泥沙，极易受人畜粪便和动畜残尸等有机物污染。在高温气候条件下，可使致病微生物大量生长、繁殖，使水体腐败、浑浊。若人们饮用了上述污染的水体，将会导致多种传染病的发生与流行。

注意事项：

（1）尽可能喝以下三种水：经过烧开的水、救灾指挥部发放的瓶装水或饮料、经救灾指挥部认可的贴有直饮水标识的水（净化设备现场制备或送来的桶装水）。

（2）缸、桶、盆、碗等盛水器具，要经常消毒，消毒后用干净的水冲洗；洗衣服、洗澡、洗菜等洗涤用水应采用经过消毒的水或经救灾指挥部认可的贴有饮用水标志的水。

（3）不喝被污染的水，不用污染的水漱口、洗菜等。

（4）劝说人们共同保护生活饮用水水源及环境，在指定地点堆放生活垃圾、倾倒生活污水、大小便。

因此，在抗震救灾期间必须首要做好饮用水消毒。灾区的有关卫生防疫部门应加强饮用水卫生的监督、监测，在受灾地区应有专人负责送药，随时检测水质，以确保饮用水安全卫生。

13.3.5　地震灾区降水等天气的不利影响及注意事项

1. 降水对地质灾害的影响

一旦强烈地震发生后，一些受地震影响已经松动的山体极易发生泥石流、滑坡、崩塌等次生地质灾害。影响滑坡、泥石流的因素很多，但降水始终是最重要的触发因子。长时间降雨或短时局地强降雨除能直接产生洪涝造成灾害外，还可以引发一些地质灾害。降水能造成山洪暴发、山体滑坡和泥石流等地质灾害的发生。

（1）降水易引发山洪暴发。在山区小范围内，当出现短时间的强烈暴雨，由于山坡的汇水面积较大，进入山谷后面积迅速缩小，汇积的雨水沿山谷向下游冲去，使下游河水在短时间内上涨几米甚至十几米，这就使在河边行走的人猝不及防，被迅速上涨的洪水卷夹，造成人员伤亡，或冲走沿岸的牲畜，冲毁房屋或设施，造成财产损失。导致山洪暴发。

（2）降水易引起山体滑坡。在山坡坡度较大的地方，由于前期地震使土质疏松，此后当又出现强降水时，整个土层便顺着山坡向下滑落，导致山体滑坡，造成山坡下方的村落及建筑全部被土层掩埋，人民的生命财产遭受重大损失。

（3）降水易导致泥石流暴发。在山坡及谷地原有大量的松散的土石，在暴雨洪水的夹带下与洪水搅拌在一起向下游冲去，暴发泥石流灾害。这种泥石流力量巨大，可以推倒大树、房屋和其他建筑，淹没良田和村庄，所经之地除了混浊泥浆和石块外，其他荡然无存。

例如，岷江流域处于龙门山断裂带，地质构造比较复杂，地形高差大，松散固体物质多，地震重灾区位于汶水、岷江两岸，历来是滑坡、泥石流的高发区。2008年5月12日四川省汶川大地震发生以后，强烈的振动荷载导致了山体愈加不稳定，诱发崩塌、滑坡等地质灾害。特别是该地区即将进入主汛期（6—9月），发生强降水的概率加大，频次加重，极易诱发大规模的滑坡、泥石流等地质灾害。因此，在暴雨季节来临之前，山区或山谷地带要做好准备，尽量不要在山洪暴发的河岸边行走，更不要在滑坡和泥石流易发地区居住，以防不幸事故发生。

2. 降水对水库、大坝的影响

发生强烈地震及其余震后，将给地震灾区的水利设施造成不同程度的破坏。在这个时期，如果出现降水，对地震灾区的水库、大坝等水利基础设施是极为不利的。

首先，水库上游及周边的降水会陆续汇集到库区，从而增大水库的蓄水量，抬升水位，这将给已经遭受地震破坏的水库大坝带来更大的压力，严重时会发生漫堤甚至垮坝。其次，由于雨水的冲刷和侵蚀，一些受地震影响已经松动的山体发生泥石流、滑坡、崩塌等次生地质灾害，直接影响到灾区水库、大坝等水利基础设施的安全。

因此，我们需要密切监视雨情和水情的发展，根据天气形势的变化，合理科学地控制水库的库容量，加强预报和巡防，及时除险加固；特别是对于存在垮坝风险的水库要采取泄洪、腾空库容等措施，对于下游的人民群众，必须要及时组织转移。

3. 降水对堰塞湖的影响

堰塞湖是指地震后引起的大规模山体滑坡，河水冲击泥土、山石而造成堆积、堵截河谷或河床后贮水而形成的湖泊。堰塞湖的堵塞物不是固定永远不变的，它们也会受冲刷、侵蚀、溶解、崩塌等。一旦堵塞物被破坏，湖水便漫溢而出，倾泻而下，形成洪灾，极其危险。

例如，地震给四川地震灾区各河流上形成了多个堰塞湖。岷江两岸出现的滑坡、泥石流容易堵塞河道，形成堰塞湖。堰塞湖范围会因为下大雨而不断扩大，而一旦上游降水强度大，来水快，湖中蓄积的水压过大，堰塞湖容易出现溃决。若决堰或坍塌，洪水咆哮，席卷而出，其对所经之处的摧毁力，甚至不亚于地震本身。震区进入主汛期（6—9月）后，发生强降水的概率加大，频次加重，极易造成堰塞湖溃决，形成大范围的洪涝灾害，对下游造成严重威胁，因此要切实做好震损水库险情排查和应急除险工作。

4. 降水对道路交通的影响

地震导致道路损毁严重，交通阻断，桥梁涵洞出现严重裂缝，一些重灾地区道路更是遭到毁灭性破坏，严重影响了救援人员和物资的运送。这个时期出现降水，从总体上说是不利的。首先，降水将会使得路面湿滑，减小了路面摩擦系数；同时降水也会明显地降低道路的能见度，充沛的水汽甚至还会造成大雾天气，这些都给运输车辆的行驶带来安全隐患。其次，地震灾区海拔较高，周围有众多山体围绕，地形复杂。地震使得道路周围山体的岩层、土层结构遭到破坏，形成了许多具有隐患的滑坡体，加之余震不断，一旦出现较强的降雨，极易出现山体滑坡、塌方、泥石流的次生地质灾害，给灾区道路带来严重威胁。此外，降水也会给道路抢通施工作业带来一些不利影响。

因此，道路交通决策和管理部门需要根据最新的道路路况信息，结合天气形势的变化，合理部署、调度抗震救灾车辆；同时相关部门应组织力量对灾区的主要公路进行拉网式的安全大排查，主要排查公路、桥涵、公路附属设施、行道树等，及时发现威胁交通道路的隐患，并采取相应措施，确保公路的安全畅通。另外，驾驶员在行驶时也应保持车距、控制车速，听从指挥，在危险路段须查明情况后有序通行。

5. 天气对人的影响

（1）夏季情感障碍症。据统计，在如今正常的人群中，约有 16% 的人会在夏季莫名其妙地出现情绪和行为异常。据研究表明，人的情绪与气象条件密切相关，尤其当气温超过 35℃、日照超过 12h、湿度高于 80% 时，气象因子对人体下丘脑的情绪调节中枢的影响就明显增强。这种夏季情感障碍的发生，除了与气象因子的变化有关外，还与人的出汗多少，以及睡眠时间和饮食不足有关。精神病学家的研究也发现，当暖流入侵时，精神病人起床徘徊、无法入睡的情况显著增加，情绪变化、躁动不安、叫骂、摔东西、自虐（含自杀）的概率也比平常高出许多。

因此，在酷暑难耐的盛夏之时，专家提醒人们调整好自己的情绪，是做好夏季养生的重要一环。

地震灾区的人民刚刚经受到失去亲人和家园的痛苦，心灵上受到严重的创伤。随着夏季的到来，震区的高温高湿天气将明显增多，因此，灾区人民要注意调整好自己的情绪，防范因季节的变化造成的不利影响。

（2）伏天对人的影响及注意事项。进入三伏天后，气温一天比一天高，有时温度虽然不是很高，但湿度很大，人们感觉还是高温难耐。在这种天气里，由于人体出汗多，往往会导致体内电解质大量流失，造成中枢神经、心血管、胃肠道正常调节失灵，引发不良反应，有时还会出现胸闷、口干、发热等不适症状，严重的会出现中暑。

夏天出现的 35℃ 以上的持续高温天气是心力衰竭的高危因素。1980 年，热浪袭击美国堪萨斯城，因充血性心力衰竭死亡的人数较平时猛增一倍以上。

当滚滚热浪袭来时，要加强各项防暑降温工作，对容易发生心力衰竭的人予以重点防护。

具体有以下措施：首先，应该多注意保持自然通风，不要长时间待在静止而封闭的汽车或房间里；要多洗澡，经常用蘸过凉水的小毛巾擦拭身体，帮助汗水离开人体。其次，要补充水分，以新鲜的温开水或盐水为好。再次，要休息好，减少户外活动，当必须做户外活动时，最好选择清晨及黄昏的时候，尤其是老年人和孩子要减少活动，以免再给身体增加负担，不论在户外从事什么活动，应该尽量放慢速度，谨防发生意外。

（3）雾对人的影响及注意事项。雾悬浮于低空近地层，因而能凝聚大气环境中各种污染物质，如二氧化硫、氮氧化物、二氧化碳、粉尘、臭氧等，雾不仅影响交通，更重要的是它对人体的危害极大。雾滴中的二氧化碳对呼吸道有刺激作用，使呼吸道变窄；雾滴中的二氧化氮，可引起急性哮喘病发作；高浓度的臭氧使肺部严重受损，使心血管、呼吸系统疾病患者病情加重。长期吸入附着各种污染物的雾气，对幼儿及青少年的生长发育有一定影响。因此，在雾天应特别注意以下几点：①不要在雾中晨练，更不要在雾中做剧烈运动。②雾天能见度低，有时路面湿滑，应注意行路安全。③年老体弱者，心血管及呼吸道疾病患者以及幼儿应减少外出，避免发生意外或病情加重。

（4）寒冷对人的影响及注意事项。寒冷天气会使居民和部分公共场所因取暖而对电力、燃气燃油的需求突然增加，低温天气亦有可能使部分地区道路凝冻、积冰，影响交通物流安全。在寒冷天气的刺激下，人体血压上升，高血压、动脉硬化性心脏病发病率和加重率升高。寒冷还会诱发胃溃疡、关节炎等疾病，剧烈降温往往引起感冒、哮喘、心脑血管等疾病的暴发，还会造成流感流行。长时间暴露在寒冷天气下还可能使体温降低，造成死亡。因此，地震灾区的人们在冬季应注意保暖，防止因寒冷所造成的损失。

13.4　应 急 能 力 建 设

施工单位应根据建设工程项目的施工特点、范围，制定应急预案，对施工现场易发生事故的部位、环节进行监控，实行施工总承包的，由施工总承包单位组织分包单位开展应急管理工作，落实各项应急要求，定期开展应急演练、应急能力建设自查自评，建立与地方政府、上级单位及建设单位的协调联动机制。

企业应急能力建设应围绕预防与应急准备、监测与预警、应急处置与救援、事后恢复与重建四个方面开展。

13.4.1　预防与应急准备能力建设

预防与应急准备能力建设应包括法规制度、应急规划与实施、应急组织体系、应急预案管理、应急培训与演练、应急队伍、应急保障能力等方面，内容如下：

（1）应识别、获取和更新适用的应急管理法律法规和有关要求，及时修订本企业应急管理制度，并在企业内部进行宣传、培训和落实。

（2）应将应急管理工作纳入企业安全发展规划，并同步实施、同步推进。

（3）应建立应急组织体系，明确各级人员的应急管理及应急救援职责，定期开展考核。

（4）应结合企业风险分析情况，根据有关标准及其他相关要求开展应急预案编制、评审、备案工作。

（5）应急管理制度应含有应急教育培训的内容，制订并实施应急教育培训计划，建立教育培训档案。

（6）应制定并实施应急演练计划，对演练过程和效果进行评估。

（7）应建立应急救援队伍，与社会救援、医疗、消防等专业应急队伍及应急协作单位建立联系。

（8）应保证应急所需资金，配置应急装备和物资，与应急协作单位建立装备和物资互助机制。

（9）建立应急联动机制，明确本单位与联动单位职责、权限和程序，加强与联动部门配合协调。

（10）应建立应急值守制度，明确值守方式、值班人员职责等。

13.4.2　监测与预警能力建设

监测与预警能力建设包括监测预警能力、事件监测、预警管理等方面，内容如下：

（1）应建立分级负责的常态监测网络，明确各级、各专业部门的监测职责和范围。与上级主管单位、政府有关部门和专业机构建立联络机制。

（2）应建立突发事件预警机制，明确预警的具体条件、方式方法和信息发布程序，根据事态发展调整预警级别并重新发布或解除。

13.4.3　应急处置与救援能力建设

应急处置与救援能力建设包括先期处置、应急指挥、应急启动、现场救援、信息报送、信息发布、调整与结束等方面，内容如下：

（1）突发事件发生时，现场人员应第一时间进行先期处置，防止事故扩大，重点做好人员的自救和互救工作，及时报送信息。

（2）应急领导机构确定应急响应级别，启动应急响应；应急指挥机构按照相应的应急预案、处置方案开展应急救援，做好现场监测，保证现场处置人员安全，防止次生灾害。

（3）及时向政府有关部门和上级单位报送信息。

（4）按预案规定调整或解除应急响应。

13.4.4　事后恢复与重建能力建设

事后恢复与重建能力建设包括后期处置、应急处置评估、恢复重建等方面，内容如下：

（1）应开展突发事件原因调查和分析并统计事件造成的各项损失。

（2）应对现场处置工作进行总结，落实应急处置评估报告有关建议和要求，改进应急管理工作。

（3）应制定临时过渡措施和整改计划，针对设备、设施和施工现场存在的隐患，及时落实专项治理资金，制定整改措施，合理安排进度，确保安全、高效地实施整改。

（4）应结合事件调查分析结果，查找存在的问题，修改相关工作规划，制定建设方案，实施建设。

13.5　复习思考题

13.5.1　应急救援体系结构有哪些？

13.5.2　应急预案体系的基本构成是什么？

13.5.3　专项应急预案内容有哪些？

13.5.4　现场处置方案主要内容有哪些？

13.5.5　生产安全事故风险评估报告编制大纲内容有哪些？

13.5.6　生产安全事故应急资源调查报告编制大纲内容有哪些？

13.5.7　应急预案编制格式和要求内容是什么？

13.5.8 应急演练内容有哪些?

13.5.9 应急培训内容有哪些?

13.5.10 重大事故应急救援的原则和任务是什么?

13.5.11 在应急救援中,清理现场,消除危害后果的内容有哪些?

13.5.12 试说明应急救援装备与资源的分类,以及使用要求。

13.5.13 救援人员自身的安全防护要求是什么?

13.5.14 应急救援的实施步骤有哪些?

13.5.15 试述发生地震及其次生灾害的紧急防护措施有哪些?

13.5.16 试述地质灾害的特点、危害及防御措施。

13.5.17 试述常见气象灾害的特点及危害,试说明主要气象灾害的防御措施。

13.5.18 各类灾区高温天气对食品安全、饮用水安全的影响及注意事项有哪些?